普通高等教育茶学专业教材　　　　中国轻工业"十四五"规划教材

普洱茶学

周红杰　主编

中国轻工业出版社

图书在版编目（CIP）数据

普洱茶学/周红杰主编 . —北京：中国轻工业出版社，
2024. 1

ISBN 978-7-5184-3349-0

Ⅰ.①普…　Ⅱ.①周…　Ⅲ.①普洱茶—茶文化—
高等学校—教材　Ⅳ.①TS971. 21

中国版本图书馆 CIP 数据核字（2020）第 258887 号

责任编辑：贾　磊

策划编辑：贾　磊　　责任终审：李建华　　封面设计：锋尚设计
版式设计：砚祥志远　　责任校对：朱燕春　　责任监印：张　可

出版发行：中国轻工业出版社（北京鲁谷东街 5 号，邮编：100040）
印　　刷：三河市万龙印装有限公司
经　　销：各地新华书店
版　　次：2024 年 1 月第 1 版第 2 次印刷
开　　本：787×1092　1/16　印张：25. 25
字　　数：560 千字
书　　号：ISBN 978-7-5184-3349-0　定价：88. 00 元
邮购电话：010-85119873
发行电话：010-85119832　010-85119912
网　　址：http：//www. chlip. com. cn
Email：club@ chlip. com. cn
如发现图书残缺请与我社邮购联系调换
232013J1C102ZBQ

本书编写人员

主　编

　　周红杰（云南农业大学）

副主编

　　李亚莉（云南农业大学）

参　编

　　邓秀娟（云南农业大学）

　　苏　丹（信阳农林学院）

　　袁文侠（云南农业大学）

　　吴文斗（云南农业大学）

　　郑慕蓉（武夷学院）

　　伍贤学（玉溪师范学院）

　　冯黎睿（昆明市中医医院）

　　武晓庆（嵩山少林武术职业学院）

　　王智慧（滇西应用技术大学）

　　单治国（普洱学院）

　　罗光瑾（普洱学院）

　　张春花（普洱学院）

　　刘　洋（江西农业大学）

　　熊　燕（四川职业技术学院）

　　沈丽萍（昆明学院）

　　杨凤星（昆明学院）

　　刘本英（云南省农业科学院茶叶研究所）

陈红伟（云南省农业科学院茶叶研究所）

李友勇（云南省农业科学院茶叶研究所）

冯德强（云南中医药大学）

黎星辉（南京农业大学）

朱红缨（浙江树人大学）

陈　蕾（杭州茶厂有限公司）

涂　青（云南中茶茶业有限公司）

薛晓霆（云南追溯文化传播有限公司）

骆爱国（云南沧源佤山茶厂有限公司）

田　迪（云南农业大学）

江小丽（云南追溯文化传播有限公司）

　　云南农业大学茶学院周红杰教授及其团队，多年来致力于云南普洱茶的教学和科研工作。在科研方面，深入系统地对云南普洱茶开展了研究，并取得了突出的成绩，先后获得云南省科技进步特等奖 1 项、一等奖 2 项、三等奖 3 项；在教学方面，2006年率先在本科生教学中开设的"普洱茶文化学"被云南省教育厅评为云南省精品课程，且在"智慧树"课程平台率先建设了云南农业大学首门慕课"神奇的普洱茶"，受众学生覆盖全国 180 余所高校。2019 年，"神奇的普洱茶"慕课在全国生态文明网络课程建设优秀课程遴选中获 B 等，并在智慧树、清华学堂在线、国家智慧教育公共服务平台、学习强国等平台上线，课程已经辐射全校、全省乃至全国。

　　周红杰教授带领团队编撰的《普洱茶学》，是多学科深度融合的交叉型教材，是利用思维导图剖析专业知识的应用性较强的教材，是对传统茶学教材的巨大革新。该教材还是一本独具特色的教材，也可作为非茶学专业爱好者学习普洱茶知识的实用性极强的读本。

　　周红杰教授及其团队以发展的眼光、科学的态度和踏实认真的精神，翔实地介绍了普洱茶学的内容、范畴与特点，普洱茶学的定义、性质与内涵，普洱茶学研究的目的、任务与方法，普洱茶学的时代意义。该教材从科学层面提升茶学专业中普洱茶学的完整性及专业性，章节知识的思维导图使知识体系更加清晰明了，同时对塑造大学生的思维能力起到引导作用，有利于拓展高校学生的视野，并在专业知识塑造过程中培养大学生的创新能力、实践能力和创业精神。该教材为广大普洱茶爱好者提供了专业指导，有利于提高其对我国普洱茶科学内涵的认知，更有利于促进普洱茶科学研究成果的传播和传承普洱茶科学文化精髓。

　　我和周红杰教授是同行，也是多年朋友。欣闻他主编的中国轻工业"十四五"规划立项教材即将和读者见面，这是茶学教育界的一件喜事，在此以序为贺。希望该书既是学生学习普洱茶的专业读本，更是社会热爱普洱茶人士首选的科学读本。

中国工程院院士、湖南农业大学教授　刘仲华

2022 年 11 月

岁月何如？岁月是欢喜遇见，遇见更好的自己，遇见更好的你，心绪里藏有落叶、开有花丛，还有那些来自生命的点滴。岁月普洱，她的记忆无需隐藏，那些路过的风景，终是生命中永远的铭记，岁月的洗礼，终会沉淀出普洱真实无瑕的美，而我们就在等待和期盼的道路上，一直没有停歇。

人生何如？世间初相识、走马观花的路过、历经沧桑的厌倦，皆是人生无常，或许再激荡的青春记忆，都会归于平淡，悄然氤氲在一盏普洱茶中。人生普洱，纯正茶香中品出恬淡无忧之心境，凛然条索中品出世事锤炼之艰辛，洁亮茶汤中品出琼浆玉液之亮丽，顺活韵味中品出浓酽香醇之甘美，肥润叶底中品出大叶天成之品格。人生普洱，品的是一份美好的记忆，亦是一杯浓烈的香茗。

《普洱茶学》何如？它是尝过岁月之味、领略过人生异彩的新段落，段落里满是径仄愁回马，韵叶冰霜倍清绝；它开启了普洱茶的新篇章，篇章里满是岁月知味、人生万象。

《普洱茶学》终于编撰完成，这对科学推广普洱茶而言是一件可喜可贺的盛事。

云南普洱茶源远流长，最早可溯及武王伐纣时期，至唐朝时就有被贸易的记载，宋朝李石的《续博物志》记载："西藩之用普茶，已自唐朝。"1993 年 4 月，首届中国普洱茶国际学术研讨会暨首届中国普洱茶叶节隆重举办，此后普洱茶的知名度越来越大。如今，普洱茶作为云南的一张名片早已扬名海内外。普洱茶产业是云南省重要的特色经济支柱产业，是乡村振兴、绿色发展新时期的健康产业。

普洱茶除了"柴米油盐酱醋茶"的生活需要，更有"琴棋书画诗酒茶"的精神文化内涵，这种文化内涵的传承与发展，依赖于教育。教育是一个国家、民族的基石。基于此，《普洱茶学》教材的编写，是发展社会主义特色经济的一个重要举措，普洱茶学的建设不仅要使古老的普洱茶广为天下知，还要让世界进一步了解普洱茶、认识普洱茶、品饮普洱茶，体会普洱茶深刻的文化内涵。就这一点来讲，《普洱茶学》教材的编写，顺应了时代发展的要求。

这部教材的问世，不啻一部把普洱茶文化推进向前的推动器。没有文化、历史底蕴的物品是没有生命力的，《普洱茶学》抓住了这一重要内涵，为普洱茶这古老而具有时代气息的健康饮品注入新的活力。普洱茶不再是一个单纯的饮料商品，人们可以通过品饮普洱茶，在闲适中潜移默化地、多角度地品味一种独特的民族文化、民族心理和民族风情。

普洱茶的故乡流传着这样一句民歌："喝了普洱茶，脚下生风走天涯；喝了普洱茶，交的朋友遍天下。"从这句歌词来看，喝普洱茶是一种浪漫也是一种雅趣。

《普洱茶学》教材的编写，对普洱茶故乡云南省的各族人民自身也是一种境界上的提高，大家除了持续关注技艺与技术外，更加注重艺术、道德、哲学、宗教等各个方面与普洱茶的关联与融合。普洱茶事活动更注重饮茶者在与人交往中的礼仪，注重探寻普洱茶深层次的文化内涵。

《普洱茶学》教材在新时期围绕云南地方特色文化和特色经济发展需求，针对经济建设和文化建设的实际需要，统一规划，不断完善教学内容，在教学实践中努力适应新的发展形势，使普洱茶享誉全球，真正为打造云南文化大省助力。《普洱茶学》教材从普洱茶历史、种质资源、加工、产品、贮藏、品质化学、微生物、评鉴与冲泡、健康、美学、美食、文化等方面做了精心梳理，全面、系统、科学地构建了普洱茶学科体系。

本教材除可作为茶学专业本科生的配套教材外，同时也可作为喜欢普洱茶及其文化者了解普洱茶知识、普洱茶文化的重要读本。

让我们走进《普洱茶学》，一起谱写普洱茶的新篇章。

全国优秀教师、云南农业大学二级教授

2022 年 11 月

前言

　　茶，自神农氏最初发现和利用以来，在中国历史上已被饮用了几千年，伴随着中华民族的繁衍而生生不息。在漫长的历史发展过程中，种茶、采茶、制茶、饮茶以及与民族生活相融形成的茶礼、茶俗已成为我国茶文化体系中的有机组成部分，蕴含着高度的艺术价值与文化价值。

　　云南作为世界茶树的起源中心，具有丰富的茶资源，尤其是云南的普洱茶，是茶叶大家族中备受青睐的佳茗之一。普洱茶是一个代表着历史与文化的名词。与其他茶类相比，普洱茶在种植、加工、产品、品质、贮藏、品饮、保健等方面都具有诸多的独特性。

　　为了突出普洱茶产业的优势及特色，传播普洱茶文化及知识，2006年云南农业大学率先在茶学专业本科生教学中开设了"普洱茶文化学"课程，并建设成为校级和省级精品课程，2020年入选云南省首批线下一流课程。

　　近年来，随着人们生活水平的不断提高，茶与健康的关系备受人们关注。曾经创造过辉煌历史的普洱茶在经历了百年沉寂之后，又得以兴起。虽然普洱茶的科学研究起步较晚，但进展迅猛，在种质资源、加工、贮藏、功效、评鉴等方面都有较大的突破。科学研究数据佐证了普洱茶所具有的调节血脂异常、调节血压、调节血糖、增强免疫、抗衰老等作用。国家"一带一路"倡议及"健康中国"新时期发展战略推动着中国茶产业的发展，希望了解、学习普洱茶知识的人也越来越多，这是云南普洱茶发展的战略机遇。为了全面、系统、科学地介绍普洱茶，培养更多优秀的茶叶工作者，顺应新时期"坚持教育优先发展、科技自立自强、人才引领驱动，加快建设教育强国、科技强国、人才强国，坚持为党育人、为国育才，全面提高人才自主培养质量，着力造就拔尖创新人才"的要求，我们组织相关人员编写完成了本教材。

　　本教材以发展的眼光和科学的态度，翔实介绍了普洱茶学的内容、范畴与特点，普洱茶学的定义、性质与内涵，普洱茶学研究的目的、任务与方法，普洱茶学的时代意义。本教材共计十五章，包括普洱茶学概论、普洱茶史略、云南大叶种茶树、普洱茶化学、普洱茶与微生物、普洱茶加工、普洱茶产品、普洱茶贮藏、普洱茶品质、普洱茶评鉴、普洱茶冲泡、普洱茶与健康研究、普洱茶美学、普洱茶民族文化、普洱茶产业发展趋势以及普洱茶大事记等内容。

　　《普洱茶学》是一本融合茶学、生物学、植物学、化学、微生物学、食品科学等多学科，利用思维导图剖析专业知识的应用性较强的教材。本教材具有鲜明的专业特色及科学内涵，所教授的内容既有普洱茶学的系统理论基础知识，又融入了生物技术、生物医学、信息技术等现代科学技术特色教育的元素，推进农科与理、工、文学科的深度交叉融合，既突出普洱茶的科学性及思想性，又注重知识的深度、广度和实用性。

《普洱茶学》既是顺应新时期发展形成的一门独具特色、深度创新的专业教材，又是非专业人士学习普洱茶的实用性科学读本，可在专业知识塑造过程中培养大学生的创新能力、实践能力和创业精神。

本教材具体编写分工：第一章由周红杰、苏丹编写；第二章由周红杰、陈红伟、张春花、单治国编写；第三章由周红杰、刘本英、李友勇、武晓庆、黎星辉编写；第四章由周红杰、伍贤学、苏丹、陈蕾、熊燕编写；第五章由周红杰、邓秀娟、江小丽编写；第六章由周红杰、罗光瑾、薛晓霆编写；第七章由周红杰、苏丹编写；第八章由周红杰、苏丹、吴文斗编写；第九章由周红杰、苏丹、袁文侠编写；第十章由周红杰、苏丹、骆爱国、陈蕾编写；第十一章由李亚莉、刘洋、王智慧编写；第十二章由周红杰、涂青、冯黎睿、冯德强、田迪、江小丽编写；第十三章由周红杰、李亚莉、朱红缨、田迪编写；第十四章由李亚莉、郑慕蓉、沈丽萍、杨凤星、武晓庆编写；第十五章由周红杰、李亚莉、苏丹编写；附录由单治国、陈红伟编写。全书由周红杰担任主编并负责统稿。

周红杰名师工作室研究生黄刚骅、施宏媛、沈远载、陶琳琳、康冠宏、滕树楠、周永健、曹博、王志霞、方欣、周佳、吴婷、高畅、李沅达、杨莹燕、高斯婷、黄媛、于娟、任玲、周小慧、肖雪、王清艺、董蕊、鲁倩、马晨阳、杨雪怡、吴欣欣、李利亭、熊梦钒、陈泽文及"数字云茶"朱为文参与了本教材的整理工作，为本教材的顺利完成付出了心血。云南民族博物馆杨兆麟研究员、云南农业大学人文社会科学学院沈云都教授对书稿中的民族、美学等内容提出修改建议，并指导完善相关章节内容。

本教材不仅突出了普洱茶学的丰富内涵，重点介绍了普洱茶的发展历史、加工特色、品鉴要领、民族习俗，同时还总结了近年来团队成员在普洱茶品质化学、加工技术、贮藏技术、保健作用、品鉴技巧等方面所取得的一些研究成果，旨在对广大普洱茶爱好者及消费者客观认识普洱茶提供帮助，在新时期对带动普洱茶消费及促进普洱茶产业健康可持续发展发挥积极作用。

在书稿完成之际，中国工程院院士、湖南农业大学教授刘仲华欣然为本书作序。特此致谢。

《普洱茶学》定位于高等院校本科生及研究生教材、相关课题研究的工具书，旨在为学生或热爱普洱茶人士提供一个完整的普洱茶学学科体系，与其教育科研和就业需求以及社会需求相适应，提高教材的适用性。

本教材涉及领域广泛，内容撰写较多，由于编者水平所限，书中内容难免有疏漏不妥之处，敬请读者批评指正。

编　者
2022 年 11 月

目 录

第一章　普洱茶学概论

中国是茶的故乡，云南是世界茶树的起源中心。普洱茶是云南特色茶类，普洱茶学是研究普洱茶从云南大叶种茶鲜叶到加工，再到消费过程中所涉及的物质属性与精神属性活动总和的一门综合性学科。普洱茶学不但是研究普洱茶从茶园到茶杯、从物质到精神的一个完整学科体系，而且是应用自然科学和应用科学原理来研究普洱茶的物理、化学和生物化学特性及其在普洱茶加工过程中的变化规律的学科，还是应用人文科学和社会科学原理研究普洱茶品饮活动中物质文明与精神文明的学科，具有系统性、发展性、地区性、文化性、国际性等特征。本章思维导图见图1-1。

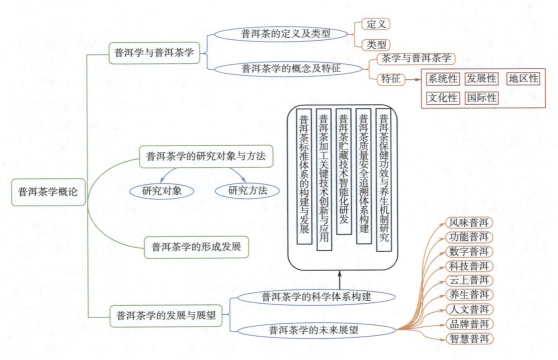

图1-1　第一章思维导图

第一节 普洱茶与普洱茶学

普洱茶经过漫长的历史发展，无论是加工方式还是形态特征都发生了重大变化，其加工工艺更加注重科学技术的运用及生产方面的创新。普洱茶学便是普洱茶与时代相结合孕育而生的一门学科，以普洱茶为研究中心，涉及的领域从物质层面到精神层面，包含了栽培育种、生理生化、加工审评以及文化鉴赏等。在生产实践中，普洱茶学逐渐形成了地域特色，具有丰富的文化内涵，实现了多维度融合发展。

一、普洱茶的定义及类型

（一）普洱茶的定义

普洱茶是云南的传统历史名茶，是云南省特有的国家地理标志产品，具有独特的品质特征与保健功效。根据 GB/T 22111—2008《地理标志产品　普洱茶》中的定义，普洱茶是以地理标志保护范围内的云南大叶种晒青茶为原料，并在地理标志保护范围内采用特定的加工工艺制成，具有独特品质特征的茶叶。其中普洱茶地理标志保护区域是指云南省昆明市、普洱市、临沧市、保山市、玉溪市、西双版纳傣族自治州、大理白族自治州、德宏傣族景颇族自治州、楚雄彝族自治州、文山壮族苗族自治州、红河哈尼族彝族自治州 11 个市（州）、75 个县（市、区）、639 个乡（镇、街道办事处）现辖行政区域。

（二）普洱茶的类型

从普洱茶的形成途径和发展历史来看，我们可以比较科学地分成两大部分来认识普洱茶，即传统普洱茶和现代普洱茶。两种不同途径所形成的普洱茶，具有各自的独特品质和文化内涵。从加工工艺和品质特征来看，普洱茶又可分为普洱茶（生茶）和普洱茶（熟茶），这也是目前应用最广泛的一种分类方式。此外，从型制特点来看，普洱茶还可分为普洱茶散茶、普洱茶紧压茶（砖、饼、沱）及其深加工产品（茶粉、茶膏等）。

1. 按形成途径及发展历史分类

（1）**传统普洱茶**　传统普洱茶是指以云南大叶种茶树鲜叶经杀青、揉捻、日晒等工序制成的大叶种晒青茶，经蒸压后自然干燥并存放一定时间形成的茶品；其品质成因主要是水热作用和自然氧化，特点是汤色黄褐或琥珀色，滋味醇厚回甘，随着存放时间的延长香气由花香蜜香逐渐转为陈香或药香。其对应的是 GB/T 22111—2008《地理标志产品　普洱茶》中的普洱茶（生茶）经一定时间存放陈化后的系列产品。

（2）**现代普洱茶**　现代普洱茶是以云南大叶种晒青茶为原料，经适度潮水、微生物固态发酵形成半成品茶后筛分形成的级号散茶，或重新拼配调和再经蒸压形成砖、饼、沱、柱等紧压茶；其品质成因主要是微生物和水热作用，特征是汤色红浓明亮（褐红或棕红），滋味甘滑醇厚，香气陈香浓郁（或带干果香、甜香、藕香、木香、药香等），叶底棕红或褐红油润、柔软匀齐。其对应的是 GB/T 22111—2008 中的普洱茶（熟茶）。

2. 按加工工艺及品质特征分类

普洱茶按加工工艺及品质特征，可分为普洱茶（生茶）和普洱茶（熟茶）两种类型；按外观形态可分为普洱茶（熟茶）散茶、普洱茶（生茶、熟茶）紧压茶，普洱茶（熟茶）散茶按品质特征分为特级、一级至十级共 11 个级别，普洱茶（生茶、熟茶）紧压茶外形有圆饼形、碗臼形、方形、柱形等多种形状和规格。普洱茶产品关系图如图 1-2 所示。

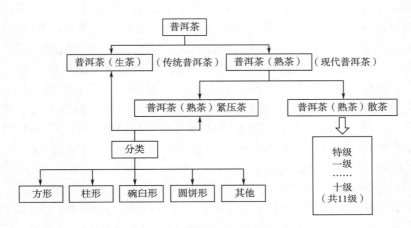

图 1-2　普洱茶产品关系图

（1）普洱茶（生茶）　普洱茶（生茶）是以地理标志保护范围内的云南大叶种晒青茶为原料，在地理标志保护范围内通过晒青茶精制、蒸压成型、干燥、包装加工而成。

（2）普洱茶（熟茶）　普洱茶（熟茶）是以地理标志保护范围内的云南大叶种晒青茶为原料，在地理标志保护范围内适度潮水后，经微生物、酶、湿热、氧化等综合作用，发酵形成普洱茶（熟茶）独有的品质特征：外形色泽红褐，汤色红浓明亮，香气独特陈香，滋味醇厚回甘，叶底红褐。

二、普洱茶学的概念及特征

普洱茶学是在茶学基础上产生的一门新兴学科，是茶学的一个分支，重点以普洱茶为研究对象，围绕着普洱茶的鲜叶原料、茶树生长气候环境、种植管理、加工技艺、仓储条件等方面展开深入研究。该学科的产生丰富了茶学学科内容，完善了茶学学科知识体系，有利于茶学学科的发展。

（一）茶学与普洱茶学

1. 茶学的概念

茶学是一门以农学为基础，并包含加工学、经济学和社会科学的交叉学科。属于农学范畴的有茶的栽培、育种、植保、生理、生态等；属于加工学范畴的有茶的加工、机械、检验、生化、综合利用等；属于经济学范畴的有茶的经营管理、贸易等；属于社会科学范畴的有茶的历史、文化等。

茶学是园艺学的分支学科，研究茶树的栽培和繁育，制茶，茶叶质量及审评、检验方法，茶叶销售、流通学等经济活动以及茶文化。

茶学是中国具有悠久历史和鲜明特色的传统学科，也是一门涉及自然科学和人文科学的现代学科。

2. 普洱茶学的概念

普洱茶学是以普洱茶为研究对象，从茶园到茶杯，研究普洱茶从物质到精神所涉及的相关事物完整的学科体系的总和。普洱茶学既是应用自然科学和应用科学原理来研究普洱茶的物理、化学和生物化学特性及其在普洱茶加工工程中的变化规律的科学，又是应用人文科学和社会科学研究普洱茶品饮活动中物质文明与精神文明的科学。普洱茶学包含了茶树栽培、普洱茶加工、普洱茶化学、普洱茶与微生物、普洱茶文化等领域，甚至还包括民族茶文化。普洱茶加工过程是指通过一定工序和方式从云南大叶种茶鲜叶采摘至形成普洱茶（生茶）、普洱茶（熟茶）的单元操作组合。普洱茶品质形成与品种、地域、气候、工艺、贮藏条件等因素紧密相关，作为研究对象，品质良好的普洱茶必须同时具备"优质的原料""精湛的工艺""科学的贮藏"三个基本条件，同时对这些环节做到信息可追溯。

3. 普洱茶学学科体系构建的意义

普洱茶学具有鲜明的地方特色及新时期茶学学科内涵，其学科体系的构建，有利于促进新农科课程体系建设改革发展，有利于大数据时代和大健康时代响应"一带一路"倡议创新人才的培养，有利于促进茶产业健康发展，凸显中国特色茶类的优势，有利于高等茶学教育知识库的丰富及完善。普洱茶学在高校茶学专业中独具特色、创新性明显。

（二）普洱茶学的特征

新时代普洱茶以独特的特性呈现，其功能上更贴近茶的第一功能，符合新时代人们生存的健康追求。从社会发展角度来看，普洱茶学学科顺应了时代发展的需求，普洱茶学具有系统性、发展性、地区性、文化性、国际性的特征。

1. 系统性

普洱茶学是一门综合性学科，从古代到现代、从茶园到茶杯、从物质到精神、从自然科学到人文科学多维度融合的新兴学科。内容涵盖普洱茶史略、云南大叶种茶树、普洱茶加工、普洱茶产品、普洱茶贮藏、普洱茶品质、普洱茶化学、普洱茶与微生物、普洱茶评鉴、普洱茶冲泡、普洱茶功效、普洱茶美学、普洱茶美食、普洱茶民族文化，同时，针对云南茶产业的特点及发展历程的需要，又增加普洱茶新时代发展、普洱茶大事记等方面的内容。方法涉及茶学、农学、植物学、微生物学、食品科学、化学、生物学、医学、计算机科学、历史学、社会学、民族学、经济学、文学、哲学、美学、传播学、艺术学等相关学科的理论和科学研究方法。

普洱茶学丰富的内涵提升了茶学体系中普洱茶的完整性及专业性，为提高高校学生及广大普洱茶爱好者对普洱茶科学内涵的认识、促进普洱茶学研究和传承优秀普洱茶科学文化精髓奠定良好的基础。

2. 发展性

从云南先民献茶周武王开始，普洱茶在商品经济发展、民族融合、文化碰撞过程中不断发展；从传统普洱茶的粗放生产到现代普洱茶的精细化加工和多元化利用，在茶树栽植、加工、贮藏、贸易等方面不断进步；从"治边维边"的重要物资到当代"一带一路"辐射全球的健康使者，在经济、政治、文化等领域的影响力不断提升。

新时期，物质文明和精神文明的发展给普洱茶学注入了新的内涵和活力，使其内涵及表现形式不断扩大、延伸、创新和发展。人工智能的时代已经来临，且正深刻影响并重塑着人类的生产生活。中国特色社会主义新时代的农业发展和农业技术人才培养也不无例外地面临着更高的要求和挑战。教育部在 2019 年工作重点中指出，要深化高等教育内涵式发展，明确提出要推进一流本科教育建设，全面实施"六卓越一拔尖"计划 2.0，开展本科专业三级认证，推进新工科、新医科、新农科、新文科建设。实施一流专业建设"双万计划"和一流课程建设"双万计划"。"双万计划"中也强调突出示范领跑，建设新工科、新医科、新农科、新文科示范性本科专业，引领带动高校优化专业结构、促进专业建设质量提升，推动形成高水平人才培养体系。中共中央、国务院《关于深化教育改革全面推进素质教育的决定》中明确指出："高等教育要重视培养大学生的创新能力、实践能力和创业精神"。普洱茶学的创建和课程开设，是顺应茶学高等教育课程新体系改革发展需要的产物，既满足学生的学习愿望，又与新农科建设构建农林教育质量新标准相吻合，主动布局新农科"金课"建设，用生物技术、信息技术、工程技术等现代科学技术改造提升普洱茶学课程体系，有利于推进茶学与理、工、文学科的深度融合理念的实践。

3. 地区性

普洱茶学的研究主体具有地区性，是一门独具地域特色的学科。

其一，普洱茶是云南的地理标志产品，其原料和加工区域独具地区性。在 GB/T 22111—2008 中明确规定了原料是地理保护范围内的云南大叶种晒青，加工区域也必须在地理保护范围内。

其二，生态环境具有地域特性。表现为低纬度、高海拔，立体生态气候，土壤类型多样，孕育丰富茶树种质资源。"十里不同天"，凸显"一山一味"。

其三，加工环境和贮藏具有地域特性。表现为普洱茶（熟茶）发酵环境微生物群落的差异性、贮藏环境（温度、湿度、氧气等）的差异性、加工工艺和产品的地区差异性。

其四，用茶方式具有地域特性。表现为不同地区、不同民族，其用茶方式（包括茶礼、茶俗、茶具等）的多样性和独特性。

4. 文化性

中国的传统文化博大精深，内涵丰富。普洱茶学将文学、历史、哲学、艺术以及美学融为一体，同时贯通了儒家、道家、佛家的文化精髓，与政治、经济、社会紧紧相连，成为优秀传统文化的组成部分和一种独具特色的文化模式。普洱茶学突出茶与素质教育内容，融入茶文化的育人功能，提升创新思维能力、文化修养和审美观，陶冶情操、完善人格。

同时，普洱茶学又具有民族文化性。中华民族有着悠久灿烂的历史文化，千百年来，56 个民族，56 个兄弟姐妹，和睦共处，繁衍生息。各民族的生活方式多彩缤纷，各有不同。云南不同的民族，在不断的发展过程中，将普洱茶融入自己的历史、文化、风俗中，形成了不同的饮茶用茶方式及由此而衍生出的丰富的普洱茶文化。

5. 国际性

中国是茶的故乡，全世界的茶和茶文化都直接或间接来源于中国。普洱茶作为中国茶中的璀璨明珠已经辐射全球，如亚洲（日本、韩国、新加坡、马来西亚、泰国、越南、缅甸、老挝、印度尼西亚等国）、美洲（美国、加拿大、墨西哥等国）、欧洲（法国、英国、俄罗斯、意大利、捷克等国）、非洲（摩洛哥、突尼斯等国）、大洋洲（澳大利亚），普洱茶已传播至五大洲的多个国家和地区，不仅饮用普洱茶，甚至成立普洱茶研究机构进行研究、宣传、推广普洱茶。普洱茶"攻补兼具"的保健功效，在大健康时代将大力促进全球人类的健康文明。普洱茶作为国际交流的重要桥梁，对文化传播、经济发展有重要作用，具有明显的国际性。

第二节　普洱茶学的研究对象与方法

一、普洱茶学的研究对象

普洱茶学，作为一门学科类别，包括科技、文化双重研究领域。普洱茶学是普洱茶科学与普洱茶文化有机统一的载体。普洱茶科学是以普洱茶为研究对象，研究分析云南大叶种茶树种质资源、茶树栽培、普洱茶加工工艺与品质形成、普洱茶贮藏、普洱茶风味及普洱茶功能等内容的学科体系。普洱茶文化是包括普洱茶历史、普洱茶品评技法和冲泡艺术的鉴赏以及品著环境的领略等整个品茶过程的美好意境，其过程体现形式和精神的相互统一，是普洱茶品饮活动过程中形成的文化现象。

普洱茶学是研究普洱茶从云南大叶种茶鲜叶到加工，再到消费过程中所涉及的物质属性与精神属性活动总和的一门综合性学科。研究内容丰富，涉及从普洱茶史略、云南大叶种茶树、普洱茶加工、普洱茶产品、普洱茶贮藏、普洱茶品质、普洱茶化学、普洱茶微生物、普洱茶评鉴、普洱茶冲泡、普洱茶功效、普洱茶美学、普洱茶美食、普洱茶民族文化等方面的知识，同时针对云南茶产业的特点及发展历程的需要，又增加普洱茶新时代发展、普洱茶大事记等方面的内容，这是普洱茶学基础理论。

二、普洱茶学的研究方法

（一）研究方法

普洱茶学研究可以采用历史文献分析、市场调查、实验研究、数理统计、模型构建等方法进行综合研究，在研究中发现新现象、新事物或提出新理论、新观点，揭示事物的内在规律。不同侧重的载体，赋予了普洱茶学不同的研究途径，并通过人们不断总结、提炼加以完善。科学研究在于挖掘研究对象的内在本质，在于对其表观现象的抽丝剥茧，在于解读最深层的网络密码，最终为人类了解事物、利用事物提供最直接、最客观的理论依据和实际指导。普洱茶学研究贯穿历史学、文学、植物学、微生物学、植物生理学、食品科学、分子生物学、栽培育种学等多个学科。普洱茶作为多个学科研究的载体，其学科交叉融合展开的综合研究，更能够辐射出巨大潜力，使普洱茶的有效利用在健康时空下做出卓越贡献。

普洱茶的研究以茶树、茶叶、茶饮载体为出发点，综合各类基础知识纵横展开机理、转化途径和利用状况等多项研究。但就普洱茶学现今发展及应用研究状况而言，多数基础研究项目集中于普洱茶的生理代谢和普洱茶的加工过程。普洱茶学的研究方法包含梳理普洱茶历史、客观评价认知普洱茶，以科学发展观研究普洱茶、从精神层面探究普洱茶文化，并注重普洱茶物质和文明的双重特性，对普洱茶学科学体系的完善构建发挥积极的作用。

（二）如何研究和学习普洱茶学

1. 从形成与演变入手研究普洱茶

普洱茶是云南高原特色产品，只有在地理标志保护范围内利用云南大叶种晒青，按照特定的加工工艺加工而成的才可称为普洱茶。地理标志保护范围不仅彰显了普洱茶的独特性，也高度突显了普洱茶资源的弥足珍贵和云南茶树种质资源的雄厚实力。1973年根据市场发展及消费者对普洱茶的要求，中国茶叶总公司云南茶叶分公司改进加工工艺，在传统加工工艺晒青毛茶制成后的后续工序前增加类似于酿酒发酵的人工渥堆发酵技术，第一批试验样品制成后经专家和消费者体验后反响极好，从此诞生了如今的普洱茶（熟茶）和普洱茶渥堆发酵技术。通过不断改进技术和稳定品质，普洱茶（熟茶）有一定量的产品面世。1979年，云南省普洱茶加工工艺试行办法得以制定和实施。普洱茶渥堆技术不仅使发酵普洱茶产品定型，且加快了晒青毛茶及其压制品的陈化速度，缩短了后熟时间，真正形成了新时期普洱茶的另一大品质特色。这一革命性的创新发展，使普洱茶在基本茶叶品类、品种中脱颖而出，独树一帜。

2. 应用现代科学理论研究普洱茶

如今已进入后基因组时代，全世界合作投入大量的资金获得了海量免费的生物信息数据，这为从分子水平解析普洱茶（熟茶）发酵过程中微生物群落结构、极性微生物类群、化学物质代谢途径和酶作用体系等方面数据挖掘提供了宝贵的资源和难逢的机遇。普洱茶发酵理论研究从单一组学到多组学（基因组学、转录组学、蛋白组学、代谢组学、感官组学）联合分析，为普洱茶发酵生物学问题研究开启更多切入点及新方向，为精确定位普洱茶发酵生理机理，靶标定位普洱茶功能提供铿锵有力的理论依据。多组学技术的联合应用将极大地促进普洱茶（熟茶）微生物发酵领域的发展，使普洱茶的功能发现和使用效率急剧提升，可为人类健康提升、生活保健及机体疾病预防做出贡献。现代普洱茶的开发与利用见表1-1，可预计，随着普洱茶（熟茶）工程利用全基因、功能基因定位、基因克隆、酶反应器、工程菌构建、生物酶工程及波谱学技术等联合应用的研究深入，未来普洱茶（熟茶）发酵将向着智慧可控方向发展，形成数字普洱、功能普洱、智能普洱的新格局，为普洱茶产业健康持续发展做出巨大贡献。

表 1-1	现代普洱茶的开发与利用	
科研方向	存在问题	发展趋势
茶园管理	粗放管理、滥用农药化肥	依据茶树生长阶段特性，配置管理措施
茶叶品类	依靠经验	依据原料组分性质分析进行适制性规划
工艺	依据传统经验，手工制作	依据原料和茶品特性的分析进行参数优化设计，逐步实现机械化和自动化
控制加工和贮藏变化	依据经验简单控制	依据变化机理科学管控，实现可控化和智能化
深加工	规模小、浪费大、效益低	规模增大、范围加宽、浪费少、效益高
开发综合利用资源	系统化程度低	根据茶叶区域特色开发利用

3. 多学科交叉融合研究普洱茶

普洱茶学以茶学研究为基础，应用食品科学、分子生物学、微生物学、分析化学等学科，融合计算机科学与信息技术及健康养生文化，开启普洱茶学学科新时代。

普洱茶加工技术产业化经历了三大版块两大技术转变时期，普洱茶智能化生产技术产业核心是利用发酵剂催化，主要包括微生物群落、微生物进化系统、微生物生理活性、菌种改良（细胞工程、基因工程）、酶作用途径和化学成分代谢图谱等多技术平台。通过应用多学科交叉技术、基于非培养、计算机数据设计及定向化研究等策略，揭示普洱茶（熟茶）发酵过程中微生物作用机制，从不同结构层次解析微生物发酵体系进化的模块性，通过对普洱茶（熟茶）微生物的全基因测序及功能注释分析，拓展关键酶序列空间，定位研究酶系统生物学作用。

普洱茶与特色旅游、民族风情文化、绿色餐饮、"大健康"等第三产业融合发展，是实现普洱茶战略集群生态链延伸的途径之一。基于茶文化、经济学、旅游学等理论基础，挖掘普洱茶的生态、休闲、文化和非农价值，集聚人文历史、休闲度假、观光体验、健康养生、文化宣传、美丽乡村建设等资源，大力发展集休闲、观光、体验等功能为一体的普洱茶新业态，推进普洱茶与旅游、教育、文化等产业的深度融合，是普洱茶学多学科应用的另一个方面。

第三节 普洱茶学的形成与构建

云南农业大学于 1972 年建立茶学专业，1973 年开始招生，担负着培养茶学专业高级专门人才的任务。近半个世纪以来，经过一代代茶人的努力，在教学、科研、社会服务等方面取得了一些成果，为促进茶叶优势产业的发展做出了一定的贡献，2020 年入选国家一流专业建设。

近年来，随着茶学在国内外的不断升温，研究茶叶科技与文化的机构和社团相继成立。云南农业大学于 1998 年首先在本科生中开设了"茶文化学"课程，接着又作为全校公选课开设。1998 年云南农业大学将"茶文化学"列入学校"一类课程"建设项目，随后又列为"多媒体课件制作"及"校级精品课程"建设，2004年评为云南省精品课程。2006年普洱茶学院成立，传承创新培养茶学专业高级专业人才的任务。2008年针对学科发展结合专业特色开设"普洱茶文化学"茶学本科专业课和全校公选课，同年被列为云南省"精品课程"。2015年，以满足全国高校学生对普洱茶知识及文化的需求为目标，服务广大社会普洱茶爱好者，结合三十余年的教学实践，利用多元化信息技术（微信公众号和"学习通"等应用程序），建设了云南农业大学首门慕课"神奇的普洱茶"，为普洱茶学知识体系的多元化传播积累了经验。经多年教学实践与改革，2020年"普洱茶文化学"入选云南省首批一流本科课程，是茶学专业的支撑课程。

新农科建设将重塑农业教育链、拓展农业产业链、提升农业价值链，加快我国由农业大国向农业强国迈进。新职业对人才的需求不断发生变化，而学科作为人才培养和科技发展的载体，新农科人才的培养要求及培养方式也将发生变化。新农科人才需要掌握更多智能化时代的知识和新型技术，其培养方式上也将要求应用更多的电子化、信息化技术，同时由于人工智能也会涉及伦理问题，也应该注重科技伦理方面的培养。新农科人才需要掌握更多智能化时代的知识和新型技术，根据新时代的人才培养目标，对云南农业大学的茶学专业进行教学创新改革，在以往开设的普洱茶文化学、茶文化等相关课程基础上重新定位普洱茶课程，集成提升新增开设"普洱茶学"课程。

第四节 普洱茶学的发展与展望

普洱茶学是时代发展茶学的一个分支，是普洱茶科学走进人们生活的必然。普洱茶以其独特的个性在众多茶类中呈现其自身的科学体系，使其科学与文化得到有机的融合。在新时代呈现出新的活力和生命力，推动着中国茶产业的不断更新和健康持续发展，真正释放出茶叶福泽大众的初衷与使命。

一、普洱茶学的科学体系构建基础

（一）普洱茶标准体系的构建与发展

从普洱茶的品种适制性、普洱茶加工技术、普洱茶原料与成品茶农残、重金属分析，普洱茶化学成分形成与转化机理、普洱茶特征功能成分提取物的毒理学评价等方面系统开展普洱茶化学成分及质量标准研究，从优质普洱茶的理化指标、优质普洱茶的卫生安全指标、优质普洱茶的功能品质指标三个方面制定和规范优质普洱茶品质标准。

（二）普洱茶加工关键技术创新与应用

针对普洱茶产业转型升级的关键问题进行系统研究与攻关，取得了适合云南山地特点的高效立体生态茶园栽培技术，以及普洱茶发酵创新工艺和装备、功效研究和创新产品开发等关键技术的突破。实现了普洱茶的清洁化、标准化和机械化生产，研制出普洱茶标准样；揭示了普洱茶主要功效机理，为科学宣传和推广普洱茶的健康功效提供了科学数据；开发出普洱茶精深加工产品，扩展普洱茶产业链，成功开发速溶普洱茶、普洱茶日化等系列深加工产品，将普洱茶产品延伸到快销品、日化用品和保健食品等领域。

（三）普洱茶贮藏技术智能化研发

普洱茶陈化是普洱茶在科学贮藏过程中化学物质与贮藏空间（温度、湿度、光照、微生物）之间的一系列复杂反应，该过程可促进普洱茶陈香物质、醇化品质、生物活性成分的形成。普洱茶的贮藏研究主要包括：①根据普洱茶（生茶、熟茶）陈化动态特征变化机制及规律建立普洱茶陈化数据库；②根据入仓普洱茶特性及贮藏空间特征，构建普洱茶陈化指数判别模型；③建立普洱茶陈化质量等级定量模型，客观评估普洱茶陈化价值；④智能适配贮藏技术参数（温度、湿度、负氧离子等），实现陈化普洱茶风味精准调控。

（四）普洱茶质量安全追溯体系构建

普洱茶的安全性及真实性是制约整个普洱茶产业健康发展的难题之一。通过云茶质量安全追溯系统和"智慧金叶"追溯标签，实现普洱茶从种植基地、加工基地、贮藏基地与销售流通等全生命周期的可视化监控。区块链技术应用于普洱茶产业链安全控制领域，以便供应链中的每一方（生产商，加工商、分销商和顾客）都能提供有关其特定角色的可追溯性信息（如日期、生产信息、产品信息、地点、流通渠道等），可以追溯普洱茶源头，以保障普洱茶从生产到出厂、运输和销售一系列流程的有据可查。

（五）普洱茶保健功效与养生机制研究

2007年，周红杰教授通过多年研究实践，总结出了普洱茶的养生机制：①养生物质来源多样；②大分子小分子化；③品饮的平和性。

研究普洱茶原料与成品普洱茶中的生物活性物质，揭示普洱茶降脂、降糖、降压、减肥、抗氧化等功效及机制。

二、普洱茶发展趋势

科技的日益创新，使传统的普洱茶研究走向了高科技的轨道。普洱茶以其独特魅力，传统现代相结合，集成风味、功能、数字、科技、云上、养生、人文、品牌和智慧多元化呈现内涵，引领茶科学、茶文化、茶生活、茶经济、茶产业等整体正向健康的发展。

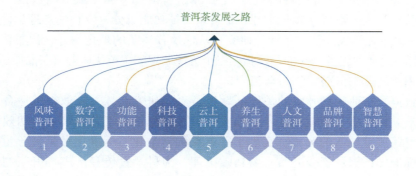

普洱茶发展之路

思考题

1. 请简述普洱茶的分类。
2. 普洱茶学的内涵包括哪些?
3. 如何研究和学习普洱茶学?

参考文献

[1]龚加顺,周红杰.云南普洱茶化学[M].昆明:云南科技出版社,2011.

[2]周红杰,龚加顺.普洱茶与微生物[M].昆明:云南科技出版社,2012.

[3]周红杰,李亚莉.中国十大茶叶区域公用品牌之普洱茶[M].北京:中国农业出版社,2021.

[4]周红杰,李亚莉.第一次品普洱茶就上手(图解版)[M].2版.北京:旅游教育出版社,2021.

第二章　普洱茶史略

　　普洱茶是云南历史悠久的传统名茶，从古老先民发现茶、利用茶，到三国时期受蜀汉文化的影响而驯化、种植茶树；从唐代樊绰《蛮书》中"散收，无采造法"的早期产品，到明代的"蒸而团之"的"普茶"，再到清代、民国时期各种规格的团茶、饼茶、沱茶、砖茶、茶膏、紧茶等，最终到现代采用传统或人工发酵的方法实现了规模化生产。普洱茶历经几千年的发展与演变，至今依然是云南最具特色、最负盛名的茶类产品。本章思维导图见图2-1。

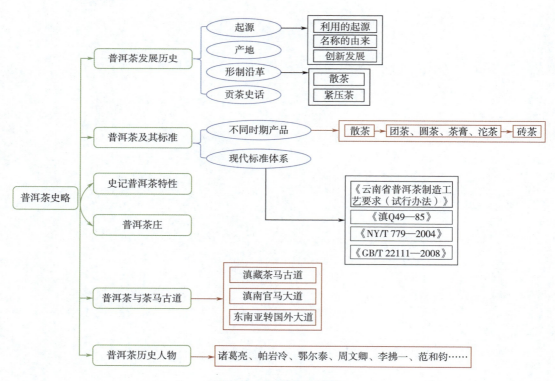

图2-1　第二章思维导图

第一节　普洱茶发展历史

一、普洱茶的起源与发展

（一）茶出银生城界诸山

人们对茶叶的认识、利用、驯化和人工种植是一个长期的历史发展过程。云南得天独厚的生态环境孕育了丰富的物种资源，云南作为世界茶树的原产地，茶树诞生其中并不断发展、演化。2000 多年前，当地的濮人在长期的生产、生活中逐渐认识、利用茶树，以茶为药、以茶为食。三国时期，诸葛亮平定南中等地，深刻而久远地影响了云南经济文化等方面的发展。先民们在原有认识的基础上，进一步驯化、种植茶树，并进一步利用茶叶。此时是巴蜀文化对云南发展影响较大的时期，推动了云南茶叶早期的发展。

唐宋期间，云南处于相对独立的状态，此时巴蜀和江南茶叶均已实现了突破性的发展，由最初的生晒羹饮演变至蒸青饼茶，但由于普洱茶与主流茶的交流欠缺，导致其发展处于停滞状态。

公元 738 年，蒙舍人（今彝族的先民）在大理一带建立了相对独立的南诏王国并不断发展壮大，辖境超过今云南全境。公元 751 年，南诏军队在与唐军的战争中大获全胜。因此陆羽在《茶经》中并未加入云南茶区。但在《茶经》成书 106 年之后，唐使樊绰于咸通五年（公元 864 年）在《蛮书》一书中记述"茶出银生城界诸山，散收无采造法，蒙舍蛮以椒、姜、桂和烹而饮之"。这是汉文史籍中最早对云南茶叶的明确记述。其"银生城界诸山"，就是银生节度使管辖的茶山，包括今普洱市、西双版纳州等地的古茶山。银生城即今普洱市景东县，是南诏时期茶叶集散地。此时，已经有了云南茶叶的大体产地，但无"普洱"和"普洱茶"的说法。

宋朝时期，云南地区建立的大理国，独立于中原王朝，严重阻碍了宋代龙团凤饼、斗茶之风等的传入与发展。唐宋是我国茶叶事业发展速度最快的时期，实现了突破性发展，而此时的普洱茶区归银生城统一管理，普洱茶在"隔离于世"的背景下缓慢地传播与发展，整体效果不佳。南宋时期李石撰写的《续博物志》也只写了"茶出银生诸山，采无时，杂椒姜烹而饮之。"进一步肯定了云南茶叶的产地和饮用方法，但也无"普洱茶"一说。

元朝将大理国灭亡之后，建立了云南行省，再次将云南一带纳入中央王朝的管辖范围。云南茶叶也得到蒙古人的普遍青睐，并随蒙古人的征战开始传播，茶叶交易日趋频繁。元大德七年（公元 1303 年），李京撰写的《云南志略》"诸夷风俗"一篇，记有"交易五日一集，旦则妇人为市，日中男子为市，以毡布茶盐互相贸易"。此时，仍无"普洱"和"普洱茶"的名称。

（二）"普洱"地名及"普洱茶"名称的出现

在今普洱市宁洱县一带，商、周时期属产里地；秦朝属西南夷地；西汉为哀牢地；东汉、三国时期属益州永昌郡；隋代时为"濮部"；唐代南诏时期称"步日睑"（"步日"是佤语"濮人兄弟"之意，指布朗人），属银生节度；大理国时期改称"步日部"，属威楚府；元置普日（读音同"耳"）思摩甸长官司，属元江路；明洪武十六年（公元1383年），"普日"改写成"普耳"，属车里宣慰使司（今西双版纳州）管辖，万历年间又改写成"普洱"；清雍正七年（公元1729年）设普洱府，雍正十三年（1735年），置宁洱县，为普洱府驻地；1913年，宁洱县更名为普洱县，次年复名为宁洱县；1951年，宁洱县更名为普洱县，县人民政府驻宁洱镇；2007年，普洱县更名为宁洱县，原地级思茅市更名为普洱市，辖思茅区、宁洱县、墨江县、景东县、澜沧县等10县（区）。

明朝初期，"普耳（洱）"地名开始出现，并因茶叶交易的发展，逐渐出现了"普（洱）茶"名称。当时，由于茶马互市与郑和下西洋，使茶叶、丝绸、陶瓷的贸易大为繁荣，茶叶市场需求旺盛。车里宣慰使司利用优越的自然条件、丰富的古茶山资源和较为安定团结的社会环境，曾有组织地发展过大规模茶叶种植，为清朝时期"普洱茶"大发展打下了坚实基础。车里宣慰使司除大规模发展种植茶叶外，还在其管理的北部边境交通要道"普洱"设立了相当于现在的边境贸易口岸，车里所产茶叶和其他物产在此集散贸易，车里宣慰使司还派了一名官员到普洱进行管理。明万历时期《云南通志》中有"车里之普洱，此处产茶，有车里一头目居之"的记载。"普洱"地名首次出现在史志书上，并肯定了其处产茶。但此时，还是没有"普洱茶"之说。由于在普洱集散的茶叶"较他茶为盛"，茶市日趋繁荣。对于车里宣慰使司境内的少数民族来说，一方面其境内山山都有茶叶，一方面没有文字或多数不懂文字，更不会记录茶叶产自易武、倚邦或者是什么茶山，而普洱作为车里的"边境贸易口岸"有大量商人来此进行茶叶交易，于是逐渐有了"普洱茶"的名称，在汉文史籍中也才逐渐有了"普洱茶"的记载。在明万历年间谢肇淛的《滇略》一书中，有"士庶所用，皆普茶也，蒸而团之"的记述，"普茶"首次在史书中出现。这里的"普茶"就是"普洱茶"。明末清初，方以智《物理小识》（1643年编定）中有"普洱茶蒸之成团，西蕃市之，最能化物"的记述，在清康熙五十三年（公元1714年）章履成的《元江府志》中也有"普洱茶，出普洱山"的记述。清雍正七年（公元1729年）普洱府成立后，对普洱茶的记述就更多了，其中有用"普洱茶"的，也有用"普茶"的，如张泓的《滇南新语》（公元1755年前后）中同时有"普洱"和"普茶"的记述，赵学敏的《本草纲目拾遗》（公元1765年）中有"普洱茶"的记述，檀萃《滇海虞衡志》（公元1799年）中有"普茶"和"普洱所属六茶山"的记述，而阮福《普洱茶记》（公元1825年前后），则是直接以"普洱茶"为题了。

（三）"普洱茶"的创新发展

抗日战争至中华人民共和国成立之前，云南茶叶市场空前萧条。老牌茶区易武等地"因技术不求改善，制法守旧"，加上瘟疫流行，茶农大量外逃，"以至产量锐减，销场日滞"。总的来说，在民国时期，普洱茶的发展潦倒不堪，令人唏嘘。

中华人民共和国成立后，国民经济得到恢复，云南普洱茶重新回到大众的视野中，由于交通条件的改善，经缅甸、老挝、越南、印度等国家的新茶路得到开发，以及包装和仓储条件的改善，普洱茶运往西藏的时间大大缩短，由过去100天缩短为40天，普洱茶的自然后发酵过程较难于此期间自然完成，因此，各厂开始研究人工陈化工艺，包括 20 世纪 50 年代下关茶厂的人工冷发酵、蒸汽热发酵的工艺研究。20 世纪 70 年代初，对外贸易不断扩大，普洱茶生产供不应求。根据消费者对普洱茶的要求，云南省茶叶公司在昆明茶厂研制人工后发酵普洱茶，在勐海茶厂等国营生产厂家推行现代普洱茶生产新工艺、新技术，使普洱茶加工进入了注重科技、重视品质和效益的新时期，并使普洱茶传统工艺在这一阶段得到了恢复。

普洱茶消费区正在逐步扩散，已由藏区、边区、东南沿海扩展到华中、华北、东北、西北、西南等地区。同时，普洱茶的生产工艺技术朝着创新多样化方向发展，市场上的普洱茶在制作工艺、风味风格、产品形态方面更是出现了百花齐放、百家争鸣的局面。

从普洱茶市场繁荣的角度来看，这不仅反映了消费者喜好和需求的多样性，也反映了市场机制下创新求发展的企业竞争理念。随着现代普洱茶产业的迅速发展，产业的不成熟也有所体现，产业品牌构建还需不断探索。

二、普洱茶产地

早期普洱茶的产地是"银生城界诸山"，包括了南诏银生节度辖境内各地的茶山，也就是今天西双版纳州、普洱市等地的古茶山。明代，在车里宣慰使司的统一管理下，古茶山进一步发展，为后来清代的大发展打实了基础。在历史文献中，"六大茶山"是最著名的优质普洱茶产地，自清雍正七年（公元 1729 年）普洱府建立后，就有大量文献记述了普洱茶"六大茶山"。而南糯山、布朗山、贺开、勐宋（勐海）、勐宋（景洪）、景迈等地的古茶山，虽然历史及规模均与"六大茶山"相近，但由于是土司的辖地，相对独立于普洱府之外，加之澜沧江等自然环境的阻隔，也就"默默奉献"了上千年，直到辛亥革命之后才开始出现在汉文文献中。

古"六大茶山"位于今西双版纳州景洪市基诺山乡和勐腊县易武镇、象明乡境内。六大茶山起源于三国时期，相传公元 225 年诸葛亮南征胜利后，巡视了今西双版纳境内的六大茶山，留下了很多器物作纪念，六大茶山因器物而得名。清道光三十年（公元 1850 年）李熙龄《普洱府志·古迹》载："六茶山遗器：俱在城南境。旧传武侯遍历六山，留铜锣于攸乐，置铓于莽芝，埋铁砖于蛮砖，遗木梆于倚邦，埋马镫于革登，置撒袋于曼撒，因以名其山。"另外，六大茶山还流传着诸葛亮传授茶籽给当地各族先民或指导当地各族先民利用茶叶的传说。

六大茶山在唐宋时期逐渐发展，当时产茶的"银生诸山"包括了六大茶山。清代初期，六大茶山是以"茶山"的名称作为一个整体出现在史籍中。清雍正七年（公元 1729 年）设立普洱府，并在攸乐山设立了普洱府攸乐同知（六年后迁至思茅，改称"思茅同知"）。普洱府同知的主要职责就是负责整个茶山的社会治安、督促普洱茶的生产及运销事宜、采办普洱贡茶等。此后，有关六大茶山的记载多了起来。

清乾隆三十年（公元 1765 年）赵学敏《本草纲目拾遗》卷六木部中记载："普洱府出茶，产攸乐、革登、倚邦、莽枝、蛮嵩、慢撒六茶山"。其后，檀萃《滇海虞衡志》（公元 1799 年）卷十一记载了六大茶山及其规模、盛况："普茶名重于天下，此滇之所以为产而资利赖者也，出普洱所属六茶山，一曰攸乐，二曰革登，三曰倚邦，四曰莽枝，五曰蛮端，六曰曼撒。周八百里，入山作茶者数十万人，茶客收买，运于各处，每盈路，可谓大钱粮矣。"师范《滇系》（公元 1807 年）记载了从攸乐到其余五大茶山的里程："普洱府宁洱县六茶山，曰攸乐，即今同知治所（注：同知治所当时已迁往思茅），其东北二百二十里曰莽芝，二百六十里曰革登，三百四十里曰蛮砖，三百六十五里曰倚邦，五百二十里曰漫撒。山势连属，复岭层峦，皆多茶树。"六大茶山的山名在不同的史籍中有不同的记述，阮福《普洱茶记》（公元 1825 年）中也载："普洱茶名遍天下，味最酽，京师尤重之。福来滇，稽之《云南通志》，亦未得其详，但云产攸乐、革登、倚邦、莽枝、蛮嵩、慢撒六茶山。……，所谓普洱茶者，非普洱府界内所产，盖产于府属之思茅厅界也。厅治有茶山六处，曰倚邦、曰架布、曰嶍崆、曰蛮砖、曰革登、曰易武，与《通志》所载之名互异。"为此，1957 年，云南省茶叶研究所第一任所长蒋铨带领西双版纳农技站等有关单位人员实地访问、考察了古六大茶山，考察结果表明：莽枝与革登只隔 7.5km，周围地区不大，实属革登茶山范围。架布、嶍崆位于曼砖、倚邦之间的架布河旁和嶍崆河旁，架布年仅产茶 400kg，而嶍崆产茶更少，架布、嶍崆二处范围比莽枝还小，显然包括在倚邦茶山之内。而易武、攸乐两地范围广，产茶多，各被列为六大茶山之一是理所当然。根据各茶山所处地理位置地区范围大小分析，蒋铨认为古"六大茶山"是指今景洪境内的攸乐及勐腊境内的曼洒、易武、曼砖、倚邦、革登（其山名演变过程见表 2-1，地理位置分布见图 2-2）。其他各种不同茶山地名，都是茶商们根据各人贩运茶叶的不同来源而任意宣扬出来的，都把自己采购的茶叶说成是名山名茶。因此，在同一时期也会出现不同几大茶山的叫法。蒋铨等还考察了曼洒、革登两地的茶王树遗迹，证明史籍中记载的茶王树确实存在过。在倚邦也曾发现过枯死的茶王树。这些茶王树传说是"武侯遗种"，枯死时树龄应达 1000 多年。蒋铨的观点得到了人们普遍的认同，但另一方面，较多的茶山名称也反映出在西双版纳六大茶山区域内大小茶山其实不只六座，不同时期的人们在记述时选取当时最主要、最有名的"六大茶山"而已，同时还反映出茶山内部 300 年的兴衰更替，但茶山作为一个整体，从清初到中华民国前期基本保持了总体繁荣的态势。

表 2-1 　　　　　　　　　　　　　　古六大茶山命名演变

文献	古六大茶山命名
《本草纲目拾遗》（1765 年）	攸乐、革登、倚邦、莽枝、蛮嵩、慢撒
《滇海虞衡志》（1799 年）	攸乐、革登、倚邦、莽枝、蛮端、曼撒
《滇系》（1807 年）	攸乐、革登、倚邦、莽芝、蛮砖、漫撒
《普洱茶记》（1825 年）	攸乐、革登、倚邦、莽枝、蛮嵩、慢撒
现今	攸乐、革登、倚邦、莽枝、蛮砖、易武

　　注：慢撒、曼撒、漫撒和曼洒均为音译地名，在不同古文记载中写法不同。

古六大茶山的面积和产量，在历史文献中没有明确的记载。根据西双版纳州政协《版纳文史资料（四）》（1988）、《勐腊县志》（1994）及其他零散资料综合分析、统计，古六大茶山繁荣时期的茶园面积约为 4000hm²，茶叶产量达 1530t 以上，20 世纪 40 年代，由于战争等因素的影响，古六大茶山最终衰落，茶园或荒芜或砍伐或烧毁，至 1950 年，六大茶山茶叶产量下降到 30t 左右。20 世纪 50 年代，六大茶山复垦了部分荒芜茶园，至 1957 年，茶叶产量恢复到 188t。据 2004 年、2014 年两次普查及有关部门的统计，古六大茶山尚存古茶园 2450hm²，年产干毛茶约 900t。

图 2-2　古六大茶山地理分布

除了古"六大茶山"之外，南糯山、布朗山、贺开、勐宋（勐海）、勐宋（景洪）、景迈等地的古茶山也是优质普洱茶的重要产地。民国以来，由于普洱贡茶消亡及社会动荡、销路不畅、税赋沉重等诸多因素致使江北六大茶山逐渐衰败。同时，澜沧江以南的车（里）佛（海）南（峤）茶区逐渐成为普洱茶的中心产地，而当时所称的车里茶区主要是指今属勐海县的南糯茶山、勐宋茶山和今属景洪市的攸乐茶山。其中，南糯茶山的地位日益突出，所产茶叶经勐海各茶庄收购加工成各类紧压茶后，经缅甸、印度等国销往西藏，或经缅甸、泰国销往南洋地区。

南糯山是具有 1100~1700 年悠久历史的古茶山，也是澜沧江下游流域西岸最著名的古茶山，现存百年以上的栽培型古茶树 1000hm²，古茶树树龄在 300~800 年。南糯山位于西双版纳州勐海县境东部，平均海拔 1400m，山高谷深、植被茂密，具有适宜大叶种茶树生长的最佳生态环境。古茶树主要种植在海拔 1300~1800m 的山坡上、山谷间，且常处于云雾笼罩之中，因而茶叶品质极佳，自古至今都是优质普洱茶重要的原料产地。传说三国时期，诸葛亮南征时传授当地的濮人（今布朗族的先民）栽培利用茶树，直到唐代南诏时期，南糯茶山已成雏形。1100 多年前，古濮人迁离了南糯山，不知去向，而他们遗留的茶树被随后从墨江迁来的爱尼人（哈尼族支系）所继承。根据爱尼人口口相传的"父子连名"谱系，至 21 世纪初期，他们在南糯山定居已经有 57 代了。

千百年来，爱尼人对南糯山的茶树历代加以保护、利用，并不断新植、改造，使南糯山茶叶生产不断发展。至清代，南糯山茶园面积达 1000 多公顷，每年产干毛茶 300 多吨，运往普洱市思茅、西双版纳州易武等地加工成各种普洱紧压茶，再销往海内外。

20 世纪 40 年代末，南糯茶山古茶园大部分荒芜。1950 年，南糯山茶叶产量仅为 16.5t。1951 年以来，南糯茶山逐渐恢复和发展。1953 年，南糯山茶叶产量恢复到 62.5t，1958 年又上升到 193.1t。20 世纪 80 年代以来，云南省茶叶研究所、勐海县茶叶办公室等单位在南糯山先后实施了茶叶经济生态村、云南省茶叶综合试验示范区、国家级茶叶星火计划，新建立了密植速成高产茶园 333.3hm²，至 2001 年，南糯山村茶叶产量达 774t，成为云南产茶第一大村。2021 年，南糯山茶园总面积达 1440hm²，其中，古茶园有 800hm²，面积居勐海县古茶园之首，被誉为"古茶第一村"。

南糯茶山保存有许多珍贵的古茶树资源。20 世纪 50 年代初期，在南糯山随处可见许多直径在 0.3m 以上、树高 3~5m 的大茶树，特别是 1951 年 12 月发现的树龄达 800 多年的栽培型"古茶树王"，株高 5.5m，基部干径达 1.38m，是中华民族在人类历史上最早栽培利用茶树、对人类作出美好贡献的见证。但遗憾的是，这株"古茶树王"不幸于 1995 年死亡。2002 年 5 月，在南糯山半坡老寨海拔 1700m 的偏远山坡密林之中，新发现了一株较为古老、粗大的栽培型古茶树，其树高 5.3m，树幅 9.35m×7.5m，主干基部直径 0.76m，胸径 0.4m，第一分枝距离地面 0.6m，主干分枝 6 枝，树姿开张，树幅较宽大，为勐海大叶茶（属于普洱茶种），树龄估计与原栽培型古茶树王相近。这是南糯茶山悠久历史的又一见证。

另外，位于勐海县布朗山乡的布朗古茶山，种茶历史已有 1000 多年，现存古茶园共 633.67hm²，现存古茶树树龄在 200~500 年；位于勐海县勐混镇的贺开古茶山，历史也有 1000 多年，占地面积达 666.67hm²，其中集中连片的古茶园有 482.67hm²，是国内现存最大一片集中连片的古茶园，现存古茶树树龄在 300~700 年。

除西双版纳州、普洱市属于普洱茶的中心产地之外，临沧市、保山市等也是著名的古老茶区，也有许多数百年的栽培型古茶园、古茶树。云南全省现存栽培型古茶园约为 2 万 hm²。2008 年出台的 GB/T 22111—2008《地理标志产品 普洱茶》规定了普洱茶保护区域为普洱市、西双版纳州、临沧市、昆明市、大理州、保山市、德宏州、楚雄州、红河州、玉溪市、文山州 11 个州（市）、75 个县（市、区）、639 个乡（镇、街道办事处）现辖行政区域。至 2020 年，云南全省茶叶种植总面积达 47.95 万 hm²，干毛茶总产量 46.6 万 t，其中成品茶产量 35.7 万 t。在成品茶中，普洱茶产量达 16.2 万 t，约占 45.4%。

三、普洱茶型制沿革

在漫长的发展历程中，随着社会生产力的不断进步，普洱茶的生产利用方法也不断改进和完善，产品形式多样，有散茶及团茶、饼茶、瓜茶、紧茶、砖茶、沱茶、竹筒茶等各种紧压茶，成为中国乃至世界上最为丰富多彩的一类茶叶产品。从型制上看，主要有散茶和紧压茶两大类，另外还有茶膏等独特的普洱茶产品。

（一）散茶

散茶可分为早期散茶、后期散茶和现代普洱散茶三类。

早期散茶是指明代以前滇南一带土著民族采摘当地大叶种茶树鲜叶生晒而成的散茶，是普洱茶的初创产品。如唐宋时期"散收，无采造法"的银生散茶。当时，云南地方政权南诏、大理国在今普洱市景东县设立银生节度（府），其管辖范围与后来清代设立的普洱府大致相同，即今滇南的普洱市、西双版纳州一带。这一带一直是普洱茶的主要产区。

后期散茶是指明代以来滇南茶区的大叶种晒青毛茶以及将晒青毛茶精制整理而成的散茶，也称滇青茶。如清代八色普洱贡茶中的芽茶和蕊茶。这类滇青茶在长期贮运过程缓慢产生后发酵，逐渐形成了普洱茶独特的色、香、味品质特征。现在，交通运输条件及包装条件的改善使晒青茶难以在短期内发生质的变化。因此，晒青茶本身不再作为普洱茶商品销售，仅作为原料茶来销售，可再加工成生普洱紧压茶及现代普洱茶。

现代普洱散茶是指 1973 年以来创制的以云南大叶种晒青毛茶为原料，经人工增湿、渥堆后发酵（较快后熟）后筛制分级而成的商品茶，主要产品现有宫廷普洱茶、特级等不同级别普洱茶。现代普洱散茶外形条索肥硕壮实，色泽红褐或棕红，汤色红浓，独具陈香，滋味醇和。

（二）紧压茶

紧压茶有生茶、熟茶之分。普洱生茶紧压茶也称传统普洱紧压茶，是指明代以来滇南茶区采用当地大叶种晒青毛茶为原料，经拣剔、称量、蒸软、揉压而形成的各种紧压茶，主要有团茶、饼茶、沱茶、瓜茶、紧茶、砖茶等；普洱熟茶紧压茶也称现代普洱紧压茶，是以人工后发酵的普洱散茶为原料，经蒸压而成的具有传统外形的普洱茶产品，主要有饼茶、沱茶、砖茶等。无论生熟，同一外形的产品具有造型端正、松紧适度、规格一致等特点。

清代是其繁荣时期，八色普洱贡茶中就有五种不同规格的团茶。清代后期至民国初期，团茶逐渐演变为瓜茶、紧茶、沱茶等产品。瓜茶一度上贡给清皇室。1963 年，北京故宫曾清理出一部分普洱贡茶，其中有一个清光绪年间的普洱金瓜贡茶。紧茶又称牛心茶、蛮装茶，20 世纪 20 年代勐海、下关（今属大理市）开始生产这种心形带柄（或称蘑菇形）的紧茶，成为藏销普洱茶的大宗产品。60 年代后期，紧茶的生产为砖茶所取代，直到 1986 年下关茶厂才恢复生产少量心形紧茶供应西藏市场。沱茶主产于滇西茶叶集散中心下关。1902 年，景谷县月饼形团茶运销下关，后在下关被当地茶商改制为碗臼状沱茶。1941 年，下关茶厂前身康藏茶厂成立，以西双版纳、思茅、临沧等地晒青毛茶为原料，生产沱茶等生普洱紧压茶。经不断发展，下关沱茶已成为驰名中外的优质茶叶产品。

饼茶又称圆茶，传统的饼茶为青饼（也称生饼）普洱茶，即将晒青毛茶经拣剔、称量、蒸软、重压定形做成规格一致的饼状茶，风干后将七饼为一垛用竹笋叶包装，称为七子饼茶。七子饼茶蕴含了美满团圆、多子多福之意，且便于运输和保管，深受海外侨胞的喜爱。清乾隆初年，易武等茶山开始生产七子饼茶，到清末民初，易武七子饼茶一度繁荣，出现了同庆号、同兴号、同昌号、宋聘号、福元昌、庆春号等十多家闻名海内外的大茶庄，每年外销七子饼茶300多吨。20世纪30年代末期，易武七子饼茶开始衰落。勐海于民国初期开始生产七子饼茶，1938年至1941年间，年产七子饼茶300t左右，1941年12月太平洋战争爆发后很快衰落。1954年，勐海茶厂、下关茶厂恢复生产七子饼茶。20世纪90年代以来，随着海内外普洱茶热的逐渐升温，青饼普洱茶加工技术在云南省普洱茶区广泛传播，各地均有优质青饼普洱茶出产。

四、普洱贡茶史话

南诏时期，银生节度的管辖范围包括今普洱、西双版纳等地区。南诏政权允许这些地方的被征服部落民族保留原来的社会经济制度，但必须以当地土特产缴纳贡赋，以表臣服，茶叶便是其中之一。这种作为贡赋的茶叶也称之为"贡茶"。银生城也成了南诏时期滇南茶叶的产地、集散地及南诏银生贡茶的中转地，只不过享受贡茶的不是中央王朝，而是相对独立的南诏王国。南诏的统治民族蒙舍人（即今彝族的先民）正是通过银生城收取滇南一带朴子蛮（即布朗族的先民）等民族缴纳的贡茶，并"以椒、姜、桂和烹而饮之。"

清顺治十六年（公元1659年），清兵进占云南，并在明朝原有设置的基础上，逐步推进"改土归流"政策。最初，车里宣慰使司等边疆土司得以保留，只是要缴纳一定的贡赋。而普洱茶作为车里宣慰司特产之一，清初即开始上贡皇室。具体年代一说为顺治时期，一说为康熙时期，但均没有确信的记载。民国时期的罗养儒在《纪我所知集》（公元1939年）中记载："论云南贡茶入帝廷，是自康熙朝始，云南督抚派员支库款，采买普洱茶五担运送到京，供内廷作饮。至此，遂成定例，按年进贡一次。"但罗养儒的资料从何而来，不得而知。清雍正七年（公元1729年），清政府又在澜沧江以东地区（又称江内）推行"改土归流"政策，将六大茶山等地从车里宣慰使辖境划出设立普洱府，并在攸乐山设立了普洱府攸乐同知（六年后迁至思茅，改称"思茅同知"）。普洱府同知的主要职责就是负责整个茶山的社会治安，督促普洱茶的生产及运销事宜，采办普洱贡茶等。普洱府还在思茅设立总茶店，以六大茶山原料精制普洱贡茶。因此，普洱贡茶始于清雍正年间才是最可信的。

清代史籍中对普洱贡茶的记载较多。张泓《滇南新语》（公元1755年前后）载："普茶珍品，则有毛尖、芽茶、女儿之号。……制抚例用三者充岁贡。"赵学敏《本草纲目拾遗》（公元1765年）："普洱茶大者一团五斤，如人头式，名人头茶，每年入贡，民间不易得也。"吴大勋《滇南闻见录》（公元1782年）载："团茶产于普洱府属之思茅地方……官为收课，每年土贡。"其中，阮福《普洱茶记》（公元1825年前后）对普洱贡茶的记述最为真实、详尽："普洱茶名遍天下，味最酽，京师尤重之。……福又检贡茶案册，知每年进贡之茶，例于布政司库铜息项下，动支银一千两，由思茅厅领去转发采办。……每年备贡者，五斤重团茶、三斤重团茶、一斤重团茶、四两重团茶、一两五钱重团茶，又瓶盛芽茶、蕊茶，匣盛茶膏，共八色。思茅同知领银承办。……于二月间采蕊极细而白，谓之毛尖，以作贡。贡后方许民间贩卖。采而蒸之，揉为团饼。其叶之少放而尤嫩者，名芽茶。采于三四月间者，名小满茶，采于六七月者，名谷花茶。大而圆者名紧团茶，小而圆者名女儿茶。女儿茶为妇女所采，于雨前得之，即四两重团茶也。"

清雍正年间，倚邦土司曹当斋"以功授土千总世职。……当斋死，子秀降等承袭土把总。"曹家管理倚邦、曼庄、革登等茶山 200 多年，同时负责普洱贡茶的采办。在古六大茶山中，"倚邦、蛮嵩（曼庄）者味较胜"，普洱贡茶原料也因而以倚邦茶山为主。倚邦贡茶数每年均在 5t 以上，倚邦也因此享有"贡茶之乡"的美誉。在倚邦茶山范围内，又以曼松茶味最好，曼松茶曾"年解贡茶 20 担"。原西双版纳建设科副科长、最后一代倚邦土司之子曹仲益先生在《倚邦茶山的历史传说回忆录》中记述到："倚邦贡茶……年约百担之多，都全靠人背马驮运至昆明。……这项贡茶，都摊派于五大茶山。其五山茶叶，特以曼松茶叶最为味好，历受各地欢迎，史上昆明市都设有曼松茶铺号，其价值比一般的高，故贡茶指名全要曼松茶，各山茶民均得出款统一购买曼松茶叶交纳上贡，造成五山茶民的很大负担。"

普洱贡茶除了皇宫自用之外，还赏赐给皇亲国戚、亲贵大臣，深得喜爱。末代皇帝溥仪也曾对作家老舍说："普洱茶是皇室成员的宠物，拥有普洱茶是皇室成员显贵的标志"。在中国古典名著《红楼梦》第六十三回《寿怡红群芳开夜宴》中，也有喝女儿茶（普洱茶）助消化的描述，即在贾宝玉生日之夜，怡红院八位丫鬟另行为宝玉庆贺，很晚没睡，荣国府女管家林之孝家的带着几位老婆子来查夜，并催促大家早睡。此时，"宝玉忙笑道：'……今日因吃了面，怕停食，所以多顽一回。'林之孝家的又向袭人笑说：'该泡些普洱茶吃。'袭人、晴雯二人忙说：'泡了一大茶缸子女儿茶，已经吃过两碗了。'……"这里的"女儿茶"即八色普洱贡茶中的"四两重团茶"，因是妇女在雨季之前采摘细嫩的春茶加工而成，故得名。贾家既是亲贵大臣，又是皇亲国戚，拥有皇帝赏赐的普洱贡茶是很自然的，而凭贾宝玉的身份及其兴趣爱好，自然是要喝这种小巧玲珑、韵味独特的"女儿茶"了。

清代末期，由于战争、疾病及社会治安混乱等诸多因素的影响，茶马古道运输不畅，普洱贡茶被迫取消。

第二节 普洱茶及其标准

普洱茶作为云南省的一类历史悠久的名茶，被越来越多的国内外消费者喜爱，更是台港澳、东南亚地区茶叶市场上备受欢迎的特色茶。纵观普洱茶的发展历史，可以发现普洱茶在每个阶段都独具特色。普洱茶作为一个完整的茶类，其标准的制定体现了生产水平的发展与科学技术的进步。

一、普洱茶早期产品

（一）唐代和宋代——散收无采造法

由于唐宋时期现云南地区不属于中央政府管辖，古书中鲜有普洱茶的记载。唐代樊绰所著《蛮书》卷七中记载："茶出银生城界诸山，散收无采造法，蒙舍蛮以椒、姜、桂和烹而饮之。"这是首次文字记录普洱茶加工制作方法，但唐朝时期尚未有普洱茶这一名称。"法"在古文中有法律、制度、方法以及标准的意思，从"散收无采造法"即可见唐朝云南所收茶叶遍布各地区，茶叶的采摘、制作方法因不同地域的生活、饮茶习俗，有不同方法及标准。

唐宋时期茶马古道、茶马互市兴起，茶叶运输以马（包括牛、骡、驴、骆驼等）驮、人背为主要方式，为了运输方便，茶叶可能以紧压的形式存在，但无明确的历史文献记载。据此可知，唐宋时期云南普洱茶的制作还属于无规律的情况。

（二）元代——紧压成型

到了元代，蒙古军队占领了云南，将"步日"改为"普日"，普洱茶已成为边疆各族民间交换的主要商品。元代中期，普洱茶随同以食肉、乳制品为主食的蒙古人进入俄国，由于运输路途遥远，普洱茶紧压型制此时蓬勃发展。

（三）明代——蒸而成团

明代初期的时候，明政府为了拉拢大量的少数民族，准许永宁（今宁蒗县永宁）茶叶自由贸易，促进了普洱茶的发展。"普茶"一词以文字记载最早出现在明万历年间谢肇淛的《滇略》中，这一时期也是普洱茶第一次出现"紧压"形式的文字记载，这表明普洱茶在当时已有制造之法。

（四）清代——茶品多样

清代时期，方以智撰稿的《物理小识》（公元 1643 年）中记述表明普洱团茶已常见于贸易；清顺治十八年（公元 1661 年），应达赖喇嘛的要求，清政府同意在北胜洲（今永胜）建立茶叶市场。雍正十一年（公元 1733 年），"号记茶"开始出现。以同兴号茶庄的成立为标志，各种商号相继产生，如福元昌号、宋聘号、易昌号、陈云号、同庆号、车顺号、江城号、敬昌号等。其中，宋聘号与福元昌号、同庆号、同兴号并称为四大贡茶茶庄。这一时期的主要特征：一是商品意识特别强；二是在加工方面以石模和木模为压制工具，散装型普洱茶已逐渐退出其主导地位，而团茶和饼茶开始主导产品形态；三是商标的品牌标识已强烈凸显，不仅每饼茶内压有内飞，整筒还有大票一张；四是普洱茶经济效益突出，已成为普洱府各族人民的主要收入；五是普洱茶销往境外，促进了当地与境外的经济文化交流。清乾隆十三年（公元 1748 年），丽江府改土归流后，清政府在丽江建立茶市，商人领引后赴普洱府买茶贩往"鹤庆州之中甸各番夷地方行销"。西藏对茶叶的大量需求，极大地刺激了云南的茶叶生产。

普洱茶的发展在清朝时达到鼎盛，普洱茶成为岁贡，型制有散茶、饼茶、团茶、沱茶、金瓜茶、茶膏等，多种多样，药性也有多处文献记载，在清代宫廷甚至有"夏饮龙井、冬饮普洱"的传统。

拓展阅读

清代茶品

1. 团茶

清代阮福的《普洱茶记》记载："本地收取新茶时，须以三四斤鲜茶，方能折成一斤干茶。每年备贡者，五斤重团茶、三斤重团茶、一斤重团茶、四两重团茶、一两五钱重团茶，又瓶装芽茶、蕊茶、匣盛茶膏，共八色，思茅同知领银承办。""又云茶产六山，气味随土性而异，生于赤土或土中杂石者最佳，消食散寒解毒。……味极厚难得，种茶之家，芟锄备至，旁生草木，则味劣难售，或与他物同器，则染其气而不堪饮矣。"（详见后文《普洱茶记》）

2. 圆茶

《大清会典事例》："雍正十三年提准，云南商贩茶，系每七圆为一筒，重四十九两，征税银一分，每百斤给一引，应以茶三十二筒为一引，每引收税银三钱二分。于十三年为始，颁给茶引三千。"当时为了规范茶叶交易的市场秩序，清政府作出规定，云南藏销茶为七子饼茶，即每七饼为一筒，每饼七两，共重旧两四十九两。自此，云南七子饼茶出现。

3. 茶膏

清代初期，大锅熬制的茶膏被纳入皇宫贡品清单，并被宫廷进行工艺上的改进，加入了珍贵的药材配伍，采取低温提取、低温干燥的工艺，使茶膏成为高档奢侈品，赵学敏《本草纲目拾遗》称："普洱茶膏黑如漆，醒酒第一，绿色者更佳。消食化痰，消胃生津，功力尤大也。"

4. 紧茶（窝头形）

清代末期，大理喜洲商人严子珍、杨鸿春与江西商人彭永昌筹资创建"永昌祥"商号。起初永昌祥学习了景谷姑娘茶的做法，而后在此基础上改进工艺，在姑娘茶的底部开窝，既便于干燥，又便于组合包装和运输，这种窝头形的紧茶是沱茶的最初样式，一筒五个每个重9两，因主要销往四川沱江一带而得名。

（五）民国时期——砖茶出现

由于滇茶是大叶种茶，苦涩味较重、耐泡，"能经十瀹"，为藏族同胞所喜爱。民国时期滇茶销藏数量逐年增加，一方面使滇茶产业迅速发展，促进了当地的经济增长和人民收入增加；另一方面由于"茶引制"的废除，使滇茶对外贸易更加自由。

1926年可以兴茶庄创建，20世纪30年代是其发展的顶峰时期，年产茶1200担左右。可以兴茶庄生产过普洱茶史上唯一的"十两砖"（即茶重旧制十两），有着"砖中之王"的称号；可以兴砖茶新增了普洱紧茶的形式，解决了心脏形等普洱紧茶运输不便的难题，开创了普洱砖茶史。

1940年范和均创办佛海茶厂。

1949年前，由于战争原因，各茶庄相继歇业，茶厂也停产关闭，普洱茶发展停滞不前。

1949年后，"中茶牌"真正开启中国茶叶的崭新历史。中茶牌中文名称批准时间1949年11月23日，是新中国第一个茶叶商标。1951年3月25—27日，中国茶叶股份有限公司（以下简称中茶公司）向全国有偿征集茶叶商标图案设计，最终上海曹承熙先生设计的方案脱颖而出：绿色"茶"字由八个红色的"中"字环绕着，代表着红色中国出品的绿色茶叶。

1951年12月15日，经中央私营企业局核准，中茶公司取得该商标的专用权。由此，新中国第一个茶叶商标诞生了！中国茶叶股份有限公司，是新中国第一家由中央批准成立的全国性外贸专业总公司。

今天，市场上经常会提到"印记茶"，红印、蓝印、七子小黄印等主要产品，最早就出自这里。目前所看到的红印饼茶中所压内飞均为红色印记，且茶饼的外纸正面皆印着"八中茶"这一中茶公司的标志。在八个"中"字组成的圆圈图案内，有一个红色"茶"字。在中茶公司所生产的普洱茶品中，冠以"八中茶"标志的且"茶"字为红色者，只有红印普洱圆茶和红印云南沱茶。

二、普洱茶标准体系构建

新中国成立以后，云南普洱茶开始恢复生产。1952年，佛海茶厂再次复业并在1953年改名为后来的勐海茶厂，成为云南普洱茶发展中的重要企业，普洱茶生产从此由私人的茶庄商号转到国营工厂体制，由于新中国成立初期国营企业的兴起，民间生产逐渐落寞，普洱茶的制作逐渐规范，标准体系开始建立。

（一）云南省普洱茶制造工艺要求（试行办法）

1973年昆明茶厂开始试制普洱茶（人工渥堆发酵），出现现代普洱茶发酵技术，于1975年正式批量生产。1979年，云南省制定了普洱茶的工艺技术规程，拟定了普洱茶加工技术规程，明确指出云南普洱茶是大叶种云南晒青毛茶后发酵加工后生产的散茶和紧压茶，且明确指出越陈越香。制定了《云南省普洱茶制造工艺要求（试行办法）》并在全省国营厂家推广实施。统一了九个标准样，确定了普洱茶茶号（唛号）的编号办法，茶号是当时出口贸易工作中用于对某种茶品质特点的标识，主要用于进出口业务。茶号的前面两位数为研制该品号普洱茶配方的年份，最后一位数为生产茶品的厂名编号（1为昆明茶厂、2为勐海茶厂、3为下关茶厂、4为普洱茶厂），中间的数字为毛茶原料等级。统一了普洱茶的质量标准和加工工艺。

（二）滇Q49—1985《云南省企业标准（茶叶）》

1985年，云南省标准计量局发布滇Q49—1985《云南省企业标准（茶叶）》，其中涉及普洱茶与压制茶。普洱茶，即经过后期发酵制成的茶类，包括普洱散茶、普洱碎茶、普洱七子饼茶、普洱砖茶；压制茶，即经过蒸压成型的茶类，包括沱茶、普洱方茶（晒青原料）、紧茶、饼茶、康砖茶。从原料上说，首先它是晒青，茶青筛分之后最好的用来做云南的滇青，滇青是绿茶类，细嫩好的分为春蕊、春芽、春尖，用纸盒包装，剩下的就是甲配、乙配、丙配，用纸袋包装。做成滇青商品茶之后剩下的，用来发酵做普洱茶，由此可知在1985年以前加工的普洱茶，相对来讲原料都是相对较粗老或者成熟度高的原料加工的产品。

（三）DB 53/T 102—2003《普洱茶》

2003 年，由云南省茶叶协会提出、云南省质量技术监督局归口，出台了第一个普洱茶云南省地方标准 DB 53/T 102—2003《普洱茶》，于 2003 年 1 月 26 日发布，3 月 1 日起实施。这个地方标准里面强调了云南普洱茶是在云南省一定区域内，采用云南大叶种晒青毛茶为原料，经过独特的后发酵工艺（人工渥堆后发酵工艺）加工成的散茶和紧压茶。且普洱茶的理化指标必须符合该标准，即外形色泽褐红，内质汤色红浓明亮，香气独特陈香，滋味醇厚回甘，叶底褐红，这样的产品才能称为普洱茶。

（四）NY/T 779—2004《普洱茶》

2004 年 4 月 16 日农业部发布了 NY/T 779—2004《普洱茶》，并在 2004 年 6 月 1 日开始实施。该标准适用于以云南大叶种晒青毛茶经熟成再加工和压制成型的各种普洱散茶、普洱压制茶、普洱袋泡茶。熟成是指云南大叶种晒青毛茶及其压制茶在良好贮藏条件下长期贮藏（十年以上），或云南大叶种晒青毛茶经人工渥堆发酵，使茶多酚等生化成分发生氧化聚合等系列反应，最终形成普洱茶特定品质的加工工序。

（五）DB 53/103—2006《普洱茶》、DB 53/171~173—2006《普洱茶综合标准》

2006 年，由云南省农业厅提出的云南省普洱茶综合标准：DB 53/103—2006《普洱茶》、DB 53/171~173—2006《普洱茶综合标准》，在 2003 年的地方标准基础上将普洱茶做了细分。此标准定义普洱茶是云南特有的地理标志产品，以符合普洱茶产地环境条件的云南大叶种晒青茶为原料，按特定的加工工艺生产，具有独特品质特征的茶叶。并将普洱茶分为普洱茶（生茶）和普洱茶（熟茶）两大类型。

（六）GB/T 22111—2008《地理标志产品　普洱茶》

随着普洱茶产业的发展，GB/T 22111—2008《地理标志产品　普洱茶》自 2008 年 12 月 21 日起实施，普洱茶由地方标准上升为国家地理标志产品。作为地理标志产品，国家标准重新定义了普洱茶：普洱茶是云南特有的地理标志产品，以地理标志保护范围内的云南大叶种晒青茶为原料，并在地理标志保护范围内采用特定的加工工艺制成，具有独特品质特征的茶叶。按其加工工艺及品质特征，普洱茶分为普洱茶（生茶）和普洱茶（熟茶）两种类型，按外观形态分普洱茶（熟茶）散茶、普洱茶（生茶、熟茶）紧压茶。其中规定的地理标志保护范围是云南省的 11 个地州、75 个县、639 个乡镇。

GB/T 22111—2008 从地域、品种、加工工艺、品质特征、理化指标、安全性指标、包装、运输、贮藏、感官审评方法等方面对普洱茶进行全面的系统的规定，是目前普洱茶产品的执行标准对普洱茶产业的健康可持续发展具有重大的现实意义。

第三节　史记普洱茶特性

普洱茶从食用发展至药用、饮用，其保健功效方面的阐述颇多。云南少数民族从古至今均有利用普洱茶的药性进行治病解疾。

王昶《滇行目录》云："普洱茶味沉刻，可疗疾。"

张泓《滇南新语》云："滇茶，味近苦，性又极寒，可祛热疾。"

方以智与其子等编《物理小识》（图2-3）云："普洱茶蒸之成团，西蕃市之，最能化物。"

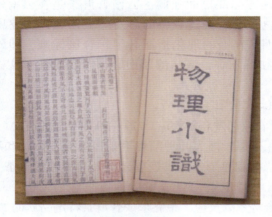

图2-3　《物理小识》

吴大勋《滇南闻见录》云："团茶，能消食理气，去积滞，散风寒，最为有益之物。"

宋士雄《随息居饮食谱》云："茶微苦微甘而凉，清心神醒睡，除烦，凉肝胆，涤热消痰，肃肺胃，明目解渴。普洱产者，味重力峻，善吐风痰，消肉食，凡暑秽痧气腹痛，霍乱痢疾等症初起，饮之辄愈。"

赵学敏《本草纲目拾遗》（图2-4）云："普洱茶味苦性刻，解油腻牛羊毒，苦涩，逐痰下气，利肠通泄。"在其卷六《末部》中又云："普洱茶膏能治百病。如肚胀，受寒，用姜汤发散，出汗即可愈。口破喉颡，受热疼痛，用五分嚼口过夜即愈。"

图2-4　《本草纲目拾遗》

《思茅采访》云："帮助消化，驱散寒冷，有解毒作用。"

《百草镜》云："闷者有三：一风闭；二食闭；三火闭。唯风闭最险。凡不拘何闭，用茄梗伏月采，风干，房中焚之，内用普洱茶三钱煎服，少倾尽出。费容斋子患此，已黑暗不治，得此方试效。"

拓展阅读

《普洱茶记》

阮福《普洱茶记》较为系统全面地描述了当时云南普洱茶的盛况，全文如下。

普洱茶名遍天下。味最酽，京师尤重之。福来滇，稽之《云南通志》，亦未得其详，但云产攸乐、革登、倚邦、莽枝、蛮砖、慢撒六茶山，而倚邦、蛮砖者味最胜。福考普洱府古为西南夷极边地，历代未经内附。檀萃《滇海虞衡志》云：尝疑普洱茶不知显自何时。宋范成大言，南渡后于桂林之静江以茶易西蕃之马，是谓滇南无茶也。李石《续博物志》称：茶出银生诸山，采无时，杂椒姜烹而饮之。普洱古属银生府，西蕃之用普茶，已自唐时，宋人不知，犹于桂林以茶易马，宜滇马之不出也。李石亦南宋人。本朝顺治十六年平云南，那酋归附，旋判伏诛，遍历元江通判。以所属普洱等处六大茶山，纳地设普洱府，并设分防。思茅同知驻思茅，思茅离府治一百二十里。所谓普洱茶者，非普洱府界内所产，盖产于府属之思茅厅界也。厅素有茶山六处，曰倚邦，曰架布，曰嶍崆，曰蛮砖，曰革登，曰易武，与《通志》所载之名互异。福又捡贡茶案册，知每年进贡之茶，例于布政司库铜息项下，动支银一千两，由思茅厅领去转发采办，并置办收茶锡瓶缎匣木箱等费。其茶在思茅。本地收取新茶时，须以三四斤鲜茶，方能折成一斤干茶。每年备贡者，五斤重团茶、三斤重团茶、一斤重团茶、四两重团茶、一两五钱重团茶，又瓶装芽茶、蕊茶、匣盛茶膏，共八色，思茅同知领银承办。《思茅志稿》云：其治革登山有茶王树，较众茶树高大，土人当采茶时，先具酒醴礼祭于此；又云茶产六山，气味随土性而异，生于赤土或土中杂石者最佳，消食散寒解毒。于二月间采蕊极细而白，谓之毛尖，以作贡，贡后方许民间贩卖。采而蒸之，揉为团饼。其叶之少放而犹嫩者，名芽茶；采于三四月者，名小满茶；采于六七月者，名谷花茶；大而圆者，名紧团茶；小而圆者，名女儿茶，女儿茶为妇女所采，于雨前得之，即四两重团茶也；其入商贩之手，而外细内粗者，名改造茶；将揉时预择其内之劲黄而不卷者，名金玉天；其固结而不改者，名疙瘩茶。味极厚难得，种茶之家，芟锄备至，旁生草木，则味劣难售，或与他物同器，则染其气而不堪饮矣。

第四节　普洱茶庄

一、茶庄概述

在普洱茶生产历史上，明代是一个"质变"的时期。明初统治者在云南实行的"屯田制"，把大量内地汉人迁移到云南开发边疆，同时也把内地先进的生产技术传到了云南边疆，大大提高了云南社会的劳动生产力水平，也给古老的云南普洱茶区注入了生机和活力。茶叶生产、贸易有了重大发展，特别是内地的团饼茶加工技术也从这一时期开始，逐步传入滇南一带，并在长期的生产实践中尤其是在日益扩大的茶叶贸易中，由于贮藏、运输等方面的需要，演变发展形成了独具特色的各种普洱紧压茶加工技术。随着这一技术的成熟与传播，以传统普洱紧压茶加工和贸易为主的茶庄开始兴起。

清雍正七年（1729 年）设立普洱府后，官府曾在普洱府治设立专门的管理机构，并在思茅建立有官办性质的总茶店，对茶叶生产贸易实行垄断。而官府对茶农的大肆压榨，最终导致茶叶生产、贸易的一度衰落。清雍正十一年（1733 年），清政府开始采取"土流结合""土流兼治"的办法管理茶山，在严禁官弁盘剥茶农的同时，还要求茶商"按照实价，公开采买"，促进了茶叶生产、贸易的恢复和发展。特别是雍正十三年（1735 年）茶山交由当地土目管理之后，逐步规范了茶叶加工与贸易，茶商们也因此纷纷选择在思茅、倚邦、易武等地设立茶庄。民国时期（公元 1912—1949 年），勐海（当时称佛海）也开始"土流兼治"，加之勐海茶叶原料丰富、品质优良，对外运销渠道通畅，各地茶商开始在勐海开办茶庄，促进了勐海制茶业迅速崛起。

二、历史上的茶庄

云南茶庄创建时间不一，从清朝开始，到民国时期的大发展，主要得益于茶叶产地的扩大以及型制的创新。清雍正年间，云南总督在普洱茶区建设贡茶场，专门收集普洱茶进贡京城，普洱茶名声大噪，各地商人看准趋势纷纷到云南的昆明、下关、宁洱、思茅、勐海、景谷、江城等重镇要道开设茶庄（图 2-5），专门从事普洱茶的收集、制作、转运等事务，为普洱茶商品化迈出第一步。

图 2-5　茶庄

（一）宁洱茶庄

宁洱县始设于清雍正十三年（公元 1735 年），为普洱府驻地，1951 年更名为普洱县，2007 年更名为宁洱县。作为清代普洱府政治、经济、文化中心的宁洱城，延续了明代以来普洱茶交易、管理中心的地位，一度茶商云集、茶庄众多、茶业繁盛。据

《普洱县志》载，清道光、同治年间，仅茶庄就有六七十家，每年茶销量约 570t。其中较大的茶庄、茶号有协太昌、同心昌、福美祥、元盛号、荣和昌、义盛昌、国金号、广兴隆等 20 多家，从事各类普洱散茶和普洱紧压茶的加工和营销。民国时期著名的还有猛景茶庄，以压制心形紧茶而著称。

（二）思茅茶庄

清雍正七年（1729 年）设立普洱府时，思茅设立通判，并设思茅总茶店，负责普洱贡茶的制作。雍正十三年（公元 1735 年），普洱府同知由攸乐迁往思茅，设立思茅厅，隶属于普洱府；民国二年（公元 1913）废厅，改为思茅县。20 世纪 50 年代以来，思茅城日益繁荣。从 1955 年起，思茅城一直为思茅专区（思茅地区、思茅市、普洱市）政府驻地。1958 年底，思茅县并入普洱县，1981 年又恢复思茅县；1993 年改为县级思茅市。2003 年，思茅地区改设思茅市，原县级思茅市改为翠云区；2007 年，思茅市更名为普洱市，翠云区更名为思茅区。

思茅茶庄始于清雍正年间，并在乾隆、嘉庆年间达到繁盛，是清代普洱茶的加工中心和贸易中心。光绪二十三年（公元 1897 年）后，思茅设立海关，茶叶出口销售繁荣。光绪年间，思茅较有名的茶庄有同仁利、恒盛公、裕泰丰、信和仁等，每户茶庄均有揉茶灶 2 盘，年加工各类紧压茶 50 多吨，多者上百吨。民国初期，普洱道署一度由宁洱迁驻思茅，思茅成了普洱道的政治、经济、文化中心，促进了以茶为主的商业活动的繁荣，仅城内大小茶庄就有雷永丰、同仁利、信和祥、裕泰丰、乾利贞、李衡记、裕兴祥、恒和元、庆盛元、大吉祥、瑞丰号、谦益祥、复和园、钧义祥、鼎春利、同和祥、恒泰祥、大有庆、利华等 20 多家，每年加工各类普洱紧压茶 500t 以上。20世纪 30 年代后，由于瘟疫、战争等因素的影响，思茅茶业逐渐衰落，茶庄外迁或关停，最后一家茶庄鼎春利也于 1948 年歇业。

（三）倚邦茶庄

勐腊县象明乡倚邦街曾经是边疆地区较为繁华的茶马重镇，一度茶庄众多，人气旺盛。这里的茶庄始创于清雍正后期，至清代中后期开始衰落。清宣统末年，倚邦街上的茶庄仅存庆丰和、庆丰益、元昌、恒盛、宋云等。民国初期，倚邦茶业有所复兴，新创办了园信公、惠民、升义祥、李宝云、杨聘号、陈会明、崔梅祥、鸿昌号、盛裕祥等茶庄，共有茶庄 10 多家，年产七子饼茶 40～60t。但好景不长，1942 年的战火又将倚邦街大部分建筑及茶庄烧毁，现仅有少量茶庄遗迹可循。

宋云号创办于清光绪初年（公元 1875 年），1911 年停办，1921 年恢复，年产普洱茶 12t 左右，产品销往四川等地，1935 年停办。

鸿昌号创办于 1926 年，最初以倚邦小叶种茶原料加工精品普洱茶，年产量 5t 左右，销往四川等地。随着茶庄生产规模的不断扩大，20 世纪 30 年代，鸿昌号在泰国设立分公司，名为"鸿泰昌号"，后来又在香港及南洋各地设立了代理公司，形成一个庞大的普洱茶营销网络。鸿昌号茶庄的总部一直设在倚邦，20 世纪 50 年代初期仍以合作社形式运营，1957 年西双版纳州茶叶普查时仍然存在。1958 年人民公社成立后，倚邦鸿昌号茶庄消失。

（四）易武茶庄

清雍正年间，石屏人在易武扩展茶园的同时，开始兴建茶庄茶号，就地揉制团茶。乾隆元年（公元 1736 年）开始压制七子饼茶（又称圆茶或元宝茶）。至民国时期，易武街先后建立大大小小茶庄共 20 多家，年加工各类普洱紧压茶 300~450t。易武街著名的茶庄有同庆号、同兴号、同昌号、宋聘号（乾利贞）、福元昌、庆春号、车顺号、综合祥、安乐号、元太祥、太来祥、联兴号、君利祥、迎春号、守兴昌等。

同庆号创办于清乾隆元年（公元 1736 年），共在易武从事普洱茶加工及营销 200 多年，一直以优质的"易武正山"原料加工优质普洱七子饼茶，并在中国香港、泰国、越南等地建有分号，在国内外均具有较高的知名度。民国时期，同庆号年加工普洱七子饼茶 30 多吨，最高年份达 50 多吨，有运茶的骡马 30 头，驮牛 30 头，是易武著名的四大茶庄之一，其产品主要销往香港地区及东南亚国家，年营业额 20 万银圆。20 世纪 50 年代，同庆号收归国有，其建筑现已不存，原址在今易武供销社后面，无迹可寻，令人遗憾。

同兴号创办于清雍正十一年（公元 1733 年），原名同顺祥，也称中信行。1736 年开始生产七子饼茶，其原料来源除了易武本地之外，还收购倚邦曼松等地的毛茶。同兴号以优质普洱茶闻名于世，产品有七子饼茶、砖茶等，其方砖茶曾经上贡清皇室，在杭州中国茶叶博物馆，尚保存有一块清代光绪年间的同兴号"向质卿造"宫廷砖茶，距今已有 120 年左右的历史。民国时期，同兴号年加工普洱七子饼茶 30 多吨，有运茶的骡马 20 头，驮牛 20 头，是易武著名的四大茶庄之一，产品主要销往香港及东南亚国家，年营业额 20 万银圆。1948 年，同兴号停业，庄主向纯武一家返回石屏。同兴号茶庄老宅现存易武老街。

同昌号创办于清同治八年（公元 1869 年），至民国时期，同昌号年加工普洱七子饼茶 20~30t，是易武著名的四大茶庄之一。同昌号茶庄老宅现存易武老街。

宋聘号创办于清光绪初年，乾利贞创办于清光绪二十三年（公元 1897 年），民国初年两家联姻，茶庄合并，统称为"乾利贞宋聘号"。民国时期，乾利贞宋聘号年加工普洱七子饼茶 35~45t，另外还曾经加工少量普洱方茶，是易武著名的四大茶庄之一。乾利贞宋聘号茶庄现已不存，原址在今易武小学教学楼右边。

车顺号创办于清光绪年间，茶庄老宅现存易武老街，并以保存有一块"瑞贡天朝"的木牌匾而闻名（图 2-6），此牌匾乃车顺来以茶作贡，受皇封例贡进士后，由云南布政使所赐。"瑞贡天朝"牌匾由车家后人精心保管。

另外，易武茶庄还包括了今易武乡境内的曼洒、曼腊茶庄。曼洒、曼腊均属于曼洒古茶山范围，清雍正后期开始创办茶庄。曼洒茶庄在清代中期一度繁荣，清代后期因火灾、战乱、疾病等原因而衰败，民国时期只剩下两家茶庄。曼腊茶庄兴于清代中后期，至民国时期尚有陈云号、同顺号、新盛利、德顺祥、杨长寿、高裕和、薛春有、朱家福等 20 多家茶庄、茶号，年加工普洱七子饼茶约 100t。其中，最大的一家陈云号，年加工普洱七子饼茶 10t 以上，并有 50 匹马、100 头牛，将茶叶直接驮到越南莱州。

图 2-6　易武车顺号茶庄

（五）勐海茶庄

　　勐海县境内的茶庄起步较晚，但发展很快，产量较高。1910 年，石屏茶商张堂阶创办了勐海第一个茶叶加工作坊——"恒春茶庄"，从思茅请来揉茶师，收购晒青毛茶，就地加工成紧茶、圆茶等普洱茶产品，再经思茅、普洱转销藏区，或出境销往东南亚、南亚诸国。1921 年，张堂阶等还开通了经缅甸、印度等国通往西藏的茶叶运销路线。

　　由于勐海茶叶品质独特，且原料充足，价格相对低廉，制茶成本低，输出也较为便利，因此吸引了众多的茶商来开设茶庄，收购晒青毛茶，加工成各种普洱紧压茶，促进了茶业的繁荣。至 20 世纪 30—40 年代，勐海境内（包括当时的佛海和南峤）大小茶庄共有 20 多家，每年加工紧茶、饼茶、砖茶等普洱紧压茶 1000 多吨，特别是 1938—1941 年，年产量均在 2000t 以上。1942 年，因勐海屡遭日军飞机轰炸，茶庄被迫停办。抗战胜利后，勐海茶庄一度恢复到 20 多家，但到 1949 年因政局动荡而又纷纷停办了。

　　民国时期的勐海茶庄主要有恒春、洪记、可以兴、恒盛公、新民、复兴、鼎兴、云生祥、时利和、利利、大同、吉安、湘记、公亮等。

　　恒春茶庄创办于 1910 年，为勐海第一家茶庄，创办人为张堂阶（石屏籍），有茶灶 2 盘，加工藏销紧茶及圆茶，年产量 20~30t。

　　洪记茶庄（洪盛祥的分号）创办于 1924 年，创办人为董耀廷（腾冲籍），有茶灶 7 盘，以加工藏销紧茶为主，少量加工方茶，年产量 200~400t。

　　可以兴茶庄创办于 1925 年，创办人为周丕儒（玉溪籍），有茶灶 2 盘，产品有藏销紧茶、圆茶、砖茶，年产量 80~120t。

　　恒盛公茶庄创办于 1928 年，创办人张静波（鹤庆籍），有茶灶 4 盘，专门加工藏销紧茶，年产量 100~300t。

　　新民茶庄即 1928 年创办的掸民茶业合作社，1930 年改称新民茶庄，创办人为勐海傣族土司刀宗汉。茶庄由当时勐海区的傣族以茶叶或现金合股创办，初有茶灶 2 盘，后增至 6 盘，产品有圆茶及藏销紧茶，年产量 100~300t。

（六）其他茶庄

在普洱市景谷县，清光绪二十六年（公元 1900 年），景谷街人李文相创办茶庄，并用优质晒青毛茶蒸压月饼形团茶，又称为谷茶，运销下关后被仿制成碗臼形沱茶。据《景谷县志》载，民国时期创办的茶庄有恒丰源、同裕昌、三元利、三合祥、新华、日升公、德茂生等 30 多家。

在普洱市墨江县，1937 年李子忠等在景星兴建新华茶厂，茶厂有基地 66.7hm²，产品主要有绿茶、红茶及传统普洱茶。1943 年，李子忠在昆明崇仁街开设茶庄，专售景星新华茶厂生产的茶叶。民国时期，在墨江经营茶叶的商号还有华盛昌、广生祥、源馨斋等。

在普洱市江城县，民国时期以经营茶叶为主的商号主要有福泰隆、鸿顺、泰来、兴华祥、福泰昌、同兴昌、永茂昌、四合公、仁和祥、群记、敬昌号等。其中规模最大的敬昌号成立于 1938 年，是墨江源馨斋的分号。

另外，清代、民国时期，在昆明、下关等地也有许多经营茶业的商号。

第五节　普洱茶的传播与茶马古道

一、普洱茶的传播

早在唐代，滇南一带的普洱茶就已传到了当时云南的政治中心大理，并深受南诏国统治民族蒙舍人（今彝族的先民）的喜爱，"蒙舍蛮以椒、姜、桂和烹而饮之"（《蛮书》），同时，通过大理，普洱茶进一步传播到了西藏，"西番之用普茶，已自唐时"，大理一带也成为滇南普洱茶销往西藏的中转站和集散地之一。

清代是普洱茶的繁荣时期，并形成了对藏、对京、对外为主的多渠道传播。在传统的藏销普洱茶方面，丽江逐渐取代大理成为中转站，如从丽江经迪庆进西藏，或从丽江进四川再转运藏区，等等。据清康熙年间刘健《庭闻录》记载，清顺治十八年（公元 1661 年）3 月，五世达赖喇嘛及蒙古干都台吉曾派遣使节于北胜（今云南永胜县）市茶。10 月，北胜辟为茶市，当年入藏普洱茶达 1500t。康熙四年（公元 1665 年），清政府在北胜州正式设立茶马市，1668 年又移茶马市至丽江，藏商马帮必须到丽江购买"茶引"后方可进入滇南茶区购买普洱茶。从康熙到咸丰年间历时 200 年左右，这条茶马古道一直保持稳定的贸易往来，年运销普洱茶曾高达 2500t。清末、民国时期，虽然政治不稳、社会动荡等诸多因素影响了普洱茶的产销，但每年至少也有 200t 普洱茶通过这条茶马古道运往西藏。1973 年，滇藏公路修通，普洱茶由汽车大量运进西藏。

普洱茶对京传播以普洱贡茶为代表。普洱贡茶始自清顺治年间。清雍正七年（公元 1729 年）普洱府设立后，八色普洱贡茶以宁洱为起点运送京城。除了皇室自用之外，还大量赏赐给皇亲国戚、亲贵大臣，并作为国礼赠送外国使节。"普洱茶名遍天下，京师尤重之"，普洱茶在中国茶叶中的地位日益突出。

另外，清代至民国时期的普洱茶还销往我国香港及缅甸、泰国及南洋一带，或经越南、中国香港等地转销欧洲。

20世纪80年代，普洱茶开始在我国台湾地区流行并逐渐发展盛行。90年代以来，普洱茶厚重的文化底蕴及独特的保健功效重新被世人所认识，普洱茶逐渐行销海内外，有关的知识和文化也大量在海内外传播。普洱茶迎来了一轮大发展、大传播阶段。

二、茶马古道线路

普洱茶主要通过茶马古道进行传播。茶马古道是千百年来由一条条的古山道、古驿道互相连接、延伸、发展形成的，主要路段还用青石块、青石板铺设。道路在历史上主要由马帮承担运输任务，运输的物资一度以茶叶最为大宗，因此称之为"茶马古道"。茶马古道不仅是普洱茶运销之路、普洱茶文化传播之路，同时也是各民族经济、文化的交流之路。

清代，普洱府作为茶叶的集散地，以此为中心向国内外辐射，形成不同的茶马古道路线。

（一）滇藏茶马古道主干线

普洱→景东→大理→丽江→香格里拉（中甸）→德钦→西藏芒康→拉萨。

这是唐代就已开通的一条茶马古道，清代进入繁荣时期，中途分支较多，如从丽江经四川进西藏，从大理经永平博南古道出保山进缅甸，等等。1973年，滇藏公路修通，普洱茶由汽车大量运进西藏。

（二）滇南官马大道

普洱→墨江→玉溪→昆明→曲靖（或昭通）→出省转运北京。

这条茶马古道以运输普洱贡茶为主，全程于清初开通，清末部分中断。官马大道中途也有许多分支，如从元江往东到达石屏（明末以来到西双版纳从事普洱茶生产、经营的多为石屏人），也可再由石屏经蒙自到达越南。20世纪50年代，昆洛公路通车后，滇南官马大道逐渐成为历史遗迹。

（三）东南亚转国外大道

云南茶马古道还有多条支线，这些支线与主干线共同构成普洱茶运输网络。其中，以普洱为起点的茶马古道支线主要有：西双版纳→普洱→老挝→越南→香港或南洋诸国；西双版纳→普洱→江城→越南莱州→香港或南洋诸国；西双版纳→普洱→江城→墨江（汇入官马大道）；西双版纳→缅甸仰光→东南亚各国；西双版纳→缅甸仰光→印度→西藏；等等。

民国时期，随着勐海制茶业的崛起，茶马古道的运输逐渐以勐海为中心，有东、南、西、北四条线路：东线由勐海镇往东经景洪至普洱，南线由勐海镇南下经打洛到达缅甸景栋，西线由勐海镇往西经澜沧、孟连出境到缅甸，北线由勐海镇经勐阿、勐往至普洱。

第六节 普洱茶历史人物

一、普洱茶历史人物概述

从古至今,对普洱茶的发展有贡献的人数不胜数,古代有神农氏、诸葛亮、帕岩冷、鄂尔泰等,近代有周文卿、李拂一、范和钧等,这些人物从种植、加工、贸易、文化等不同方向推动普洱茶发展,在普洱茶发展史中具有重要影响,了解普洱茶历史人物,对研究普洱茶历史具有重要意义。

二、普洱茶主要历史人物

(一)雷逢春

雷逢春(约1856—1926年),又名雷朗然,男,汉族,云南石屏人。清光绪二十三年(公元1897年),思茅海关设立后,由石屏举家迁往思茅定居,并创办了雷永丰茶庄,曾任思茅县第一届商会会长,民国十一年(公元1921年)任云南省第三届参议员。在任思茅县商会会长期间,雷逢春每年要主持"茶祖会"祭祀活动。茶叶上市时节,雷逢春都要出面邀请各商家开会定价,把握市场价格,使茶叶市场合理、稳定发展。雷永丰茶庄由雷逢春及其儿子等负责经营,由于资金充足、信誉良好、管理有方,雷永丰茶庄在普洱茶行业内久负盛名,茶庄从易武、倚邦、勐海等地采购优质茶叶原料,运到思茅加工成团饼茶、紧茶、沱茶等产品,运销海内外,并以原料优质、工艺讲究、包装精美而著称。雷永丰茶庄也成为民国时期思茅最大的茶庄,每年加工、销售各类普洱茶50t左右。

(二)张棠阶

张棠阶(?—1938年),男,汉族,云南石屏人。1908年,张棠阶带着两个兄弟由磨黑驮食盐至车里(今景洪)、佛海(今勐海)经商,定居佛海,以经营百货或散茶为业,每年收集散茶运往思茅或缅甸销售后,购买食盐、土产、生活用品等回佛海零售。

1909年2月,为躲避土司间的战乱,张棠阶只身逃到车里。战乱平息后,1910年张棠阶回到佛海重振家业,并开设"恒春"茶庄,从思茅请来汉族揉茶师,就地加工紧茶、圆茶等普洱茶。从此,佛海开始加工各类普洱紧压茶,散茶不再运往思茅。1913年,张棠阶制成圆茶四五十驮运销思茅。

张棠阶创造了勐海普洱茶历史的三个第一:第一家茶庄,1910年开设的"恒春"茶庄是当时车佛南茶区的第一家茶庄,张棠阶也成为民国时期勐海茶庄第一人;第一家生产紧茶的茶庄,1913年张棠阶率先将圆球形的团茶改制成带把的"牛心形"紧茶(或称之为"蘑菇形"紧茶),并用笋叶将七个紧茶包装成一筒,共制成紧茶七八十驮售予缅甸景栋商人张仲德,张仲德转运至印度销售,为佛海茶叶销往印度之始;第一个全程开通"滇、缅、印、藏"普洱茶运销线路之人,1921年张棠阶等全程开通从佛海出发,经打洛出境,再经缅甸、印度抵达西藏的"马帮、汽车、火车、轮船"普洱茶联运线路，拓宽了佛海茶叶的销路。

1938 年，张棠阶在佛海病故。

（三）刘葵光

刘葵光（？—1941 年），字向阳，男，汉族，云南石屏人。民国时期易武同庆号茶庄庄主。同庆号创办于清雍正八年（公元 1730 年），也就是易武改土归流的第二年，庄主刘氏。乾隆元年（公元 1736 年）正式挂牌并开始生产七子饼茶，一直到 20 世纪 40 年代末期。同庆号在易武从事普洱茶加工及营销共有 200 多年的历史，一直以优质的"易武正山"原料加工优质普洱七子饼茶，并在中国香港和泰国、越南等地建有分号，在国内外均具有较高的知名度。民国时期，刘葵光继任庄主，并于 1920 年将原同庆号"龙马商标"改为"双狮旗图"，以防假冒。刘葵光任庄主期间，同庆号年加工普洱七子饼茶 30 多吨，最高年份达 50 多吨，有运茶的骡马 30 头、驮牛 30 头，是易武最大的茶庄，其产品主要销往香港地区及东南亚国家，年营业额 20 万银圆。

民国八年（公元 1919 年），以刘葵光等为主，易武、倚邦两地的茶商、居民共同集资在磨者河上修建了一座长 31m、宽 4.5m、高 7m、主孔跨度 12m 的三孔石拱桥——"承天桥"，方便了普洱茶及居民生活用品的运销。承天桥也成为茶马古道上重要桥梁之一（2002 年毁于洪水）。

（四）刀宗汉

刀宗汉（1903—1944 年），字良臣，男，傣族，云南勐海人，勐海土司，曾任民国时期佛海县建设局副局长、勐海区区长。

1928 年，刀宗汉（图 2-7）为振兴民族工商业，发动各族人民以茶叶或现金入股，成立"掸民茶叶合作社"。初设茶灶 1 盘，后增至 2 盘。加工茶叶外销，生意兴隆。1930 年，扩大股金，改名"新民茶庄"，揉茶灶增至 6 盘，年加工圆茶、紧茶 5000 担（1 担 = 50kg）左右。

1932 年，刀宗汉加入李拂一、周文卿倡导组织的"佛海茶业联合贸易公司"，加工茶叶外销，所获利润按比例留成作为佛海公共事业基金，投入"佛海近代图书馆""佛海卫生院"及建盖商会大楼、小学校舍等项目建设。

图 2-7　刀宗汉

20 世纪 30 年代，刀宗汉组织修筑了佛海通往邻县车里、南峤的简易公路及佛海县城至打洛简易公路的部分路段，方便了普洱茶的运销。

1944 年 8 月 14 日，刀宗汉病逝。

（五）周文卿

周文卿（1884—1950 年），字丕儒，男，汉族，云南玉溪人，祖籍南京。曾任佛海县商会会长、建设局局长、财政委员会主任。

1914 年，周文卿（图 2-8）被派往佛海经营茶盐生意。1925 年，周文卿在佛海曼嘎街建盖新房，开办"可以兴"茶庄，加工紧茶、圆茶和砖茶，运往我国西藏、香港地区和印度等地销售。

1928 年，佛海县成立商会，周文卿被选为会长。上任伊始，鉴

图 2-8　周文卿

于当时茶税繁重，他向省政府建议减免茶税，获采纳，有利于当时佛海茶业的发展繁荣。

1932年，周文卿与多家茶庄联合成立了"佛海茶业联合贸易公司"，将售茶所获盈利提留部分作为地方建设资金。

1950年，周文卿病逝，终年66岁。

（六）白孟愚

白孟愚（1893—1965年），本名白耀明，字亮诚，号孟愚，男，回族，云南省个旧市沙甸人。1935年，白孟愚（图2-9）到车佛南三县（今景洪、勐海、勐遮）考察茶、矿、农等产业发展情况，看到当地大片荒山平坝土质肥沃，水源充足，物产丰富，萌生了开发边地的念头。为此，1936年至1937年间，白孟愚先后在国内22个省市进行考察、学习，又到国外学习茶叶及其他农作物栽培技术。回云南后，白孟愚结合云南边疆情况进行分析研究，提出开发的建议和方案，提交云南省政府、省财政厅。

图2-9　白孟愚

1938年，云南省财政厅采纳了白孟愚的建议，经省务会议决定，委派白孟愚到车佛南茶区筹建"云南省思普区茶业试验场"（今云南省农业科学院茶叶研究所的前身）。白孟愚于1939年1月在南峤（今勐遮）建立"云南省思普区茶业试验场第一分场"，4月在南糯山建立"云南省思普区茶业试验场第二分场"，均选用优良品种，采取等高条植技术种植茶树，其中在南糯山建成73.33hm² 现代梯地茶园，保存至今。

1940年1月，白孟愚在省财政厅的支持下，在南糯山石头寨建立"南糯制茶厂"，在用传统方法生产普洱紧茶的同时，从国外引进了一整套先进的制茶机械设备，并从上海、杭州等地选聘制茶技师10多名到南糯山，生产优质机制红茶（早期红碎茶），开创云南红碎茶生产的先河；同年在曼真成立"云南省思普区茶业试验场（总场）"，白孟愚任场长，并在总场陆续建盖职员宿舍、礼拜堂、医院、疗养所、回族食堂等房产。

1943年，云南省思普区茶业试验场划归省企业局管辖，改称"云南省思普企业局"，原一分场改称安峤农场，原二分场改称南糯山实验种茶场（简称南糯种茶场，也称二场），白孟愚改任总办。

为大力发展生产，白孟愚还先后动员沙甸回族乡亲200多人到佛海从事茶叶生产、纺织等工作，并引进中耕机、圆耙机、播种机等先进农机具，开垦荒地，种植稻谷、甘蔗、蔬菜等粮经作物，并烧砖瓦建盖新式厂房、职员宿舍等，成为佛海最早出现的新式农机具及砖瓦房。

1948年，思普企业局停办，白孟愚卸任后移居缅甸，1956年又移居泰国清迈。1965年8月在泰国病逝，享年72岁。

（七）范和钧

范和钧（1905—1989年），男，汉族，江苏常熟人，曾就读于巴黎大学数学系（图2-10）。1930年秋返回上海任法国驻沪商务处翻译，后在上海商品检验局任茶师；1936年在上海参加中国茶叶公

图2-10　范和钧

司的筹组工作，任首任技师；1937年与吴觉农合著《中国茶业问题》一书；1938年负责创办湖北恩施实验茶厂，亲自负责设计制造各种制茶机械，采用机制红茶获得成功，产品全部销往重庆。1939年春，范和钧与张石城从缅甸景栋绕道到达云南佛海，深入各茶区进行了为期半年的考察。范和钧采用勐海大叶种茶树鲜叶试制了红茶、绿茶，认为勐海茶叶"产量极丰，品质醇厚，制成红茶足与印度大吉岭、安徽祁门相媲美，如大量制销，必能风行国际市场。"茶样寄往香港、上海检验，中外茶师均认为其红茶色、味优于祁红，香高于印度红茶。在听取了范和钧的汇报后，云南中茶公司随即决定在佛海创办试验茶厂，委任范和钧为厂长。

1940年春，范和钧组织90多名从恩施茶厂、江西茶厂抽调及从昆明等地招收的技术员和工人前往佛海筹备建厂。厂址选定在佛海县中心博爱路（今佛照街两侧）的一块荒地，面积为5.33hm²。同时，范和钧亲自到上海为茶厂采购了部分物资，并到泰国曼谷采购制茶机械，到缅甸仰光采购水泥、钢材。回到佛海后，他带领大家就地取材，砍木备料，烧制红砖，自力更生，兴建厂房。他一边建厂，一边发展普洱茶生产，开展普洱茶外销，繁荣了当地经济，改善了边民生活。1941年秋，佛海试验茶厂建成。但太平洋战争的爆发、战火的逼近迫使云南中茶公司于1942年7月电令茶厂职工撤回昆明，制茶机械、设备拆卸装箱后驮运到思茅等地保存。

范和钧于1943年春赴重庆复旦大学茶叶系授课，两年后离校经商，自办茶厂，抗战胜利后去中国台湾继续从事茶业工作，1979年退休后赴美国定居。

1985年，范和钧不顾年老体弱，应中国民主促进会中央委员会的邀请，回到北京、昆明、南京、上海等地参观访问，并作《谈台湾茶事》的学术报告，同时表达对祖国茶叶事业的关心。

1989年11月2日，范和钧在美国病逝，享年84岁。

（八）蒋铨

蒋铨（1918—1991年），男，原名相乐安，浙江绍兴人，长期担任云南省茶叶研究所（场、站）长（1951—1981）、顾问。曾任中国茶叶学会委员、荣誉理事，云南省茶叶学会副理事长等职。

蒋铨（图2-11）1937年在浙江省农业推广人员养成所毕业后，分配到浙江省茶叶改良场工作，任技术员等职；1939年加入中国共产党，1942年参加浙东抗日游击队，不久奉命留地方，以绍兴县农业推广所副主任的身份为掩护从事党的地下工作；1948年进入山东省农林专科学校学习，结业后分配到山东省农林局青州烟草改良场任代技术股长；1949年在山东军区南下干部学校学习，结业后编入

图2-11 蒋铨

西南服务团，随部队进军大西南；云南和平解放后，任昆明军管会农水接收军事联络员；云南省人民政府成立后，任省农林厅农业工作队队长。

1951年7月，省农林厅委派蒋铨到南糯山组建佛海茶叶试验场（即省茶叶所），从此一直担任省茶叶所（场、站）长职务，长达30年之久。20世纪50年代初期，蒋铨率领科技人员实地考察西双版纳古老茶区，制定荒芜茶园垦复方案和技术措施，方案的实施使西双版纳茶园面积在1953年迅速恢复到5533.33hm²，产量由1950年的140

多吨上升到 572t；他致力于科技事业，与科技人员一道，自行设计建起了气象观测站等一批科研实验设施；先后组织领导或参与了全省红茶推广、茶叶加工机具改革、茶树栽培技术研究及推广等科研项目，促进了茶叶科研、生产工作的发展。

蒋铨热心于茶业技术人才培养，20 世纪 50—70 年代，在举办云南全省茶叶技术培训班和省茶叶学校的工作中，他亲自审定教案，亲自授课，为云南茶区培养了一批批技术骨干。他潜心于云南茶史研究，治学严谨，1957 年，他徒步行程 600 多千米，考察六大古茶山，考证了茶山地名、位置、相距里程；1980 年，他在长期调查研究、大量稽考史籍、史实确凿有据的基础上，最早提出云南种茶始于"濮人"，为茶叶界、史学界所公认。蒋铨晚年仍心系茶业，曾多次向省、州茶叶学会就茶叶科研、生产的发展提出许多合理的建议；1985 年不顾年老体弱，随西双版纳州政协考察团赴勐腊考察，撰写了长达数千字的专题报告；1989 年仍在考证明代云南茶叶产地。主要著述有《"濮人"是云南栽茶的祖先》《古"六大茶山"访问记》《勐腊茶区考察报告》《明代云南茶叶产地初考》等。

1991 年 11 月 20 日，蒋铨在景洪病逝，享年 73 岁。

（九）唐庆阳

唐庆阳（1916—1994 年），男，汉族，江苏省南京市人，曾就读于金陵大学经济系。历任勐海茶厂副厂长、厂长，中共勐海茶厂代理总支书记，西双版纳州科委副主任、州科协副主席、州茶叶学会顾问，云南省科协委员，省茶叶学会副理事长、顾问，是"滇红"的创始人之一（图 2-12）。

图 2-12　唐庆阳

1935 年，唐庆阳先后供职于国家经济委员会农业处、安徽省祁门茶叶改良场、重庆蒙藏委员会。1938 年 12 月，被中国茶叶公司云南省分公司派往顺宁（凤庆）创办茶厂。

新中国成立后，1951 年 9 月，他受中国茶叶公司云南省分公司派遣，赴滇南茶区考察茶叶生产，为重建佛海茶厂作准备。此间，他随调查组跋山涉水，风餐露宿，走村串寨，深入茶区，先后对蒙自、元江、墨江、普洱、易武、车里、佛海、南峤等茶区进行深入调查，为云南省茶叶公司提供决策依据。1952 年，唐庆阳奉命负责佛海茶厂的恢复建厂工作。在他的领导下，茶厂很快建成投产。1954 年佛海茶厂更名为西双版纳茶厂（后又更名为勐海茶厂），他就任副厂长。上任后，他一方面加强对农村茶叶生产的业务指导，发放物资；另一方面积极从省外招聘茶叶技工，推广红茶初制生产。

1958 年，勐海茶厂迁址扩建，唐庆阳负责新厂址的选择、规划和建设中的指挥，在艰苦创业中发展壮大了勐海茶厂。在扩大茶叶加工的同时，他注重发展农村茶叶生产，不断呼吁发展新茶园，改造老茶园，经常深入农村第一线开展调查研究，为党和政府指导茶叶生产提供咨询服务。

唐庆阳一生致力于茶叶事业。早在顺宁（凤庆）茶厂期间，就参与研制"滇红"茶产品。1963 年在勐海主持研制了"白眉茶"珍品。他不顾年事已高，在搞好厂内生产的同时，为恢复民间名茶生产，深入勐宋山区，挖掘开发了"竹筒香茶"，使这种民族产品重新走向市场。同时，他经过多年的研究，在总结云南大叶种茶品质优势的基础上，用经筛选的南糯山优质鲜叶原料，于 1981 年成功研制了"南糯白毫"茶叶新产品，该产品于 1982 年被云南省茶叶学会评为名茶，同年 7 月在长沙召开的全国名茶评选会上被评为全国名茶，当年被评为省优产品，1988 年 12 月在全国首届食品博览会上获金质奖章。1993 年，唐庆阳为首届中国普洱茶叶节赋诗一首《七绝·祝贺普洱茶叶节》："普洱茶名天下扬，沱圆红绿五洲香。茶王千岁今还在，万顷茶林满岭岗。"

1994 年 4 月 9 日，唐庆阳因病逝世，享年 78 岁。

（十）李拂一

李拂一（1901—2010 年），原名李承阳，字复一，拂一为笔名，男，汉族，生于云南普洱，祖籍广西桂林。1923 年起定居佛海，曾任五福县（今勐遮镇）教育局局长、佛海县教育局局长、云南省教育厅西南督学区国教视导员、车里县县长等职。

李拂一（图 2-13）是民国时期著名的普洱茶人，不仅自己开办了"复兴"茶庄，还为勐海茶产业奔波、宣传，为勐海地方建设作出了巨大贡献。1927—1945 年，李拂一曾多次到东南亚考察普洱茶的运销，促进了勐海普洱茶出境销售通道的开通，同时还大力向海外华人、华侨宣传西双版纳，鼓励华人、华侨回国参与边疆地区的茶业生产建设工作；1932 年，在李拂一的倡导下，可以兴等多家茶

图 2-13 李拂一

庄联合成立了"佛海茶业联合贸易公司"，统一运输，统一销售，并将售茶所获盈利提留部分作为地方建设资金，投入近代图书馆、卫生院、师范学校、商会大楼和邮政等项目的建设，促进了勐海社会事业的发展。同期，李拂一还看到了国外红茶崛起对普洱茶出口造成的冲击，开始在勐海试制红茶，并编写了调查报告《佛海茶业概况》，呼吁将勐海茶叶的一部分改制红茶，广开销路，认为"佛海茶业前途，有充分发展之希望"。李拂一于 1938 年 10 月在昆明将这一调查报告交"民国政府经济部"，并建议经济部派专家到佛海设厂制茶。这成为勐海茶厂建立的起因之一。1940 年，佛海实验茶厂建立后，李拂一还将自己在佛海茶业联合贸易公司的紧茶经营权让给茶厂接办，作为国家贸易的物资。

李拂一的调查报告《佛海茶业概况》于 1939 年 3 月 15 日发表在昆明《教育与科学》杂志第 5 期上，至今对研究勐海普洱茶发展史有较大的参考价值。另外，20 世纪 80 年代末 90 年代初期，李拂一还写了《佛海茶业与边贸》等多篇回忆性的信函，为勐海史志研究提供了翔实的资料。

2010 年 9 月 7 日，李拂一逝世，享年 109 岁。

思考题

1. 简述"普洱茶"名称的来源。
2. 清代普洱茶产地有哪些？规模及产量如何？
3. 简述普洱紧压茶的历史沿革。
4. 什么是茶马古道？云南茶马古道有哪些线路？
5. 除教材中的介绍之外，你还知道哪些对普洱茶发展具有贡献的人物？

参考文献

[1]李光品,刀亚斌.倚邦茶土三百年[M].昆明:云南科技出版社,2010.

[2]云南省农业科学院茶叶研究所志编委会.云南省农业科学院茶叶研究所志[M].昆明:云南科技出版社,2018.

[3]何青元,陈红伟.勐海普洱茶文化[M].昆明:云南科技出版社,2019.

[4]杨凯.茶庄茶人茶事[M].昆明:晨光出版社,2017.

第三章 云南大叶种茶树

　　茶树种质资源是支撑茶业科技原始创新和茶树育种的物质基础，是保障茶叶安全、生态安全、种业安全的战略性资源。云南独特的地形地貌和气候孕育了丰富的茶树种质资源。云南省是世界茶树的起源中心和原产地，是世界茶组植物种类最多、分布最广的地区，其中云南大叶种茶树是孕育云南普洱茶的优质原料。本章思维导图见图3-1。

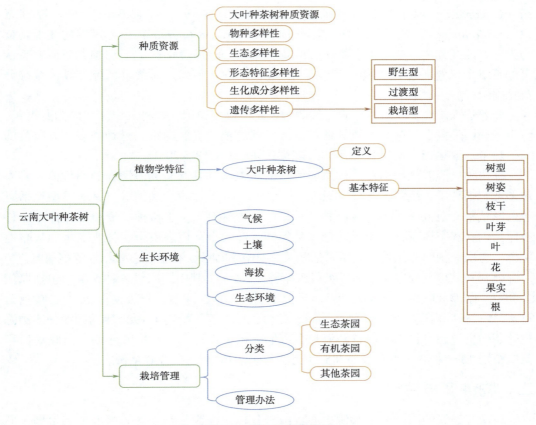

图3-1　第三章思维导图

第一节 云南大叶种茶树种质资源

一、大叶种茶树种质资源

茶树［*Camellia sinensis*（L.）O. Kuntze］隶属于山茶科（Theaceae）山茶属（*Camellia*）茶组植物，为多年生常绿木本植物，是中国重要的经济作物之一。茶树的起源地在西南地区，具有悠久的栽培历史。

我国茶组植物资源丰富，这个组含有多少种植物，不同的学者有着不同的见解。张宏达教授在茶组植物分类中做了大量研究，在 1981 年将茶组植物分为 4 系 17 种 4 变种；1984 年将茶组植物分为 4 系 32 种 4 变种；1998 年，进行了最后一次修订，结果为 4 系 31 种 4 变种，作出的修订有将五室茶（*C. quinquelocularis*）和四球茶（*C. tetracocca*）并入大厂茶（*C. tachangensis*），将哈尼茶（*C. haaniensis*）和多瓣茶（*C. multiplex*）并入马关茶（*C. makuanica*），删除了国内没有分布的滇缅茶（*C. irrawadiensis*）。闵天禄教授在 1992 年将茶组植物分为 12 种 6 变种，归并了 1984 年张宏达系统中的大量物种，2000 年进行修订，结果仍为 12 种 6 变种，增加了国内没有分布的老挝茶（*C. sealyama*），紫果茶（*C. purpurea*）取消，上坝厚轴茶（*C. crassicolumna* var. *shangbaensis*）归入厚轴茶（*C. crassicolumna*），疏齿秃房茶（*C. gymnogyna* var. *remotiserrata*）由秃房茶的变种调整为大厂茶的变种——疏齿大厂茶（*C. tachangensis* var. *remotiserrata*）。目前茶学研究者认可的茶组系统分别为 1998 年张宏达茶组系统和 2000 年闵天禄茶组系统（具体系统分类见附录二）。

张宏达教授经多年研究，确定阿萨姆茶原产地为中国，并将其中文名改为普洱茶，奠定了中国是世界茶树原产地的地位。云南茶组植物资源的特点是种类多，分布范围广，热带、亚热带、温带均有分布，其范围为北纬 21°8′~29°15′。

茶树种质资源是指携带茶树遗传信息的载体，且具有实际或潜在利用价值，其表现形态包括种子、组织、器官、细胞、染色体、DNA 片段和基因等，材料类型包括野生近缘植物、地方品种、育成品种、品系、遗传材料等。茶树种质资源是支撑茶业科技原始创新和茶树育种的物质基础，是保障茶叶安全、生态安全、种业安全的战略性资源，与农业供给侧结构性改革密切相关，具有基础性、公益性、长期性等显著特点。

云南省已审定的国家级和省级茶树品种共 33 个，其中国家级良种 5 个，包括凤庆大叶茶、勐库大叶茶、勐海大叶茶、云抗 10 号和云抗 14 号；省级良种 28 个，包括云抗 43 号、长叶白毫、佛香 1 号、紫娟、云梅、矮丰等。始建于 1983 年的国家种质勐海大叶茶树资源圃，位于云南省勐海县，占地面积 4.67hm²。至 2020 年底，已收集保存茶组植物 18 个种 3 个变种及茶树野生近缘植物活体材料共 1800 余份。

二、物种多样性

云南是茶树的原产地和起源中心，由于其地形极为复杂，气候类型丰富多样，形成了异常丰富的茶树种质资源。以 1998 年张宏达教授的茶组植物分类为依据，云南茶树种质资源共包括 23 种 3 变种（具体种见附录二），占全世界比重的 74.30%，全国的 76.50%。31 个种中，以云南茶树作模式标本定名的 16 个种 2 个变种（16 个种 1 个变种为云南独有），占茶种的 51.40%。

三、生态型多样性

生态型是指植物在长期相对稳定的环境条件下所形成的固有的遗传特性。云南从最高点海拔 6740m 的梅里雪山卡瓦格博峰到最低点海拔 76.40m 河口县境内的南溪河与元江汇合处，两地直线距离约 900km，海拔相差 6000m 以上。这样的立体气候形成了不同气候带的植物景观，因此在云南几乎可以看到从我国东北到海南岛一线植物水平的分布。

在这种地理环境下，茶树形成了多种生态型。有南亚热带乔木大叶型，如勐海巴达大茶树、镇康忙丙大茶树等；中亚热带乔木大叶型，如凤庆郭大寨大山茶、云县大苞茶等；中亚热带小乔木大叶型，如临沧邦东大叶茶、永德勐板大叶茶等；中亚热带小乔木大中叶型，如新平白毛茶、双柏鄂嘉茶等；中亚热带灌木大中叶型，如广南底圩茶、宜良宝洪茶等；北亚热带和暖温带灌木中小叶型，如盐津石缸茶、镇雄阳雀茶等。

四、形态特征多样性

（一）叶片

云南大叶种茶树资源叶长 11.8～28.3cm、叶宽 4.1～9.5cm、长宽比 1.5～4.1、叶面积 40.0～188.5cm^2、叶柄长 0.2～1.5cm、叶脉 5～19 对、一芽三叶长 4.7～17.3cm、一芽三叶百芽重 38.3～195.6g。

云南茶树资源的叶色、叶面、叶身、叶缘、叶质、叶形、叶基、叶尖、叶片大小、芽叶色泽和芽叶茸毛 11 个表型描述性状在其级别上均有分布，但不均匀，叶色有 4 种表型，以绿色所占比例较高；叶面有 3 种表型，以隆起所占比例较高；叶身有 3 种表型，以内折所占比例较高；叶缘有 3 种表型，以微波所占比例较高；叶质有 3 种表型，以柔软所占比例较高；叶形有 5 种表型，以椭圆形和长椭圆形所占比例较高，其他 3 种频率分布分散；叶基有 2 种表型，以楔形所占比例较高；叶尖有 4 种表型，以渐尖所占比例较高，其他 3 种频率分布分散；叶片大小有 4 种表型，以大叶所占比例较高，其他 3 种频率分布分散；芽叶色泽有 5 种表型，以黄绿色所占比例较高，其他 4 种频率分布分散；芽叶茸毛有 5 种表型，以芽叶多茸毛所占比例较高，其他 4 种频率分布较平均。云南茶树资源 11 个表型描述性状均表现出一定的集中性，不同性状遗传多样性水平不同，其遗传多样性指数在 0.64～1.40，平均为 1.05，并以芽叶色泽较大，叶基较小，其他性状的遗传多样性指数为芽叶茸毛（1.37）＞叶片大小（1.11）＞叶形（1.10）＞叶色（1.07）＞叶缘（1.05）＞叶尖（1.00）＞叶面（0.97）＞叶质（0.94）＞叶身（0.93）。

（二）花

云南茶树资源的花冠直径 1.7～8.8cm［如云南省广南县珠街镇沙路冲 5 号大茶树（*C. sp*）花冠直径 1.7cm、云南省富源县老厂茶（*C. tachangensis*）花冠直径 8.8cm］、花柄 0.2~1.6cm、萼片 5~8 片、萼片长 0.2~1.0cm、花瓣 4~16 枚 [如云南省文山市老君山多瓣茶（*C. crassicolumna*）花瓣数 4 枚、云南省麻栗坡县下金厂乡大树茶（*C. tachangensis*）花瓣 16 枚]、花瓣长 0.5~3.3cm、花丝 0.7~1.8cm、花柱长度 0.3~2.8cm、柱头分裂数 2~7 个、子房 3~5 室。

云南茶树资源的花瓣色泽有 3 种表型，以白色所占比例较高；花瓣质地有 3 种表型，以质地薄所占比例较高。花瓣色泽和花瓣质地的遗传多样性指数分别为 0.91 和 1.04。

（三）果

茶果直径 1.2~6.6cm、果皮厚 0.1~1.5cm、果轴长 0.3~2.6cm、果轴粗 0.4~1.6cm、种子直径 1.0~2.5cm [如云南省广南县珠街镇沙路冲 1 号大茶树（*C. kwangnanica*）种子直径 1.0cm、云南省双江县冒水大茶树（*C. assamica*）种子直径 2.5cm]。

五、生化成分多样性

水浸出物、茶多酚、氨基酸、咖啡因是形成茶叶色、香、味的重要物质基础。水浸出物 35.60%~57.60%，如云南省芒市中山乡芒丙村委会老官寨村小组官寨大黑茶（*C. assamica*）含量 57.60%；茶多酚 12.90%~29.40%，如双江县勐库镇双江黑大叶（*C. assamica*）含量 29.40%；游离氨基酸总量 0.40%~9.15%，如云南省富宁县里达镇达孟村委会的鸟王山 1 号大茶树（*C. sinensis* var. *pubilimba*）含量高达 9.15%；咖啡因 0.00%~6.60%，如云南省文山市新街乡新街 5 号野生大茶树（*C. crassicolumna*）含量为 0.00%、云南省澜沧县东朗乡大叶绿芽茶（*C. assamica*）含量为 6.60%；表没食子儿茶素没食子酸酯（EGCG）1.07%~17.04%，如云南省文山市新街乡新街村委会新街 3 号大茶树（*C. sp*）含量 1.07%、云南省富宁县里达镇达孟村委会鸟王山 3 号大茶树（*C. sinensis*）含量 17.04%；儿茶素总量 3.2%~26.05%，如云南省麻栗坡县麻栗镇茨竹坝村委会大山后茨竹坝 1 号大茶树（*C. sinensis* var. *pubilimba*），含量高达 26.05%。

六、遗传多样性

云南茶树资源具有丰富的遗传多样性，在类型上包括了野生、过渡和栽培的各种类型，是研究茶树起源演化和分类不可或缺的材料。

（一）野生型茶树

野生型茶树也称原始型茶树。在系统发育过程中具有原始的特征特性。乔木、小乔木树型，嫩枝少毛或无毛；越冬芽鳞片 3~5 个；叶大、长 10~25cm、角质层厚，叶背主脉无毛或稀毛，侧脉 8~12 对，脉络不明显，叶平或微隆起，缘有稀钝齿；花直径 4~8cm，花瓣 8~15 枚，白色、质厚如绢、无毛，雄蕊 70~250 枚，子房有毛或无毛，柱头以 4~5 裂为多，心皮 3~5 室全育；果呈球、肾、柿形等，果径 2~5cm，果皮厚 0.2~1.2cm、木质化、硬韧，果轴粗大呈四棱形，种脱明显；种子较大，种径 1.5~2.6cm，球形或锥形，种脊有棱，种皮较粗糙、黑色、无毛，种脐大；芽叶中氨基酸、茶多酚、儿茶素、咖啡因等俱全，茶氨酸和脂型儿茶素含量偏低，苯丙氨酸偏高；萜烯指数多在 0.7~1.0；成品茶多数香气低沉，滋味淡薄，缺乏鲜爽感；花粉粒大，为近球形或扁球形，极面观 3 裂，赤极比大于 0.8，外壁纹饰为细生长在哀牢山原始林中的野生，网状，萌发孔呈狭缝状或带状沟，花粉钙含量在 15% 以上；叶片栅栏细胞 1~2 层，硬化（石）细胞多、多为树根形或星形等；染色体核型为对称性较高的 2A 型（原始类型）。长期生长在特定的相对稳定的生态条件下，且多与木兰科、壳斗科、樟科、桑科、山茱萸科、山茶科等常绿阔叶林混生。由于保守性强，人工繁殖、迁徙成功率较低。较少罹生病虫害。植物学分类多属于疏齿茶（*C. remotiserrata*）、广西茶（*C. kwangsiensis*）、大苞茶（*C. grandibracteata*）、广南茶（*C. kwangnanica*）、大厂茶（*C. tachangensis*）、厚轴茶（*C. crassicolumna*）、圆基茶（*C. rotundata*）、皱叶茶（*C. crispula*）、老黑茶（*C. atrothea*）、马关茶（*C. makuanica*）、五柱茶（*C. pentastyla*）、大理茶（*C. taliensis*）、德宏茶（*C. dehungensis*）、秃房茶（*C. gymnogyna*）、拟细萼茶（*C. parvisepaloides*）、榕江茶（*C. yungkiangensis*）、普洱茶（*C. assamica*）、多脉茶（*C. assamica* var. *polyneura*）、苦茶（*C. assamica* var. *kucha*）、细萼茶（*C. parvisepala*）、多萼茶（*C. multisepala*）、紫果茶（*C. purpurea*）、大树茶（*C. arborescens*）共 21 个种和 2 个变种，代表的古茶树有师宗大茶树、巴达大茶树、法古山箐茶、屏边老黑茶等。

（二）过渡型茶树

　　过渡型古茶树为乔木型大茶树，它的发现填补了野生茶树到栽培茶树之间的空白，改写了世界茶叶演化史。这对研究茶树的起源进化、茶树原产地、茶树良种选育等方面，提供了重要的研究材料。

　　因为过渡型的大茶树有人工管理，所以产生的变异较少。过渡型大茶树既有野生大茶树的花果种子形态特征，又具有栽培茶树的芽叶枝梢特点，其鲜叶可以直接利用。

　　1991 年 3 月，在云南省普洱市澜沧拉祜族自治县富东乡邦崴村发现了一株介于野生型和栽培型之间的古树茶王，树龄约 1100 年。这也是普洱茶悠久历史的象征。过渡型大茶树的嫩叶多白毫，叶缘细锐齿，叶脉主副脉明显，制成毛茶多为黄绿或深绿色，内含物质丰富，香气较高扬，回甘耐泡度都很好。

（三）栽培型茶树

　　栽培型茶树也称进化型茶树，主要特征特性：乔木、小乔木树型，树姿开张或半开张，嫩枝有毛或无毛；越冬芽鳞片 2~3 个；叶革质或膜质，叶长 6~15cm，无毛或稀毛，侧脉 6~10 对，脉络不明显，叶面平或隆起，叶色多为绿或深绿，少数黄绿色，叶片光泽有或无，叶缘有细锐齿；花 1~2 朵腋生或顶生，花梗长 3~8cm，萼片 5~8 片、无毛或有毛，花冠直径 2~4cm，花瓣 5~8 枚、白或带绿晕，偶有红晕或黄晕、质薄、无毛，雄蕊 100~300 枚，子房有毛或无毛，柱头以 3 裂居多，也有 2 或 4 裂，心皮 3~4 室全育；果多呈球形、肾形、三角形，果径 2~4cm，果皮厚 0.1~0.2cm、较韧，果轴较短细，种隔不明显；种子较小，种径在 0.8~1.6cm，呈球或半球形，种脊无棱，种皮较光滑棕褐或棕色无毛，种脐小；芽叶中氨基酸、茶多酚、儿茶素、咖啡因等俱全，茶多酚含量 15%~25%，氨基酸含量 2%~6%，茶氨酸和酯型儿茶素含量较高，苯丙氨酸偏低；萜烯指数多在 0.7 以下；制茶品质多数优良；花粉粒较小，为近球形或球形，极面观 3 裂，赤极比小于 0.8，外壁纹饰为粗网状，萌发孔为沟状，花粉钙含量一般小于 5%；叶片栅栏细胞多为 2~3 层，无硬化（石）细胞，偶见短柱形或骨形等染色体核型多为对称性较低的 2B 型（进化类型）。栽培型茶树是在长期的自然选择和人工栽培条件下形成的，变异十分复杂，它们的形态特征品质、适应性和抗性差别都很大。就主体特征看，在植物学分类上多属于茶（*C. sinensis*）、普洱茶（*C. assamica*）和白毛茶（*C. sinensis* var. *pubieimba*），代表的栽培品种有鸠坑种、勐库大叶茶、乐昌白毛茶等（注：以上数据均来源于云南省农业科学院茶叶研究所）。

第二节　云南大叶种茶树植物学特征

一、大叶种茶树的划分

茶树按当年生枝干中部成熟叶片（图3-2）叶面积（叶长×叶宽×0.7）大小划分为小叶种（叶面积<20cm²）、中叶种（20cm²≤叶面积<40cm²）、大叶种（40cm²≤叶面积<60cm²）和特大叶种（叶面积≥60cm²）。云南大叶种是指分布于云南省茶区的各种乔木、小乔木型大叶种茶树品种的总称，是制作普洱茶的原料，具有叶肉厚而柔软，芽叶肥壮，生长期长，内含物丰富等特点。云南大叶种一年萌发5~6轮，年生长周期300d以上，采摘期为2月下旬至11月中旬。

总面积=7.70cm × 18.80cm × 0.70=101.33cm²

图3-2　大叶种茶成熟叶片

二、大叶种茶树的基本特征

茶树可分为地上部分和地下部分，地上部分由芽、叶、茎、花、果实等器官组成，地下部分由长短、粗细和颜色各不相同的根组成。连接地上部与地下部的交界处，称为根颈。根、茎、叶为营养器官，主要功能是担负营养和水分的吸收、运输、合成和贮藏，气体的交换等，同时也具有繁殖功能。花、果实、种子是生殖器官，主要是繁衍后代。茶树的各个器官是有机的统一整体，彼此之间密切联系，相互依存。

（一）树型

树型是指树体的基本形态。因分枝部位不同而使主干表现不同，可分为乔木型、小乔木型和灌木型三种类型（图3-3）。

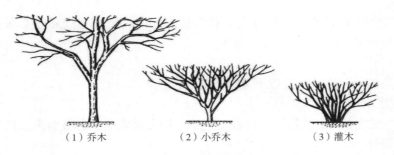

（1）乔木　　　　　（2）小乔木　　　　　（3）灌木

图3-3　茶树树型

乔木型茶树自然生长状态下，主干明显，分枝部位高，其树高通常达3m以上，野生茶树可高达10m以上，其根系十分发达，主根明显。

小乔木型茶树自然生长状态下，属乔木和灌木的中间类型，有明显的主干和分枝部位，植株高度中等，树冠直立高大，根系也较发达。

灌木型茶树自然生长状态下，无明显主干，树冠较矮小，树高通常1.5~3m，分枝近地面且稠密。根系分布浅，侧根发达。

云南大叶种茶树树型为乔木型和小乔木型。

（二）树姿

树姿是指树体的分枝角度状况，分为直立、半开张和开张（图3-4）。

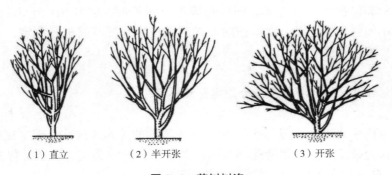

（1）直立　　　　　（2）半开张　　　　　（3）开张

图3-4　茶树树姿

1. 直立

直立指一级分枝与地面垂直线的角度<30°。

2. 半开张

半开张指 30°≤一级分枝与地面垂直线的角度<50°。

3. 开张

开张指一级分枝与地面垂直线的角度≥50°。

当某种质两种树姿百分数相等时，则用两个代码来描述作为种质的树姿，如某种质"直立"和"半开张"各40%，"开张"占20%，则以"直立；半开张"表示。

自然生长的乔木型、小乔木型茶树以半开张树姿为主。

（三）枝干

枝干是指茶树根颈处以上部分主干和分枝的统称。枝干分枝部位不同，其作用也不同。

1. 主干

主干指茶树幼年期分枝处以下至根颈的部位。

2. 分枝层次

从主干上发生的分枝为第一层分枝，由第一层分枝发生的分枝为第二层分枝……依次类推进行统计。

3. 骨干枝

从主干上发生的至采面以下的粗壮分枝，构成树冠骨架，因其着生的部位不同而冠以一级、二级、三级、……、骨干枝。

4. 生产枝

生产枝为采面下的细枝统称，是萌生采摘新梢的枝条。

5. 鸡爪枝（结节枝）

鸡爪枝指成年茶树的分枝因多次采摘，采面上的生产枝越分越密，越分越细形成许多弯曲的结节，形似鸡爪。

6. 分枝密度

分枝密度分稀、中、密等。

7. 节间长度

着生叶的部位称节，节与节之间的距离称节间长度，因叶在枝干上的位置不一，节间长度也不相同，要选择正常新梢的第二到第三真叶的节间进行测定，也可将整个枝条测量后再求平均值。

（四）叶芽

叶芽为营养芽，按照着生部位分为定芽和不定芽。

1. 定芽

定芽分为顶芽和腋芽（图3-5）。位于枝条顶端的芽称为顶芽，着生在枝条叶柄与茎之间的芽称为腋芽。顶芽和腋芽都有固定的位置，统称为定芽，顶芽停止生长而形成"驻芽"，驻芽与尚未活动的芽统称为休眠芽。

2. 不定芽

不定芽又称潜伏芽，是指肉眼难以发现的，隐藏在树干或根颈部树皮内的芽，通常情况下，潜伏芽常呈休眠状态，只有当茶树树干砍去一部分或全部时，剩余部分的潜伏芽才会萌发生长。因此，人们常利用这种特性采用重修剪或台刈的方法以改造构冠，复壮茶树。

1—对夹叶；2—驻芽；3—腋芽；4—顶芽。

图3-5　茶树的芽叶

芽的大小、形状、色泽以及着生茸毛的多少与茶树品种、生长环境、管理水平有关。一般对茶树品种来说，云南大叶种芽叶重、茸毛多、有光泽的，是茶树生长健壮、品种优良的重要标志。

（五）叶

茶树的叶片有鳞片、鱼叶和真叶三种（图3-6）。

1—芽；2—真叶；3—鱼叶；4—鳞片。

图3-6　叶

1. 鳞片

鳞片为幼叶的变态，无叶柄，质地较硬，色黄绿或褐色，外表有茸毛和蜡质，有保护嫩芽、抗寒、降低蒸腾失水以及防止虫害等作用。鳞片是覆瓦状，越冬芽一般有

3~5 片，随着芽的膨大和叶片的伸展很快脱落。

2. 鱼叶

鱼叶是新梢上抽出的第一片叶子，也称"胎叶"，颜色淡绿、叶面积较小，一般中小叶种叶长不超过 2cm，由于其发育不完全，形如鱼鳞，并因此而得名。鱼叶叶柄宽而扁平，侧脉隐而不显，叶缘全缘或前端锯齿，叶尖圆钝或内凹。每个新梢基部通常有 1 片鱼叶，少数有 2~3 片鱼叶或者无鱼叶。

3. 真叶

真叶是发育完全的叶片，如图 3-7 所示。

（1）叶片正面　　　　　（2）叶片背面

1—叶尖；2—叶片；3—主脉；4—侧脉；
5—叶缘；6—叶基；7—叶柄。

图 3-7　茶树的叶片

（1）**叶片大小**　以未开采或上年经深修剪茶树当年枝条中部成熟叶片的叶面积计，叶面积小于 20cm² 为小叶，叶面积大于或等于 20cm² 且小于 40cm² 为中叶，叶面积大于或等于 40cm² 而小于 60cm² 为大叶，叶面积大于或等于 60cm² 为特大叶。通常云南大叶种茶树叶色较深，叶背面着生茸毛，叶缘有锯齿，有些品种叶面隆起度更高。其发芽早，白毫多，茎粗且节间长，叶肉厚实。

（2）**叶形**　未开采或上年经深修剪茶树当年生枝干中部成熟叶片的形态。通常用近圆形、卵圆形、椭圆形、长椭圆形、披针形来描述，其中以椭圆形和长椭圆形居多。

①近圆形（长/宽≤2.0，最宽处近中部）；

②卵圆形（长/宽≤2.0，最宽处近基部）；

③椭圆形（2.0<长/宽≤2.5，最宽处近中部）；

④长椭圆形（2.5<长/宽≤3.0，最宽处近中部）；

⑤披针形（长/宽>3.0，最宽处近中部）。

（3）**叶色**　叶色指成熟叶片正面色泽。通常用黄绿色、浅绿色、绿色、深绿色来描述。影响叶色的物质主要是叶肉的色素，其中主要是叶绿素、叶黄素、花青素。叶色与适制性有关，云南大叶种茶一般茶树叶片色泽为淡绿色或黄绿色，适制普洱茶。

（4）叶基　叶基为叶片基部形态。通常用楔形、近椭圆形来描述（图3-8）。

（1）楔形　　　　　　　　　　　　　　　　　（2）近圆形

图3-8　叶片基部形态

（5）叶尖　叶尖指叶片端部形态。通常用急尖、渐尖、钝尖、圆尖来描述（图3-9）。

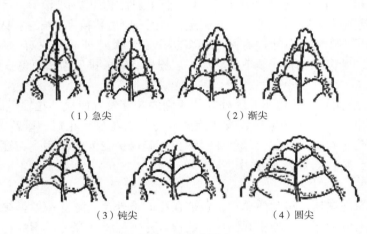

（1）急尖　　　　　　　　（2）渐尖

（3）钝尖　　　　　　　　（4）圆尖

图3-9　叶尖形态

（6）叶面　叶面指当年生枝条中部典型成熟叶片正面的隆起程度。通常用平、微隆起、隆起来描述。

（7）叶缘　叶缘指当年生枝条中部典型成熟叶片边缘形态。通常用平、微波、波来描述。

（8）叶齿　叶齿指叶片边缘犹如锯齿样的部位。通常用锐度（锐、中、钝）、密度（稀：密度<2.5个/cm；中：2.5个/cm≤密度<4个/cm；密：密度≥4个/cm）和深度（浅、中、深）来描述。

（9）叶质　叶质指当年生枝条中部典型成熟叶片的柔软程度。用柔软、中、硬来描述。一般大叶种茶叶大且柔软而小叶种硬。

（10）叶身　叶身指当年生枝条中部典型成熟叶片两侧与主脉相对夹角状态。通常用内折、平、稍背卷来描述。

（11）叶脉对数　叶脉对数指当年生枝条中部典型成熟叶片主脉两侧叶脉的对数。由主脉分出的闭合侧脉对数。

（12）叶解剖结构　茶树叶片是典型的背腹叶，向着阳光的一面是腹面，为上表皮，背着阳光的一面为下表皮。叶片有明显的栅栏组织、海绵组织，下表皮是同型细胞，下表皮有气孔和茸毛的分化。观测叶厚度、角质层厚度、栅栏组织和海绵组织的层数、厚度及其比例、上下表皮厚度、气孔的大小和分布密度。

（13）叶厚度　叶片的厚度，厚达 $600\mu m$，薄仅 $120\mu m$，一般在 $300\sim400\mu m$。

（14）角质层厚度　角质层是由表皮细胞内原生质体分泌到外表面的沉积物，有角质和蜡质之分。角质的化学成分是一种不饱和脂肪酸；蜡质是一类游离高碳脂肪酸、游离脂肪酸和高碳烃等化合物的混合物。由于角质层和蜡质的沉积受气候和环境的影响，因此叶片表面角质层堆积的纹饰，常用作判别野生茶树与栽培茶树的依据。野生茶树的角质层发育得较厚，从角质层内表面观察，它们的凸突缘都较深、较高，甚至形成了角质角。栽培型茶树的角质层是较规则的细胞形皱脊，表面较光滑。大叶种 $2\sim4\mu m$，中小叶种 $4\sim8\mu m$。

（15）表皮细胞　表皮细胞是围绕在叶片表面的一层细胞，一般呈板块状结构，排列紧密，无细胞间隙，它的形态常受角质层影响。野生茶表皮细胞为波浪形，且波纹较大；栽培型茶树大多是圆形或微波形，形状比较稳定，是区分野生茶和栽培茶的主要特征之一。

（16）栅栏组织　中小叶种有两层，多达三层；大叶种通常只有一层，遮阳会增加。野生茶树的叶肉细胞在光镜下观察为一层栅栏组织，排列紧密而整齐。

（六）花

茶花（图 3-10）由着生于叶腋处叶芽两侧的花芽发育而成。花轴短而粗，属假总状花序，有单生、对生和丛生等。茶花为两性花，由花萼、花冠、雄蕊、雌蕊四个部分组成。花萼位于花的最外层，绿色或褐绿色，起保护花瓣的作用。花冠一般呈白色，少数呈粉红色，数目通常为 5~9 片。

1. 花萼

花萼是一朵花中所有萼片的总称，包被在花的最外层。萼片一般呈绿色的叶片状，其形态和构造与叶片相似。通常观测萼片数量、花萼色泽（绿色、紫红色）、花萼茸毛（无、有）。

2. 花冠

花冠是一朵花中所有花瓣的总称，位于花萼的上方或内侧，排列成一轮或多轮，多具有鲜亮的色彩，花开放以前保护花的内部结构，因形似王冠，故称之为"花冠"。

3. 花冠直径

花冠直径指花朵开放时的花冠"十"字形长度平均值。

4. 花瓣色泽

花瓣色泽指花瓣的颜色。通常用白色、淡绿色、淡红色来描述。

5. 花瓣质地

花瓣质地指花瓣的感官质感。通常用薄、中、厚来描述。

6. 花瓣数

花瓣数为一朵花的所有花瓣数量。

7. 雄蕊

雄蕊是花的雄性生殖器,其作用是产生花粉,由花丝和花药两部分组成,位于花被的内侧,在花托上呈轮状排列,数目较多,有 200~300 枚。

8. 雌蕊

雌蕊是花的雌性生殖器,为茶树花中的心皮的总称,常呈瓶状,由柱头、花柱、子房三部分组成。雌蕊的柱头有黏液可以黏附花粉,花粉落到雌蕊的柱头上就开始生长,穿过雌蕊到达子房与卵子结合,并发育形成种子。

9. 雌雄蕊相对高度

正常开放花朵雌蕊和雄蕊的相对高度。通常用雌蕊低（柱头低于雄蕊）、雌雄蕊等高（柱头和雄蕊同等高）和雌蕊高（柱头高于雄蕊）来描述。

10. 子房茸毛

子房茸毛指子房外面茸毛。通常用无、有来描述。

11. 花柱长度

花柱长度指从花柱基部至花柱顶端的长度。

12. 花柱开裂数

花柱开裂数指花柱顶端的开裂数量。

13. 花柱列位

花柱列位指花柱分裂程度。通常用低（2/3≤分裂部位长度占花柱全长比例）、中（1/3≤分裂部位长度占花柱全长比例<2/3）、高（分裂部位长度占花柱全长比例<1/3）来描述。

14. 花程式

花程式是用字母、符号和数字表明花各部分的组成、排列、位置以及相互关系的公式。如茶树花的花程式为 $\uparrow \male\female K_{(3+2)} \; C_{5\sim15} A_\infty \underline{G}_{3\sim5:3\sim5:4}$。

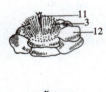

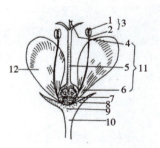

1—花药;2—花丝;3—雄蕊;4—柱头;5—花柱;6—子房;7—胚珠;
8—花萼;9—花托;10—花柄;11—雌蕊;12—花瓣。

图 3-10　茶树花及其纵切面

（七）果实

茶树果实是茶树的生殖器官，为蒴果，未成熟时果皮为绿色，成熟后为棕色或棕褐色。

1. 果实形状

果实形状应为成熟果实的形状（图 3-11）。通常用球（1 粒种子）形、肾形（2 粒种子）、三角形（3 粒种子）、四方形（4 粒种子）、梅花形（5 粒种子）来描述。

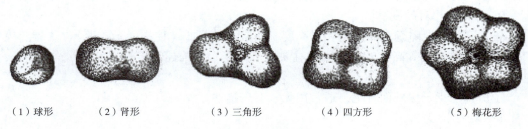

（1）球形　　　（2）肾形　　　　（3）三角形　　　　（4）四方形　　　　（5）梅花形

图 3-11　茶果

2. 果实大小

果实大小指鲜果的十字形平均长度。

3. 果皮厚度

果皮厚度指干果皮中部的厚度。

4. 茶籽形状

茶籽形状为种子的形状（图 3-12）。通常用球形、半球形、锥型、似肾形、不规则形来描述。取 50~100 粒，统计球形、半球形、锥形、肾形和不规则形的数量，以最多者为准。

（1）球形　　　（2）半球形　　　（3）锥形　　　（4）似肾形　　　（5）不规则

图 3-12　茶籽

5. 种径大小

种径大小为种子的十字形平均长度。

6. 种皮色泽

种皮色泽为种子的外种皮色泽。通常用棕色、棕褐色和褐色来描述。

7. 百粒重

百粒重为 100 粒种子的质量。

8. 茶籽结构

茶籽由种皮和种胚构成，种皮有外、内种皮之分；种胚由胚根、胚芽、胚茎和子叶等部分组成（图3-13）。

1—外种皮；2—子叶；3—内种皮；4—胚。

图3-13 茶籽结构

（八）根

茶树根系（图3-14）担负着固定植株、吸收运输、合成、贮藏营养和水分以及气体交换等主要功能。茶树根系由主根、侧根、须根（吸收根）和根毛构成。

（1）扦插苗全株　（2）实生苗全株　（3）扦插苗根部　（4）实生苗根部

图3-14 茶树扦插苗的根系

1. 主根

茶树种子的胚根生长形成主根，茶树种子苗主根明显，而扦插苗则没有明显的主根。

2. 侧根

侧根着生在主根上，大致呈横向生长，多数分布在20～50cm土层内。主根和侧根分别呈棕灰色和棕红色，寿命较长，主要用来固定茶树，并将须根从土壤中吸收的水分和矿物质营养输送到地上部分。

3. 须根

须根，又称吸收根，一般分布在地表下 5~45cm 土层内，集中分布于地表下 20~30cm 的土层内。呈白色透明状，其上密生根毛，吸收水分、无机盐和少量 CO_2，寿命短且不断更新中，未死亡的则发育成侧根。

茶树根系在土壤中的分布，依树龄、品种、种植方式与密度、生态条件以及农业技术措施等而有异。茶树根有趋肥、趋湿、趋隙和忌渍等特性，故有时根系幅度和深度不一定与树冠幅度和高度相对应。根系分布状况与生长动态茶园施肥、耕作和灌溉等作业的主要依据。"根深叶茂、本固枝荣"揭示了培育好根系的重要性。

第三节　云南大叶种茶树生长环境

一、气候

（一）气候类型

云南地处低纬度高原，地理位置特殊，地形地貌复杂。主要受南孟加拉高压气流的影响，形成高原季风气候，全省大部分地区冬暖夏凉，四季如春。全省气候类型丰富多样，有北热带、南亚热带、中亚热带、北亚热带、南温带、中温带和高原气候区共 7 个气候类型。

（二）气候特点

云南气候兼具低纬气候、季风气候、山原气候的特点。其主要表现如下。

一是气候的区域差异和垂直变化十分明显。这一现象与云南的纬度、海拔这两个因素密切相关。从纬度看，其位置只相当于从雷州半岛到闽、赣、湘、黔一带的地理纬度，但由于地势北高南低，南北之间高差悬殊达 6663.6m，大大加剧了全省范围内因纬度因素而造成的温差。这种高纬度与高海拔相结合、低纬度和低海拔相一致，即水平方向上的纬度增加与垂直方向上的海拔增高相吻合，使得各地的年平均温度，除金沙江河谷和元江河谷外，大致由北向南递增，平均温度在 5~24℃，南北气温相差达 19℃左右。由于受地形的影响和天气系统的不同，全省气温纬向分布规律中常会出现特殊的情况，这种情况反映了气候的区域差异和垂直变化。出现了"北边炎热南边凉"的现象。特别是在垂直分布上，因境内多山，河床受侵蚀不断加深，形成山高谷深，由河谷到山顶，都存在着因高度上升而产生的气候类型差异，一般高原每上升 100m，温度降低 0.6℃左右。"一山分四季，十里不同天"，表明了"立体气候"的特点。

二是年温差小，日温差大。由于地处低纬高原，空气干燥而比较稀薄，各地所得太阳光热的多少除随太阳高度角的变化而增减外，也受云雨的影响。夏季，最热天平均温度在 19~22℃；冬季，最冷月平均温度在 6~8℃。年温差一般为 10~15℃，但阴雨天气温较低。一天的温度变化是早凉、午热，尤其是冬、春两季，日温差可达 12~20℃。

三是降水充沛，干湿分明，分布不均。全省大部分地区年降雨量在 1100mm，但由于冬、夏两季受不同大气环流的控制和影响，降雨量在季节上和地域上的分配是极不均匀的。降雨量最多是 6~8 月，约占全年降雨量的 60%。11 月至次年 4 月的冬、春季节为旱季，降雨量只占全年的 10%~20%，甚至更少。不仅如此，在小范围内，由于海拔高度的变化，降水的分布也不均匀。

四是无霜期长。南部文山、蒙自、普洱以及临沧、德宏等地无霜期为 300~330d；中部昆明、玉溪、楚雄等地约为 250d；较寒冷的昭通和迪庆达 210~220d。云南光照条件好，年平均日照时数 2200~3000h，年辐射总量为 5000~6000MJ/m²，仅次于西藏、青海和内蒙古等省（区）。

云南的这种气候特点，有利方面是适宜多种农作物和经济作物的生长和发展，不利方面是旱季和雨季过于集中，分布不均，还伴随有洪涝、低温冷冻、冰雹等灾害，会给茶叶生产带来危害。

（三）云南大叶种茶树适生气候特点

大叶种茶树适生环境温度为 10~30℃，气温低于 10℃或高于 30℃都不适宜茶树发育；适生环境降雨量一般要求 1200~2000mm；空气相对湿度 85%左右的气候环境。云南茶区多分布在澜沧江两岸山区丘陵地带的温凉、湿热地区，地势复杂气候垂直变化和水平差异极大，形成错综复杂的"立体气候"。

二、土壤

（一）土壤类型概况

云南省境内的土壤类型有砖红壤、赤红壤、红壤、黄壤、暗棕壤、棕色针叶林土、燥红土、褐土、紫色土、石灰（岩）土、火山灰土、沼泽土、亚高山草甸土和高山寒漠土 14 种类型。

砖红壤主要分布于滇南、滇西南海拔 800m 以下的河谷地区、滇东南海拔 400m 以下的地区，该区域年均气温为 23~26℃，年均降雨量为 1600~2000mm，植被为热带季雨林；赤红壤主要分布于滇东南和滇西南年降雨量为 1200~2000mm 的低、中山地区，该区域年均气温为 21~22℃，年均降雨量在 1200~2000mm，植被为常绿阔叶林；红壤主要分布于云南北纬 24°~26°、海拔 1500~2500m 的高原湖盆边缘及中低山地，是云南分布面积最大的土壤类型，该区域年均气温为 16~26℃，年均降雨量 1500mm 左右，植被为亚热带常绿阔叶林；黄壤主要分布于云南省昭通、曲靖和昆明等 10 个州（市）的山区，在滇东北地区成片分布，该区域气候冷凉、潮湿，云雾多，日照少；黄棕壤分布于云南省北纬 27°以南，海拔 1800~2700m 的中山坡地上部，该区域年均气温偏低、雾露多、温差大、植被为温带常绿阔叶林；棕壤主要分布于云南省北纬 25°以北、海拔 2600~3400m 的山地，该区域植被为温带针阔叶混交林；暗棕壤主要分布于迪庆、怒江和大理州海拔 3000~3700m 的高山地区，该区域植被以高山松和云杉等乔木为主的温带针叶林；棕色针叶林土主要分布于云南省北纬 25°以北海拔 3400~4000m 的高山地区，该区域植被为冷杉、云杉、红杉等；燥红土主要分布于元江、怒江、金沙江等深切的干热河谷及封闭半封闭的干热坝子，该区域光热条件好，是云南冬早蔬菜、热水果的"天然温室"，也是云南甘蔗的主产和高产区；褐土主要分布于金沙江、澜沧江及其支流的河谷地带，该区域气候干旱，植被稀疏，以有刺灌丛草坡为主，水土流失严重，有机质和养分缺乏，肥力水平低；紫色土分布于滇中海拔 1500~2500m 和滇南海拔 1000~2000m 的地区，该区域植被为云南杉、常绿阔叶林或灌丛草地；石灰（岩）土主要分布于喀斯特地貌发育的文山、红河、曲靖、昭通、昆明和丽江等州（市），该区域土壤结构和耕性好，土层浅薄，抗旱能力差，分布零星，耕作不便，但有机质和养分含量较丰富；火山灰土主要分布于滇西腾冲市中部火山群熔岩区，该区域土层较薄，石砾较多，干旱缺水；沼泽土主要分布于山间谷地、封闭或半封闭的盆地等地表水汇集和地下水位高的地区，该区域植被为湿生类型植物，pH 接近中性，有机质含量高，只适宜于沼泽植物生长；亚高山草甸土分布于森林线以上的亚高山地带，该区域植被为亚高山灌丛草甸，土体浅薄，土壤有机质含量高；高山寒漠土分布于滇西北玉龙雪山、梅里雪山等海拔 4500m 以上的高山流石滩地带，该区域植被以坐垫状植物和地衣为主，土层薄，有机质含量低。

（二）云南大叶种茶树适生土壤环境

茶树是喜欢酸性的植物。云南大叶种茶树在 pH 4.00~6.50，土质疏松，土层深厚、透气好、排水佳的砖红壤、赤红壤、红壤和黄壤中均可生长，尤以 pH 5.0~5.5 为最适生长发育酸碱度，pH 4.0 以下的茶苗易发生氢离子中毒症而导致茶树死亡。土层厚度 1m 以上其根系才可能发育生长；pH 6.5 以上的茶苗生长不良，常出现叶色发黄等症状，致使茶树生理活动受阻。

三、海拔

云南大叶种在云南海拔 553m（麻栗坡县）至 2800m（施甸县大量山）均有分布，多数种分布在 1500~2000m，但在垂直分布上是呈连续状态的，即在这一范围内的任一高度，都生长有某一个种。茶种分布的这些区域雨量充沛、云雾弥漫、空气湿度大、漫射光及短波紫外光较丰富，加上昼夜温差大，白天积累的物质在叶尖被呼吸消耗的较少，因此高山的茶树芽叶肥壮，滋味鲜爽，香气馥郁，经久耐泡，有"高山云雾出好茶"一说，但茶叶的品质并非海拔越高越好。云南大叶茶区一般的好茶产自海拔 1400~2000m。

四、生态环境

云南地处长江、澜沧江等六大水系源头或中上游，是东南亚国家和中国南方大部分省区的"水塔"，是中国乃至世界生物多样性集聚区和物种遗传基因库。云南省拥有多个以林业为主的国家级自然保护区，因此被外界誉为"森林王国"。由于生态环境优越，各种不同区系的植物在云南都能找到适生的条件，得以保存、繁衍和发展，云南因此成了天然的"植物王国"。

第四节　云南大叶种茶树栽培管理

一、生态茶园

（一）生态茶园的概念

生态茶园是指按生态学原理和生态规律建立起来的多成分、多层次、多功能、结构稳定、系统平衡有序和具有稳定持久的经济、生态、社会三大效益的密植条栽茶园。

（二）生态茶园管理

1. 新茶园的建立

茶树的生长发育与外界环境条件密切相关，在新建茶园时，首先要根据茶树的生长习性科学地选择园地，并进行科学的茶园规划。茶园建设应按照高标准、高质量的要求，实现茶树良种化、茶区园林化、茶园水利化、生产机械化、栽培科学化。园地规划，在以茶为主的前提下，除规划各种相关设施外，为了保持良好的生态环境，适应生产发展的需要，应该规划有绿化区、茶叶加工区和生活区，做好水土保持，有利于保护和改善茶区生态环境，便于茶园管理。在茶树品种的选择上，选择适应加工普洱茶的优良云南大叶种茶树品种，如勐库大叶茶、勐海大叶茶、佛香3号等。

（1）茶园规划　建园时根据地形、地貌和原有的植被情况，合理规划茶树种植带、茶园道路、水利系统；在茶园周围营造防护林，道路和水沟旁种植行道树，茶园内设置遮阳树。

（2）茶园开垦　以"水土保持"为中心，采取正确的农业技术措施，通过清除园地中的障碍物，整理地形，为茶树的生长发育创造良好的土壤和地形条件。平地及坡度为15°以内的缓坡地茶园，根据道路、水沟等沿等高线横向分段进行开垦，以使坡面相对一致。按照行距150cm或180cm，开挖深度宽50cm、深50cm的种植沟。在坡度15°～25°坡地上建茶园，根据地形情况，建立宽幅或窄幅等高梯级茶园。一般掌握种植梯面宽度不低于150cm，梯埂50cm，梯面里低外高。对于坡度大于25°、土壤深度小于60cm以及不宜种植茶树的区域应保留自然植被。

（3）茶树种植沟营养补给　新茶园待开垦好且种植沟开挖好后，把购置的肥料按有机肥1000～3000kg/亩（1亩≈667m^2）、钙镁磷肥150kg/亩的量施入种植沟后回土。

（4）种植规格　茶树种植规格有双行单株和单行双株两种模式。双行单株种植标准株距33cm、小行距30cm、大行距180cm；单行双株种植标准为株距33cm、行距150cm。

（5）茶苗移栽

①茶籽播种：选取符合生产标准的茶籽按照种植规格直接播种到茶园中。春播在2月下旬至3月上旬进行，秋播在10月至11月底进行，按种植规格播种后盖土3～5cm，上面铺盖一层松毛、蕨类或是稻草等物，以防止雨水冲刷和人为践踏，保持土壤的湿度和疏松，利于出苗。

②茶苗移栽：云南茶区茶苗移栽一般在雨季进行，但由于有哀牢山的阻隔，促成滇西和滇西种植时间有所差异。滇西茶区一般移栽时间6～7月，滇西茶区一般移栽时间11～12月；移栽日期最好选择阴天，一般一边起苗、一边移栽。移栽时，茶苗栽入穴中，左手扶正苗身，使茶苗垂直于沟中，随即右手逐步覆土入穴，埋去根的1/2时，把茶苗稍向上提一下，使根系舒展，并用双手按压茶苗四周土壤，使其紧实，而后再继续将穴沿边的土壤填入，直至原来苗期根系的土壤位置（根颈）。移栽后若当天即刻下雨可不用浇定根水，否则需浇足定根水。移栽后3～5d，用白色塑料地膜覆盖茶园。

2. 土壤管理

成龄茶园根据茶园杂草生长状况，每年应用机器修剪杂草 3~4 次（6~11 月），深耕 1 次（深度 20cm；11~12 月）。幼龄茶园和改造茶园根据茶园杂草滋生和土壤状况，每年应耕作 3 次（确保杂草及时清除），分别于 5 月中下旬、7 月中旬、8 月上旬进行浅耕（深度<15cm），11 月~12 月上旬进行深耕（深度>20cm）；茶园茶行的行间种植矮秆绿肥、铺草，保持土壤的温度和湿度。

3. 茶园施肥

茶园施肥与耕作相配合，浅耕施追肥，深耕施基肥。适时喷施叶面肥、根部追肥和根外追肥相结合，追肥一般以氮肥为主，基肥主要施有机肥和氮磷钾复合肥。施用的肥料种类要结合茶园申报的茶园性质，若是无公害茶园、绿色食品茶园、有机食品茶园根据相关标准执行。AA 级绿色食品和有机茶园不能施用化肥，只能施用经无害化处理的有机肥和允许使用的肥料，施用的数量根据茶园的管理水平和土壤肥力状况决定，茶树生育阶段的不同对养分的吸收比例也不相同，氮、磷、钾肥的合理施用。另外茶园中提倡间作绿肥，广辟肥源。

4. 茶树修剪

修剪是指用工具或是机器剪去茶树部分枝叶或是全部枝叶的技术。修剪是培养优质高产树冠的一项重要措施，其作用是通过人为的定型修剪、轻修剪、深修剪、重修剪或台刈等修剪方法，迫使茶树改变原有自然生长状态，以控制和促进茶树个体发育，培养塑造理想的树型，复壮树冠，延长茶树的经济年限，从而达到茶叶的持续优质高产，提高栽培效益的目的。

（1）定型修建　定型修剪是培养茶树稳定的骨干枝和相对标准树冠的一种修剪管理方法。一般常规幼龄茶园茶树定型修剪次数为 3~4 次，第一次于苗高 40cm 左右，剪去距离地表 12cm 以上的主枝，注意留叶方向；第二次于苗高 50~55cm，剪去距离地表 30cm 以上的次生主梢；第三次于苗高 70cm 以上，剪去距离地表 50cm 以上的次生主梢。幼龄茶园茶树经三次定型修剪后方可打顶采摘，在茶季结束后，在原有三次定型修剪基础上提高 15cm 进行一次轻修剪。

（2）轻修剪　轻修剪是剪去成年茶树树冠表层 3~10cm 枝叶的一种修剪管理方法。轻修剪每年一次，修剪时间根据茶园位置来确定，如冬季雨雪很少或没有或霜期较短的地区，一般采用冬季 11~12 月修剪；冬季雨雪较多、霜期较长的地区，一般采用春茶后或是春茶开采前 1 个月左右，在 2 月修剪。轻修剪是整理茶树采摘面的重要措施，修剪的深度和时间要根据气候条件、生态条件、茶树品种、管理水平和新梢生长势等灵活掌握。

（3）深修剪　深修剪又称回头剪，是剪去成年茶树树冠表层 10~15cm 枝叶，促使上部树冠复壮的一种修剪管理方法。成年茶树经多次的轻修剪，树高增加，上部枝条越分越细，致使细弱枝（形似"鸡爪"）增加，致使产量和品质下降。采用深修剪，剪去"鸡爪枝"，降低树冠高度，促进上部枝条复壮，使之重新形成具有旺盛生长能力的枝叶层，恢复产量和品质。修剪的深度应根据茶树的生长势、细弱枝及枯死层的厚度而定，以剪尽"鸡爪枝"为原则，深修剪周期一般为 3~5 年。

（4）重修剪　重修剪是剪去茶树树冠的 1/3～1/2，通常剪去离地 40～50cm 以上部分枝叶以促使上部树冠复壮的一种修剪管理方法（图 3-15）。一般情况下，茶树经多年的采摘和多次的轻修剪、深修剪，中上部枝条的育芽能力逐步降低，表现为发芽能力不强，芽叶瘦小，对夹叶比例显著增加，开花结果量大，根颈处徒长枝增多，茶叶的产量和品质明显下降，茶树进入衰老期。采用重修剪使茶树的中上部树冠更新复壮，树冠再造。重修剪宜在春茶后进行，并且配合施基肥，才能取得较好效果。修剪深度要掌握恰当，根据茶树长势确定修剪深度，重修剪后要进行定型修剪，重新培养棚面。重修剪的周期一般为 9～10 年。

图 3-15　重修剪

（5）台刈　台刈是只剪去离地 5～20cm 以上部分的所有枝叶的一种修剪管理方法。一般情况下，需台刈的茶树必须十分衰老，枝干枯秃、灰褐色，分枝稀疏、芽叶稀少，根系退化、吸收营养能力差，产量和品质处于最低水平。台刈后高度是关系到今后树势恢复和产量高低的重要因素，一般在根颈处或离地 5～20cm 处剪去全部枝条，具体应根据茶树品种和长势而定。台刈后要配合施基肥，需定型修剪重新塑造树冠。台刈要求剪口光滑、倾斜，不撕裂茎干，切忌砍破桩头，以防止切口感染病虫或是滞留雨水，影响不定芽的萌发。台刈一般选用锋利的弯刀斜劈或电锯锯割，或用圆盘式台刈切割，以利于伤口愈合和抽发新枝。

5. 茶树病虫害防治

茶树病害分为叶部、茎部和根部病害。云南主要茶树病害主要有白绢病、茶饼病、茶白星病、茶云纹叶枯病、茶轮斑病、根结线虫病等。茶树虫害主要有假眼小绿叶蝉、茶黄蓟马、茶毛虫、卷叶蛾类、茶蚕、茶蚜虫、蚧类、螨类、茶尺蠖、茶梢蛾、金龟甲等。茶树病虫害防治遵循重防于治的方针，综合运用各种防治措施，优先采用农业防治，大力推广物理防治和生物防治；掌握防治时期，严格按照产品认证标准选用药品，根据相关标准和要求选用允许使用的农药进行防治。保持茶园生态系统的平衡和生态多样化，将有害的生物控制在允许的经济阈值以下，将农药残留控制在规定标准的范围。

（1）农业防治　在栽培过程中，从病虫、茶树、环境三者相互关系中，抓住主要关键，改进栽培技术，有目的地改变环境的某些因素，加强或营造不利于病虫发生的条件，以达到防治或消灭病虫的效果，从而避免或减少其发生与危害。通过选用抗病虫的茶树品种、优化茶园生态环境创造生物多样性，合理密植，耕作松土，勤除杂草，合理施肥，抗旱保湿，注意排水，分批及时采摘，适时修剪等农业措施达到防治目的。

（2）生物防治　生物防治一般是利用食虫昆虫、寄生虫性昆虫、病原微生物或其他生物天敌或其代谢产物进行病虫害防治的技术措施。保护天敌，利用生物农药和性诱剂，田间使用彩色粘虫板（图3-16）是生物防治的主要措施。

图3-16　粘虫板

（3）物理防治　物理防治是利用物理因子和各种机械器具防治病虫的方法（图3-17）。具体做法有人工捕杀和利用害虫的趋性（趋光性、对色泽的偏嗜性）、食性（糖、醋、酒等）进行诱集、诱杀或进行虫情预报预测。

图3-17　太阳能杀虫灯

（4）化学防治　化学防治是利用化学药物防治病虫害的措施，其作用迅速，见效快，使用方便，工效高，受环境条件的限制小，成本低，效果好。安全合理使用农药，既要根据茶叶生产特点、农药特性和病虫害危害的情况，合理选用高效、低毒、低残留药，要根据田间调查和预测预报了解病虫活动情况，做到适时用药，掌握适合的浓度和施药次数，提高农药使用技术。严格按照相关标准和要求选用农药，严格按照安全间隔期采摘，做好农药使用记录，健全产品追溯系统。

6. 茶树嫁接换种

嫁接换种是指用原有茶树作为砧木，用选定好的优良茶树品种的枝条作为接穗的换种技术（图3-18），是茶园改造和改换品种，提高茶园经济效益的重要手段。具有成活率高、投资少、成本低、见效快，可提高茶叶品质、经济效益等优点。一般采用低位劈接。进行嫁接时要做好嫁接工具、遮阳材料的准备和留养接穗的工作。嫁接方法以"一芽一叶-劈接-套袋"和"一芽二叶-劈接-以土代绑"较好，以套袋固定的接穗长2.5cm，以土代绑固定的一芽二叶下片叶剪掉一半，保全上片叶。削穗时，其下端与叶茎垂直向下削成楔形，削面长1.5~2cm，两个削面要光滑平整。劈接时，选直径在1cm以上的树桩3~5个，离地面5cm处剪平，在砧木平面稍离圆心处垂直向下切一刀，切口略长于接穗的楔面长度，将接穗插入砧木切口处，要求稍厚边的韧皮部与砧木韧皮部相吻合，一个桩口接1~2个接穗。

图3-18　嫁接

二、有机茶园

（一）概述

有机茶园基地建设是有机茶生产的基础，有机茶园是采用与自然和生态法则相协调种植的茶园，其生产技术的应用强调使茶园的生态系统保持稳定性和可持续性。有机茶园基地可以是常规茶园的转换，也可以是荒芜茶园的改造恢复，或是新种植茶园。

有机茶园必须符合 NY 5199—2002《有机茶产地环境条件》中的生态环境条件，必须空气清新、水质纯净、土壤未受污染、土壤肥沃、茶种优良，周围森林茂密。要求远离城市和工业区以及村庄与公路，以防止城乡垃圾、灰尘、废水、废气及过多人为活动给茶叶带来污染。有机茶园与交通主干线的距离在 1000m 以上，与常规农业区之间必须有隔离带。如果隔离带上种植的是作物，必须按有机方式栽培。对基地周围原有的林木，要严格实行保护，使它成为基地的一道防护林带。若茶园周围原有的林木稀少，要营造防护林带。对茶园中原有的树木，只要对茶树生长无不良影响，应当保留并加以护育，使之成为茶园的行道树或遮阳树。茶园中原有树木稀少的，要适当补种行道树或遮阳树。在山坡上种植茶树，山顶、山谷、溪边须留自然植被，不得开垦或消除。

（二）有机茶园管理

有机茶园管理按照 NY/T 5197—2002《有机茶生产技术规程》执行。

1. 茶园规划

（1）道路系统的设置　为使茶园管理和运输方便，茶园中需设置主道、支道和步道，并相互连接成网。主道连接各个作业区和初制所，是输送肥料、鲜叶的主要道路，一般路宽 6~7m。支道贯穿各片茶园，与主道连接，是为手扶拖拉机等小型车辆送肥入园而设置的，路宽 3~5m。步道是为茶园管理人员进出茶园而设置的，又是茶园分块的界限，路宽一般在 1.5~2.0m。

（2）排水系统的设置　在茶园上方与山林交界处设置等高隔离沟，拦截山林洪水，防止冲毁茶园，两端与自然山箐相连；利用自然山箐顺坡设置纵排水沟，并接通池塘、水库等蓄水库。如当地降雨量多，茶园坡面长而陡，在茶园中每隔 30~40 行茶树等高设置横沟，两端与纵排水沟相连，可蓄积雨水，并排泄茶园中多余雨水。

（3）茶园地块划分　发展新茶园要求集中连片，面积在 500~1000 亩，坡度在 25°以上的划为林地。茶块面积以不超过 10 亩，茶行长度以 50m 左右为宜，依地形而定。

（4）坡地茶园的等高梯级设计　坡地茶园宜开成等高梯级茶园，梯面宽度不低于 1.5m。

（5）防护林及遮阳树的设置　科学合理地在茶区和茶园四周及道路水沟两旁种植防护林和行道树。选择枝叶繁茂，有经济价值的速生树种，如板栗、核桃、油桐、樟树、油茶、桤木、杉松、银杏等，各地可结合实际，选择适合当地栽种的经济树种，还需根据树种树冠大小确定行株距。

2. 茶园开垦

园地开垦前，要清理地面，刈除杂草，清除石头、树桩、土堆等，进行土地平整。按有机茶园模式建成梯形等高茶园，种植沟深 50cm×宽 60cm，由下往上开沟，杂草及表土回沟，亩施 1000~3000kg 经无害化处理的有机肥，钙镁磷肥 150kg/亩，作为茶园底肥。

3. 茶树种植

（1）种植品种选择有机茶园栽种品种应适合当地的环境条件，并表现出多样性，根据生产需要考虑品种搭配，优先使用无性系良种和抗逆性强的品种。在品种选择上，选择适合当地种植，适制普洱茶的茶树品种，如勐库大叶茶、凤庆大叶茶和勐海大叶茶等国家级良种，或是选用云南省推广的茶树良种，如云抗10号、云抗14号、长叶白毫、佛香等。

（2）种植方式　以单行条栽或双行条栽为宜，其中单行单株条栽：株距×行距 = 33cm×150cm，约2000株/亩。双行单株条栽：株距×小行距×大行距 = 30cm×30cm×150cm，约3300株/亩。

（3）茶苗种植　根据我省气候特点，茶苗移栽在6月初至7月中旬进行。移栽时，按一定的株行距拉线开沟施足底肥。尽量多带土，减少伤根。移栽时根际土壤要压实，浇足定根水，保证全苗、壮苗。

4. 苗期管理

（1）根据天气情况，成活前每5~7d浇水一次，防止干旱。

（2）行间铺草或种植绿肥，防止杂草生长和水土流失。

（3）冬季培土壅根，根部铺草防冻。

（4）浅耕松土，勤除杂草，防止草荒，严禁喷施除草剂。

（5）如有缺苗及时补苗，防止缺株断行。

（6）及时定剪，留苗高12cm左右。

5. 低产茶园改造

（1）树冠改造　通过不同程度的修剪和培养进行树冠更新。修剪时间（包括深修剪、重修剪与台刈等），以茶树养分积累多对新梢生育有利和经济效益高为主要依据。云南省茶区以5月为宜，同时进行茶园深耕施肥，促进根系的更新与新梢生长，提高茶树更新效果，有利于培养"优化型"树冠。

（2）园地改造　主要采用补植缺株，整修梯坎，挑培客土或深耕、铺草、施肥等措施改良土壤，因地制宜地修建园道，排蓄水沟（池）和植树造林，改善茶树生态环境。部分树势衰老、品种混杂的低产茶园，则宜"换种改植"，重新规划种植无性系良种茶树。

6. 耕作管理

茶园要求每年除草三次，深翻一次，保持茶地无杂草，深翻可以结合施肥同时进行。深翻必须在修剪以前进行。

7. 施肥管理

（1）施肥准则

①禁止施用各种化学合成的肥料。禁止施用在城乡垃圾、工矿废水、污泥、医院粪便及受农药、化学品、重金属、毒气、病原体污染的各种有机无机废弃物。

②严禁使用未经腐熟的新鲜人粪尿、畜禽粪便，如果施用必须经过无害化处理，以杀灭各种寄生虫卵、病原菌、杂草种子，使之符合有机茶生产规定的有关标准。

③有机肥原则上就地取材，就地处理，就地施用，外来农家有机肥经过检测确认符合要求才可使用。一些商品化有机肥、有机复混肥、活性生物有机肥、有机叶面肥、微生物制剂肥料等，必须明确已经得到有机认证机构颁证或认可才能使用。

④施用天然矿物肥料后，必须查明主、副成分及含量，原产地贮运、包装等有关

情况，确认属无污染、纯天然的物质后方可施用。

⑤大力提倡间作各种豆科绿肥，施用草肥及运用修剪枝叶回园技术。

⑥定期对土壤进行监测，建立茶园施肥档案制，如发现因施肥而使土壤某些环境质量要求超标或污染的，必须立即停止施用。

（2）禁止施用的肥料

①化学氮肥：指化学合成的硫酸铵、尿素、碳酸氢铵、氯化铵、硝酸铵、氨水等。

②化学磷肥：指化学加工的过磷酸钙、钙镁磷钾肥等。

③化学钾肥：指化学加工的硫酸钾、氯化镁、硝酸铵等。

④化学复合肥：指化学合成的磷铵、磷酸二氢钾、进口复合肥、复混肥等。

⑤叶面肥：含有化学表面附着剂、渗透剂及合成化学物质的多功能叶面营养液、稀土元素肥料等。

⑥城市垃圾：含有较高的重金属和有害物质，故不宜施用。

⑦工厂、城市废水：含有较高的重金属和有害物质，故不宜施用。

⑧淤泥：含有较高的重金属和有害物质，故不宜施用。

（3）允许施用的肥料

①堆（沤）肥指农家有机肥经过微生物作用，经过高温生物无害处理数周，肥料中不允许含用任何禁止使用的物质。

②畜禽粪便：经过堆腐和无害化处理。

③海肥：经过堆腐充分腐解。

④各种饼肥：茶籽饼、桐籽饼等要经过堆腐，其他饼肥可直接施用。

⑤绿肥：春播夏季绿肥，秋播冬季绿肥，坎边多年生绿肥，以豆科绿肥为最好。

⑥草肥：山草、水草、园草等，要经过曝晒、堆、沤处理后施用。

⑦有机茶专用肥：根据有机茶园特点而专门研制的，并经有机认证的肥料。

8. 病、虫、草害防治

（1）禁止使用任何农药进行病、虫、草害防治。

（2）除草必须使用除草机进行人工除草，整年必须除草 3~4 次。

（3）病虫害防治主要依靠生物防治，利用天敌和人工进行处理。

（4）通过采摘和留养进行防治　茶叶是经常采摘的，尤其在春茶期间，一般隔 5~7d 采一次茶。小绿叶蝉、茶橙瘿螨、茶细蛾和茶白星病等趋嫩性强的重要害虫，主要分布在嫩梢上，通过分批多次采茶可不断地采除大量病虫，同时采摘也恶化了病虫的食料条件，可抑制这些病虫的继续发展。

三、其他茶园

（一）古茶园

云南古茶园数量众多，全省古茶树资源（含野生茶）分布在 61 个县（市、区），总面积达到 6.22 万 hm^2。其中，集中连片且年龄在 100 年（含）以上古茶树（园）分布在 59 个县（市、区），总面积 4.51 万 hm^2，占全省古茶树资源（含野生茶）总面积的 72.5%。古茶树是指树龄 100 年（含）以上用于传统制作饮用茶的山茶科山茶属茶组植物（茶树），是见证云南茶树原产地的活化石，包括栽培型古茶树和野生型古茶树，具有丰富的遗传多样性。自1951年蒋铨在云南省勐海县南糯山发现800年树龄的栽培型古茶树至今，古茶树已在省内61个县（市/区）的深山密林中被发现。云南有世居的26个民族，云南少数民族利用茶和栽培茶树历史悠久，起初人们将茶树种植在天然林中，经过生态的演变形成了茶与天然林和谐的生态系统。古茶园生态系统丰富，保存了大量的野生植物资源，云南得天独厚的自然环境也为古茶树的生存提供了保障，古茶树多生长在崇山峻岭之中，零星散布，树型高大，茶园内物种丰富，生态环境优越，在古老茶园中各种植物间形成了和谐的生态系统。茶树的生长依靠自然调控，园内光照较弱，昼间平均气温低，夜间平均气温高，日温差较小，湿度适中，适宜茶树生长，有利于茶树体内物质的形成和积累，古茶树上有寄生和附生植物是古树茶的一个自然特征，这种生物共生的现象符合绿色、生态及有机食品对原生环境的要求，因此古树茶深受市场与消费者的喜爱。近年来由于古茶树可以创造较高的经济效益，所以市场对古树茶的需求量越来越大，古茶树受到掠夺性的采摘，造成茶树植株生理损伤，枝叶稀疏，树势衰退，甚至死亡。

古树茶园大多是生长在天然林或是接近天然林地的乔木林地，传统方法栽培管理茶树有上千年的历史。茶农一般采用传统的管理方式，管理相对粗放。古树茶园生态良好，生物多样性丰富，古树茶主要依靠自然的土壤肥力生长，一般不进行人工的施肥、浇水和病虫害防治。一般根据古茶树周边的生长环境进行茶园管理，在每年的秋季采茶结束后，使用锄头除草或是镰刀割草的方式割除林下的杂草，有些茶园除草后会在林地周边进行一次翻耕。有些古茶园由于交通不便和市场因素，茶叶向外运输困难，古茶树根据市场情况仅采摘春茶，其他季节积累养分。由于古茶园生态系统稳定，古茶树上一般病虫害较少。云南古树茶群落能够存在数百年甚至上千年，除了得天独厚的自然环境和茶树丰富的遗传多样性为古茶树的生存提供了根本保证外，也得益于传统的种植管理方式。这种源自传统的耕作方式使茶农获得了与自然和谐相处的自然生存方式，实现了真正意义上的天、地、人和谐共处。

（二）野放茶园

野放茶也称荒地茶、放荒茶，该种茶园植株分散种植间距大致为1m，植株生长过程采取轻修剪，植株高度为2m左右，树龄与台地茶园树龄相近，但栽培管理模式与古茶园相似，少有人工管理，不施化肥与农药，只稍做锄草与翻土整理。有些为群体种栽培而成，有些为无性系台地茶园改造而成，多种在山地与周边天然林形成小的生态环境系统，其生长模式更接近于茶树的原生环境。

思考题

1. 云南大叶种茶树资源的多样性表现在哪些方面？
2. 简述茶树叶的结构和特征。
3. 简述茶树修剪的内容。
4. 云南大叶种茶病虫害防治方法有哪些？

5. 简述云南大叶种茶生态环境对其品质的影响。

参考文献

[1]姚美芹. 茶树栽培技术[M]. 昆明:云南大学出版社,2015.

[2]袁正,闵庆文. 云南普洱古茶园与茶文化系统[M]. 北京:中国农业出版社,2015.

[3]骆耀平. 茶树栽培学[M]. 北京:中国农业出版社,2011.

[4]刘旭,李立会,黎裕,等. 作物种质资源研究回顾与发展趋势[J]. 农学学报,2018,8(1):1-6.

[5]陈宗懋,杨亚军. 中国茶经[M]. 上海:上海文化出版社,2011.

[6]蒋会兵,宋维希,矣兵,等. 云南茶树种质资源的表型遗传多样性[J]. 作物学报,2013,39(11):2000-2008.

[7]蒋会兵,田易萍,陈林波,等. 云南茶树地方品种农艺性状与品质性状遗传多样性分析[J]. 植物遗传资源学报,2013,14(4):634-640.

[8]蒋会兵,矣兵,梁名志,等. 云南茶树种质资源形态性状多样性分析[J]. 云南农业大学学报:自然科学版,2011,26(6):833-840.

[9]王玮,张纪伟,赵一帆,等. 澜沧江流域部分茶区古茶树资源生化成分多样性的分析[J]. 分子植物育种,2020,18(2):665-679.

[10]文山茶业编委会. 文山茶业[M]. 昆明:云南人民出版社,2017.

[11]黄炳生. 云南古茶树资源概况[M]. 昆明:云南美术出版社,2016.

[12]虞富莲. 中国古茶树[M]. 昆明:云南科技出版社,2016.

[13]杨世雄. 茶组植物的分类历史与思考[J]. 茶叶科学,2021,41(4):439-453.

第四章　普洱茶化学

　　不同普洱茶产品所具有的特定化学成分组成是普洱茶呈现出品质特征与健康功效的物质基础。要想科学解释普洱茶独特的风味品质特征，应充分理解普洱茶鲜叶的化学成分及其在大叶种晒青原料初加工、普洱茶成品加工、贮藏存放等过程中的品质特征成分和物质转化规律等。同时，作为一种饮品，普洱茶质量安全也是大家关注的重要内容。普洱茶的茶树品种、鲜叶采摘及加工、产品的贮藏等生产加工环节都对普洱茶风味品质特征的形成具有重要作用，普洱茶内含物质的多样和富于变化是普洱茶品质呈现多样化的重要原因之一。正因为这些品质影响因素或复杂变化诸多因素的存在，才让普洱茶产品具有"一山一味""越陈越香"等品质特征，具有令人着迷等独特魅力。本章将从普洱茶鲜叶、原料、加工、成品、贮藏、功能、风味及安全等方面系统全面地对普洱茶化学做科学解读。本章思维导图见图4-1。

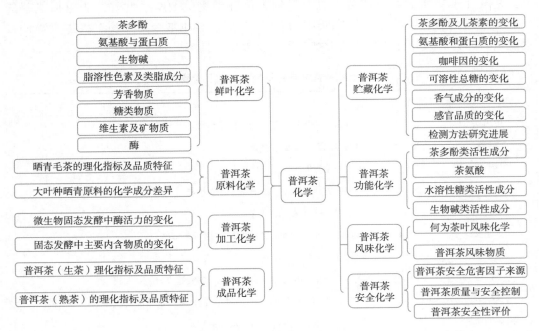

图4-1　第四章思维导图

第一节　普洱茶鲜叶化学

普洱茶鲜叶的化学物质组成及其含量是形成普洱茶品质特征的物质基础，主要受遗传（茶树品种）、环境（产地）及加工等主要因素影响。具体而言，普洱茶鲜叶化学组成受到茶树品种、品系、栽培环境、管理方式、采摘季节、芽叶嫩度等诸多因素影响。茶鲜叶化学主体成分总体相似，所以具有茶的共性，但鲜叶化学成分随产区、品种、栽培管理等不同而有所差异。茶叶化学及其在加工过程中的变化规律是我们认识茶叶品质特征的重要途径，茶叶化学成分的检测及转化规律的揭示、阐释可通过联合利用色谱、光谱、质谱等现代分离分析技术而实现。

据文献报道，截至 2018 年底，科研人员已从茶（Camellia sinensis）、普洱茶（Camellia sinensis var. assamica）、大厂茶（Camellia tachangensis）、厚轴茶（Camellia crassicolumna）、防城茶（Camellia fangchengensis）和白毛茶（Camellia sinensis var. pubilimba）6 种茶组植物或其制品中分离鉴定出 398 种非挥发性茶叶活性成分，包括水解单宁类、黄烷-3-醇类、黄酮类、萜类、生物碱类等酚类化合物及相关化合物，鉴定出挥发性成分数量及种类。且由于这些香气品质成分的特定组合，构成了茶叶风味品质和健康功效的物质基础。

茶鲜叶由水分和干物质两部分组成，干物质占鲜叶重的 20%~25%，以有机成分为主，有机成分含量占 95% 左右。茶叶有机成分既包括糖类、蛋白质、脂类等初级代谢产物，又包括茶多酚、嘌呤碱、氨基酸等次级代谢产物。糖类、蛋白质、茶多酚三类成分是茶叶干物质的主体成分，总含量约占鲜叶干重的 80%。此外，还包括氨基酸（以茶氨酸为主）、嘌呤碱（以咖啡因为主）、类脂、有机酸、矿物质、维生素等低含量或微量成分。大叶种茶鲜叶的干物质组成及含量，具体见表 4-1。

表 4-1　　　　　　　　　　　　大叶种茶鲜叶的干物质组成及含量

成分类别	含量/%	组成
蛋白质	20~30	谷蛋白、精蛋白、球蛋白、白蛋白等
糖类	20~25	单糖、双糖、多糖、寡糖
脂类	8	磷脂、糖脂等
茶多酚	24~36	儿茶素类、黄酮类、酚酸类、花青素类
生物碱	3~5	咖啡因、可可碱、茶碱等
氨基酸	1~4	茶氨酸、天冬氨酸、谷氨酸等 20 多种氨基酸
色素类	1	叶绿素、类胡萝卜素等
芳香性成分	≤0.05	烃、醇、醛、酮、酸、酯等小分子挥发性成分
维生素	≤1	维生素 C、维生素 A、维生素 E、维生素 B 等
矿物质	3.5~7	钾、钙、镁、磷、铁、硒、氟、铝等

一、鲜叶中的茶多酚

茶多酚是茶叶的重要品质成分，包括儿茶素类（黄烷醇类）、黄酮及黄酮醇类、花青素类、酚酸及缩酚酸等四类。茶鲜叶中的多酚类成分在加工过程中易受内源酶、外源酶、温度、机械力、氧气、光照等因素的影响而容易氧化转化，是茶叶产品品质特征丰富多样的物质基础。云南省农业科学研究院茶叶科学研究所刘本英等基于云南茶树种质资源调查评价编著了《云南野生茶树种质资源名录》。据该书中的化学检测数据，云南大叶种茶树鲜叶中的多酚类物质显著高于小叶茶，平均含量均在 28% 以上，而兔街大茶、潓水藤子茶等特异品种茶多酚含量更是高达 40% 左右。

（一）儿茶素类（黄烷醇类）

儿茶素是茶鲜叶中的主要活性成分，由丰富的黄烷醇及其衍生物组成，是茶汤苦涩味的呈味成分，同时也是普洱茶的重要功效成分。儿茶素类成分通常含有多个酚性羟基，邻位、连位羟基极易氧化聚合而具有优秀的抗氧化活性，故对光、热、碱等敏感，是茶鲜叶加工形成茶黄素、茶红素、茶褐素的物质基础。

从茶鲜叶中分离得到以下黄烷醇类化合物及其衍生物：（-）-表儿茶素-3-O-没食子酸酯（ECG），（-）-表没食子儿茶素-3-O-没食子酸酯（EGCG），（-）-表没食子儿茶素（EGC），（-）-表儿茶素（EC），（+）没食子儿茶素（GC），（+）-儿茶素（C），3′-甲基-（-）-表没食子儿茶素-3-O-没食子酸酯，（-）-表阿福豆素，（-）-表阿福豆素-3-O-没食子酸酯，（-）-表儿茶素-3-O-安息香酸酯，（-）-表没食子儿茶素-3-O-咖啡酸酸酯，（-）-表儿茶素-3,5-二-O-没食子酸酯，（-）-表没食子儿茶素-3,5-二-O-没食子酸酯，（-）-表没食子儿茶素-3,3′-二-O-没食子酸酯，（-）-表没食子儿茶素-3,4′-二-O-没食子酸酯，原花青素 B-2，原花青素 C-2，原花青素 B-3，原花青素 B-4，原飞燕草素 B-4，双没食子儿茶素 A，双没食子儿茶素 B 等。主要儿茶素的分子结构见图 4-2。

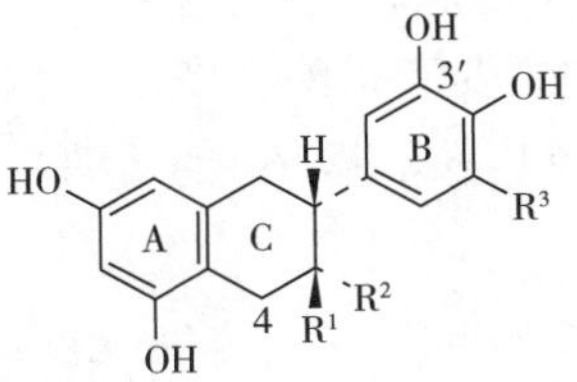

（-）-EGCG：R^1 =H，R^2 =没食子酰基，R^3 =OH；（-）-EGC：R^1 =H，R^2 =R^3 =OH；

（-）-ECG：R^1 =R^3 =H，R^2 =没食子酰基；（+）-GC：R^1 =R^3 =OH，R =H；

（-）-EC：R^1 =R^3 =H，R^2 =OH；（+）-C：R^1 =OH，R^2 =R^3 =H。

图 4-2　儿茶素（黄烷-3-醇）的分子结构

（二）黄酮类

黄酮类成分是茶叶中多酚的重要组成部分，也是茶叶抗氧化活性成分、对于茶叶滋味与汤色也具有重要意义。黄酮类成分包括黄酮、黄酮醇及黄酮醇苷类成分。黄酮类成分占茶叶干物质重的 2%~5%，主要为山奈素、槲皮素和杨梅素及其相应的糖苷芸香苷、槲皮苷和山柰苷。黄酮类成分能溶于热水，黄酮苷比其苷元更易溶解，其水溶液为绿黄色，与茶汤颜色关系较大。制茶过程中，黄酮苷在热和酶的作用下会发生水解脱去糖配基变成黄酮或黄酮醇，可在一定程度上降低黄酮苷类所致的茶汤苦味。黄酮类成分可能是茶叶中儿茶素类成分的前体。主要黄酮类成分的分子结构见图4-3。

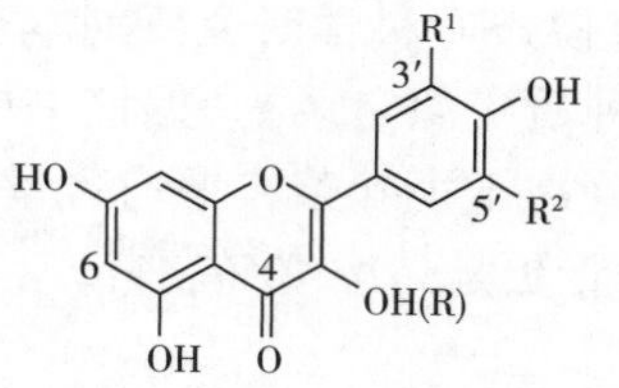

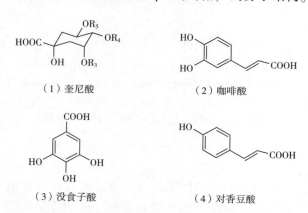

（1）黄酮醇及黄酮醇苷 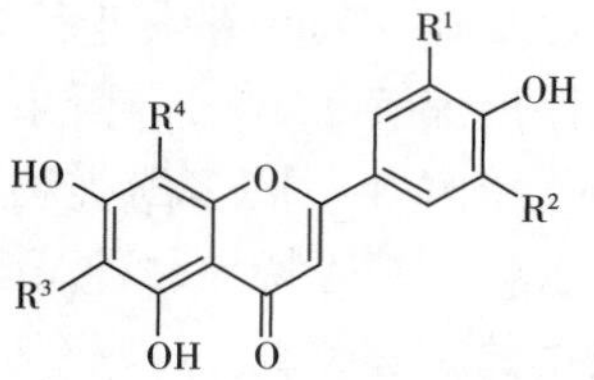　　　　　　（2）黄酮及黄酮苷

（1）中：山柰酚：R^1＝R^2＝H；槲皮素：R^1＝OH，R^2＝H；杨梅素：R^1＝R^2＝OH；
　　苷：糖单元通过氧苷键连接在C-3位置形成糖苷。（2）中：芹菜素：R^1＝R^2＝H；
木犀草素：R^1＝OH，R^2＝H；苷：糖单元部分通过碳苷键连接至C-6或C-8位形成黄酮苷。

图4-3　黄酮醇（苷）及黄酮的分子结构

（三）酚酸及水解单宁类

茶叶中的酚酸类是一类具有羧基和羟基的芳香族多酚化合物，缩酚酸是由酚酸缩合而成，酚酸和缩酚酸约占茶叶干物质重的5%。水解单宁主要是没食子酸与葡萄糖形成的缩合物。酚酸类物质通常以水解单宁的方式存在于茶鲜叶中，是合成酯型儿茶素必不可少的物质，对茶汤滋味有重要影响。目前从茶叶中分离报道的酚酸类化合物主要有没食子酸、咖啡酸、香豆酸、茶桔素（theogallin，3-没食子酰基奎宁酸）、绿原酸、3-p-香豆酰基奎宁酸、5-没食子酰基奎宁酸、5-咖啡酰基奎宁酸、5-p-香酰基奎宁酸、4-咖啡酰基奎宁酸、4-p-香豆酰基奎宁酸、4,5-二没食子酰基奎宁酸、松柏醇苷等。图4-4为形成茶叶酚酸的主要有机酸，图4-5为重要水解单宁木麻黄素（strictinin，1-O-没食子酰基-4,6-六羟基联苯基-β-葡萄糖）的分子结构。

（1）奎尼酸　　　　　　　　　　（2）咖啡酸

（3）没食子酸　　　　　　　　　（4）对香豆酸

图4-4　形成茶叶酚酸的主要有机酸分子结构

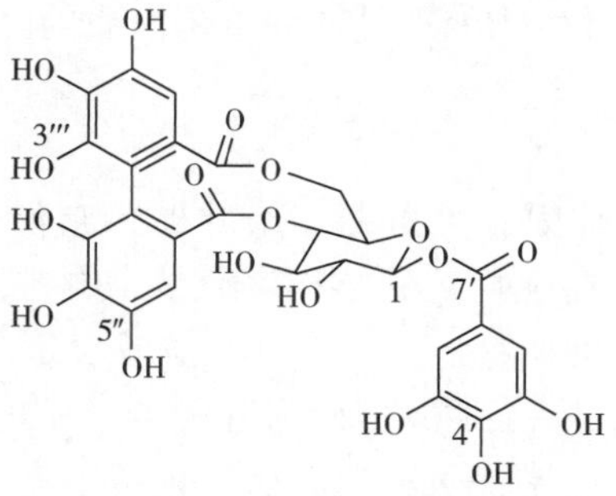

图 4-5 水解单宁木麻黄素的分子结构

（四）花色素类

茶叶中的花色素类主要由花青素和花白素组成。花青素是一类性质较稳定的色原烯衍生物，一般的大叶种茶中含量很低，约为 0.01%，紫娟茶中则可达 0.5%~1.0%，是紫娟茶的重要特色成分，在茶树体内主要是以糖苷的形式存在。花白素又称 4-羟基黄烷醇，无色，比儿茶素更活泼，更易发生氧化聚合作用，主要存在于茶新梢中，占干物质重的 2%~3%。

二、鲜叶中的氨基酸与蛋白质

文献报道过的茶叶中氨基酸已达 26 种，包括茶氨酸（theanine）、γ-氨基丁酸（GABA）、豆叶氨酸、谷氨酰甲胺、天冬酰乙胺、β-丙氨酸 6 种非蛋白质氨基酸等。其中，含量最高的为茶氨酸，占总氨基酸的一半以上，易溶于水。大量研究表明，云南大叶种鲜叶中的氨基酸含量略低于小叶种茶，普遍在 2%~4%，但根据《云南野生茶树种质资源名录》中的实验结果，也存在氨基酸含量高达 6.10% 的特异品种。茶氨酸具有调节颅内神经递质、提高学习能力和记忆力、镇静作用、保护神经细胞、降血压作用、减肥作用等重要生物活性，茶氨酸还具有类似味精的鲜爽和焦糖香气，对茶汤的滋味和香气都有良好的作用，是茶叶品质的重要评价因子之一。图 4-6 给出了茶氨酸的生物合成途径。γ-氨基丁酸是茶叶中的另一种重要氨基酸，具有安神、降血压等重要生理活性。γ-氨基丁酸在茶鲜叶中含量很低，但可通过厌氧处理提高含量。云南农业大学周红杰课题组已利用该技术原理创制出了 γ-氨基丁酸白茶、γ-氨基丁酸红茶、γ-氨基丁酸绿茶等多款富含 γ-氨基丁酸的云南大叶种特色茶品。

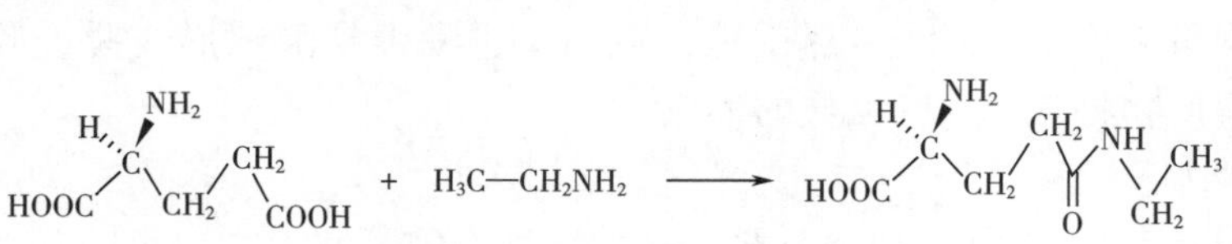

图 4-6 茶氨酸的分子结构及其生物合成

茶鲜叶含有高达 30% 的蛋白质，其中水溶性蛋白不到 4%。因为茶叶蛋白质难通过冲泡被人体利用而并未受到过多的关注，但其含量高低是茶叶质量等级的重要评价指标。此外，加工过程中通过微生物处理可能促进蛋白质的降解而提升茶叶产品的品质。

三、鲜叶中的生物碱

茶叶中生物碱主要有咖啡因、可可碱、茶叶碱，它们均为黄嘌呤的甲基衍生物，图4-7给出了茶叶中3种主要生物碱的结构。通常，咖啡因占总生物碱90%以上，易溶于热水，可可碱、茶碱能溶于热水。茶叶中生物碱含量与嫩度呈正相关，是茶叶品质特征评价指标之一。研究结果表明，云南大叶种鲜叶中的生物碱含量比小叶种茶高，普遍在4%以上，《云南野生茶树种质资源名录》记载了咖啡因含量5.50%以上（勐休大叶茶、田坝绿梗茶）和0.50%以下（金厂大树茶、大坝大树茶）的特异品种。茶叶中咖啡因含量随茶树的生长环境、品种等不同而有所差异，幼嫩芽叶、春茶含量相对较高，遮光栽培有利于提高茶叶咖啡因含量。

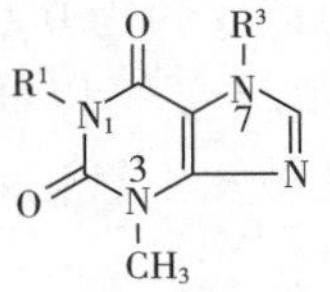

咖啡因：R^1＝R^3＝CH_3；可可碱：R^1＝H，R^3＝CH_3；茶碱：R^1＝CH_3，R_3＝H。

图4-7　茶中生物碱的分子结构

四、鲜叶中的脂溶性色素及脂类成分

茶鲜叶中的天然色素以脂溶性色素为主，主要包括叶绿素、类胡萝卜素、花黄素（黄酮类）等。茶黄素类、茶红素类、茶褐素是普洱茶中重要的水溶性色素，通常是在加工过程中转化形成。此外，普洱茶中的脂类成分还包括亚麻酸、磷脂、糖脂、固醇等。

（一）叶绿素

叶绿素是由甲醇、叶绿醇与卟吩环结合而成，是一种双羧酸酯化合物，是形成茶叶外观色泽和叶底颜色的主要物质。茶鲜叶中的叶绿素约占茶叶干物质重的0.30%～0.80%，包括叶绿素a和叶绿素b，前者为后者的2~3倍，二者的含量及比例随品种、季节、成熟度的不同差异较大。叶色黄绿的云南大叶种（普洱茶种）叶绿素含量较低。游离的叶绿素很不稳定，对光、热敏感，在加工过程中易降解形成脱镁叶绿素、植醇等成分，降解产物将参与茶叶品质的形成。

（二）类胡萝卜素

茶鲜叶中含有10多种类胡萝卜素，其总含量不到茶叶干物质重的0.10%，包括胡萝卜素、新黄质、叶黄素、玉米黄素等，呈橙黄色至黄色，对酸碱条件稳定，但对光热氧不稳定，在茶叶加工中可氧化降解形成 α-紫罗酮、β-紫罗酮、二氢海葵内酯、茶螺烯酮等香气成分。虽然类胡萝卜素含量不到0.10%，但它们与茶叶香气、外形色泽和叶底色泽的形成密切相关。

五、鲜叶中的芳香物质

迄今为止，在茶叶样品中已经发现 600 多种挥发性成分，大部分芳香成分为加工过程中产生，茶鲜叶中的香气成分仅有数十种，且不同茶类的主要香气成分差异巨大。茶叶挥发性成分包括约 70 个烃类（脂肪族、芳香族和萜类化合物）、约 90 个醇类（脂肪族、芳香族和萜类化合物）、约 70 个醛酮类（脂肪族、芳香族和萜类化合物）、约 70 个酸类（脂肪族、芳香族和萜类化合物）、80 多个酯类、20 多个内酯及约 20 个酚类化合物，还包括 40 个含氧化合物（呋喃类、芳香醚、紫罗兰酮衍生物）、约 90 个含氮化合物（吡咯、吡啶、吡嗪等）以及一些含硫化合物。

一般而言，在茶鲜叶中，含有的香气物质种类较少，主要包括脂肪族（如青叶醇）、芳香族（如苯甲醇）和萜类（如香叶醇、芳樟醇及其氧化物）等，加工可显著增加香气物质的种类。茶叶香气因茶树品种、鲜叶老嫩、采摘季节、栽培环境及加工工艺等因素而异，特别是酶促氧化的深度和广度、温度高低、炒制时间长短等加工工艺条件对香气物质的组成和比例影响显著，也正是这些变化形成了各茶类独特的香型。

六、鲜叶中的糖类物质

鲜叶中糖类物质占茶叶干物质重的 20%～25%，包括水溶性糖和非水溶性糖类两个部分。前者主要包括果糖、阿拉伯糖、葡萄糖、半乳糖、蔗糖等小分子糖和具有增强免疫、降血糖、抗氧化等重要生理活性的茶多糖，后者主要为茶叶的初级代谢产物，包括纤维素（4.30%～8.90%）、半纤维素（3.00%～9.50%）、淀粉（0.20%～2.00%）、难溶果胶（约 10%）等。

水溶性茶多糖具有多种健康益处，茶多糖的相关研究报道日益受到关注，一般与蛋白质结合在一起形成酸性多糖或酸性糖蛋白。研究结果表明，粗老茶叶中含量较高，云南大叶种中茶多糖含量显著高于小叶种茶。茶多糖的主要组成单元为半乳糖和葡萄糖。

茶叶中纤维素、半纤维素、淀粉等多糖类成分难溶于水，而果胶物质的溶解性则与其甲酯化程度、是否有支链结构有关。纤维素含量是茶叶老嫩的标志，鲜叶嫩度好则纤维素含量低，较易加工做形，能制出优质名茶。果胶为一种杂多糖，根据其是否甲酯化及糖苷化情况，可分为果胶酸、果胶素及原果胶。果胶的含量与茶树品种及茶梢成熟度有关，新梢中以第三四叶果胶含量较高。水溶性果胶可增加茶汤的甜味、香味和厚度。

七、鲜叶中的维生素及矿物质

鲜叶中含有种类丰富的维生素，包括维生素 A、维生素 C、维生素 E、维生素 K、维生素 B 族等多种维生素以及它们的前体物质。通常，鲜叶中维生素含量极低，但对人体健康具有重要作用。

茶叶中已检测出近 30 种矿物质元素。与一般食物相比，茶叶富含钾（K）、锰（Mn）、铝（Al）、氟（F）等元素。钾元素含量占叶片 2% 左右，在芽、嫩叶新梢中含量较高。氟元素是人体必需的微量元素，在骨骼与牙齿的形成中有重要作用，常饮茶可以补充氟元素的摄入量，但需要指出的是，过量摄入可能会引起氟中毒，如导致氟斑牙。氟元素在粗老茶叶中含量较高，长时间煮茶会增加茶汤中氟元素的溶出量，故应尽量避免经常采用煮茶的方式饮用粗老茶。

八、鲜叶中的酶

多酚氧化酶（PPO）和过氧化氢酶（POD）是茶鲜叶中的主要内源性酶，它们在茶叶加工过程中于催化茶多酚转化等具有非常重要的作用。除了这些酶，茶还含有许多其他的酶（图4-8），它们在茶叶生产及加工过程中起着重要作用。

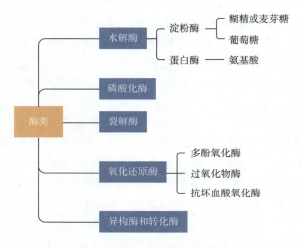

图4-8　茶叶中的各种酶

九、云南大叶种鲜叶的主要化学成分

（一）不同品种鲜叶的化学成分

GB/T 22111—2008《地理标志产品　普洱茶》中明确了云南普洱茶是以云南大叶种为原料，因此云南大叶种是云南普洱茶最本质的特性之一。云南有着丰富的茶树资源，更拥有丰富的古茶树资源。在普洱茶主产区西双版纳、临沧、普洱更是聚集了野生型、过渡型、栽培型古茶树和古茶园。镇沅千家寨、澜沧邦崴、景迈、南糯山等分别拥有树龄上千年的野生型、过渡型和栽培型古茶树。普洱茶得以传播发展，与普洱茶产区特有的丰富茶树资源密切相关。云南大叶种茶树是加工云南普洱茶的茶树鲜叶来源，属于乔木型茶树品种；勐海大叶茶、凤庆大叶茶、勐库大叶茶等是云南茶叶先民在世代种茶制茶的历史长河中选育出来的众多优良茶树品种的典型代表。茶叶理化成分检测是不同茶树种质资源及品种适制性评价的重要途径，一般按一芽二叶的标准采摘、蒸青固样后干燥保存用于检测。云南大叶种茶树品种是形成普洱茶独特品质的重要基础，其鲜叶的茶多酚、儿茶素、咖啡因和水浸出物等含量都高于一般中小叶种茶树。表4-2给出了普洱茶产区不同品种鲜叶主要品质成分的检测结果。

表 4-2		普洱茶产区不同品种大叶种鲜叶主要品质成分		单位：%
名称	总多酚	总儿茶素	总游离氨基酸	咖啡因	水浸出物
昌宁大叶茶	36.62±2.20	18.80±0.44	2.40±0.02	4.95±0.10	49.88±3.12
勐库长叶茶	35.16±2.05	16.68±0.46	3.34±0.03	4.82±0.15	49.80±3.14
漭水大叶茶	34.95±2.22	26.70±0.99	3.24±0.04	4.90±0.13	50.12±4.02
邦东大叶茶	34.75±2.17	18.51±0.59	2.45±0.02	4.81±0.16	49.45±3.11
茶房大叶茶	34.61±2.11	18.17±0.55	2.33±0.02	4.90±0.15	48.28±3.06
茶房迟生茶	34.36±2.50	22.70±0.87	2.61±0.04	4.89±0.14	48.45±3.01
易武大叶茶	30.91±2.24	24.80±0.88	2.90±0.02	5.12±0.13	48.55±3.08
景谷大白茶	29.98±1.88	15.39±0.46	3.81±0.03	5.15±0.12	46.84±2.89

（二）适制普洱茶的大叶种理化成分

云南茶区多分布在澜沧江两岸的山区丘陵地带的温凉、湿热地区，海拔在 1200～2000m，年平均温度在 12～23℃，活动积温在 4500～7000℃，年降雨量一般在 1000mm以上，最高在 2000 多毫米。土壤为红壤、黄壤、砖红壤，pH 在 4～6。优越的气候条件为该区种植的云南大叶种创造了适宜的生长条件，也为普洱茶化学品质的形成奠定了坚实基础。研究表明，茶叶中较高含量的次生物质是茶树与环境共同作用的结果。对茶树生长及其体内物质代谢影响较大的因子主要有光照、温度、湿度，因此茶叶的产量、品质与茶园的气候有直接关系，这对品种的适制性有重要的实践意义。勐库大叶茶、勐海大叶茶、云抗 10 号等均具有高多酚、高儿茶素、高咖啡因等化学组成特征，有利于普洱茶加工品质的形成。表 4-3 列出了主要栽培型大叶种春季鲜叶的主要品质成分检测结果。总之，要形成云南普洱茶特有的品质特征，是不能离开云南这一优越的自然条件的。实践证明，制作普洱茶的大叶种茶树鲜叶茶多酚、氨基酸、水浸出物等含量高，加工的普洱茶产品利于后期贮藏品质的较长时间的转化。

表 4-3		云南大叶种春茶鲜叶主要品质成分			单位：%
品种名称	原料	主要成分含量（以干基计）			
		茶多酚	总儿茶素	氨基酸	咖啡因
云抗 37 号	春茶一芽二叶	39.00	16.32	3.20	6.00
勐库大叶茶	春茶一芽二叶	38.20	16.10	2.90	4.80
云抗 14 号	春茶一芽二叶	36.10	14.60	4.10	4.50
云抗 43 号	春茶一芽二叶	35.60	10.27	2.90	4.20
云抗 27 号	春茶一芽二叶	35.4	15.35	2.90	6.00
云抗 10 号	春茶一芽二叶	35.00	13.60	3.20	4.50
长叶白毫	春茶一芽二叶	34.80	12.49	3.10	5.10
矮丰	春茶一芽二叶	33.78	14.51	2.68	—

续表

品种名称	原料	主要成分含量（以干基计）			
		茶多酚	总儿茶素	氨基酸	咖啡因
元江糯茶	春茶一芽二叶	33.20	—	3.40	4.90
腾冲团田大叶茶	春茶一芽二三叶	33.06	14.20	1.81	3.95
勐海大叶茶	春茶一芽二叶	32.80	18.20	2.30	4.10
76-38	春茶一芽二叶	31.80	15.18	1.90	3.20
潞西中山大叶茶	春茶一芽二三叶	31.79	12.04	1.79	3.80
勐腊易武绿芽茶	春茶一芽二三叶	31.72	13.48	3.41	4.21
昌宁漭水大叶茶	春茶一芽二三叶	31.53	13.09	2.32	3.32
临沧邦东大叶茶	春茶一芽二三叶	31.40	13.95	2.48	3.71
易武绿芽茶	春茶一芽二叶	31.00	24.80	2.90	5.10
凤庆大叶茶	春茶一芽二叶	30.19	13.42	2.90	3.56
景谷大白茶	春茶一芽二叶	29.90	15.30	3.80	5.20
普洱宽红大叶茶	春茶一芽二三叶	29.68	11.15	3.12	3.97
73-11	春茶一芽二叶	29.30	15.93	2.30	5.00
景谷大叶茶	春茶一芽二三叶	29.22	13.58	3.17	3.45
勐海勐宋茶	春茶一芽二三叶	28.56	15.56	2.06	3.47
双江勐库大黑茶	春茶一芽二三叶	27.42	12.71	3.85	3.90

第二节 普洱茶原料化学

大叶种晒青毛茶是加工普洱茶（生茶）和普洱茶（熟茶）的原料，由云南大叶种茶树鲜叶按下述工艺流程初制而成：

大叶种鲜叶→摊放→杀青→揉捻→干燥（晒干）→晒青毛茶

大叶种鲜叶和日光干燥是晒青毛茶原料的重要加工特征，大叶晒青毛茶的化学组成还将受内源酶、外源酶、温度、湿度、机械力、光照、空气等加工工艺及环境条件影响。

一、晒青毛茶的理化指标及品质特征

良好的大叶种晒青毛茶作为加工普洱茶产品的原料，也是由大叶种鲜叶初制加工而来。其当下品质成分特点，可能影响到后续普洱茶产品品质，由此可见晒青毛茶品质评价的重要性。因此，GB/T 22111—2008《地理标志产品　普洱茶》以国家标准的形式对晒青毛茶的基本理化指标（表4-4）和感官品质特征（表4-5）进行了限定，为普洱茶生产过程中的晒青毛茶原料质量控制提供依据。

表 4-4   晒青茶理化指标

序号	项目	指标/%
1	水分	≤10.0
2	总灰分	≤7.5
3	粉末	≤0.8
4	水浸出物	≥35.0
5	茶多酚	≥28.0

表 4-5   晒青茶感官品质特征

级别	外形				内质			
	条索	色泽	整碎	净度	香气	滋味	汤色	叶底
特级	肥嫩紧结芽毫显	绿润	匀整	稍有嫩茎	清香浓郁	浓醇回甘	黄绿清净	柔嫩显芽
二级	肥壮紧结显毫	绿润	匀整	有嫩茎	清香尚浓	浓厚	黄绿明亮	嫩匀
四级	紧结	墨绿润泽	尚匀整	稍有梗片	清香	醇厚	绿黄	肥厚
六级	紧实	深绿	尚匀整	有梗片	纯正	醇和	绿黄	肥壮
八级	粗实	黄绿	尚匀整	梗片稍多	平和	平和	绿黄稍浊	粗壮
十级	粗松	黄褐	欠匀整	梗片较多	粗老	粗淡	黄浊	粗老

二、大叶种晒青原料的化学成分差异

　　普洱茶产品的品质特性，首先取决于云南大叶种鲜叶的固有成分，其次取决于由鲜叶初加工而成的晒青毛茶原料，随后才取决于后续加工工艺及贮藏条件。因此，作为原料的大叶晒青毛茶的品质对于普洱茶产品品质形成具有重要的影响。对晒青毛茶进行理化检测结果是评价晒青毛茶质量等级及品质的重要依据。从云南茶产业发展的角度讲，提高普洱茶品质首先还得从原料质量上入手。为了从特征化学成分的角度掌握不同普洱茶产区、不同树龄、不同茶树品种、不同存放时间、不同等级的晒青毛茶的物质差异情况，云南农业大学周红杰开展了一系列相关研究，表 4-6 为不同大叶晒青原料的茶多酚、茶色素等理化成分检测结果。

表 4-6   普洱茶加工原料中的理化指标测定结果   单位：%

品名	成分含量（以干基计）												
	茶多酚	总儿茶素	黄酮类	茶黄素	茶红素	茶褐素	总糖	多糖	寡糖	氨基酸	水浸出物	灰分	水分
澜沧台地	35.1	12.0	1.7	0.1	8.7	2.1	11.0	0.1	7.0	1.9	39.6	5.1	9.0
南糯老树	37.2	11.3	1.3	0.2	6.9	2.2	10.3	0.4	8.6	1.9	38.4	4.8	11.0
南糯台地	37.8	12.6	1.6	0.1	6.5	2.1	9.5	0.4	6.6	1.9	40.0	5.1	8.8
南糯台地	33.3	11.1	1.5	0.1	5.9	2.1	8.3	0.4	5.4	3.2	49.0	5.2	6.5

续表

品名	成分含量（以干基计）												
	茶多酚	总儿茶素	黄酮类	茶黄素	茶红素	茶褐素	总糖	多糖	寡糖	氨基酸	水浸出物	灰分	水分
南糯老茶	37.3	12.1	1.5	0.1	4.8	0.9	9.3	0.1	6.5	2.8	40.3	4.2	8.7
邦崴老树	29.9	10.2	1.8	0.2	7.6	2.3	9.3	0.2	8.7	2.0	37.6	5.3	7.5
邦崴台地	30.6	10.5	1.8	0.2	8.1	2.4	9.2	0.3	5.9	2.0	38.6	5.3	8.4
景迈老树	36.0	12.8	1.5	0.1	7.9	1.9	9.5	0.2	7.1	1.9	39.0	4.8	9.9
景迈台地	32.4	11.6	1.8	0.2	9.4	3.1	9.2	0.2	8.7	2.0	40.0	5.1	8.5
景迈台地	31.0	12.5	1.7	0.1	9.0	1.6	8.1	0.2	5.1	3.7	45.5	5.1	7.5
景迈老树	31.3	11.3	1.6	0.1	5.5	1.2	10.1	0.1	6.4	3.6	36.7	4.9	7.4
易武台地	28.9	11.5	2.1	0.1	10.0	1.8	10.7	0.3	6.8	3.2	51.8	5.6	7.7
易武老树	30.5	11.9	1.7	0.2	6.3	1.5	10.0	0.3	6.0	2.3	38.8	4.6	9.3
易武老树	28.0	2.6	—	—	—	—	8.5	0.3	—	4.1	—	—	—
易武老树	23.9	2.8	—	—	—	—	10.3	1.7	—	4.3	—	—	—
芒梗老树特级	36.1	13.1	1.6	0.2	6.9	1.7	10.4	0.9	7.8	1.8	40.4	4.8	8.7
芒梗台地特级	31.0	11.1	1.8	0.2	9.8	2.7	9.3	0.1	6.5	1.9	40.2	5.2	7.9
临沧老树	21.0	2.4	—	—	—	3.0	10.3	1.4	—	3.2	—	—	7.8
临沧青毛茶	22.8	2.5	—	—	—	—	9.3	1.5	—	3.2	—	—	—
思茅紫黑茶	20.0	11.6	0.2	—	—	3.9	7.5	1.1	—	3.2	40.1	4.5	9.6
瑞丽古乔	27.3	3.2	—	—	—	—	8.6	0.7	—	3.8	—	—	—
89晒青一级	26.4	5.2	1.0	0.2	6.9	3.5	8.1	0.5	4.1	3.4	32.5	5.6	9.0
89晒青九级	25.6	9.0	1.8	0.3	11.1	3.3	10.6	0.5	4.2	3.5	40.7	5.3	9.2
89晒青十级	24.1	8.3	2.0	0.3	12.5	3.4	11.9	0.6	4.3	2.9	32.9	4.8	9.0
平均	29.9	9.3	1.6	0.2	8.0	2.3	9.5	0.5	6.4	2.8	40.1	5.0	8.6

注：—为未检测；此数据引自龚加顺、周红杰《云南普洱茶化学》（2011年）。

表4-6表明，不同晒青毛茶原料的成分含量具有一定的差异。这些差异主要源于茶树品种、产地、原料等级等，但树龄差异并不明显。另一方面，与茶鲜叶相比，某些成分在晒青毛茶原料加工过程中出现了明显变化，如茶多酚、儿茶素等成分含量有明显下降，而茶红素的含量明显上升（均值达到8%）。这些变化说明，鲜叶加工过程中部分多酚类物质发生了氧化。上述结果表明，在加工生产不同品质特征普洱茶产品的原料准备过程中，科学选择与拼配组合不同大叶晒青原料是有必要的。

为了解产区对普洱茶成分的影响，以版纳和普洱（原思茅）产晒青毛茶原料为例进行了对比分析（图 4-9）。结果表明，版纳产原料的多酚类物质、水浸出物高于思茅产区，但茶红素、茶褐素、寡糖和灰分含量则是思茅产区的原料略高。这说明，普洱茶水溶性成分具有一定的产区差异性。

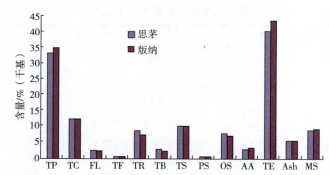

TP—茶多酚；TC—总儿茶素；FL—黄酮类；TF—茶黄素；TR—茶红素；TB—茶褐素；
TS—总糖；PS—多糖；OS—寡糖；AA—氨基酸；TE—水浸出物；Ash—灰分；MS—水分。

图 4-9　思茅与版纳产区普洱茶原料的学成组成差异性

　　通常，老树茶比台地茶滋味醇和。因此，普洱茶市场上存在一种说法：老树茶（鲜叶源于树龄大于 50 年的茶树）比台地茶品质好。周红杰（2020）相关研究结果表明，老树茶中的茶多酚、儿茶素略高于台地茶，而黄酮、茶黄素、茶红素、茶褐素的含量则略低（图 4-10）。虽然老树茶与台地茶茶树树龄及栽培方式有所不同，但它们都是云南大叶种，研究结果表明二者化学组成差异并不显著。事实上，普洱茶的品质特征是由原料、加工方法和贮藏条件共同决定的。所以，老树茶品质一定优于台地茶的说法缺乏充分的科学依据，有待于进一步探讨。

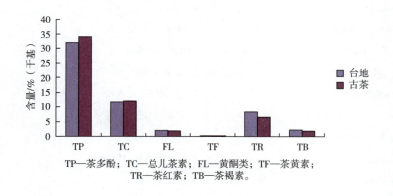

TP—茶多酚；TC—总儿茶素；FL—黄酮类；TF—茶黄素；
TR—茶红素；TB—茶褐素。

图 4-10　台地茶与古茶原料中多酚类成分的差异性

　　香气是茶叶的重要品质之一。为了从香气的角度了解产地、树龄等因素对普洱茶品质的影响，周红杰（2020）对凤庆、潞水、景迈、南糯、易武、景东、勐库、班章、基诺等产地晒青原料挥发性成分进行固相萃取–气相色谱–质谱联用分析。研究结果

（表4-7）表明，不同产地毛茶的某些挥发性成分具有明显差异，利用单一原料有可能制成带有地域香的特色普洱茶产品。更多的研究结果证明，要获得优质、稳定，香气与滋味更加丰富协调的普洱茶，科学的原料拼配是极为关键的技术。

表4-7　　　　　　　　　　普洱茶原料（晒青）主要挥发性成分

序号	英文名称	中文名称	相对含量/%
1	Dimethyl sulfide	二甲基硫醚	6.30
2	Propanal,2-meyhyl	2-甲基丙醛	8.67
3	Butanal,2-methyl-	2-甲基丁醛	6.37
4	cis-3-Methylcyclohexanol	顺-3-甲基环己醇	0.28
5	Cyclohexanol,4-methyl-,cis-	顺-4-甲基环己醇	0.34
6	Pentanal	戊醛	2.81
7	Hexanal	己醛	4.93
8	1-Propanol,2-methyl	2-甲基-1-丙醇	2.08
9	3-Hexen-2-one	3-己烯-2-酮	2.44
10	1-Penten-3-ol	1-戊烯-3-醇	10.84
11	2-Propenoic acid,butyl ester	2-丙烯酸丁酯	0.25
12	D-Limonene	D-苎烯	0.47
13	5-Tridecene,(Z)-	(Z)-5-十三烯	0.18
14	2-Hexenal	2-己烯醛	0.63
15	1-Pentanol	1-戊醇	5.38
16	2-Butanone,3-hydroxy	3-羟基-2-丁酮	0.18
17	Cyclononanone	环壬酮	0.23
18	2-Propanone,1-hydroxy-	1-羟基-二丙酮	0.36
19	2-Penten-1-ol,(E)-	2-戊烯-1-醇	0.29
20	2-Penten-1-ol,(Z)-	2-戊烯-1-醇	3.49
21	2,4-Dimethyl-1-heptene	2,4-二甲基-1-庚酮	0.27
22	5-Hepten-2-one,6-methyl	6-甲基-5-庚-2-酮	0.54
23	1-Hexanol	己醇	0.44
24	Cyclopentanone,2,4,4-trimethyl	2,4,4-三甲基-环戊酮	0.25
25	3-Hexen-1-ol	3-己烯-1-醇	0.73
26	3-Penten-1-ol,4-methyl-	4-甲基-3-戊烯-1-醇	0.18
27	Nonanal	壬醛	0.22
28	2-Cyclohexen-1-one,3,5,5-trimethyl	3,5,5-三甲基-2-环己烯-1-酮	0.52
29	2-Hexene,3,5,5-trimethyl	3,5,5-三甲基-2-己烯	0.84
30	2,4-Heptadienal	顺-2,4-二烯醛	0.14

续表

序号	英文名称	中文名称	相对含量/%
31	Propanoic acid	丙酸	0.23
32	1,6-Octadien-3-ol,3,7-dimethyl	1,6-辛二烯-3,7-二甲基-3-醇	2.07
33	Cyclohexane,1,1,2,3-tetramethyl	1,1,2-三甲基环己烷	0.21
34	Propanoic acid,2-methyl	2-甲基丙酸	0.25
35	2-Hexadecanol	2-十六醇	0.14
36	1-Methylcycloheptanol	1-甲基环庚醇	1.30
37	1H-Pyrrole-2-carboxaldehyde,1-ethyl-	N-乙基-1-H-吡咯-2-甲醛	0.23
38	1-Cyclohexene-1-carboxaldehyde,2,6,6-trimethyl	2,6,6-三甲基-1-环己烯甲醛	0.82
39	Butanoic acid,3-methyl	3-甲基丁酸	1.14
40	α-Caryophyllene	α-石竹烯	0.23
41	2H-Pyran-3-ol	2-H-吡喃-3-醇	1.24
42	Hexanoic acid	己酸	0.57
43	Benzyl Alcohol	苯甲醇	0.19
44	2,5-Pyrrolidinedione,1-ethyl-	N-乙基-2,5-吡咯酰亚胺	0.16
45	Phenylethyl Alcohol	苯乙醇	0.20
46	3-Buten-2-one,4-(2,6,6-trimethyl-1-cyclohexen-1-yl)	4-(2,6,6-甲基-1-环己烯-1-基)-3-丁烯-2-酮	0.22
47	Phenol	苯酚	0.40
48	Dihydroactinidoiolide	二氢猕猴桃内酯	0.17

第三节 普洱茶加工化学

　　云南普洱茶是以云南大叶种茶树的鲜叶经摊放、杀青、揉捻、日晒（干燥）等工序制成的晒青毛茶为原料，一条途径是原料经筛分选剔、拼配匀和、蒸压成型、干燥制成普洱茶生茶，另一条途径是原料拼配匀和，再经"渥堆"（微生物固态发酵）、出堆经筛分、选剔、分级，拼配调和，热蒸干燥或压制成型，再干燥制成各种形状的普洱茶熟茶。普洱茶（熟茶）是以晒青毛茶的内含成分为基质，在微生物分泌的胞外酶的酶促作用、微生物呼吸代谢产生的热量和茶叶水分的湿热作用的协同下，发生以茶多酚转化为主的一系列复杂而剧烈的化学变化，从而形成普洱茶特有的品质特征和独特的保健功能。20 世纪 70 年代进行人工发酵加速生产的普洱茶熟茶已成为当前普洱茶的主流品种之一。普洱茶（生茶）的加工工艺相对简单，加工过程的物质变化也相对较少。在普洱茶加工过程中，各种化学物质的变化十分复杂，"微生物固态发酵"是普洱茶（熟茶）加工过程中一道特殊且重要的工序，历来被认为是普洱茶品质形成最为关键的工序。有关"渥堆"的理论研究有大量报道，但从微生物固态发酵的角度，阐明普洱茶形成的化学机制更具科学性。

一、微生物固态发酵中酶活力的变化

（一）纤维素酶

纤维素酶（cellulase，CE）是一种多糖水解酶，作用是水解纤维素和果胶质，使之变成小分子质量的水溶性糖。目前发现它是由三类具有不同催化反应功能的酶组成，包括外切 β-1，4-葡萄糖苷酶、内切 β-1，4-葡萄糖苷酶和纤维二糖酶，各组分之间协同作用。在固态发酵过程中微生物产生之前，纤维素酶和果胶酶已作为内源酶存在，二者均会引起可溶性糖的变化，纤维素酶可降解茶叶中的纤维素，纤维素再进一步转化产生一部分可溶性糖纤维素酶（CE）。在渥堆发酵过程中，揉捻叶粗老、硬脆、黏手感较差，而通过渥堆发酵后会逐渐软化，甚至还会出现泥滑现象，造成这一现象的原因可以从纤维素酶活性的变化得到解释。

付秀娟（2012）利用从普洱茶中分离筛选出的 5 株优势菌株，进行普洱茶的单菌株发酵并进一步检测发酵过程中其所分泌的主要酶的活性变化。酶活检测结果表明，在普洱茶发酵过程中，多酚氧化酶、纤维素酶、果胶酶和蛋白酶活力均呈现先增加后降低的趋势。由图 4-11 可知，接种 5 种不同菌种的普洱茶在固态发酵的第 10 天左右纤维素酶活力达到最大值，后趋于下降，F-01 和 F-12 两种菌株分泌的纤维素酶活力较高。

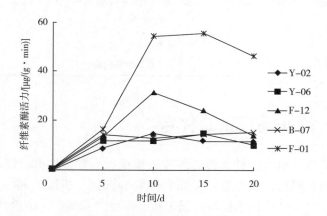

图 4-11　接种不同菌种纤维素酶活力变化

（二）果胶酶

果胶酶（pectinase）也属于多糖水解酶类，是一种内源酶，它包括果胶裂解酶、果胶水解酶、果胶酯酶和原果胶酶等。纤维素酶和果胶酶变化均会引起可溶性糖的变化，在黑茶加工中，果胶酶可催化果胶水解成小分子糖类物质，减少茶叶的刺激性，增强茶汤的醇和度，从而增加黑茶的品质风味。普洱茶发酵过程中，微生物代谢产酶，导致纤维素酶和果胶酶活力逐渐上升，而可溶性糖含量呈现明显减少的趋势，这可能是由于虽然纤维素酶和果胶酶会促进可溶性糖的溶出，但是前期微生物生长需要可溶性糖提供一定的碳源，所以可溶性糖总量呈现下降趋势。付秀娟（2012）的研究结果表明（图4-12），在普洱茶微生物固态发酵的过程中果胶酶活力变化呈现先增加后降低的趋势，在发酵的15d左右达到最大值，后趋于下降，F-01和F-12两种菌株分泌的果胶酶活力较高。

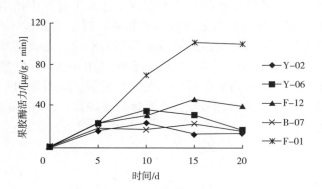

图4-12　接种不同菌种果胶酶活力变化

（三）多酚氧化酶

多酚氧化酶（polyphenol oxidase，PPO）又称儿茶酚氧化酶、酪氨酸酶、苯酚酶、甲酚酶、邻苯二酚氧化还原酶，是一种含铜的氧化还原酶，催化邻-苯二酚氧化成邻-苯二醌。1901年Aso K. 指出，发酵茶的褐色色素和红色色素是在氧化酶的作用下形成的。Mann H. 于1906年首次从茶叶中分离出多酚氧化酶。它可以催化以儿茶素为主体的多酚类物质生成有色氧化产物茶黄素类和茶红素类，随着多酚类物质的变化，氧化酶类活力也会有显著变化，这些酶活性变化促成了茶叶独特品质的形成。湖南农业大学的研究表明，在黑茶的加工过程中，多酚氧化酶活力呈现由高到几乎没有活力又到活力增加的趋势，且后面表现出的多酚氧化酶同工酶谱带和鲜叶中的不一样，是新的多酚氧化酶，并且表明新的多酚氧化酶组分是微生物所分泌的胞外酶，正是这种胞外酶的作用使黑茶具有了特有的品质。付秀娟（2012）的研究结果表明（图4-13），普洱茶发酵过程中多酚氧化酶活力总体上呈现先急剧增加后逐渐降低的趋势，且在固态发酵的第10天左右活性达到最强，B-07、Y-06和F-12三种菌株分泌的多酚氧化酶活力较高。

（四）蛋白酶

蛋白酶（protease，PA）是水解酶类的一种，可催化蛋白质的肽键水解成多肽和氨基酸，而氨基酸可进一步发生水解、脱羧、缩合等反应，形成茶叶的香气成分。因此研究普洱茶发酵过程中蛋白酶活力变化对普洱茶品质形成有重要意义。蛋白酶催化茶叶中的蛋白质水解形成各种氨基酸，不仅可减少一些不溶性的复合物产生，而且能改善茶叶的香气和鲜爽度，提高茶汤的质量。发酵过程中的蛋白酶活力变化会引起氨基酸的相应变化，且氨基酸也为微生物生长提供所需的氮源或碳源。曾晓雄（1993）研究发现，在红碎茶加工过程中，添加适量蛋白酶可使其氨基酸和茶红素含量提高，而茶褐素比例明显降低，加工后的红碎茶粗青气减少，滋味更加醇和，汤色变亮，香气也变好。普洱茶发酵前期，氨基酸随着蛋白酶的增加而增加，可能是由于微生物分泌的蛋白酶水解蛋白质，使得游离氨基酸的含量增高。发酵后期，氨基酸与蛋白酶均持续下降，这可能是因为氨基酸在微生物代谢过程中被部分消耗和降解，而且后期微生物代谢产酶能力下降。王若仲等在研究乌龙茶新工艺加工过程中指出，尽管蛋白水解酶不能使可溶性蛋白和氨基酸在量上有较多的积累，但是就其进一步参与各种反应、转化形成一系列芳香物质来看，蛋白酶对茶叶品质的形成，尤其是其香味的发挥起着十分重要的作用。付秀娟（2012）的研究结果表明（图4-14），发酵中接种不同菌种的蛋白酶活力总体上呈现先升高后降低的趋势，在发酵15d时活力达到最大值，且均在发酵第10~15天之间酶活力增加较快，之后降低也较快，F-01和F-12两种菌株分泌的纤维素酶活力较高。

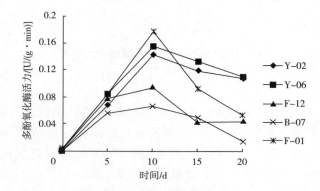

图4-13　接种不同菌种多酚氧化酶活力变化

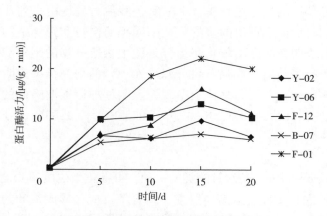

图4-14　接种不同菌种蛋白酶活力变化

二、固态发酵中主要内含物质的变化

（一）固态发酵中多酚类物质的变化

1. 水溶性多酚类物质的变化

多酚类物质是茶叶中的重要活性物质，是多种酚类化合物的总称，以儿茶素为其主体成分，占多酚类物质总量的60%~80%，与茶的汤色、滋味和香气都有密切的关系。多酚类物质滋味苦涩有较强的刺激性，在贮藏过程中容易发生自动氧化，首先脱氢而成为醌，再进一步聚合而形成褐变物质，如茶红素（TR）、茶褐素（TB）等。

茶鲜叶中的多酚类物质是形成普洱茶品质的最重要物质基础。经过普洱茶固态发酵加工过程的复杂变化，总多酚类、总儿茶素、黄酮类物质、茶红素和水溶性寡糖均大幅度下降。其中，多酚类物质下降约60%，儿茶素类下降约80%，茶红素下降约90%，但茶褐素类物质大量增加，而茶黄素、水溶性总糖和灰分则变化不大。普洱茶加工过程中儿茶素的氧化聚合是其品质形成的重要途径，也正是多酚类物质在微生物的转化作用和湿热作用下发生了激烈的生化变化，从而形成了普洱茶红褐明亮、滋味醇厚、回甘的品质特征。表4-8为大叶种晒青毛茶与翻堆样的化学成分含量变化情况。

表4-8　　　　　　　　大叶种晒青毛茶与翻堆样的化学成分含量变化

样品及发酵时间	成分含量（以干基计）/%					
	茶多酚	总儿茶素	黄酮类	茶黄素	茶红素	茶褐素
晒青原料（混合样）	35.32	10.50	1.68	0.18	7.23	2.30
一翻中心样（10d）	31.05	9.07	1.46	0.16	4.00	2.35
一翻混合样（10d）	33.3	9.84	1.60	0.17	6.41	2.25
二翻上层样（20d）	24.19	8.12	1.39	0.17	4.61	3.75
二翻中心样（20d）	30.13	7.23	1.58	0.15	6.06	3.23
二翻下层样（20d）	26.85	7.44	1.42	0.16	5.30	4.14
二翻腐底（20d）	26.45	6.64	1.56	0.16	4.8	4.37
三翻上层样（30d）	18.6	7.73	1.13	0.13	2.34	5.71
三翻中心样（30d）	26.91	5.91	1.42	0.15	4.54	1.93
三翻底层样（30d）	26.52	6.4	1.36	0.16	4.76	4.14
三翻混合样（30d）	26.52	5.88	1.36	0.16	4.97	4.74
四翻上层样（40d）	12.45	1.97	0.59	0.10	0.28	13.74
四翻中心样（40d）	11.18	1.04	0.79	0.11	0.01	11.63
四翻下层样（40d）	13.92	1.90	0.64	0.12	0.26	12.45

注：数据为三次重复的平均值；数据引自龚加顺、周红杰《云南普洱茶化学》（2011年）。

　　研究表明，普洱茶固态发酵过程中，水解型单宁茶棓素（theogallin，TG）、木麻黄素（STR）和1,4,6-三-O-没食子酰基-β-D-葡萄糖（1,4,6-tri-O-G-G）的变化也随着发酵时间的推移而趋于减少（图4-15）。

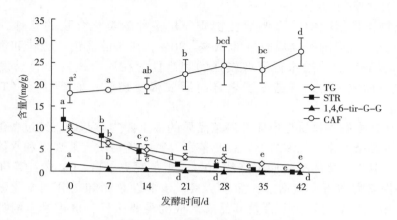

图4-15　发酵过程中水解型单宁的变化

2. 普洱茶发酵过程中没食子酸的含量变化

　　普洱茶固态发酵过程中没食子酸（GA）含量的变化特征研究一直是茶学界关注的热点。龚加顺（1993）等研究结果表明，EGCG、ECG、EGC、EC等儿茶素类的含量随着发酵时间的推移趋于减少，而没食子酸的含量则趋于增加。日本的桥本文雄（1988）的研究结果也认为，由于在普洱茶的发酵过程中产生的曲酶属（*Aspergillue* spp.）等菌类具有很强的酯酶活性，所以黄烷-3-醇等茶多酚类化合物经强烈的酶促氧化后分解产生了没食子酸。因此，随着发酵的进行，黑曲酶、烟曲酶（*Aspergillus fumigatus*）、谢瓦散囊菌（*Eurotium chevalieri*）、青霉属（*Penicillium* spp.）等微生物也开始增殖，在这些微生物产生的酯酶等作用下，酯型儿茶素类被水解产生了没食子酸。

　　此外，水解型单宁在微生物的作用下同样被分解产生了没食子酸。实验证明，第一次翻堆样的EGCG和ECG含量与晒青毛茶的含量相比减少了一半，与之相反，没食子酸的含量却比晒青毛茶的增加了10倍左右。第一次翻堆样中的非酯型儿茶素EGC的含量与晒青毛茶相比得到了显著（1%）的增加，EC的含量也略有增加等。非酯型儿茶素含量在第一次翻堆为止没有减少甚至不降反升，其原因也许是非酯型儿茶素虽作为微生物的营养源开始被消耗，但是酯型儿茶素通过水解产生的非酯型儿茶素补充了被微生物消耗掉的部分。事实上，固态发酵后期，EGCG和ECG等酯型儿茶素分解产生的非酯型儿茶素含量趋于枯竭，非酯型儿茶素的含量也趋于快速减少。此外，从第二次渥堆发酵开始到发酵结束，EGCG和ECG水解产生的没食子酸持续减少，远远小于没食子酸的增加量。因此，没食子酸的供给源除酯型儿茶素外还可能存在其他来源。从茶棓素、木麻黄素和1,4,6-*tri-O*-没食子酰基-β-D-葡萄糖等三种水分解型单宁的含量从发酵到结束都趋于减少的事实，可以推测水分解型单宁也是没食子酸的供给源之一。图4-16给出了普洱茶发酵过程中没食子酸的可能产生途径。

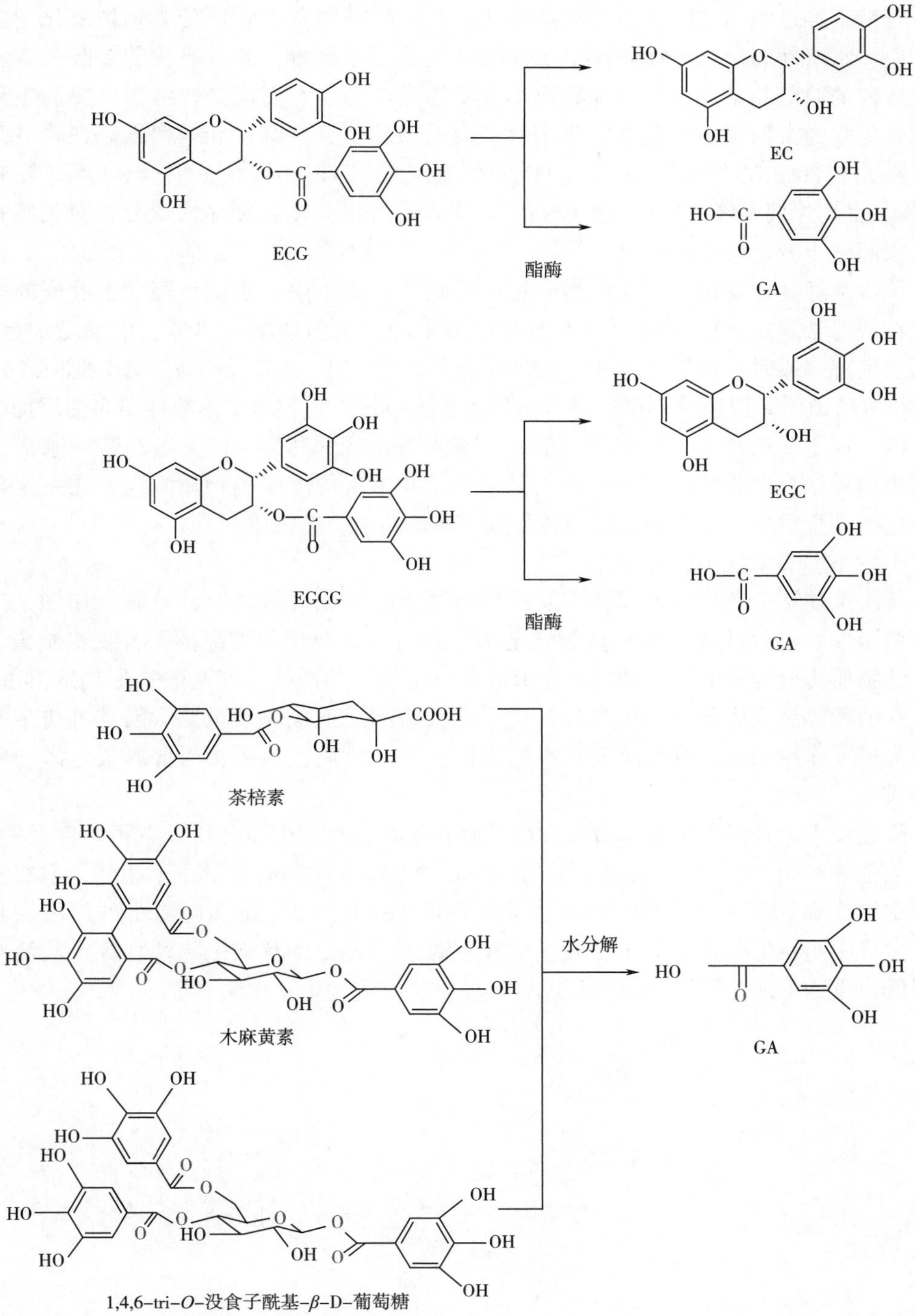

图 4-16 发酵过程中没食子酸生成的可能路径

3. 水不溶性酚类物质变化

普洱茶经过固态发酵过程的复杂变化，其多酚类物质大致可分为未被氧化的多酚类物质、水溶性的氧化产物和非水溶性的转化物三个部分。未被氧化的多酚类物质主要是残留的简单儿茶素类和少量其他小分子酚类成分，它们也是普洱茶主要的生理活性成分。多酚类物质的水溶性氧化产物主要是茶黄素、茶红素和茶褐素。在普洱茶加工过程中，80%左右的茶黄素（TF）和茶红素（TR）氧化、聚合，形成茶褐素（TB），使其含量成倍增加且含量较高。茶褐素是普洱茶的特征品质成分，对其感官品质形成起到十分重要的作用。

非水溶性转化物主要是茶多酚与蛋白质结合形成不溶于水的、存在于叶底的多酚类。在普洱茶固态发酵过程中，水不溶性茶多酚含量前期增加迅速，中期增加趋缓，至固态发酵完成时，含量又增加，在普洱茶发酵结束时，水不溶性茶多酚增加了70%~80%。多酚类与蛋白质的不可逆结合是导致普洱茶加工过程中水不溶性茶多酚增加的主要原因。这主要来自两个方面，一个是儿茶素氧化后的邻醌，以及茶红素和茶褐素均易与蛋白质结合形成难溶性复合物；另一个是儿茶素等多酚类物质本身，在一定条件下，也能跟蛋白质发生结合作用，转化成不溶性的结合态物质。

（二）固态发酵中氨基酸的变化

普洱茶初制中滋味的形成，主要是呈味物质的氧化降解以及部分聚合作用，把鲜叶中刺激性、收敛性较强的化合物转变为醇和可口的物质，把显涩、苦、木质味、粗青味的物质转变为浓醇类型的物质，形成普洱茶特有的滋味。氨基酸是影响普洱茶色、香、味的重要品质成分，其种类和含量对普洱茶品质形成非常重要。因其可与多酚类和糖类相互作用生成悦目色泽及具有挥发性的香气物质，从而参与普洱茶色泽和香气的形成。

研究发现，普洱茶中氨基酸的含量受原料品种、自然生态环境、茶菁嫩度及季节、加工工艺等影响。图4-17表明，不同产地五种原料中氨基酸含量也不相同，但在发酵过程中均逐步下降至较低含量水平。固态发酵过程中，氨基酸大幅减少的原因主要是发酵过程中的特殊湿热条件下，发生氧化、降解和转化以及微生物消耗等，从而使含量降低，也为形成普洱茶独特的品质风格提供了一定的生化作用。

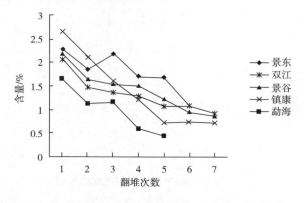

图4-17　不同产地原料样固态发酵过程中氨基酸的变化

图 4-18 表明，不同发酵工艺对氨基酸含量也有较大影响。新工艺（接种外源优势菌）和传统工艺发酵的普洱茶氨基酸含量表现出了极显著差异。在发酵的过程中，传统工艺的氨基酸含量从一翻的 3.66% 下降到四翻的 2.03%，下降了 44.50%；而新工艺的氨基酸从一翻的 1.29% 下降到三翻的 0.99%，下降了 23.3%，三翻到四翻又上升了 2%。四翻时传统工艺氨基酸含量是新工艺氨基酸含量的 2 倍，说明在接种外源优势菌下，氨基酸下降较快。这可能与微生物滋生较多，消耗也越多有密切关系。

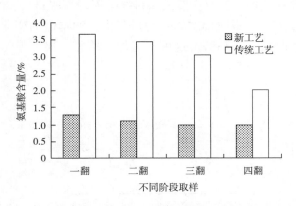

图 4-18　不同发酵工艺不同发酵阶段氨基酸含量的变化

此外，不同原料的普洱茶固态发酵阶段样中不同氨基酸含量变化也存在显著差异。对双江原料的固态发酵过程中氨基酸变化分析结果表明，从开始到出堆氨基酸含量总体表现出下降的趋势。其中，茶氨酸变化剧烈，原料中含量较高，占氨基酸总量的 61%，但一翻后已基本无法检出；组氨酸在加工中不断下降，到三翻时就已无法检出；异亮氨酸在加工中含量不断下降，到出堆时无法检出；脯氨酸在原料中未曾检出，一翻出现而后缓慢上升，到三翻时达到最高，之后趋于平稳；天冬氨酸在原料中含量很少，但在二翻时猛增，之后又不断下降；蛋氨酸、脯氨酸在原料中没有检出，三翻后出现；甘氨酸在一翻、二翻、三翻、四翻中检出，原料和出堆样中均未检出，可能是加工中的中间产物。其他氨基酸如丝氨酸、谷氨酸、丙氨酸、胱氨酸都呈下降的趋势。对云南景东县原料的固态发酵过程中氨基酸变化分析结果表明，从原料到出堆大多数氨基酸含量也呈现下降趋势。茶氨酸在原料和出堆样中均未检出，而在一翻出现，占总量的 59%，之后呈下降趋势；胱氨酸在加工中变化不显著；蛋氨酸在原料中未检出，到三翻时出现，出堆时含量达到最大；亮氨酸、缬氨酸、苯丙氨酸、赖氨酸则在二翻时达到最高，然后逐渐下降，但总体变化较平稳；精氨酸在加工初期增加较快，而到出堆时又急剧下降；同样，甘氨酸在原料和出堆样中未能检出，发酵过程中在二翻出现，但含量变化不大；脯氨酸在原料中未检出，而发酵中却表现为不断上升的趋势，到三翻、四翻时达到最大，到出堆时含量反而下降。

总之，氨基酸对普洱茶的滋味、汤色、色泽有良好影响。从感官审评来看，随着微生物固态发酵的进行，其特殊的"普洱滋味"逐步形成，汤色从黄绿逐渐转为棕褐，滋味醇正，显露出其独特的陈香。这可能因为氨基酸参与了发酵过程中的非酶性褐变，使成品茶外形色泽变得乌润，其次是氨基酸与儿茶素的邻醌结合而成有机化合物。

（三）固态发酵中生物碱的变化

咖啡因是茶叶中的特征性物质，同时也是茶叶中重要风味物质，是重要的茶叶苦味呈味成分。三个嘌呤碱在固态发酵中的变化主要是甲基的转移，总生物碱含量略微增加。由图4-19可知，通过固态发酵，不同地区原料中咖啡因的含量都有上升，但上升幅度不大，其中景谷和勐海地区的原料分别在二翻和三翻时，咖啡因的含量出现了较大的波动。几种原料相比较，双江地区原料咖啡因的增幅最大，为18.68%，而镇康原料增幅最低，为6.25%。不同批次的发酵过程中，咖啡因的变化趋势并不一致，有时是呈增加趋势，有时呈下降趋势。这可能与加工原料、加工工艺以及发酵条件的差异相关。

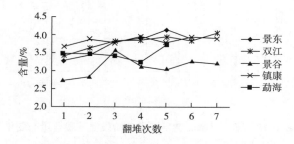

图4-19　不同产地原料样固态发酵过程中咖啡因的变化

（四）固态发酵中蛋白质的变化

蛋白质由20种L-型氨基酸组成。茶叶蛋白质主要由清蛋白、球蛋白、醇溶蛋白和谷蛋白组成。谷蛋白、球蛋白和醇溶蛋白占总蛋白的96.53%，不溶于水。可溶于水的清蛋白仅占总蛋白的3.47%。茶鲜叶中蛋白质的含量占干物质总量的20%左右。水溶性蛋白在水溶液中呈胶体状态，对保持茶汤清亮和茶汤胶体溶液的稳定性有重要作用。蛋白质对茶叶品质的贡献主要表现在两个方面，一个是水溶性蛋白对茶汤品质的积极作用，另一个是部分蛋白质在加工过程中水解成为氨基酸而有利于提升茶叶风味品质。由图4-20可看出，在普洱茶发酵过程中，可溶性蛋白质含量呈下降的趋势。可能的原因与微生物消耗、蛋白质发生水解或与其他物质反应形成不溶性物质有密切关系。

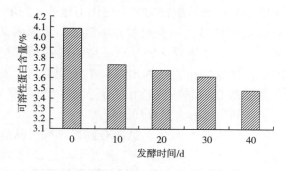

图4-20　普洱茶固态发酵过程中可溶性蛋白的变化

（五）固态发酵中碳水化合物的变化

茶叶中含有 20% 左右的糖类化合物，包括纤维素、半纤维素、果胶、淀粉、茶多糖、寡糖及小分子还原糖等。通常茶叶中的总糖是指水溶性的糖，包括单糖、寡糖及多糖类物质。单糖是一类不能再被水解的最简单糖类物质，较有代表性的是葡萄糖。寡糖也称低聚糖，是指由 2~10 个单糖经脱水缩合由糖苷键连接形成的具有直链或支链的低度聚合糖类的总称。多糖（polysaccharide）由许多单糖分子通过苷键连接而成的多于 20 个糖基的糖链。茶叶中非水溶性多糖主要有纤维素、半纤维素、淀粉和果胶物质等。粗纤维的含量反映了茶叶的老嫩；淀粉是贮藏物质，在加工中可转化为糊精和简单的糖类；果胶物质溶于水部分可增加茶汤滋味和浓厚感，由于果胶具有黏性，在茶叶成形中起一定黏结作用。

在普洱茶发酵过程中，由于微生物的固态发酵作用，晒青毛茶中糖类成分发生了较为显著的变化，对普洱熟茶品质特征形成有积极作用。表 4-9 的结果显示，在固态发酵过程中，水溶性寡糖下降了 65%，总糖和灰分则变化不大，水溶性茶多糖增加了5.7 倍。这可能是普洱茶在固态发酵过程中大量微生物滋生繁殖，许多非水溶性的碳水化合物如纤维素、半纤维素、原果胶、淀粉被分解所致。图 4-21 为晒青毛茶发酵后的茶样外观，可见茶叶经发酵后表面滋生了大量的微生物。图 4-22、图 4-23 的电子显微镜扫描照片表明，晒青毛茶表面比较完整光滑，细胞结构、纤维素、木质素等没有被破坏，但发酵后的茶叶结构已经被破坏。通过这两组电子显微镜扫描图的直观对比，说明微生物一方面生长需要碳源，同时又可分泌一些酶将茶叶细胞结构破坏，组成成分纤维素、半纤维素、原果胶等物质被降解。

表 4-9　　　　　　　　　　　　晒青毛茶与翻堆样的化学成分含量变化

样品及发酵时间	成分含量（以干基计）/%				
	总糖	可溶性多糖	寡糖	水浸出物	灰分
晒青原料（混合样）	9.35	0.39	7.11	38.90	5.30
一翻中心样（10d）	8.88	0.60	6.51	35.60	5.53
一翻混合样（10d）	9.12	0.37	6.51	34.60	5.60
二翻上层样（20d）	8.31	0.94	6.43	35.53	5.99
二翻中心样（20d）	8.79	1.27	5.49	34.39	5.44
二翻下层样（20d）	8.39	1.28	4.87	31.40	5.34
二翻腐底（20d）	8.79	1.49	4.53	36.67	5.64
三翻上层样（30d）	9.19	2.25	4.57	33.40	5.53
三翻中心样（30d）	10.02	2.43	5.18	32.89	5.30
三翻底层样（30d）	8.72	1.37	4.42	31.82	5.22
三翻混合样（30d）	10.24	2.14	4.27	34.93	5.39
四翻上层样（40d）	8.62	3.19	2.18	26.00	5.90

续表

样品及发酵时间	成分含量（以干基计）/%				
	总糖	可溶性多糖	寡糖	水浸出物	灰分
四翻中心样（40d）	7.78	3.09	1.66	24.53	5.70
四翻下层样（40d）	8.48	3.79	2.97	27.00	6.12

注：数据为三重复的平均值。

图 4-21 发酵茶叶外观

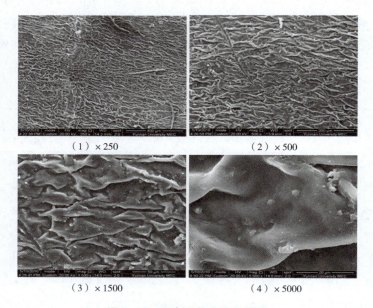

（1）×250 　　　　　　　　　　（2）×500

（3）×1500 　　　　　　　　　　（4）×5000

图 4-22 晒青毛茶电镜扫描图

　　图 4-24 表明，碳水化合物、粗纤维、全果胶分别在葡萄糖淀粉酶、纤维素酶和果胶酶的作用下水解、氧化、缩合为可溶性糖、还原糖和水化果胶。到出堆时粗纤维、全果胶的含量分别是毛茶的 69.09% 和 73.76%。水化果胶在"三翻"之前增加不明显，之后可能由于各种微生物滋生被消耗而减少，但到出堆时还是呈明显增加的趋势，与毛茶的含量相比较多了 0.97%。不溶性果胶的减少和水化果胶的增加对改善茶汤的澄

清度和亮度有着一定的影响。究其原因，在普洱茶加工过程中，在湿热作用下，滋生了大量的微生物及其可能分泌的外源水解酶如葡萄糖淀粉酶、纤维素酶和果胶酶等，能使茶叶中的不溶性多糖物质水解转化成可溶性糖类物质，这对提高普洱茶的香气、汤色和滋味有积极意义。

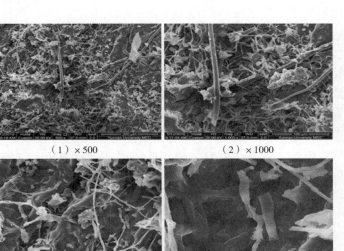

（1）×500　　　　　　　　（2）×1000

（3）×1500　　　　　　　　（4）×5000

图4-23　成品普洱茶电镜扫描图

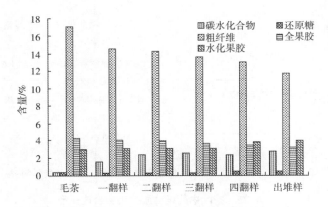

图4-24　普洱茶固态发酵过程中糖类物质变化

罗龙新（1998）等也研究表明在普洱茶固态发酵过程中可溶性糖含量的变化是波动的，总体趋势是先增后减。在晒青叶发酵过程中，可溶性糖的含量变化先是下降（一翻样），随后逐渐升高。下降的原因推测是由于微生物大量繁殖消耗了部分可溶性糖所致。后又升高的原因，一方面可能是淀粉、果胶、纤维素等多糖在微生物和湿热作用下分解为可溶性糖，另一方面可能因微生物代谢产物中含有可溶性糖，最终导致可溶性糖增加。

　　茶多糖易溶于热水，是继茶多酚之后发现的又一重要的生理活性物质，也可能是普洱茶具有较好生理功效的一个重要基础。水溶性寡糖含量的下降可能与普洱茶固态发酵过程中大量微生物滋生繁殖有密切关系。因为一部分可溶性糖能被微生物用作碳源而消耗掉，剩余的才进入茶汤。正是这些物质在微生物的转化作用下发生了激烈的生化变化，从而形成了普洱茶滋味醇厚回甘的品质特征。因此，在固态发酵形成的普洱茶中，寡糖、多糖类物质可作为其特征成分用于品质判定。

（六）固态发酵中香气类物质的变化

　　普洱茶独特的香气主要是在固态发酵过程中形成的，微生物、湿热作用对香气类物质的形成起到了重要作用。20世纪80年代以来，刘勤晋、纪文明、周志宏等先后对一些普洱茶的香气成分进行了研究，结果表明普洱茶的香气成分主要是由萜烯类、芳环醇类、醛酮类、酚类、杂环化合物、酸酯类、碳氢化合物组成，它们的形成与微生物代谢关系密切。因此，普洱茶的香气类物质形成途径较绿茶、红茶等其他茶类要复杂得多。归结起来看，大致有以下途径，微生物的发酵作用、热氧化降解作用、异构化与环化作用以及羰氨反应等（图4-25）。

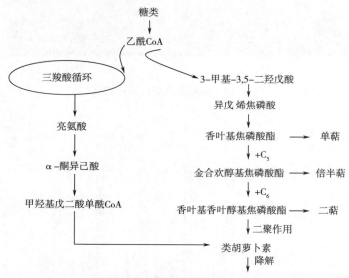

图4-25　茶叶中萜类物质的生物合成途径

　　研究发现，在整个普洱茶固态发酵过程中，各茶叶样品中的香气组分，除醇类化合物相对含量总体上逐渐减少外，酮类、醛类、酸类、酯类等物质的相对含量总体上都处于增加状态；甲氧基苯类成分的种类和数量随着后发酵的进行都呈增加趋势，其中$1,2,3$-三甲氧基苯是杂氧化合物中含量最丰富的成分，在渥堆结束阶段含量达到最高。这些芳香族化合物的综合变化，使普洱茶的香气由渥堆发酵前的清香变为普洱茶特有的陈香。在渥堆过程中，条件控制适当，有利于形成普洱茶特有香气物质，否则会产生一些不良的气味，如酒糟气、酸辣气甚至腐臭气，这些气味物质（如吲哚）在高浓度条件下会严重影响普洱茶品质。

表 4-10 显示了云南三大主要普洱茶产区原料发酵过程中芳香物质的变化规律，总体香气成分类似，但表现出一定的产区地域特征。来自普洱的晒青原料在普洱茶发酵初期，茶样主要的香气成分有 3,7-二甲基-1,6-辛二烯-3-醇、植醇、2-乙氧基丙烷、n-棕榈酸、苯胺。化合物类别主要以醇类、烃类、酸类为主。到了发酵中期，主要香气成分有 3,7-二甲基-1,6-辛二烯-3-醇、n-棕榈酸、吡啶、植醇、1-烯-8-醇，主要以醇类、酸类等化合物为主。发酵后期，主要香气成分有苯胺、植醇、二苯胺、n-棕榈酸、2-己基辛醇，主要以烃类、醇类、酸类等类型化合物为主。来自西双版纳的晒青原料在普洱茶发酵初期主要以碳氢化合物、醇类为主，发酵中期主要以醇类、酸类为主，发酵后期，主要以碳氢化合物、酸类为主。来自临沧的晒青原料的香气成分在普洱茶发酵初期主要以醇类、碳氢化合物为主，发酵中期主要以碳氢化合物、醇类、酸类为主，发酵后期主要以碳氢化合物、醇类、酸类及其他类香气化合物为主。

表 4-10 普洱茶发酵过程中不同阶段样的香气成分变化

| 产区 | 阶段样 | 成分含量（以干基计）/% | | | | | | |
		碳氢化合物	醇类	醛类	酮类	酸类	酯类	其他
思茅	一翻样（夏茶）	22.53	38.04	0.30	0.87	13.91	4.51	18.49
	三翻样（夏茶）	11.44	36.19	3.55	10.04	8.70	6.05	24.03
	出堆样（夏茶）	20.20	15.54	0.34	3.29	17.07	11.21	32.35
	一翻样（秋茶）	9.76	45.68	3.51	1.43	13.05	17.76	8.82
	三翻样（秋茶）	10.74	47.87	1.57	7.13	21.48	3.21	7.99
	出堆样（秋茶）	7.47	26.59	5.29	7.24	25.96	8.12	19.32
西双版纳	一翻样（夏茶）	32.54	31.67	2.87	3.79	5.33	10.67	13.12
	二翻样（夏茶）	58.20	22.26	1.13	4.10	7.68	3.81	2.83
	三翻样（夏茶）	45.29	21.84	1.94	6.01	4.66	5.89	14.36
	四翻样（夏茶）	48.23	17.32	2.51	3.67	5.03	5.67	17.57
	出堆样（夏茶）	37.71	3.78	0.38	—	28.11	28.11	1.91
	一翻样（秋茶）	59.08	20.64	0.08	1.78	6.40	1.13	10.89
	二翻样（秋茶）	39.73	25.41	3.07	5.24	3.19	6.74	16.62
	三翻样（秋茶）	39.08	16.61	4.15	3.27	3.27	14.22	19.39
	出堆样（秋茶）	25.10	9.95	0.99	6.14	23.97	12.00	21.85
临沧	原料样（春茶）	14.26	22.39	1.42	4.71	13.41	2.99	40.81
	一翻样（春茶）	12.70	31.43	0.42	1.56	4.87	5.87	43.15
	出堆样（春茶）	8.83	14.89	5.94	7.50	4.36	3.77	54.71

第四节　普洱茶成品化学

成品普洱茶包括普洱茶（生茶）和普洱茶（熟茶）。因为加工工艺的不同，二者的理化特征具有非常显著的差异，风味品质特征也迥然不同。相比较而言，普洱茶（生茶）中的茶多酚、儿茶素、茶氨酸等特征成分的含量显著高于普洱茶（熟茶），这些特征成分会随着存放时间的延长呈现逐步下降的趋势，下降的速度与存放环境的温度、湿度、通风情况密切相关。普洱茶（熟茶）中茶褐素的含量显著高于普洱茶（生茶），含量可能超过干物质重的10%。

一、普洱茶（生茶）理化指标及品质特征

普洱茶生茶的加工工艺流程：

云南大叶种晒青毛茶→ 蒸压定型 → 干燥

普洱茶（生茶）紧压茶外形色泽黄绿或墨绿，形状端正匀称、松紧适度、不起层脱面；撒面茶应包心不外露；内质香气清纯、滋味浓厚、汤色明亮，叶底肥厚黄绿。普洱茶（生茶）理化指标应符合表4-11的规定。

表4-11　　　　　　　　　　　普洱茶（生茶）理化指标

项目	指标/%
水分含量	≤13.0[*]
总灰分含量	≤7.5
水浸出物含量	≥35.0
茶多酚含量	≥28.0

注：[*]净含量检验时计重水分为10.0%。

二、普洱茶（熟茶）的理化指标及品质特征

普洱茶熟茶的品质特征为外形色泽红褐油润、内质汤色红浓明亮、香气独特陈香、滋味醇厚回甘、叶底红褐。该品质特征决定于熟茶独特的化学物质组成，固态发酵（渥堆）的加工工艺是熟茶品质成分及品质特征形成的关键环节。实验证明，不同地区的普洱茶熟茶成分含量存在一定的差异，表现较突出的主要是多酚类、黄酮类、茶红素、茶褐素、水浸出物及总糖等。GB/T 22111—2008不仅规定了普洱茶（熟茶）的理化指标评价标准（表4-12），还规定了不同等级普洱茶（熟茶）散茶的感官品质特征评价标准（表7-1）。

表 4-12	普洱茶（熟茶）理化指标	
项目	指标/%	
	散茶	紧压茶
水分含量	≤12.0*	≤12.5*
总灰分含量	≤8.0	≤8.5
粉末含量	≤0.8	—
水浸出物含量	≥28.0	≥28.0
粗纤维含量	≤14.0	≤15.0
茶多酚含量	≤15.0	≤15.0

注：＊净含量检验时计重水分为 10.0%。

第五节　普洱茶贮藏化学

普洱茶和其他茶类相比，耐贮藏是其独到的特征。在良好的贮藏条件下，可长期保存并促进品质优化。经过一定时间贮藏的普洱茶品质会更好，故有"越陈越香"的贮藏价值、养生价值和投资增值空间。经生产实践和科学试验证明，温度、湿度、光线、负氧离子、生态环境等贮藏条件能直接影响普洱茶内含物质的转化，使普洱茶中的茶多酚、氨基酸、蛋白质、咖啡因、可溶性总糖以及香气成分等物质比例变得更加协调，进而改善和提高普洱茶风味。

一、普洱茶贮藏过程中茶多酚及儿茶素的变化

多酚类物质是形成普洱茶品质的重要活性物质，其滋味苦涩有较强的刺激性，对茶汤的滋味、色泽和香气的形成发挥着重要的作用。在普洱茶贮藏过程中，多酚类物质易发生自动氧化，首先脱氢而成为醌，再进一步聚合而形成褐变物质，如茶红素（TR）、茶褐素（TB）等。随着贮藏时间的延长，茶黄素（TF）、茶红素（TR）和茶褐素（TB）三者之间的转化及相互比例直接影响着普洱茶的感官品质。

短期的贮藏实验研究表明，普洱茶生茶在贮藏过程中，茶多酚在前 3 个月逐渐降低，在第 4 个月时略有增加，之后快速下降。普洱茶熟茶中的茶多酚含量变化幅度小，总体呈下降趋势。不论是生茶还是熟茶，贮藏到第 8 个月茶多酚含量降低幅度最大。贮藏过程中茶多酚的变化，一方面可能是由于残存的一些氧化酶（如多酚氧化酶）会加快残余儿茶素及黄酮类物质的再次氧化聚合；另一方面，可溶性茶多酚还会经自动氧化聚合成高分子物质，温度越高，贮藏时间越长，氧化聚合越快，茶多酚下降幅度就越大。此外，也可能存在茶叶中水不溶性茶多酚（主要是指与蛋白质结合的那部分茶多酚）在贮藏过程中，被转化为可溶性茶多酚。总体而言，普洱茶在自然贮藏过程中多酚类物质呈现不同程度的降低，普洱茶生茶含量变化最为明显，下降幅度较大，而普洱茶熟茶变化相对较平缓。

以儿茶素为主的黄烷醇类化合物占茶多酚总量的60%~80%，儿茶素含量最高的几种组分为表没食子儿茶素没食子酸酯（EGCG）、表没食子儿茶素（EGC）、表儿茶素没食子酸酯（ECG）、表儿茶素（EC）、没食子儿茶素（GC）、儿茶素（C）。在普洱茶的贮藏过程中，儿茶素的含量变化总体来说是下降的。

普洱茶生茶中含有较高的儿茶素类物质，在常温（23℃）和35℃条件下贮藏，儿茶素含量有下降的趋势，在23℃和35℃条件下贮藏至8个月时，儿茶素含量与贮藏1个月、2个月、3个月、7个月时的儿茶素含量之间的差异性达到极显著水平。在35℃条件下贮藏较23℃条件下贮藏变化更快，说明贮藏温度对儿茶素影响较大，高温可加速儿茶素氧化。在23℃条件下贮藏，没食子酸、EGC、EC含量在贮藏过程中有所上升，EGCG和单体总量呈下降趋势。在35℃条件下，没食子酸有所上升，EGC、EGCG、EC、ECG等儿茶素单体及儿茶素总量逐步下降。

普洱茶熟茶由于经历了微生物固态发酵的过程，儿茶素大部分被氧化。少量残留的儿茶素类成分在贮藏过程中将继续被氧化。

二、普洱茶贮藏过程中氨基酸和蛋白质的变化

氨基酸是茶汤滋味的重要物质之一，对茶汤色泽也有较明显的影响，其含量与茶叶品质呈显著正相关。氨基酸在一定的温湿度条件下会发生氧化、偶联氧化聚合、降解和转化，并与多酚类、糖类起反应生成褐色色素。普洱茶在贮藏过程中，氨基酸的含量和种类都发生一定的变化，在新普洱茶中含量最高，随着时间的延长，含量会降低。氨基酸的转化对茶汤品质而言，既有有利的一面，又有不利的一面。一些氨基酸具有鲜甜味，但有一些氨基酸具有苦涩、酸涩味。因此，氨基酸的变化对普洱茶的品质有较大影响。一是增进茶汤滋味，多数氨基酸属于滋味物质，如茶叶中含量最丰富的茶氨酸就具有味精的鲜爽味，含量较次的是谷氨酸，具有酸鲜味；二是氨基酸与糖类物质发生羰氨反应，形成褐色物质，有助于普洱茶外观色泽的改善。

在短期的贮藏实验中发现，氨基酸的变化呈波动性，一方面可能与可溶性蛋白的分解有关；另一方面可能又与氨基酸的氧化降解以及与其他物质聚合成不溶性物质有关。长时间的贮藏实验表明，储藏3年以上的普洱茶，其氨基酸含量已相当低，仅为当年产普洱茶的20%~40%。其中丝氨酸、甘氨酸、丙氨酸、异亮氨酸、亮氨酸、组氨酸、色氨酸未检出。在3~8年的贮藏年限中，仅有缬氨酸、苯丙氨酸、赖氨酸、精氨酸、脯氨酸一直存在，但含量变化高低起伏，呈波浪形曲线，各组分变化趋势大致相同，而精氨酸在普洱茶氨基酸成分中仍然含量最高，其含量占总量的34.20%~50.90%。说明普洱茶是一种有生命力的茶品，其在贮藏过程中的各种不确定因素（水、气、湿、热等）造成了普洱茶品质发生不断的变化。试验发现贮藏过程中氨基酸变化呈波浪形曲线，贮藏后氨基酸总量明显下降，其组成及比例也发生了深刻的变化。其降解的主要影响因素及降解机理和产物也有待于进一步研究。

短期贮藏实验表明，无论是普洱茶生茶，还是普洱茶熟茶，随着贮藏时间的延长，可溶性蛋白质的含量均增加。其中普洱茶生茶在贮藏前4个月中，其含量从贮藏前2.93%增加到3.70%以上；普洱茶熟茶在35℃条件下贮藏，变化趋势和普洱茶生茶相

似，表现为在贮藏前期 4 个月含量上升、后期减少。

普洱茶长期贮藏研究也表明，随着存放时间的持续，普洱茶中的茶多酚（主要为儿茶素）、氨基酸等成分呈现下降趋势，茶褐素呈增加趋势，咖啡因的含量相对稳定。各种成分的转化速度与存放环境温度、湿度、通风状况、光照等因素关系密切。

三、普洱茶贮藏过程中咖啡因的变化

咖啡因是普洱茶中含量较多的一种生物碱，是构成茶汤的重要滋味物质，是形成茶汤苦味的主要成分。总体来说，由于咖啡因本身具有很稳定的物理特性，贮藏过程中相对其他生化成分，其含量变化相对较小。陈文品等将同一批普洱茶（生茶）样置于四个不同气候条件的地区（广州、上海、昆明、香港）进行贮藏，三年后对比检测，发现四个地区茶样中咖啡因的含量差异不大。也有研究发现，随着存放时间的延长，普洱茶（生茶）的咖啡因含量呈减少趋势，而普洱茶熟茶咖啡因含量却呈增加趋势。梁名志等研究表明将普洱茶（熟茶）贮藏于干湿仓中，其咖啡因含量均呈波动性增加；而普洱茶（生茶）的咖啡因含量则与贮藏环境有关，贮藏于干仓的波动性减少，贮藏于湿仓的则递增，这与渥堆发酵普洱茶（熟茶）加工过程中咖啡因含量增加相似。

四、普洱茶贮藏过程中可溶性总糖的变化

糖类物质对普洱茶品质有重要的影响，可溶性糖的存在和转化对茶叶的汤色和滋味有直接的影响，并且还间接影响到茶叶的香气，是形成茶汤甜醇味的主要物质。周杨等（2006）研究发现，随着贮藏时间的延长，普洱茶生茶和普洱茶熟茶不同贮藏阶段总糖变化均呈上升趋势，普洱茶茶汤中的可溶性总糖含量增加。普洱茶生茶在 23℃ 条件下贮藏到 8 个月时总糖含量与其他贮藏时间下的总糖含量之间的差异极显著，而在 35℃ 条件下贮藏到 8 个月时总糖含量与除了第 7 个月的其他贮藏时间下的总糖含量之间的差异极显著；普洱茶熟茶在 23℃ 条件下贮藏到 8 个月时总糖含量与贮藏前 4 个月总糖含量之间的差异极显著，普洱茶熟茶在 35℃ 条件下贮藏到 8 个月时总糖含量与其他贮藏时间下的总糖含量之间的差异极显著。这可能是随着贮藏时间的延长，热化学作用使茶叶内源物质发生改变，也可能是在此温度下微生物的活动，分泌各种水解酶，使各种高分子不溶性物质如纤维素等分解成小分子可溶性物质如果胶等，从而提高了茶汤中的可溶性总糖含量。可溶性总糖含量的提高，增加了普洱茶的黏稠度和甜度。

五、普洱茶贮藏过程中香气成分的变化

目前公认茶叶中的主要香气成分有萜烯类合成物、糖苷降解产物、美拉德反应和脂类氧化降解产物。普洱茶特有的"陈香"与普洱茶原料、发酵过程中微生物的参与以及后期贮藏都有很大关联。贮藏过程中，普洱茶的香气成分变化很大，挥发性香气总含量降低，但香气组成成分种类数增加，低沸点和高沸点的组成比例相对减少，中等沸点的香气组成比例增加。在普洱茶的贮藏过程中辛二烯醇、庚二烯醛、戊烯醇等成分的增加是产生独特陈香的原因。任丽等（2016）研究发现，一些含有"烟味"的

普洱（生茶）可通过高浓度负氧离子贮藏使茶叶中芳樟醇及其氧化物中含有"烟味"的杂异物质明显降低，从而改善茶叶整体品质。

短期的贮藏实验发现，普洱茶生茶和熟茶在贮藏过程中共检测出 70 多种香气成分，其中 21 个组分在不同温度条件下贮藏的普洱茶生茶和熟茶中均有检出，在贮藏过程中，香气成分变化很大，有些香气成分在贮藏前未检出，在贮藏过程中检测出，而有些成分则是贮藏前和贮藏过程中都有检出。

将普洱茶生茶贮藏前茶样、贮藏 3 个月、贮藏 8 个月的茶样分析香气组成成分，结果显示主要的香气成分为具有百合花香或玉兰花香的芳樟醇、棕榈酸（十六烷酸）、十八碳二烯酸、十八碳三烯-1-醇；其次为植醇、α-松油醇、香叶醇、橙花醇及其衍生物等，具有清香的苯酚含量也较高。贮藏实验表明，无论贮藏温度高低，有 28 种香气物质在贮藏 8 个月后未能检测到，但也检测出 15 种贮藏前没有检测出的香气物质。这些香气物质有具紫罗兰香的 β-紫罗兰酮环氧化物、具有茉莉花香的茉莉酮、邻苯二甲酸二辛酯、苯酚衍生物等。对于普洱茶生茶而言，在 35℃ 以下贮藏有利于提高普洱茶生茶的香气品质。

普洱茶熟茶在贮藏过程中，香气成分变化很大。在短期（3 个月）贮藏过程中，也有大量芳香族类化合物形成，如 4-乙基-1,2-二甲氧基苯、6,10,14-三甲基-2-十五烷酮、1,2,3-三甲氧基苯、1,2,4-三甲氧基苯、邻苯二甲酸二丁酯、邻苯二甲酸二异丁酯。但贮藏 3 个月以后，许多香味物质含量下降，甚至检测不到，如芳樟醇氧化物、1,2,3-三甲氧基苯、1,2,4-三甲氧基苯等。持续增加的香气物质则有橙花醇、5,6,7,7a-四氢-4,4,7a-三甲基-2（4H）-苯并呋喃、α-柏木醇、十四烷酸、邻苯二甲酸二异丁酯、棕榈酸、邻苯二甲酸二辛酯及二十一烷等。具有油臭味和粗老气的 1-戊烯-3-醇和 2,4-庚二烯醛在贮藏 3 个月后消失了。有 6 种香气物质在贮藏前没有检测到，这些物质是 β-紫罗兰酮环氧化物、2,2′-二甲基二苯乙烯、2,2′-二甲基二苯乙烯异构体、6,10,14-三甲基-2-十五烷酮、邻苯二甲酸二辛酯。

六、普洱茶贮藏年限检测方法研究进展

周斌星等（2020）采用主成分分析法（PCA）和层次聚类分析法（HCA）将不同存储时间的普洱茶（生茶）按照保存时间低于 2 年、3 年至 7 年、超过 8 年分为新茶、陈茶和老茶三类，研究发现 GA、ECG、EGCG、GCG、EGC、GC、酪氨酸、茶氨酸、谷氨酸、天冬氨酸和缬氨酸等标记化合物有助于区分普洱茶（生茶）的存储时间。其中，GA 表现出极显著地增加，与普洱茶（生茶）储存期间 ECG、EGCG 和 GCG 的极显著地下降密切相关。该研究为不同贮藏时间的普洱茶（生茶）的分类提供了实验依据。杨正伟等（2020）提出一种基于伏安电子舌和一维深度卷积神经网络（CNN）结合极限学习机（ELM）模型（1-D CNN-ELM）的普洱茶（熟茶）贮藏年限鉴别方法。该模型利用 CNN 自动提取特征的特点对电子舌信号进行特征提取，并通过 ELM 建立分类模型对提取后的特征向量进行分类。"电子舌"是一种利用多传感阵列结合模式识别技术对液态样本的"指纹图谱"进行分析的仿生学仪器，具有操作简单、检测迅速、仪器体积小、成本低、检测结果客观性强等特点。CNN 是近年发展起来的一种新型数

据处理和信号分析技术——深度学习算法中最著名的模型之一，可提高数据处理和分析的能力，但其全连接层采用反向传播（BP）算法进行训练，存在容易陷入局部最小或出现过度训练，导致模型训练时间长、泛化性能下降的问题，而 ELM 作为分类器可以很好地弥补 BP 算法的不足。HUANG 等（2006）1-D CNN-ELM 模型与传统电子舌信号模式识别模型相比，对不同贮藏年限的普洱茶电子舌信号的分类准确率有较大提升，为不同年限普洱茶的快速、准确鉴别提供新的方法和思路。

随着便利的采样附件技术的快速发展，现代傅里叶变换红外光谱（FT-IR）结合化学计量学方法让混合物红外光谱测试、分析及应用变得相当低碳与便捷。清华大学孙素琴课题组近 20 多年来一直专注于 FT-IR 主导的中药、食品等身份鉴定与质量控制等研究，建立了红外光谱宏观指纹分析法，奠定了混合物红外光谱分析的理论基础，指出 FT-IR 结合化学计量学方法在混合物分析中具有独到优势。大量关于茶叶等复杂样品的红外光谱分析研究表明，红外光谱分析方法在茶叶年份鉴定、产地溯源等品质评价方面具有广泛前景。近年来，伍贤学等对不同品质特征普洱茶的红外光谱开展深入解析研究并不断取得新进展，可能为普洱茶品质的快速客观评价提供一种新方法。

第六节　普洱茶功能化学

《本草纲目拾遗》等众多医学典籍中对茶、普洱茶的保健功效做了丰富但不成体系的记载。"茶为万病之药"则是古人对茶叶保健功效的朴素表达。基于现代科学技术的大量实验研究结果表明，普洱生茶和普洱熟茶具有一系列的健康保护作用。普洱生茶和普洱熟茶的功效成分的显著差异，二者的生理功能也大为不同，普洱生茶以抗氧化延缓衰老为主，普洱熟茶以调理肠胃调节代谢功能为主。各种健康功效成分是普洱茶丰富的保健功效的物质基础，赋予了普洱茶特殊的生理功能和风味品质。现有研究成果表明，品质成分通常也是功效成分。茶多酚及其氧化产物、茶氨酸、咖啡因、茶多糖等都是普洱茶的重要功效成分。

一、茶多酚类活性成分

茶多酚（tea polyphenol）既是普洱茶的主要风味成分，也是普洱茶重要功能性成分。有研究表明，以表没食子儿茶素没食子酸酯为主的茶多酚是绿茶的主要降脂活性成分。熊昌云（2018）研究发现，作为后发酵茶的普洱熟茶，其降脂效果却表现更佳。普洱生茶中的多酚主要以儿茶素类等小分子多酚为主，富含酚羟基的结构特征赋予了普洱生茶较强的清除自由基活性功能，故普洱生茶与大多数绿茶一样，表现出较为突出的清除自由基而达到抗氧化作用。普洱熟茶中的小分子多酚含量显著降低到干茶质量的 10%左右，多酚氧化聚合产物茶褐素成了普洱熟茶中重要的生理活性成分，主要表现出良好的降脂减肥等作用，其作用机制与肠道微生物代谢调节密切相关。大量研究结果表明，茶多酚的摄入量与人类慢性病发病率呈负相关。茶多酚及其氧化物具有抗辐射、抗突变、抑制肿瘤、延缓衰老、调节免疫等诸多生理作用，要想保持普洱茶饮料的保健功效，在加工或贮藏过程中有必要保留一定的茶多酚含量（10%~15%）。

对云南 10 多家茶企代表性茶产品的理化成分研究表明，不同产地、不同级别的普洱茶的茶色素组成及含量差异较大，如茶黄素在 0.1% ~ 0.4%、茶红素一般在 0.7% ~ 5.4%、茶褐素在 7% ~ 12.6%。从健康学角度而言，饮用茶色素含量较高的普洱茶具有保健价值和意义。

二、茶氨酸

茶氨酸（L-theanine）的化学名称为 N-乙酰氨基谷氨酸，是茶叶中特有的游离氨基酸，其化学结构与脑内活性物质谷酰胺、谷氨酸相似。普洱生茶中茶氨酸含量为 1% ~ 2%，茶氨酸可以明显促进脑中枢多巴胺释放，提高脑内多巴胺生理活性，能有效地降低大鼠自发性高血压，还可提高学习和记忆的能力。茶氨酸含量在熟茶加工过程中大幅减少，研究表明其在发酵过程中与儿茶素 C-8 结合形成了儿茶素的 N-乙基-2 吡咯烷酮衍生物，该类衍生物可能是熟茶中茶氨酸的重要存在形式，其经过饮用进入人体后可能降解释放出茶氨酸和儿茶素而起到重要的生理功效。

三、水溶性糖类活性成分

（一）茶多糖

茶多糖是由糖类、蛋白质、果胶和灰分等组成的复合物，茶叶复合糖中，多糖部分为阿拉伯糖、木糖、岩藻糖、葡萄糖和半乳糖等，其组成的比例为 5.25 : 2.21 : 6.08 : 44.20 : 41.99。茶叶原料的种类、分离纯化方法不同，其茶多糖组成和含量会有差异。近年来越来越多的研究成果表明，茶多糖是普洱茶的另一重要生理活性成分，在相对粗老、成熟的原料中含量较高。研究表明，茶多糖具有降血糖、降血脂、抗血凝、抗血栓、清除自由基、防辐射、增强免疫力等生理作用，降血糖作用是普洱熟茶中非常值得关注的重要生理活性作用。

（二）寡糖

寡糖是由 2 ~ 10 个单糖单位组成的糖类的总称。寡糖经肠道细菌发酵后，可以形成有利于矿物质吸收的肠道环境，尤其是钙、镁等微量矿物质。研究表明，寡糖有乳酸菌的保健效果，却比乳酸菌更能突破胃酸的破坏，进入肠道中受细菌所利用；所以寡糖有膳食纤维的生理功能，却没有膳食纤维会抑制矿物质吸收的缺点。普洱茶中寡糖含量在 1% ~ 6.5%。其含量因品种、原料级别、加工工艺不同而有较大差异，且寡糖含量中有益寡糖、果寡糖的比例是普洱茶饮用后保健效果的重要指标，尚需深入研究。寡糖含量的高低可作为衡量普洱茶质量的一个重要指标。

四、生物碱类活性成分

茶叶中的生物碱主要为嘌呤类生物碱，包括咖啡因、可可碱和茶碱。源于云南大叶种的普洱茶中生物碱含量相对较高，一般而言，咖啡因是其最主要成分。醒脑提神是咖啡因最重要的生理功效，此外，茶叶生物碱都具有一定的利尿排毒功效。与茶多酚、茶氨酸等成分存在显著差异，检测结果表明生、熟普洱茶中的咖啡因含量不存在显著差异，但咖啡因的存在形式明显不同。因此，饮用普洱熟茶不会像饮用普洱生茶那样容易影响睡眠。

综上所述，调理肠胃增强代谢是普洱熟茶的主要健康保健特点，具体体现在暖胃、减肥、调节血脂异常等方面。研究表明，功能成分符合表4-13要求的普洱茶（熟茶）都表现出优异的感官审评结果。

表4-13　　　　　　　　优质普洱茶（熟茶）的主要功效成分含量

序号	名称	含量/%
1	茶多酚	10.0~15.0
2	茶褐素	7.0~12.0
3	茶红素	2.5~5.0
4	黄酮类	2.5~4.5
5	总儿茶素	2.0~3.5
6	茶多糖	2.5~4.0
7	寡糖	3.0~6.5
8	没食子酸	1.0~1.5
9	茶氨酸	0.3~1.0

第七节　普洱茶风味化学

一、茶叶风味

茶叶风味是茶叶外观与内质作用于人的感官（嗅觉、味觉、口腔其他感觉接受器、视觉）产生的感觉，它是茶叶的重要性质之一，强烈影响着茶叶的接受性，影响人的食欲和消化液分泌，影响茶叶的市场生命力。狭义上，茶叶的香气、滋味和入口获得的香味统称为茶叶风味。广义上的茶叶风味是视觉、味觉和触觉等多方面感觉的综合反映。而茶叶风味化学（tea flavor chemistry）则被定义为研究茶叶风味、风味组成、分析方法、生成途径、变化机理和调控的科学。本节主要介绍普洱茶的风味成分组成。

二、普洱茶风味物质

（一）普洱茶的味感

呈味物质溶液刺激口腔内的味感受体，然后通过一个收集和传递信息的神经感觉系统传导到大脑的味觉中枢，最后通过大脑的综合神经中枢系统的分析，从而产生味感。味感的产生是神经传递的结果。

呈味物质的结构、温度、浓度以及溶解度等都会影响味感。各种呈味物质之间或呈味物质与其味感之间的相互影响，以及它们所引起的心理作用，都是非常微妙的，机理也十分复杂。总体上讲，茶叶的味感主要有甜醇味、回甘味、苦味、涩味、鲜味、陈香味等。

（二）普洱茶的风味物质

风味物质是指能够改善口感，赋予茶叶特征风味的化合物。普洱茶风味物质是由多种不同类别的化合物组成，通常根据味感与嗅感特点分类，如苦味物质、甜味物质、香味物质。研究表明，同类风味物质不一定有类似的分子结构特点，如咖啡因等苦味茶叶生物碱的共同结构特点是具有嘌呤碱，但香味物质结构则差异很大。除少数几种味感物质作用浓度较高以外，大多数风味物质作用浓度都很低。很多嗅感物质的作用浓度在 10^{-6}、10^{-9}、10^{-12} 数量级。虽然风味成分含量通常很低，但会对人的食欲及偏好产生极大作用。很多能产生嗅觉的物质易挥发、易热解、易与其他物质发生作用，因而在茶叶加工中，哪怕是工艺过程中的微小差别，都将导致普洱茶风味很大的变化。

1. 苦味物质

单纯的苦味是不可口的，但在调节味觉和丰富食品的风味等方面可发挥独特的优势，同时苦味在克服人的味觉疲劳方面也有一定的作用。苦味物质包括无机盐类和有机物，无机盐类有些有苦味，如 Ca^{2+}、Mg^{2+}、NH_4^+ 等。一般来说，质量与半径比值大的无机离子都有苦味，有机物中苦味物质更多。咖啡因被认为是普洱茶中的主要苦味物质，另外，绿原酸、黄酮类成分、某些氨基酸、小分子肽等也具有一定苦味。

普洱茶中的主要苦味物质是咖啡因，其特点是无臭、有苦味，能溶于冷水、易溶于热水。在红茶中的咖啡因能和茶黄素、茶红素等品质成分形成复合物，提高茶汤的鲜爽度。罗伯慈认为茶汤的鲜爽度是由咖啡因和茶黄素形成的复合物所致。普洱茶中咖啡因的含量多在 3%~4%，各地会因原料、加工方法等不同而存在差异，在普洱茶茶汤中，咖啡因主要与茶褐素、茶红素、多糖、蛋白质类物质缔合在一起，从而降低了咖啡因的刺激性和苦味，因而普洱茶滋味较绿茶和红茶更柔和，显示出醇和的一面。

此外，儿茶素类也具有苦味，在绿茶茶汤中对滋味的影响较大。茶中的儿茶素类可分为非酯型儿茶素（包括儿茶素、表儿茶素及表没食子儿茶素等）和酯型儿茶素（表没食子儿茶素没食子酸酯、表儿茶素没食子酸酯）。普洱生茶中酯型儿茶素含量较高，苦味较重。在普洱茶固态发酵过程中，由于微生物酶促作用和湿热作用，茶多酚、儿茶素类物质基本被氧化。通过 155 个市售普洱茶样品的测定表明，茶多酚最低含量为 7.08%，最高为 18.41%，平均含量为（12.70±2.95）%，总儿茶素最低含量为0.91%，最高为 4.78%，平均含量仅为（2.13±0.88）%。相比绿茶而言，苦味物质已极显著降低。这也是普洱熟茶基本没有苦味的重要原因。

2. 涩味物质

当口腔黏膜蛋白质凝固时，会引起收敛的感觉，此时感觉到的滋味就是涩味，因此涩味不作用于味蕾而是由于刺激到触觉的神经末梢而产生。涩味通常是由于单宁或多酚与唾液中的蛋白质缔合而产生沉淀或聚集体而引起的，主要涩味物质是多酚类的化合物，尤其是其中的酯型儿茶素类。因加工方法不同，各种茶叶的涩味强弱程度也不一样，一般绿茶中多酚类含量多，而普洱茶经发酵后，由于多酚类的氧化，使其含量降低，涩味也就比绿茶弱。

3. 甜味物质

甜味是众多人喜爱的味道，不但可以满足人们的嗜好，同时也能改进食品的可口性和某些食用性质，并且可供给人体热能。甜味的高低称为甜度，蔗糖为测量甜度的基准物质，规定以5%或10%的蔗糖溶液在20℃时的甜度为1（或100），其他各种糖与之相比较而得。糖的甜度受很多因素影响，其中重要的因素是浓度。一般随着糖溶液的浓度增大，其甜度也增高，但增高的幅度对不同的糖来说也不一样，如低浓度下葡萄糖的甜度低于蔗糖，但其甜度随浓度增高的程度比蔗糖大，当质量分数达到40%以上时，两者的甜度就很难区别了。

在糖类中凡能形成结晶的都具有甜味，水溶性糖是茶汤甜味的主要来源，也是构成茶汤滋味成分之一，并参与香气的形成。水溶性果胶溶解于茶汤中也可增进汤浓度和甜醇滋味。通过155个市售普洱茶样品的测定表明，可溶性总糖最低含量为5.25%，最高为11.74%，平均含量为（9.23±1.40）%，这是普洱茶甜醇滋味的重要物质基础。

此外，茶中的一些氨基酸类除了表现鲜味外，也表现甜味，包括茶氨酸、谷氨酸、天冬氨酸、谷胺酸、天冬酰胺L-甘氨酸胺等，D-苯丙氨酸还表现出强甜味。茶氨酸是茶叶中特有的游离氨基酸，具有鲜甜味。茶氨酸占干茶重量的1%~2%。茶氨酸在化学构造上与脑内活性物质谷酰胺、谷氨酸相似，是茶汤中生津润甜的主要成分。

茶褐素和茶红素色泽棕红，是普洱茶汤色"红"的主要成分，也是茶汤滋味浓度和强度的重要物质，但其刺激性不如茶黄素，滋味甜醇，有甜香味。通过对155个市售普洱茶的茶黄素、茶红素、茶褐素含量分析，结果最低含量分别为0.09%、0.15%和1.57%，最高含量分别为0.34%、4.545%和12.76%，平均含量分别为（0.19±0.07）%、（2.37±1.12）%和（9.37±2.55）%。由此可见，茶褐素对普洱茶的滋味有重要影响。

4. 鲜味物质

鲜味是食物的一种复杂美味感，鲜味物质有氨基酸、核苷酸、酰胺、肽、有机酸等。鲜味的主要成分是谷氨酸钠、5′-肌苷酸、5′-鸟苷酸和琥珀酸。在天然氨基酸中，谷氨酸和天冬氨酸的钠盐及其酰胺都有鲜味。

茶叶中所含的氨基酸大部分是在制茶过程中由蛋白质水解而来的，是提高茶叶鲜爽度的重要物质。目前，在茶叶中发现的氨基酸种类有26种。但游离氨基酸很少，占干物质的1%~3%。普洱茶中的可溶性氨基酸平均含量为1.76%。茶叶中分析出来的主要氨基酸有茶氨酸（甜鲜味、焦糖香）、谷氨酸（鲜味）、天冬氨酸（酸味）、精氨酸（苦甜味）以及丝氨酸等。其中茶氨酸、天冬氨酸、谷氨酸三种含量较多，占茶叶氨基酸总量的80%。茶氨酸约占60%，是茶叶中特有的氨基酸，是组成茶叶鲜爽香味的重要物质之一。氨基酸与多酚类化合物，咖啡因协调配合，可增强茶叶香味的浓强、鲜爽度。

此外，茶黄素也影响着茶汤的浓度、强度和鲜爽度，尤其是强度和鲜爽度。但在普洱茶中的含量极少，对普洱茶的滋味贡献较低。

5. "回甘"物质

对于"回甘"，尚缺乏系统性研究。好茶经常会带有回甘，回甘的强度与持久性也经常作为评判好茶的指标。在实际生活中，我们经常有"苦尽甘来"的说法。回甘与生津都是物质作用的结果，茶汤中含有许多咖啡因、儿茶素、绿原酸、黄酮等苦味成分以及一些游离有机酸，如苹果酸、柠檬酸、琥珀酸等，它会刺激唾液腺进行分泌以产生"生津回甘"的感觉。这些成分导致茶汤入口后，即感到苦味，但人的感官会自动调整以适应这种苦味。当苦味物质入胃后，感官依然保留这种错觉，以致会产生一种回甘的感觉。普洱茶中黄酮平均含量达（2.70±1.58）%，可能对普洱茶的回甘味有一定影响（郭刚军等，2007），虽然茶叶中没有报道过黄酮可以产生回甘，但橄榄的类黄酮（苦味成分）如橄榄苦苷、黄酮和多酚类化合物，初入口时表现出苦涩味，稍后却感觉到一种自然的甜味。橄榄类黄酮就是其能回甘的主要原因，而且类黄酮含量越高，回甘就越明显，气味越醇厚。此外，部分表儿茶素也表现出一定的回甘。

6. 酸味物质

酸味是由于舌黏膜受到氢离子刺激而引起的，因此凡是在溶液中能电离出氢离子的化合物都具有酸味。酸味的强弱不仅与氢离子浓度或 pH 有关。在相同的 pH 时，有机酸的酸感比无机酸要强，因为舌黏膜对有机酸阴离子比对无机酸的阴离子容易吸附。酸味物质的阴离子还能对食品的风味有影响，多数有机酸具有爽快的酸味，而无机酸却具有苦涩味。茶叶中的有机酸多为游离有机酸，如苹果酸、柠檬酸、琥珀酸、草酸等。在普洱茶固态发酵过程中，茶叶潮水量过多，发酵温度偏低以及翻堆不及时均会造成茶叶发酸，甚至发馊，这对茶叶品质影响较大，需要控制。这种酸味是非常忌讳的，属于非正常酸味。

7. 香气物质

普洱茶的香气物质主要来自加工和贮藏环节。与云南普洱茶密切相关的具有陈香特征香气的成分主要为杂氧化合物，如 1,2-二甲氧基苯、3,4-二甲氧基甲苯、1,2,3-三甲氧基苯、4-乙基-1,2-二甲氧基苯、1,2,4-三甲氧基苯、3,4,5-三甲氧基甲苯、1,2,3,4-四甲氧基苯等以及不同的芳樟醇氧化物，包括顺式芳樟醇氧化物（呋喃）、反式芳樟醇氧化物（呋喃）、芳樟醇氧化物（顺式吡喃型）、芳樟醇氧化物（反式吡喃型）以及茶褐素类物质（具有甜香味）等，是形成普洱茶陈香及甜醇滋味的重要组成。

第八节　普洱茶安全化学

"民以食为天，食以安为先"，强调安全性是食品质量的最重要组成部分。作为一种受消费者广泛喜爱的茶品，普洱茶的安全性极其重要，是决定普洱茶产品能否作为商品和饮品的基本条件，也是普洱茶产业可持续发展前提。

一、普洱茶安全危害因子来源

（一）重金属元素污染

茶树生长的土壤对茶叶的质量安全有一定的影响，若土壤中有害元素含量较高或者受到铅等重金属的污染，则茶叶可能残留高含量的重金属。因此，茶叶的产地在一定程度上也会影响茶叶质量安全。下面将分别介绍茶叶中潜在的重金属污染风险。

1. 铅

茶叶中的铅是目前人们关注最多的重金属元素之一，含量一般在未检出到几十毫克每千克，大多在 2.0mg/kg 左右。茶叶中的铅溶出率很低，一般均小于 10%，而我国茶叶中重金属残留限量国家标准规定茶叶中铅的最高限量为 5.0mg/kg（以 Pb 计），因此绝大部分茶叶都是安全的。

2. 铜

铜是生物体必需微量元素，参与造血过程及铁的代谢，参与一些酶的合成和黑色素合成。由于铜器具有杀菌作用，有人称铜是"健康的卫士"，一些发达国家的医疗器械也是铜制的，用铜壶烧开水泡茶喝，不仅好喝而且有益健康。铜在人体内主要存在于肌肉中，组成具有多种生理功能的铜蛋白，但是人体内铜含量过多，会引起低血压、咯血、黄疸、肝坏死等疾病，增加心血管病的死亡率。当铜的浓度积蓄量达到一定量时，就会对人体或茶树产生毒性，严重危害健康。有研究表明，缺铜会导致营养性贫血、白癜风、骨质疏松和胃癌、食管癌等病症。在 GB/T 22111—2008 里尚未列入铜的检测限量。

3. 镉

可溶性镉化合物属中等毒类金属毒物，能抑制体内的各种巯基酶系统，使组织代谢发生障碍，也能损伤局部组织细胞，引起炎症和水肿。镉被吸收进入血液后，绝大部分与血红蛋白结合而存在于红细胞中。以后逐渐进入肝肾等组织，并与组织中的金属硫蛋白结合。在各脏器中的分布以肾最多，其次为肝、胰、甲状腺等。可溶性镉化合物对人体产生毒性的含量为 15~30mg/kg。我国茶叶中重金属残留限量行业标准规定镉的残留限量为 1mg/kg（以镉计），但在 GB/T 22111—2008 里尚未列入检测限量。有研究采用原子分光光度法、全消解等方法分析云南普洱、保山、西双版纳、大理等主要茶区的茶园土壤样品中的主要重金属铅、镉、铜的含量，并结合茶园土壤重金属评价标准和茶园土壤污染分级标准进行了污染评价，结果表明云南省主要茶区茶园土壤中这三种重金属含量均较低，主要茶区茶园土壤基本上未受铅和镉重金属的污染，铜有轻度污染，茶园土壤环境质量总体良好，符合有机茶园土壤环境质量标准。

（二）其他化学元素潜在危害

1. 砷

砷在农业生态系统中或多或少都存在。长期以来人们把砷和砷化物看成是污染元素。有研究表明，砷是一种人类生命必需元素，在人体内含量恒定，参与人体正常的生命活动，人体缺砷，就会导致机体功能的减弱，但若摄入过量就会损坏人体健康，有致癌的危险。2000 多年前砷化物在我国就已入药，我们的祖先利用砷化物灭菌防腐、除湿祛寒、消肿祛病。微量砷对许多植物有刺激作用并能改善其品质。我国茶叶行业标准中元素砷的残留限量为 2mg/kg（以 As 计）。

2. 氟

茶叶中的氟主要来自土壤，土壤酸性大时茶树叶中的氟含量高，茶树吸收氟的多少与土壤中的阳离子有关。成熟叶和老叶的氟含量随土壤水溶性氟含量的增加呈增加趋势，土壤中水溶性氟的含量与交换性铝、锰的含量呈极显著负相关，与交换性钾、镁，有效态磷的含量呈极显著正相关，与交换性钠的含量呈显著正相关。交换性钙是影响土壤氟形态分布的重要因素。茶叶中含有钙、磷、铝、镁等元素时，在贮藏过程中能与氟离子形成难溶的盐（如 CaF_2、MgF_2、AlF_3）等，从而使茶汤中氟浓度下降。目前对黑茶中的氟元素引起氟中毒的现象等进行了较多的研究，但对普洱茶中氟含量情况以及长期大量饮用普洱茶可能引起的潜在风险研究较少，且不系统。目前有研究结果表明，茶树本质上是一种氟高富集的山茶类植物，富集的能力大约是其他山茶类植物的几十倍甚至百倍。氟是人体健康生长中必不可少的重要元素之一，其主要通过饮水和饮食进入到人体中，适量的氟有助于人体的健康，但当环境系统（水体和土壤）中易被人体吸附的氟过多时，极有可能导致人体氟中毒现象的发生。摄入过量的氟对于人体有害，会导致慢性氟化物中毒，主要临床表征为出现氟斑牙和慢性氟骨病。另外，如果空腹摄入大量的氟，会引起急性肠胃黏膜出血，出现四肢抽搐等中枢神经症状。

3. 铝

对于茶树而言，偏酸性富铝的土壤是最适合茶树生长的环境，但是在全球土壤酸化的严峻背景下，酸化的土壤往往会成为牵动土壤养分恶化的起因。对于植物而言，铝毒性的最明显症状和最有害影响是抑制根的生长。许多研究表明，铝毒会迅速影响根的伸长，铝毒会导致根生长和功能受到抑制，最终降低了农作物的产量。较低浓度的铝可诱导茶树的枝条和根的生长，而较高浓度的铝会随叶片和茎的成熟而增加。虽然茶树自身属于耐铝聚铝植物，一旦土壤酸化严重将导致过量的铝在茶树体内积累，就会对植物产生毒害。铝在茶树叶片中的富集会在一定程度上增加铝进入人体的风险，泡茶过程中会释放更多铝，进而进入人体造成铝元素的滞留，影响身体健康，即使在食品安全方面这也是一个亟待解决的问题。

研究表明，不同普洱茶产品的可溶性氟和铝元素含量变化都很大，可溶性氟和铝元素的变化范围在 $39.05 \sim 112.71mg/kg$ 和 $245.43 \sim 991.45mg/kg$。

（三）农药残留

农药是指在农业生产中，为保障、促进植物和农作物的成长，所施用的杀虫、杀菌、杀灭有害动物（或杂草）的一类药物统称，包括用于防治病虫以及调节植物生长、除草等药剂。根据原料来源可分为有机农药、无机农药、植物性农药、微生物农药。此外，还有昆虫激素。下面介绍部分农药在普洱茶中的残留限量。

1. 溴氰菊酯

溴氰菊酯为广谱性拟除虫菊酯类杀虫剂。英文名称为 deltamethrin，别称敌杀死、凯安宝、凯素灵。它是目前最高效的杀虫剂，以触杀和胃毒作用为主，对害虫有一定的驱避与拒食作用。溴氰菊酯为中等毒杀虫剂，对人的皮肤及眼黏膜有刺激作用，对人、畜毒性中等。GB/T 22111—2008 规定溴氰菊酯限量标准要求应不高于 5.0mg/kg，欧盟限量标准要求不高于 5.0mg/kg。

2. 氯氰菊酯

氯氰菊酯英文通用名称为 cypermethrin，中文别称为灭百可、兴棉宝、安绿宝、赛波凯、奋斗呐，具有触杀和胃毒作用。该药残效期长，正确使用时对作物安全。氯氰菊酯为中等毒性杀虫剂，对鱼类毒性高，对鸟类毒性低，对蜜蜂、蚕剧毒。未见慢性蓄积及致畸、致突变、致癌作用。GB/T 22111—2008 规定氯氰菊酯限量标准要求应不高于 0.5mg/kg，欧盟限量标准要求也不高于 0.5mg/kg。

3. 联苯菊酯

联苯菊酯为除虫菊酯类杀虫剂，英文通用名称为 bifenthrin，别名为氟氯菊酯、天王星、虫螨灵、毕芬宁，具有触杀和胃毒作用，兼具驱避和拒食作用，无内吸和熏蒸活性。其作用迅速，持效期长，杀虫谱广，作用迅速，在土壤中不移动，对环境较为安全，残效期长。联苯菊酯毒性为中等毒性，对人、畜、蜜蜂毒性中等，对鱼、家蚕毒性很高，无致畸、致癌、致突变作用。GB/T 22111—2008 规定联苯菊酯限量标准要求应不高于 5.0mg/kg，欧盟限量标准要求不高于 5.0mg/kg。

4. 氯菊酯

氯菊酯，英文通用名称为 permethrin。氯菊酯为高效、低毒杀虫剂，属神经毒剂，原来可用于防茶树害虫。目前在茶树上限制使用，出口欧盟的茶叶禁止使用。GB/T 22111—2008 规定氯菊酯限量标准要求应不高于 20mg/kg，欧盟限量标准要求低于 0.1mg/kg。

（四）有害微生物

尽管微生物在人类生活的各个方面被广泛应用，但部分微生物也给人们带来了巨大的危害。

1. 大肠菌群和致病菌

大肠菌群是指具有某些特性的一组与粪便污染有关的细菌，这些细菌在生化及血清学方面并非完全一致，其定义：需氧及兼性厌氧、在 37℃能分解乳糖产酸产气的革兰氏阴性无芽孢杆菌。一般认为该菌群细菌可包括大肠埃希菌、柠檬酸杆菌、产气克雷白菌和阴沟肠杆菌等。大肠菌群是评价食品卫生质量的重要指标之一，目前已被国内外广泛应用于食品卫生工作中，其中 GB/T 22111—2008 规定大肠菌群标准要求应不高于 300MPN/100g。

致病菌是能引起人类疾病的细菌的统称。在众多的细菌中，绝大多数细菌都能与人类和平共处，只有少数细菌会对人体造成伤害，把这部分给人类带来疾病的细菌称为致病菌。在普洱茶的安全性评价体系中，致病菌指标属于禁止性的指标，即普洱茶不允许被致病菌污染，要求不得检出沙门菌、志贺菌、金黄色葡萄球菌、溶血性链球菌等致病菌。

2. 真菌毒素

真菌毒素是一类由真菌产生的毒性二次代谢产物，广泛污染农作物、食品及饲料等植物源性产品。目前已知的有 2000 多种，包括黄曲霉毒素、棕曲霉毒素、展青霉素、脱氧雪腐镰刀菌烯醇、玉米赤霉烯酮、橘青霉素、孢子毒等。虽然现行的 GB 2761—2017《食品安全国家标准　食品中真菌毒素限量》并没有对普洱茶作出明确的规定，但鉴于普洱茶发酵过程中有大量微生物的生长，发酵中可能存在杂菌的污染，贮藏过程中温湿度控制不当时也可能会有真菌毒素的污染。因此，茶叶科研、加工人员应当科学认识和重视普洱茶的真菌毒素风险评估，实现普洱茶的清洁化加工，通过接种安全菌种、实时监控发酵过程等措施改良工艺，控制普洱茶的安全性风险。

二、普洱茶质量与安全控制

普洱茶安全全程防控（栽培、植保、标准、监测、风险评估预警系统），危害因子的安全性评价与体内外干预，普洱茶加工过程中关键控制点评估、普洱茶安全分析监测新技术新方法研究、污染物来源评价及残留控制技术研究是促进普洱茶安全与风险控制有效提升的重要措施。加强普洱茶安全性评价，能够有效促进解决农残超标、重金属污染、真菌毒素污染等限制我国茶叶出口的问题。

（一）普洱茶质量与安全现状

茶叶质量安全风险主要包括农药残留、有害重金属残留、有害微生物等。近年来，随着我国启动的"无公害食品行动计划"和在茶叶生产中禁用、停用一大批剧毒、高残留农药，我国茶叶农药残留状况明显好转。普洱茶也由于实施了 GB/T 22111—2008《地理标志产品　普洱茶》标准和生产的 SC 食品生产许可制度，其质量安全有了重要保障。

（二）普洱茶质量与安全控制措施

围绕普洱茶的安全卫生问题，为保证普洱茶产品在生产、加工、贮藏、流通中的卫生可靠，必须采取一系列措施来确保普洱茶产品的卫生安全，确保普洱茶消费过程的安全健康，保证普洱茶产业的健康发展。这一系统包括普洱茶生产卫生全程控制，对普洱茶生产技术领域研究及成果的推广应用，如无公害茶、有机茶、绿色食品茶、危害分析与关键控制点（HACCP）、良好生产规范（GMP）系统的推广应用；相关法律法规及标准体系的制定和实施，如《中华人民共和国食品安全法》、SC 食品生产许可制度的实施，食品卫生标准、茶叶卫生标准、普洱茶卫生质量标准的制定，普洱茶产品质量检测监督体系的建立，对普洱茶产品的安全性评价等内容。

下述安全措施的实施有助于降低普洱茶质量安全风险。

①规范普洱茶加工工艺，实现清洁化加工。
②实施危害分析与关键控制点。
③严格执行 SC 食品生产许可制度。
④立足无公害普洱茶生产，大力发展绿色普洱茶和有机普洱茶。
⑤严格遵循《中华人民共和国食品安全法》。

三、普洱茶安全性评价

普洱茶的安全隐患主要源于安全生产和存放。普洱茶安全生产要求普洱茶在茶园管理、生产加工、贮藏和流通的过程中，应采取必要的措施确保普洱茶制品安全可靠、健康无害并且适合人类饮用。一方面要强调其生产、加工、贮藏、流通中的卫生可靠，普洱茶产品中不得检出或检出剂量不得超过阈值的可能损害或威胁人体健康的有毒、有害物质；另一方面还要提倡在日常品饮中，其内含成分的含量对人体不具有毒理学伤害性，促进消费者做到饮用方式合理、饮用量适当等。

普洱茶作为我国传统饮品，已有较久的安全饮用历史，目前尚没有相关的流行病学调查及食用毒害事例报告。多方面的研究表明，普洱茶水浸出物从急性毒角度来看，普洱茶的应用安全性是很高的。普洱茶中的常规成分咖啡因、多酚类等都已有较明确的毒性研究报道。按照《新临床前研究指导原则汇编》规定，茶褐素类物质属于实际无毒级物质。饶华等的动物实验研究结果表明，饮用中低剂量普洱茶可增加日粮钙的排出，使日粮中钙的表观消化率降低，从而使日粮钙的吸收利用减少，增加骨钙的含量，饮用普洱茶不会导致骨钙流失。从已有细胞、动物和人体安全性毒理学试验结果来看，急性经口毒性实验显示普洱茶的半致死率（LD_{50}）大于5000mg/kg，属于实际无毒级别；28d或90d经口毒性试验发现普洱生茶、熟茶提取物无明显不良效应的剂量分别是1250mg/（kg·d）和5000mg/（kg·d）；遗传毒性研究表明普洱茶对原核细胞、真核细胞和生殖细胞均无致突变性；普洱茶的生殖毒性和发育毒性无效应剂量水平是700mg/（kg·d）；普洱茶对小鼠肝细胞的毒性极小或无；人体急性、亚急性毒性研究均未观察到病理改变。除孕妇、儿童外，普洱茶具有较高的饮用安全性。

　　虽然大量研究结果和流行病学统计结果均表明饮用普洱茶是安全的，但是普洱茶产业的发展并非一帆风顺，曾多次受到卫生安全问题的冲击。表4-14列出了几种不同标准的普洱茶安全性指标要求，表4-15为普洱茶农药残留指标对照、检测限与试验数据比较情况。对比两个表格的数据可知饮用普洱茶几乎不存在安全风险。

表4-14　　　　　　　　　　　普洱茶安全性指标（标准对照）

序号	项目	单位	安全性指标要求					
			DB 53/103	GB/T 22111	NY 5244	GB 2763	GB 2762	欧盟农残限量标准
1	铅（以Pa计）	mg/kg	≤5.0	≤5.0	≤5.0	—	≤5.0	—
2	稀土	mg/kg	≤2.0	≤2.0	—	—	≤2.0	—
3	氯菊酯	mg/kg	≤20	≤20				≤0.1
4	联苯菊酯	mg/kg	≤5.0	≤5.0	≤5.0			≤5.0
5	氯氰菊酯	mg/kg	≤0.5	≤0.5	≤0.5	≤20		≤0.5
6	溴氰菊酯	mg/kg	≤5.0	≤5.0	≤5.0	≤10		≤5.0
7	顺式氰戊菊酯	mg/kg	≤2.0	≤2.0	—	≤2.0		—
8	氟氰戊菊酯	mg/kg	≤20	≤20		≤20		≤0.1
9	乐果	mg/kg	≤0.1	≤0.1	≤0.1			≤0.05
10	六六六（HCH）	mg/kg	≤0.2	≤0.2	—	≤0.2		≤0.2
11	敌敌畏	mg/kg	≤0.1	≤0.1	≤0.1			≤0.1
12	滴滴涕（DDT）	mg/kg	≤0.2	≤0.2	—	≤0.2		≤0.2
13	杀螟硫磷	mg/kg	≤0.5	≤0.5	≤0.5	≤0.5		≤0.5
14	喹硫磷	mg/kg	≤0.2	≤0.2	≤0.2			≤0.1
15	乙酰甲胺磷	mg/kg	≤0.1	≤0.1	—	≤0.1		≤0.1
16	大肠菌群	MPN/100g	≤300	≤300	≤300	—	—	—

续表

序号	项目	单位	安全性指标要求					
			DB 53/103	GB/T 22111	NY 5244	GB 2763	GB 2762	欧盟农残限量标准
17	致病菌（沙门菌、志贺菌、金黄色葡萄球菌、溶血性链球菌）		不得检出	不得检出	—	—		不得检出

表 4-15   普洱茶农药残留指标对照、检测限与试验数据比较

序号	项目	单位	指标			采用试验数据的检测限	试验数据的最小值至最大值（1260个样品）
			DB53/103	GB/T 22111	欧盟农残限量标准		
1	氯菊酯	mg/kg	≤20	≤20	≤0.1	0.01	未检出
2	联苯菊酯	mg/kg	≤5.0	≤5.0	≤5.0	0.01	未检出~0.94
3	氯氰菊酯	mg/kg	≤0.5	≤0.5	≤0.5	0.01	未检出~0.14
4	溴氰菊酯	mg/kg	≤5.0	≤5.0	≤5.0	0.02	未检出~0.06
5	顺式氰戊菊酯	mg/kg	≤2.0	≤2.0	—	0.01	未检出~0.36
6	氟氰戊菊酯	mg/kg	≤20	≤20	≤0.1	0.01	未检出~0.3（≥0.1：3个样品）
7	乐果	mg/kg	≤0.1	≤0.1	≤0.05	0.01	未检出
8	六六六（HCH）	mg/kg	≤0.2	≤0.2	≤0.2	0.001	未检出~0.05
9	敌敌畏	mg/kg	≤0.1	≤0.1	≤0.1	0.01	未检出~0.06
10	滴滴涕（DDT）	mg/kg	≤0.2	≤0.2	≤0.2	0.001	未检出~0.198
11	杀螟硫磷	mg/kg	≤0.5	≤0.5	≤0.5	0.02	未检出
12	喹硫磷	mg/kg	≤0.2	≤0.2	≤0.1	0.01	未检出
13	乙酰甲胺磷	mg/kg	≤0.1	≤0.1	≤0.1	0.03	未检出

思考题

1. 普洱茶的主要化学组成物质有哪些？主要的健康功效成分有哪些，分别具有何种健康功能？主要的风味成分有哪些，分别具有哪些风味品质？

2. 哪些因素可能影响普洱茶品质特征的形成与转化？

3. 普洱茶的品质特征是什么？

4. 普洱茶贮藏过程中生茶和熟茶分别发生了哪些变化？感官品质如何改变？

5. 普洱茶的贮藏时间是否越久越好？如何科学认识普洱茶的"越陈越香"？

参考文献

［1］ULRICH H E. Tea chemistry－What do and what don't we know？－A micro review［J］. Food Research International，2020，132（1）：109－120.

［2］ZHANG L，CAO Q Q，GRANATO D，et al. Association between chemistry and taste of tea：A review［J］. Trends in Food Science & Technology，2020，101（7）：139－149.

［3］STODT U，ENGELHARDT U H. Progress in the analysis of selected tea constituents over the past 20 year［J］. Food Research International，2013，53（2）：636－648.

［4］LIU Z H，GAO L Z，CHEN Z M. et al. Leading progress on genomics，health benefits and utilization of tea resources in China［J］. Nature，2019，556（7742）.

［5］HUANG F J，ZHENG X J，JIA W. et al. Theabrownin from Pu－erh tea attenuates hypercholesterolemia via modulation of gut microbiota and bile acid metabolism［J］. Nature Comunications，2019，10（4971）：1－17.

［6］LEE L K，FOO K Y. Recent advances on the beneficial use and health implications of Pu－Erh tea［J］. Food Research International，2013，53（2）：619－628.

［7］MENG X H，LI N，ZHU H T，et al. Plant resources，chemical constituents and bioactivities of tea plants from the genus *Camellia* section *Thea*［J］. Journal of Agricultural and Food Chemistry，2019，67（19）：5318－5349.

［8］SELENA A，JOHN R. Pu－erh tea：Botany，production，and chemistry（Chapter 5 from tea in health and disease prevention.）［M/OL］. Elsevier Science and Technology，2012. ［2022－7－3］. https：//www. researchgate. net/publication/268391094_Pu－erh_Tea_Botany_Production_and_Chemistry.

［9］LV H P，ZHANG Y J，LIN Z，et al. Processing and chemical constituents of Pu－erh tea：A review［J］. Food Research International，2013，53（2）：608－618.

［10］ZHOU B X，MA C Q，WU T T，et al. Classification of raw Pu－erh teas with different storage time based on characteristic compounds and effect of storage environment［J］. LWT－Food Science and Technology，2020，133（10）：109914.

［11］周红杰，李亚莉. 第一次品普洱茶就上手［M］. 北京：旅游教育出版社，2017.

［12］高大方. 五种山茶属及茶用植物的化学成分和资源研究［D］. 昆明：中国科学院昆明植物研究所，2010.

［13］孙素琴，周群，陈建波. 中药红外光谱分析与鉴定［M］. 北京：化学工业出版社，2010.

［14］SUN S Q，CHEN J B，ZHOU Q. Application of mid－infrared spectroscopy in the quality control of traditional Chinese medicines［J］. Planta Med，2010，76：1987－1996.

［15］WU X X，XU C H，LI M，et al. Analysis and identification of two reconstituted tobacco sheets by three－level infrared spectroscopy［J］. Journal of Molecular Structure，2014，1069

（8）:133-139.

［16］XU L,DENG D H,CAI C B. Predicting the age and type of Tuocha tea by Fourier transform infrared spectroscopy and chemometric data analysis［J］. J Agric Food Chem,2011, 59(19):10461-10469.

［17］周斌,任洪涛,夏凯国,等. 云南9个产地台地茶与老树茶香气成分对比［J］. 中国农学通报,2010,26(11):54-60.

［18］付秀娟. 普洱茶发酵优势微生物、酶与主要功能物质关系的研究［D］. 天津:天津商业大学,2012.

［19］曹文静. 茶鲜叶主要茶用物质的初步研究［D］. 扬州:扬州大学,2014.

［20］王娜. 普洱茶化学成分研究［D］. 天津:天津工业大学,2016.

［21］薛晨. 原料级别和贮藏时间对普洱茶品质及其生物活性影响的研究［D］. 合肥:安徽农业大学,2013.

［22］许腾升. 仓储中负氧离子对普洱茶(生茶)品质的影响研究［D］. 昆明:云南农业大学,2016.

［23］管俊岭. 贮藏环境与普洱茶风味品质陈化相关性研究［D］. 广州:华南农业大学,2016.

［24］伍贤学,李明,李亮星,等. 茶粉均质性的红外光谱相似度评价研究［J］. 光谱学与光谱分析,2021,41(5):1417-1423.

［25］宁井铭,张正竹,王胜鹏,等. 不同储存年份普洱茶傅里叶变换红外光谱研究［J］. 光谱学与光谱分析,2011,31(9):2390-2393.

［26］郝瑞雪,杜丽平,徐瑞雪,等. 普洱茶发酵过程中酶活性与主要品质成分关系初探［J］. 食品工业科技,2012,33(11):59-62.

［27］陈保,徐明发,姜东华,等. 不同普洱茶原料渥堆发酵过程中香气成分的变化研究［J］. 食品安全质量检测学报,2018,9(2):284-293.

［28］陈保,刘新月,蒲泓君,等. 不同普洱茶原料渥堆发酵过程中主要化学成分的变化研究［J］. 食品安全质量检测学报,2015(4):1279-1286.

［29］孙振杰,王梦馨,崔林,等. 普洱茶香气成分研究进展［J］. 茶叶通讯,2020,47(1):13-19.

［30］张春花,单治国,袁文侠,等. 不同有益菌固态发酵对普洱茶香气成分的影响研究［J］. 茶叶科学,2010(4):21-28.

［31］王锐,李勇. 普洱茶的化学成分及生物活性［J］. 广东化工,2016,43(22):108-109;119.

［32］邵春甫,贾黎晖,李长文,等. 普洱茶茶褐素研究进展［J］. 天津化工,2011,25(6):1-3;11.

［33］卓婧,赵明,周红杰. 普洱茶降脂功能及活性成分研究进展［J］. 中国农学通报,2011,27(2):345-348.

［34］王茹芸,李亚莉,周红杰. 普洱茶中氨基酸与贮期、级别及品质关系的研究［J］. 西南林业学报,2012(4):1222-1226.

[35]任洪涛,周斌,秦太峰,等.普洱茶挥发性成分抗氧化活性研究[J].茶叶科学,2014(3):213-220.

[36]陈文品,许玫.普洱茶"陈化生香"及其科学原理[J].广东茶业,2014(5):6-9.

[37]任丽,周红杰,许腾升,等.负氧离子在仓储过程中对普洱茶(生茶)挥发性成分的影响[J].食品安全质量检测学报,2016(10):4010-4015.

[38]念晓.干仓贮藏与湿仓贮藏对普洱茶化学成分的影响[J].广东化工,2018,45(3):60-61.

[39]陈文品,胡皓明,白文祥,等.一论"陈化生香"开启普洱茶新篇章[J].茶世界,2020(1):41-46.

[40]杨正伟,张鑫,李庆盛,等.基于电子舌及一维深度 CNN-ELM 模型的普洱茶贮藏年限快速检测[J].食品与机械,2020(8):45-52.

[41]彭功明.云南大叶种晒青茶加工技术[J].中国茶叶加工,2019(3):35-38.

[42]熊昌云,杨彬,彭远菊,等.普洱茶抑肥降脂作用比较研究[J].西南农业学报,2018,31(5):1058-1062.

第五章 普洱茶与微生物

　　普洱茶是一种生物饮品，也是绝佳的养生妙品。没有微生物就没有普洱茶，更不会有普洱茶的百年沉香。传承千年的普洱茶已经成为享誉世界的云南名片。云南省微生物资源极为丰富，其中不少为世界独有。云南传统发酵食品也是丰富多彩的，包括火腿、豆豉、酸牛筋、酸猪血、酸猪皮、酸肉、水腌菜、酸辣椒、酸茶、腌茶、乳扇，以及彝族的辣白酒、纳西族的窨酒、哈尼族的紫米酒、普米族和纳西族的苏理玛酒、藏族的青稞酒、苗族的米酒等。多样化的民族发酵食品得益于云南丰富的微生物资源。现代科学研究证明，微生物是孕育普洱茶的核心要素。那么什么是微生物？微生物有什么特性？普洱茶中有哪些微生物？微生物有何作用又该如何应用？本章会进行一一介绍。本章思维导图见图 5-1。

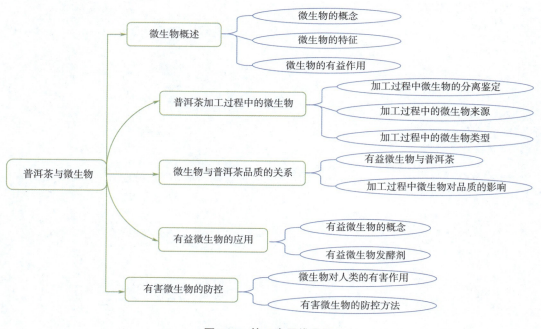

图 5-1　第五章思维导图

第一节　微生物概述

一、微生物的概念

众所周知，我们所处的环境（土壤、空气、水体）、人体内外（消化道、呼吸道、体表）以及动植物组织都存在大量肉眼看不见的微小生物。这类形体微小、单细胞或结构较为简单的多细胞甚至没有细胞结构的生物统称为微生物（microorganisms），也称为显微生物（microscopic organisms），通常需要借助显微镜才能看清它们的形态和结构。这些微小生物包括无细胞结构不能独立生活的病毒、亚病毒（类病毒、拟病毒、朊病毒），具有原核细胞结构的细菌、古生菌以及具有真核细胞结构的真菌（酵母、霉菌等），单细胞藻类和原生动物等。

二、微生物的特性

微生物由于形体微小，因而具有以下共性：结构简单；生长繁殖迅速、容易变异；种类繁多、分布广泛。

（一）个体微小、结构简单

微生物大小多以微米（μm，$1\times10^{-6}m$）或纳米（nm，$1\times10^{-9}m$）为单位，如大肠杆菌（*Escherichia coli*，简写 *E. coli*）只有 $1\sim2\mu m$ 长，个体微小，需要使用显微镜才能看见，这也是微生物无处不在但不能轻易被发现的原因。

微生物结构简单，既包含原核生物，也包含真核生物；既有单细胞生物或简单的多细胞生物，也有非胞生物。

（二）生长繁殖迅速

微生物由于个体微小，比表面积大，与外界接触和进行物质、信息交流的面积大，为微生物进行旺盛的代谢和活跃的生长繁殖奠定了物质和结构基础。如大肠杆菌每20min 就可分裂繁殖 1 次。

（三）种类繁多、分布广泛

微生物的种类极为丰富，目前已确定的微生物总数在 20 万种左右，但是据估计仅有不到 1% 的微生物被人类发现和研究，绝大部分微生物由于受目前的研究手段和分离培养技术的限制，不能获得纯培养，因此还未被研究。

微生物是地球上分布最为广泛的生物，从高山、平原、沙漠到沼泽、湖泊、河流、海洋等各种不同的地理环境，以及从冰川、雪山到高温热泉，甚至南北极的冰川、盐湖，高空的大气对流层，到动植物和人体表面及某些内部器官等都有分布。几乎地球上一切有生命的环境，都可以发现微生物的存在。

（四）容易变异

微生物生长迅速，短时间内就可以繁殖出大量后代，因此即使变异的频率极低，也很容易获得数量较多的变异后代，如病原微生物可在较短时间内获得较强的耐药性，因此微生物可以迅速适应地球上复杂多变的自然环境。另一方面，人们也可以利用微生物容易变异的特性,通过筛选、诱变某些高产菌株,快速获得有用的代谢产物,来满足生产的需要。

三、微生物的有益作用

大多数已发现的微生物对人类无害,甚至是有益的。微生物对人类的作用大致分为以下几个方面。

(一)微生物与地球物质循环

生物生长生活过程中必须不断从环境中摄取各种营养元素才能维持正常的生长、发育和繁殖。但是在地球生态系统的物质循环过程中,地球上碳、氢、氧、氮、磷、硫等元素的贮藏量是有限的,而生命的生长、延续和发展却是无穷的,两者之间的矛盾只有通过自然界物质的不断循环转化才能解决。微生物作为地球上有机质的重要分解者,源源不断地把各种生物体的残骸分解为各种植物可以吸收的矿物元素返回自然界,通过与生产者——绿色植物一起共同推动着地球生物圈的物质循环,使生态系统保持平衡。

(二)微生物与人类健康

在正常情况下,健康的人和动物体表及体内如口腔、呼吸道、消化道和泌尿生殖道等都生活着特定种类和数量的微生物,称为人体的正常菌群或正常的微生物区系。人体正常的微生物区系可在一定程度上抑制和排斥外来微生物的生长和病原微生物的定居以及侵入,因而对人体具有一定的保护作用,同时还可为人体提供一些人体自身不能合成的维生素等。在人体内生活的微生物数量可能超过了人体的细胞总数。

如果由于某些原因,如长时间连续服用抗菌药物,或气候、水土及食物条件的突然变化等,造成人体正常菌群种类的变化或数量的减少,就会破坏人体与正常微生物区系的平衡,导致病原微生物入侵或某些类群的人体共生微生物大量增殖引起疾病发生。

(三)微生物与食品

微生物在食品加工中应用极为广泛,在酿酒、制作面包,制作传统调味品如酱油、面酱、豆瓣酱、豆豉、腌制泡菜、发酵酸奶等食品的生产加工中都具有重要作用。另外,微生物在氨基酸、黄原胶等的生产上也应用广泛。普洱茶、康砖茶、茯砖茶、六堡茶和云南少数民族地区的酸茶、腌茶等发酵茶的加工中微生物也发挥了重要作用(图5-2),经过发酵后茶叶具有了独特的色、香、味和营养价值。

（1）茶汤 　　　　　　（2）干茶 　　　　　　（3）金花

图5-2 微生物发酵茶

（四）微生物与医药

微生物在现代医药生产中占据重要地位。从 1928 年 Fleming 发现青霉素以来，抗生素工业高速发展，应用范围日益扩大，可以说抗生素是现代医药体系中最重要的成员之一，目前仍有很多抗生素的生产是通过微生物发酵产生的。除抗生素以外，一些核苷酸、维生素、人体必需氨基酸、医用酶制剂、免疫调节剂等也都是通过微生物发酵生产。

（五）微生物与工业

酒精、甲醇、丙酮、醋酸、环氧乙烷、环氧丙烷、脂肪酸、柠檬酸、乳酸、氨基酸以及某些高聚合物如聚羟基丁酸酯、生物塑料等多种重要的工业原料和溶剂均可利用微生物来发酵生产，微生物在现代工业生产中占据着重要的地位。

（六）微生物与农业

1. 微生物农药

自然界存在着许多对害虫有致病作用的微生物，利用这种致病性来防治害虫是一种有效的生物防治方法。部分微生物可产生具有较强抗菌活性的次级代谢产物，可专一性地高效杀灭农作物病原微生物，防治经济作物病害。微生物农药与化学农药相比，具有防治对象专一、选择性高、易降解、对生态环境影响小等特点，在农业病虫害的防治中具有广泛的应用开发前景。如苏云金芽孢杆菌（*Bacillus thuringiensis*）产生的伴孢晶体蛋白，可作用于鳞翅目、双翅目和鞘翅目中一些种类的幼虫，但对其他生物无害，不会造成环境污染。而白僵菌（*Beauveria bassiana*）则可以大面积防治松毛虫、玉米螟、稻叶蝉等农林业害虫，而对生态环境的影响较小。

2. 微生物肥料

微生物肥料是指由单一或多种特定功能菌株，通过发酵工艺生产的能为植物提供有效养分或防治植物病虫害的微生物接种剂，又称菌肥、菌剂或接种剂。其原理是利用微生物的生命活动来增加土壤中氮素或有效磷、钾的含量，或将土壤中一些作物不能直接利用的物质转换成可被吸收利用的营养物质，或提高作物的生产刺激物质，或抑制植物病原菌的活动，从而提高土壤肥力，改善作物的营养条件，提高作物产量。具有持续时间长、不会导致污染、利用率高、不影响土壤物理状态等特点，在绿色农业的发展中具有重要意义。

3. 微生物饲料

微生物饲料主要有单细胞蛋白和菌体蛋白饲料、发酵糖化饲料及秸秆微生物发酵饲料等。单细胞蛋白和菌体蛋白饲料是利用微生物生长繁殖快、蛋白含量高的特性，使用有机废物来生产蛋白饲料。发酵饲料则是利用微生物的代谢作用，分解各种秸秆类饲料中的难溶生物大分子，提高饲料的营养价值和适口性。微生物来源的酶制剂、抗生素类、氨基酸类、维生素类等饲料添加剂也是微生物饲料的重要组成部分。微生物饲料可调节动物的正常菌群，提高动物免疫力；同时，还具有成本低廉、物质转化吸收快、肉质鲜美、经济效益高等特点。

（七）微生物与能源

由于能源危机，人们对微生物能源日益关注。微生物能源主要有甲烷、酒精生物柴油和氢能等。甲烷产生菌可通过厌氧发酵，把复杂有机物转化为可燃烧的甲烷。除矿物油和木质素外，几乎所有的有机物包括人畜粪便、作物秸秆、杂草、水藻以及各种富含有机质的垃圾、工业废物等都可用来进行沼气发酵。沼气发酵，不仅可以提供燃料，还可有效处理各种垃圾，清洁、改善环境。

为了解决石油紧缺问题，人们开始大量以甘蔗、粮食为原料，通过微生物发酵生产酒精代替汽油。而利用地球上最为丰富的有机物——植物秸秆等纤维素为原料生产酒精具有成本低廉、不影响粮食安全的特点，具有更广阔的开发前景。利用可大量产生油脂的产油微生物生产生物柴油，具有不占用耕地、生长迅速等特点，具有植物油脂所不可比拟的优点，因此微生物油脂可能是未来生物柴油的重要发展方向。氢气产生菌可用于氢燃料的研发。与化学方法相比，微生物制氢不需要消耗大量的矿物资源，也不会产生污染物破坏环境，因此备受关注。

（八）微生物与石油

原油开采中，经过一次和二次这两次常规采油之后，仍有近60%~70%的地下原油不能采出。许多微生物能把长链烃降解为短链烃并能产生生物表面活性剂，使石油黏滞性减小，改善原油流动性，可显著提高出油率。因此，利用微生物可以第三次采油，经微生物发酵后，可使油井内气压上升，出油率可提高近4倍。

自然界存在的一些细菌可以浸出多种金属，如氧化硫硫杆菌、氧化硫铁杆菌等，它们能将铜、钴、镍、锰从矿石中浸出，甚至能将黄金、铀等贵重金属从矿石中浸出，而且使用细菌浸出法提炼金属，具有成本低，设备、工艺简单，不污染环境，回收率高等特点，因此细菌冶金在金属含量相对较低的贫矿、尾矿的开采中具有广阔的运用前景。

（九）微生物与环境保护

现代科技、工业和人类生活迅猛发展的同时，也带来了日趋严重的环境污染。如废水、废气、废料等对地球水源、大气、土壤的污染，石油渗漏对海洋的污染等。这些污染已经引发了极为严重的后果，如大气污染引起的酸雨、温室效应；水体污染导致的水生动物大量死亡、畸形；人类的健康状况日益恶化等。在众多的污水、废水的处理方法中，生物学的处理方法具有经济方便、效果好、不产生二次污染等突出优点而被广泛应用。而污水的生物学处理过程中，微生物起着特别重要的作用，它们能将水体中的含碳有机物分解成 CO_2、H_2S、CH_4 等气体，将含氮有机物分解成氨、硝酸、亚硝酸和氮，能使汞、砷等对人类有毒的重金属盐在水体中进行转化，使大分子的难溶有机物分解为小分子物质，以便于回收或除去，还可使许多病原性微生物因环境不适而死去。

（十）微生物与科学研究

在生命科学的发展中，许多生命现象的生理机制都是在研究微生物的生命活动中首先被阐明的。如德国学者爱德华·比希纳（Eduard Buchner）1897 年通过酵母无细胞培养液可转化葡萄糖产生酒精和 CO_2 的研究，阐明了生物体内的糖酵解途径，从而奠定了近代酶学基础；弗雷德里克·格里菲斯（Frederick Griffith）1928 年用肺炎链球菌（*Streptococcus pneumoniae*）的转化实验证明了 DNA 是生物遗传的物质基础；1961 年，法国科学家莫诺（J. L. Monod）与雅可布（F. Jacob）对 *E. coli* 乳糖操纵子的研究，为基因表达调控开创了先例；以 DNA 重组为标志的生物技术的兴起，首先也是用微生物作为实验材料实现的。微生物的多样性，归根到底是基因的多样性，它为生命科学提供了丰富的基因库，为人类了解生命起源和生物进化提供了绝好的证据。微生物作为研究生命本质的重要材料将继续发挥不可替代的作用。

第 二 节　普洱茶加工过程中的微生物

一、普洱茶加工过程中微生物的分离与鉴定

普洱茶（熟茶）是以云南特有的大叶种晒青毛茶为原料，采用特定工艺、经微生物固态发酵加工形成。在普洱茶品质形成的关键时期——固态发酵过程中，微生物发挥了极为重要的作用。通过微生物的分解转化与植物酶类的综合作用，逐渐形成了普洱茶（熟茶）甘滑、醇厚和陈香等优良的感官品质特征及特有的保健功效。

基于微生物对普洱茶品质形成的关键作用，从 20 世纪 50 年代起，国内研究人员已陆续开展了普洱茶发酵系统中微生物的种类和活动规律研究。前期研究者们受限于当时的研究条件，对于普洱茶中微生物的研究方法多采用可培养方法，包括固体培养基分离法（涂布平板法、平板划线法、平板倾注法、稀释摇管法等）、液体培养基分离法、单细胞（孢子）分离法、选择培养分离法等。通过使用各种分离培养基从普洱茶发酵系统中分离出单菌落后，经形态学鉴定出曲霉、青霉、根霉、毛霉（*Mucor*）、枝孢霉（*Cladosporium*）、镰刀霉（*Fusarium*）、匍柄霉（*Stemphylium*）等属的丝状真菌及酵母、细菌（*Bacterium*）等微生物。这一阶段，多位研究者发现在普洱茶发酵过程的不同阶段，其优势菌群不同，优势地位交替变化：陈宗道、周红杰、黄振兴等均认为普洱茶发酵生产中优势微生物应为黑曲霉。日本学者 Michiharu Abe（2008）发现除黑曲霉外，酵母菌（*Blastobotrys adeninivorans*）也处于优势地位。

随着聚合酶链反应—单链构象多态性分析（PCA－SSCP）、变性梯度凝胶电泳（DDGE）、实时荧光定量 PCR（REAL－TIME PCR）、实时荧光环介导恒温扩增（LAMP）、傅里叶变换红外光谱（FT－IR）等微生物快速检验鉴定技术，以及 BLOLOG Automatic Identification System、API Identification System、VITEK、VIDAS 等微生物快速检验鉴定系统的发展，普洱茶加工过程中微生物的研究取得了更加快速的进展。而高通量测序等微生物鉴定技术的发展，更是开启了普洱茶加工过程中微生物宏基因组学研究的新阶段。包括王辉（2015）、邓秀娟（2016）等研究组在内的众多学者应用这些新兴分子技术对普洱茶发酵过程中的微生物进行了更为全面和深入的检测分析。鉴定出了欧文菌属（*Erwinia*）、泛菌属（*Pantoea*）、假单胞菌属（*Pseudomonas*）、芽孢杆菌属（*Bacillus*）、葡萄球菌属（*Staphylococcus*）、短杆菌属（*Brevibacterium*）、考克菌属（*Kocuria*）及短状杆菌属（*Brachybacterium*）等细菌菌属；以及曲霉属、芽生葡萄孢酵母属（*Blastobotrys*）、根毛霉属（*Rhizomucor*）、嗜热丝孢菌属（*Thermomyces*）、德巴利酵母属（*Debaryomyces*）、假丝酵母属（*Candida*）、青霉属（*Penicillium*）、踝节菌属

（*Rasamsonia*）等真菌菌属，同时对各微生物菌群在普洱茶发酵过程中的动态变化规律进行了详细研究。

二、普洱茶加工过程中的微生物来源

从目前分离鉴定结果看，普洱茶发酵过程中有多种微生物的参与，但优势菌是以黑曲霉、酵母等真菌类为主。参与普洱茶（熟茶）发酵的微生物主要有三个方面的来源，一是晒青毛茶原料上的微生物，二是来源于加工环境，三是人工添加的微生物。

（一）晒青毛茶

晒青毛茶上的微生物，可能来自于茶树植物的内生菌，或者来自鲜叶生长、采摘、加工、运输等环节的环境，包括空气、土壤、运输工具甚至加工人员都可能使得晒青毛茶附着上不同的微生物。

（二）加工环境

微生物无处不在，加工环境可以说是一个巨大的微生物储藏库，尤其是曲霉、青霉等丝状真菌和芽孢杆菌等在自然界的分布极为广泛，土壤和空气中均有大量存在。因此从普洱茶固态发酵到成品包装储运的各个环节，地面、空气、人体表面等处的微生物都可通过不同方式传播，最终附着于晒青毛茶原料，参与普洱茶固态发酵，并在适宜条件下成为优势菌，对普洱茶品质形成起到重要作用。同时，环境微生物还可传播到普洱茶成品中，生长繁殖于普洱茶的包装、储运及陈化过程中。

（三）人工添加

随着对普洱茶发酵机理的进一步研究，人们对微生物在普洱茶品质形成中的作用有了更加深入的认识，并开始了普洱茶的控菌发酵，即人为添加微生物以加快普洱茶发酵过程，提高普洱茶品质。周红杰研究组通过多年的研究，建立了一系列接种有益微生物菌种、缩短普洱茶发酵周期、提升普洱茶风味品质的关键技术。

三、普洱茶加工过程中的微生物类型

（一）主要优势细菌

自 1985 年陈宗道等开始研究普洱茶中的微生物以来，已经证实细菌、酵母、霉菌和放线菌都参与了普洱茶的发酵。然而前期由于研究方法的限制，细菌方面的研究相对较少。王辉、邓秀娟、骆爱国等通过高通量测序等方法相继从普洱茶发酵过程中检测到芽孢杆菌属、克雷伯菌属（*Klebsiella*）、短杆菌属、假单胞菌属、欧文菌属、无色杆菌属（*Achromobacter*）、类芽孢杆菌属（*Paenibacillus*）、鞘氨醇杆菌属（*Sphingobacterium*）、葡萄球菌属（*Staphylococcus*）等属优势细菌。周红杰研究组对普洱茶发酵过程中细菌群落结构及动态变化规律研究结果表明，普洱茶发酵中的细菌多样性指数以原料中最高，发酵前期多样性指数下降明显，发酵中后期逐渐趋于稳定。整体细菌结构丰富，发酵前期以欧文菌属、泛菌属和假单胞菌属为主，而发酵中、后期芽孢杆菌属、葡萄球菌属、短杆菌属、考克菌属及短状杆菌属作为优势菌群稳定存在。发酵过程中，短杆菌属、芽孢杆菌属、乳杆菌属等含量整体上呈现增加趋势，而片球菌属、鲸杆菌属、欧文菌属和特布尔西菌属等含量则整体呈现减少趋势。

（二）主要优势真菌

普洱茶发酵过程中真菌主要来源于原料及环境之中，研究表明不同发酵原料或发酵环境甚至同一发酵阶段不同层间普洱茶样品中真菌群落结构及变化都存在一定的差异性，但仍存在以下共性。

在普洱茶的整个发酵过程中，原料中真菌类群是最丰富的，多样性指数最高，随发酵进行中茶堆温度、湿度、pH、营养物质含量等发酵条件的变化，优势真菌如曲霉属、芽生葡萄孢酵母属、根毛霉属、嗜热丝孢菌属等大量繁殖生长。真菌类群逐渐呈现集中性的趋势，导致发酵过程真菌多样性指数逐渐下降。

门水平上，始终以子囊菌门（Ascomycota）占据绝对优势，在发酵各个阶段相对含量都在 70% 以上，其次为接合菌门（Zygomycota）和担子菌门（Basidiomycota），但相对含量较低；属水平上，占据优势的真菌菌属有曲霉属、芽生葡萄孢酵母属、根毛霉属、嗜热丝孢菌属、德巴利酵母属、假丝酵母属、青霉属、*Rasamsonia* 属等。关于属水平上优势真菌的变化目前还存在一些争议，有研究推测这可能与发酵原料及环境差异有关。多数研究表明，曲霉属是普洱茶发酵过程中的绝对优势菌属，在发酵前、中期甚至整个发酵过程均以曲霉属为最优势真菌，根毛霉属、青霉属、德巴利酵母属、假丝酵母属、芽生葡萄孢酵母属等优势菌属仅在发酵过程中部分阶段相对含量较高，其中德巴利酵母属、假丝酵母属、芽生葡萄孢酵母属等酵母类菌属多在发酵后期相对含量较高；也有研究报道认为，在发酵前期曲霉属逐渐成为最优势菌属，在发酵后期，随着温湿度及 pH 等条件的变化，酵母类的芽生葡萄孢酵母属逐渐成为最优势真菌；另外还有少部分研究报道认为，芽生葡萄孢酵母属在整个发酵过程中都占据优势。周红杰研究组通过高通量测序方法分析两批普洱茶发酵过程中真菌群落结构及动态变化规律，结果表明，嗜热真菌（*Thermomyces lanuginosus*）、埃默森蓝状菌（*Rasamsonia emersonii*）、食腺嘌呤芽生葡萄孢酵母（*Blaetobotrys adeninivorans*）等真菌菌属整体呈现增加趋势，而青霉属、*Aspergillus piperis*、*Candida metapsilosis*、*Debaryomyces prosopidis*、微小根毛霉等真菌菌属则整体呈现下降趋势。

第三节　微生物与普洱茶品质的关系

目前，由于茶叶原料内含成分和发酵过程中优势菌群的差异，各生产厂家生产的普洱茶具有不同的风味品质特点。这充分说明了普洱茶固态发酵过程中微生物的种类变化以及微生物的相互作用是极其复杂的。值得注意的是，普洱茶整个加工和贮藏过程中，涉及的微生物种类繁多，作用也各不相同。

一方面，微生物能分泌多酚氧化酶、纤维素酶、果胶酶、糖化酶、单宁酶等胞外酶。茶叶在各种微生物代谢酶的作用下，发生氧化、缩合，蛋白质的分解、降解，碳水化合物的分解和产物之间的聚合等一系列复杂的生化反应，促使茶叶中各种成分的转变。如多酚氧化酶催化茶多酚，促使其含量降低，茶褐素含量增加。纤维素酶、果胶酶、糖化酶等水解纤维素、果胶、淀粉等，增加茶汤甜醇度。同时，微生物自身物质或微生物产生的很多次级代谢产物，也能影响普洱茶的风味特征。如酵母等微生物富含十多种氨基酸、肽及呈味物质，滋味鲜美，是天然的调味品。在发酵过程中，可以增加普洱茶的香气和滋味，形成特殊风味。黑曲霉、塔宾曲霉、米曲霉等能够产生如柠檬酸、葡萄糖酸等多种有机酸，促使茶堆 pH 降低，控制不当会造成普洱茶"发酸"。

另一方面，微生物发酵过程还能增强普洱茶的营养功效作用，使得普洱茶营养物质来源途径更加多样，养生物质更加丰富且协调。酵母等微生物含极丰富的蛋白质，具有人体必需的 8 种氨基酸、B 族维生素、维生素 D_2 原、凝血质、谷胱甘肽和核糖核酸等，增加了普洱茶的营养成分和保健功效，甚至使普洱茶具有某些独特的保健功效。此外，普洱茶中存在对人体有益的微生物，如地衣芽孢杆菌和枯草芽孢杆菌是公认的有益微生物；这些菌体到达肠道定殖，能够分泌蛋白酶、脂肪酶、淀粉酶帮助人体消化，同时产生抗菌物质及建立肠道黏膜屏障来抑制有害菌生长，维持肠道生态平衡。

一、曲霉属与普洱茶

曲霉属真菌见图 5-3。

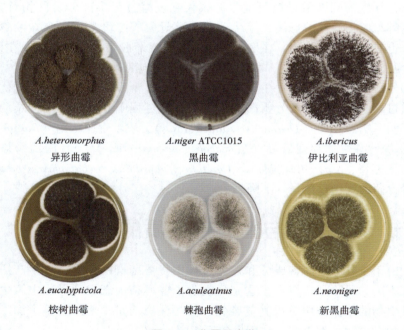

| *A.heteromorphus*
异形曲霉 | *A.niger* ATCC1015
黑曲霉 | *A.ibericus*
伊比利亚曲霉 |
| *A.eucalypticola*
桉树曲霉 | *A.aculeatinus*
棘孢曲霉 | *A.neoniger*
新黑曲霉 |

图 5-3　曲霉属真菌

（一）黑曲霉（*Aspergillus niger*）

黑曲霉适应发酵前期环境，能够产生胞内酶和胞外酶，如葡萄糖淀粉酶、纤维素酶和果胶酶，它们的产生能够分解多糖、脂肪、蛋白质、天然纤维、果胶等大分子物质，形成氨基酸、单糖、水化果胶和可溶性碳水化合物，使茶叶内有效成分易于渗出、扩散。黑曲霉对普洱茶品质的形成具有重要意义。

（二）米曲霉（*Aspergillus oryzae*）

　　米曲霉能产生淀粉酶、蛋白酶、果胶酶、糖化酶、纤维素酶等。普洱茶发酵过程中，在淀粉酶的作用下，原料中的直链、支链淀粉降解为糊精及各种低分子糖类；在蛋白酶的作用下，不易消化的大分子蛋白质降解为蛋白胨、多肽及各种氨基酸；在果胶酶、糖化酶、纤维素酶的作用下，发酵基质中大分子不溶物质转化为可溶解于水的小分子物质。普洱茶大生产过程中，该菌系分泌酶类作用于茶叶基质，对普洱茶的品质形成具有良好的作用。

二、酵母属与普洱茶

　　酵母属真菌见图5-4。

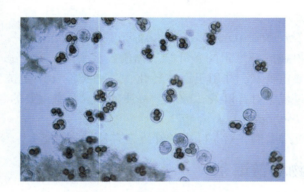

图5-4　酵母属真菌

（一）酿酒酵母（*Saccharomyces cerevisiae*）

　　酿酒酵母在工业上有广泛的用途。在食品工业中可酿造啤酒、酒精、其他饮料、制面包等。酿酒酵母菌体含有丰富的维生素、蛋白质、多种酶等，可作食用、药用和饲料酵母，又可提取核酸、麦角甾醇、谷胱甘肽、维生素C和凝血质等，是医药和化工行业的重要原料。

（二）瓶形酵母属（*Pityrosporum*）

　　瓶型酵母属具有降解苯酚的能力，其细胞体积较大，沉降性能好，能生产单细胞蛋白（SCP），提高发酵机质的营养价值。

（三）裂殖酵母（*Schizosaccharomyces Pombe*）

　　裂殖酵母在菊芋制成的未水解的糖液中发酵能得到非常高产量的酒精。

（四）毕赤酵母（*Pichia farinosa*）

　　毕赤酵母是从普洱茶大生产新工艺加工过程分离出来的。它能利用发酵基质来生产单细胞蛋白、有机酸如苹果酸和甘露聚糖等，并且能耐酒精使之氧化为其他有机物质，有利于普洱茶品质的形成。

三、木霉属与普洱茶

　　木霉属真菌见图5-5。

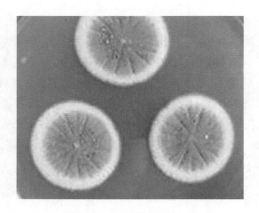

图 5-5　木霉属真菌

（一）绿色木霉（ *Trichoderma viride* Pers. ex Fr. ）

绿色木霉具有很强的纤维素酶、纤维二糖酶、淀粉酶、乳糖酶等酶活性，能用来产生柠檬酸，能合成核黄素，并用于甾体转化，是一类能够产生抗生素的真菌。绿色木霉在普洱茶发酵过程中对普洱茶"醇和"品质的形成具有重要的意义。

（二）康氏木霉（ *Trichoderma koningi* ）

康氏木霉分泌纤维素酶，对茶叶中的纤维素有较强分解能力。

四、其他微生物与普洱茶

（一）芽孢杆菌（ *Bacillus subtilis* Cohn ）

芽孢杆菌（图 5-6）能产生丰富的多酚氧化酶和过氧化物酶等，有利于提高普洱茶品质，并能缩短普洱茶的发酵时间。

（二）根霉属

根霉属（图 5-6）所含的淀粉酶活力较高，并能产生芳香的酯类物质，有利于普洱茶甜香品质的形成；在普洱茶发酵过程中，其分解果胶为可溶性水化果胶，提高普洱茶水浸出物的含量，增进茶汤在感官上的"黏滑、醇厚"感。

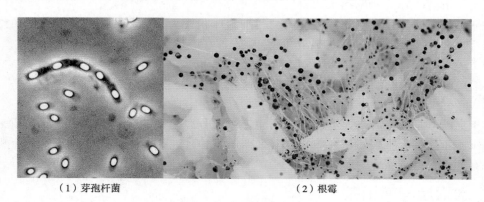

（1）芽孢杆菌　　　　　　　　　　　（2）根霉

图 5-6　芽孢杆菌和根霉

第四节 有益微生物的应用

一、有益微生物的概念

　　自古以来，微生物就与人类的生产、生活息息相关。在古代，人类在酿酒、制作酱菜、医药等多个领域已开始利用微生物。公元前4000—前3000年，埃及人已经开始利用微生物酿酒；而早在2000多年前，我们的祖先也开始利用微生物制作酱油、豆酱、腐乳和食醋等调味料。随着科学技术的进步，微生物学和发酵工程等的进一步发展使人们对微生物的认识日益深入，对微生物的利用也更为广泛。

　　有益微生物是指其存在和增殖对宿主、生态系统、环境等具有良性作用且不存在致病或条件致病性的微生物，通常的应用强调对主体目标生物体的作用和功能，如人和动物肠道内的双歧杆菌、乳酸杆菌，豆科植物的根瘤菌，海水养殖环境的枯草杆菌、光合细菌、硝化细菌等。种类主要包括生物药品、生物农药、生物肥料，以及净化环境的微生物制剂等，其中用于人体及动物的称作益生菌，是指能够在人或动物体内存活，对宿主的生命健康有益的一类微生物，它是人或动物胃肠道共生微生物，主要有蜡样芽孢杆菌、枯草芽孢杆菌、乳酸杆菌、乳酸球菌、粪链球菌和双歧杆菌等。

　　一般认为，在普洱茶固态发酵过程中，有益微生物产生柠檬酸等有机酸和多酚氧化酶、纤维素酶、果胶酶等多种胞外酶，促使茶叶成分转化，形成茶叶品质风味；同时微生物产生很多次级代谢产物，增加有益物质，形成茶叶的风味品质和增强茶叶保健功效物质。如云南大叶种晒青毛茶在多种益生微生物的作用下，发生了品质与功效的系列变化，实现了有效物质的小分子化，增强了滋味口感与保健功效。

二、有益微生物发酵剂

　　发酵剂是指为生产干酪、奶油、酸乳制品及其他发酵产品所用的特定微生物的培养物（如乳杆菌、乳球菌、双歧杆菌、酵母菌、曲霉菌、乳霉菌等）。茶叶发酵剂是指在茶叶生产和发酵过程中起有效作用的微生物培养物（如黑曲霉发酵剂、酵母发酵剂、木霉发酵剂等）。

　　发酵剂添加到产品中（接种到处理过程的原料中），在控制条件下繁殖、发酵，微生物产生一些能赋予产品酸味、滋味、香味、黏稠度等特性的一些物质。在发酵食品生产中，微生物的参与，使发酵食品具有丰富的营养价值，且赋予产品特有的香气、色泽和口感。传统发酵食品工艺中微生物群来源于自然界，而现代科技则采用微生物纯培养，这不仅能提高原料利用率，缩短生产周期，而且便于机械化生产。

　　普洱茶微生物发酵剂的制备是建立在对微生物自身深入研究的基础上的，普洱茶微生物发酵剂的微生物来源主要是在自然状态下参与普洱茶固态发酵的一些优势微生物菌种，也可以是非传统普洱茶发酵过程中出现的菌种，即没有在普洱茶发酵微生物群落中发现过的自然界中的其他微生物菌种。

　　制作微生物发酵制剂的菌种不管是否来源于普洱茶发酵体系，但都应该是在食品安全生产领域被国家相关法律法规所规定的、允许在食品生产领域使用的微生物菌类，生产微生物发酵制剂时应该将制剂微生物的安全性作为首要的选择标准。由云南农业大学周红杰教授团队普洱茶课题研究组研发、申请并获得了专利权保护的部分普洱茶发酵剂的情况见表5-1。

表 5-1　　　　　　　　　　　　部分有益菌与普洱茶品质

菌种名称	发酵剂	感官审评
黑曲霉（*Aspergillus niger*）	PAsp0501	汤色红浓明亮，滋味醇厚甘滑，香气陈香独特显木香，叶底红褐
酿酒酵母（*Saccharomyces cerevisiae*）	PSac0501	汤色红浓明亮，滋味醇和回甘，香气陈香独特透花果香，叶底红褐匀亮
绿色木霉（*Trichoderma viride*）	Ptri0501	汤色红浓明亮，滋味醇厚回甘，香气陈香独特带花香，叶底红褐匀亮
少根根霉（*Rhizopus arrhizus*）	Prhi501	汤色红褐透亮，滋味味醇和滑爽，香气陈香，叶底红褐
紫色红曲霉（*Monascus purpureus* Went）	Pmon1001	汤色红浓明亮，滋味醇厚甜活甘滑，香气馥郁带独特曲香，叶底褐红软亮

（一）黑曲霉发酵剂 PAsp0501 的研发

黑曲霉发酵剂 PAsp0501 研发的目的是从微生物的角度对普洱茶进行研究，为普洱茶生产企业提供高品质普洱茶有益菌株来源。黑曲霉发酵剂 PAsp0501 是具有提高普洱茶品质功能的黑曲霉真菌菌株，经初筛、复筛、天然培养基培养及黑曲霉纯化培养等传统工序后得到，可应用于普洱茶的生产工艺中。

（二）酿酒酵母发酵剂 PSac0501 的研发

云南农业大学普洱茶课题研究组运用生物技术和生物工程等技术手段，研发了一种酿酒酵母真菌发酵剂 PSac0501 及其在普洱茶生产中的应用技术。申请并获得了中国发明专利（200510010940.X，2005）。所研发的可应用于普洱茶发酵生产工艺的酿酒酵母真菌具有提高普洱茶品质的作用，由酿酒酵母纯化培养和天然培养基培养工序后得到。

（三）绿色木霉真菌发酵剂 PTri050102 的研发

绿色木霉能产生纤维素酶、纤维二糖酶、淀粉酶、乳糖酶等。绿色木霉可用来产生柠檬酸，能合成核黄素并可用于甾体转化，也是一类产生抗生素的真菌，该菌应用范围较广。在普洱茶大生产过程中，该菌系能分泌酶类作用于基质，可抑制其他杂菌的生成，并能与其他菌种配合发挥良好的作用，促进普洱茶"醇和"品质的形成。

（四）紫色红曲霉发酵剂的研发

由于在食品风味形成和生理活性物质积累方面的独特优势，红曲霉得到了越来越多的关注、研究与应用。由红曲霉发酵制成的红曲，是我国传统的食药两用发酵产品，已被广泛用于食品着色剂、调味剂、红腐乳制造原料、肉类保存剂和药物等各个领域。此外，研究表明红曲霉在食醋制曲过程中能够产生琥珀酸、柠檬酸等风味物质，使食醋口感柔和，香味浓郁，色泽红润；产生的莫纳可林K（Monacolin K）、麦角固醇、γ-氨基丁酸等活性物质，能增强其降脂降压功能，提高保健效果。云南农业大学周红杰教授团队经过分离培养和筛选鉴定等，获得了一株专利菌株（专利号：ZL 20101012965.9）紫色红曲霉M13，并将其接种在晒青毛茶中进行普洱茶的发酵，通过小试、中试、大试等实验与生产应用研究，证实应用该菌（图5-7）可以生产获得具有独特曲香、品质优异且富含各类功能活性成分的新型普洱茶产品（LVTP普洱茶）。其加工工艺流程如下：

紫色红曲霉M13菌株纯化 → 菌株扩繁 → 制备发酵剂 → 发酵茶叶 → 自然干燥 →
精制 → 成分检测 → LVTP普洱茶

LVTP普洱茶汤色红浓明亮，陈香馥郁持久带独特曲香，滋味醇厚甜活甘滑。邓秀娟、薛志强等通过细胞实验和动物实验研究证明，经红曲霉发酵的普洱茶具有突出的降血脂、抗炎、抗动脉粥样硬化等保健功效。应用该技术生产的产品消费者反响良好，被认为风味独特、品质稳定、记忆度和辨识度较高，具有较为广阔的市场前景。

图5-7　紫色红曲霉发酵剂

（五）微生物混合发酵剂的研发

普洱茶自然发酵体系是一个由混合菌群参与的综合发酵体系，各微生物在普洱茶发酵过程中，各处其位，各司其职，共同完成了普洱茶微生物固态发酵的过程。研究微生物混合发酵剂，就是模拟普洱茶传统发酵模式，将普洱茶发酵过程中的部分优势有益菌进行单独鉴定、分离和扩繁，然后按照一定的数量比进行混合，从而创制出用于普洱茶发酵的微生物混合发酵剂。发酵微生物之间的生活习性不同，微生物为了竞争生态位，通过分解和合成代谢生成一些物质，分泌一些信息物质，彼此间起到相互生长促进或生长抑制作用。

在普洱茶自然发酵的各个不同翻堆发酵阶段，随着发酵温湿度以及发酵茶堆微环境的变化，参与普洱茶发酵的各种微生物此消彼长，发酵微生物群落的组成是不同的，参与发酵的优势有益微生物的种类和数量也都存在着差异。由于普洱茶发酵微生物之间彼此存在共生和拮抗等作用，不同发酵阶段微生物的种群和数量存在差异，在研发普洱茶发酵用的微生物混合发酵剂应考虑所混合的各菌种的生物学特征，尽量做到微生物种类的协调、微生物生活习性的一致，所研发的在不同发酵阶段添加的微生物发酵剂尽量做到和传统发酵的微生物比例相一致。

推广使用普洱茶发酵剂，将有利于创新普洱茶发酵工艺，提高普洱茶发酵效率，保障普洱茶的产品质量，为风味和特色普洱茶产品的开发提供强有力的支撑，代表普洱茶生产发展的未来方向。而且针对人们日益关切的预防高血压、高血脂、抗癌、延缓衰老、保健美容、增强体质等社会重大健康问题，开发出可满足这些社会需求的功能性普洱茶发酵剂，变得更加有意义。普洱茶发酵剂的推广与应用，不仅能促进企业的技术创新、增强企业的核心竞争力，而且也将促进普洱茶产业由传统生产向现代科技生产转变。

第 五 节　有害微生物的防控

一、微生物对人类的有害作用

尽管微生物在人类生活的各个方面被广泛应用，许多重要产品的生产，如面包、抗生素、疫苗、维生素以及普洱茶加工中，微生物起着非常重要的作用。然而，微生物如同一把双刃剑，自古以来致病微生物及其代谢产生的毒素给人类生命安全带来了极大威胁和危害。普洱茶在加工、运输、贮藏过程中都有可能受到某些与微生物有关的有害因素污染，使普洱茶被饮用后引起人类疾病。

（一）引起疾病

人类历史上，微生物引起的瘟疫几乎给人们带来了毁灭性的灾难。例如，天花、病毒性肝炎、脊髓灰质炎、鼠疫、流感等多种人类病毒曾导致了大量的人口死亡。而随着现代医学的发展，人们逐步征服了一些微生物导致的疾病，但新的瘟疫如艾滋病、"非典"、疯牛病等又不断出现，并在全球蔓延。因此人类与病原微生物的斗争任重道远。微生物还可引起家禽、家畜的多种传染性疾病，如动物的口蹄疫、狂犬病、禽流感以及植物的烟草花叶病、马铃薯退化病等，都给人们的生产、生活带来了严重影响（Talaro K P，2009；沈萍等，2006）。

（二）引起食物腐败变质

粮、油原料及其制品，肉类、乳制品、蔬菜、各种水果都含有丰富的有机物，可作为微生物的天然营养来源，由于环境和食品本身都有微生物存在，在条件适宜的情况下，细菌、霉菌、酵母菌等微生物就会迅速地繁殖起来，引起食品的变质和腐败（张文治等，1991）。

（三）微生物对工业生产的危害

1. 腐蚀工业器材

多种微生物可腐蚀金属，导致一些工业器材如仪器、仪表等因受到微生物的侵蚀而易于损坏，使用寿命缩短。如钢铁及其制品可因长期与水或土壤接触，受到铁细菌、硫细菌、硫酸还原细菌等微生物的作用而腐蚀，引起地下管线、海底电缆、混凝土构建等多种设施损坏，造成经济上的损失。电子设备、集成电路、绝缘材料等均可受到霉菌的侵蚀，由于霉菌的菌丝能导电，因此常能引起有关设备的失灵。橡胶、蚕丝、羊毛、棉纱、尼龙、聚氨脂及其制品等多种有机材料，也常会受到微生物的侵蚀。

2. 污染发酵原料

在工业发酵生产中，常由于杂菌或噬菌体污染导致大量的发酵原料腐坏变质，造成严重的微生物经济损失。

综上所述，微生物从人类诞生之日起就与人类的生产生活密不可分。早在人类还没有发现微生物的时候就已开始了对微生物的利用，同时人们也在与微生物的不断斗争中促进了医学的发展。未来人类对微生物的开发利用以及与病原微生物的斗争还必将持续下去。

二、有害微生物的防控

普洱茶是一种后发酵茶，普洱茶的加工需要大量微生物的参与，然而有一些微生物种群对普洱茶的品质形成是不利的，有些微生物会造成普洱茶不良风味的产生，一些微生物有可能影响其他有益微生物的正常功能，还有一些微生物甚至可能是致病菌或者产生毒素。因此，加强普洱茶发酵微生物的安全卫生研究，从普洱茶加工的各环节入手，排除有害微生物和不利环境条件对普洱茶卫生安全的威胁，同时规范普洱茶的生产发酵技术将是保证普洱茶微生物安全的重要内容。

（一）原料防控

原料是普洱茶加工制作的根本，由于温度、湿度的不确定性，在田间环境、茶园鲜叶表面都有可能发生霉菌等微生物的大量生长。因此，在种植阶段应做好防护工作：一是加强茶园管理，做好茶园除杂工作，并加强通风，防止有害真菌的污染和大量生长，这种情况往往被忽视；二是注意施肥的污染，一些功能性肥料，尤其是一些叶面肥，其中的真菌毒素、细菌毒素和携带来的有害微生物均应加以重视，对肥料实行检测和采用无害化处理，对于直接施于叶面的肥料要注意相关真菌和细菌代谢毒素的污染；三是注意原料在采摘接触污染及装运器具污染，采摘人员注意清洁卫生，装运的器具及时进行清洗、消毒处理。

（二）加工流程防控

在茶叶加工发展过程中，对茶叶加工工艺进行了优化及改进，但多数茶叶的生产工艺和生产线都没有注重或考虑微生物污染的问题，有的仅注意加工场所的清洁卫生，没有对可能污染微生物各环节进行评估和分析。加工用水、机械设备、容器具及操作人员都是关注的重点，针对此情况，在生产加工流程中应根据产品生产特点增加一些可控微生物污染的设备，如紫外线、微波处理和层流洁净包装车间等。同时注意生产卫生和加热杀菌，对生产员工进行卫生安全知识培训。对于拼配茶，要加强对各原料茶的微生物、细菌、毒素等相关内容的检测。对普洱茶渥堆过程各阶段的微生物消长、竞争抑制的情况做进一步的研究，特别关注有害霉菌、细菌的发生、生长的条件和规律，制定相应的控制措施，最大限度减少有害微生物的危害。加强普洱茶生产过程的自动化、清洁化、数字化、标准化和可控性操作，提升普洱茶生产卫生水平。

（三）储运防控

茶叶加工成品后，分装、包装、贮藏以及运输等也是整个生产过程中的重要环节。

分装和包装操作及器皿可带来微生物的污染，在保证茶叶卫生的情况下，包装材料也必须严格按照国家的相关卫生标准进行选择和储存。运输过程中注意包装的损坏，操作人员需注意个人卫生。在茶叶贮藏环节，学会科学地贮藏普洱茶成品，时刻关注贮藏的环境因子，如温度、湿度、光照、空气等，防止普洱茶受有害微生物污染发生霉变，及时处理产生劣变的普洱茶，避免造成交叉污染。

思考题

1. 什么是微生物？
2. 普洱茶固态发酵过程中主要的微生物有哪些？
3. 有害微生物的防控技术有哪些？
4. 普洱茶固态发酵过程中的微生物主要来源有哪些？
5. 普洱茶固态发酵过程中主要的优势细菌有哪些？
6. 普洱茶固态发酵过程中主要的优势真菌有哪些？
7. 普洱茶固态发酵过程中，真菌多样性变化趋势如何？
8. 普洱茶固态发酵过程中，细菌类群与变化有什么特点？
9. 微生物对普洱茶的品质影响包括哪些方面？
10. 如何有效利用有益微生物来提高普洱茶品质？
11. 目前有益微生物在普洱茶生产中的应用主要包括哪些？效果如何？
12. 有益微生物在普洱茶中的应用趋势如何？
13. 请简述普洱茶发酵剂研发对普洱茶生产的意义。

参考文献

[1]薛志强. 洛伐他汀普洱茶的加工与降脂功效研究[D]. 昆明:云南农业大学,2011.

[2]邓秀娟. 红曲菌发酵普洱茶的微生物群落及理化品质动态研究[D]. 昆明:云南农业大学,2013.

[3]DENG X J,H Y,ZHOU H,et al. Hypolipidemic,anti-inflammatory,and anti-atherosclerotic effects of tea before and after microbial fermentation[J]. Food Science & Nutrition,2021,9(2):1160-1170.

[4]DENG X J,HUANG G H,TU Q,et al. Evolution analysis of flavor-active compounds during artificial fermentation of Pu-erh tea[J]. Food Chemistry,2021,357(2):129783.

[5]邓秀娟. 红曲霉发酵普洱茶的品质成分变化与风味形成机制研究[D]. 昆明:云南农业大学,2021.

[6]李雪玲,陈华红,王建文,等. 黑曲霉与顶头孢霉菌株对普洱茶品质的影响[J]. 食品科技,2020,45(1):121-127.

[7]单治国,张春花,周红杰,等. 不同菌种固态发酵对普洱茶化学成分和感官品质

的影响[J].福建茶叶,2019,41(10):6-8.

[8]方欣,骆爱国,涂青,等.普洱茶(熟茶)发酵过程各层间真菌群落的动态变化[J].食品科技,2019,44(5):37-42.

[9]李雪玲,陈华红,张金丽,等.酵母菌菌株对普洱茶主要功能成分的影响[J].食品研究与开发,2017,38(21):167-172.

[10]ZHAO Z J,TONG H R,ZHOU L,et al. Fungal colonization of Pu-erh tea in Yunnan[J]. Journal of Food Safety,2010,29:157-165.

[11]季爱兵,龚婉莹,彭文书,等.普洱茶中微生物研究进展[J].现代农业科技,2016(21):253-255.

[12]王辉,任丽,李亚莉,等.普洱茶发酵过程中不同层间细菌群落结构研究[J].食品安全质量检测学报,2015,6(5):1567-1574.

[13]姚静,陈迪,郑晓燕,等.普洱茶渥堆发酵过程中细菌种群的分离与分子鉴定[J].安徽农业科学,2013,41(6):2667-2668;2671.

[14]付秀娟,宋文军,徐咏全,等.不同种类微生物对普洱茶发酵过程的影响[J].茶叶科学,2012,32(4):325-330.

[15]彭喜春,于淼.一款10年陈熟普洱茶中可培养微生物的分离鉴定[J].食品科学,2011,32(15):196-199.

[16]董文明,谭超,付晓萍,等.5种成品普洱茶中微生物的分离及其产酶特性研究[J].食品科技,2013,38(6):22-25;30.

[17]李晨晨,吕杰,杨瑞娟,等.普洱茶渥堆发酵过程中嗜热细菌的分离和鉴定[J].北京化工大学学报:自然科学版,2012,39(2):74-78.

[18]林长欣.普洱茶中的风味成分及微生物在贮藏过程中的变化[D].广州:暨南大学,2010.

[19]沙霈霈,糜烜,魏华,等.普洱茶中微生物的筛选及其安全性初步评价[J].中国微生态学杂志,2018,30(8):904-910.

[20]何苗,康德灿,赵佳英,等.开发微生物资源新型食品的近况探索[J].现代食品,2018(10):1-2.

[21]郝彬秀,李颂,田海霞,等.普洱茶(熟茶)的发酵微生物研究进展[J].食品研究与开发,2018,39(8):203-206.

[22]赵佳英,康德灿,高永峰,等.微生物富集有益元素食品的研发概况与展望[J].食品研究与开发,2017,38(12):206-210.

[23]骆爱国.普洱茶固态发酵高温阶段微生物的动态变化规律研究[D].昆明:云南农业大学,2017.

[24]郑晓飞.微生物在食品发酵中的应用分析[J].轻工标准与质量,2014(3):76-78.

[25]朱金国,莫瑾,谭建锡,等.出口茶叶生产加工中有害微生物危害分析[J].现代农业科技,2014(2):304-307.

第六章 普洱茶加工

　　精湛的加工工艺是保证普洱茶优良品质的条件之一，也是普洱茶产品形成的关键。本章内容主要包括普洱茶原料加工、普洱茶（生茶）加工、普洱茶（熟茶）加工、普洱茶深加工、普洱茶综合利用和科技普洱茶。其中，普洱茶原料加工是将茶树上采摘下来的鲜叶，按照普洱茶初制工序，制成普洱茶毛茶原料或是半成品茶的过程，是形成普洱茶品质的首要环节。普洱茶（生茶）加工是用选配好的晒青经蒸压成为紧压茶，其中蒸压是关键工序，此过程中湿热起到了除杂纯化增香、部分多酚物质氧化使得滋味醇化，进而改变普洱茶原料属性。普洱茶（熟茶）的加工是在特定的条件下经微生物作用，使普洱茶原料有益物质在一定时间内转化重组富集的过程，其不同的加工工序均对普洱茶品质特征的形成具有决定性的作用。本章思维导图见图 6-1。

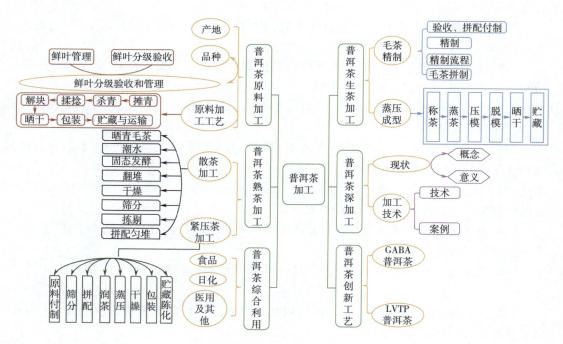

图 6-1　第六章思维导图

第一节 普洱茶原料加工

一、产地分布

GB/T 22111—2008《地理标志产品 普洱茶》对普洱茶的产地分布做出了明确规定：地理标志产品普洱茶保护区域为云南省普洱市、西双版纳州、临沧市、昆明市、大理州、保山市、德宏州、楚雄州、红河州、玉溪市、文山州 11 个州（市）、75 个县（市、区）、639 个乡（镇、街道办事处）现辖行政区域。

云南境内适合云南大叶种茶栽培和普洱茶加工的区域为北纬 21°8′~29°15′、东经 97°31′~106°11′的区域，云南茶山风貌如图 6-2 所示。

图 6-2 云南茶山风貌

二、适制品种

云南作为茶树起源的中心和原产地，有着世界上最为丰富的茶树种质资源。云南大叶种属于世界茶树优良品种，是制作普洱茶的适宜品种。云南大叶种茶树鲜叶是制作普洱茶的原料。

云南茶树种质资源丰富，现有国家和云南省审定（登记）并在推广的茶树品种有 33 个，包含了有性系国家级良种［勐库大叶茶（图6-3）、勐海大叶茶（图6-4）、凤庆大叶茶（图6-5）］、无性系国家良种（云抗 10 号、云抗 14 号）、省级良种 28 个（云抗 43 号、长叶白毫、云抗 27 号、云抗 37 号、云选九号、73-8 号、73-11 号、76-38 号、佛香 1 号、佛香 2 号、佛香 3 号、云瑰、云梅、矮丰等）。研究表明，茶树品种中含基质茶多酚、氨基酸等重要化合物含量越高，越有利于优质普洱茶产品的形成，且以芽体肥壮多茸毛者为上品。

图 6-3　勐库大叶茶（国家级良种）

图 6-4　勐海大叶茶（国家级良种）

图6-5 凤庆大叶茶（国家级良种）

三、鲜叶分级验收和管理

茶鲜叶是制茶的原料，是形成毛茶的基础。鲜叶的质量直接影响到普洱茶原料的加工。在普洱茶原料的加工中首先要做好鲜叶的分级验收和管理工作。制作普洱茶的鲜叶要求采自符合普洱茶产地环境条件的云南大叶种茶树新梢，应保持芽叶完整、新鲜、匀净，无污染且无其他非茶类夹杂物。

（一）茶鲜叶的分级验收

茶鲜叶从茶园采摘后运输到茶叶初制所的过程中，要采用通风的箩筐装鲜叶，严禁使用编织袋、塑料袋等。鲜叶运抵到茶叶初制所后要及时验收，分级摊凉。验收时，用手抓取每箩筐鲜叶的上、中、下层进行扦样，或将鲜叶倒到收鲜台上扦样，所扦的鲜叶要有代表性。把所扦的鲜叶进行混合，按照对角线取样进行鲜叶的质量分析（图6-6）。

图6-6 茶鲜叶分级验收

茶鲜叶的质量分析包括芽叶组成（图6-7）、嫩度、匀度、净度和新鲜度。通过看、嗅、触摸等感官方法鉴定鲜叶的等级。鲜叶级别鉴定的内容主要包括：芽头的多少；鲜叶芽梢的长度；叶色的深浅；叶质的柔软程度；第一二叶的开展程度；对夹叶和单片叶的数量；鲜叶机械损失、夹杂物；鲜叶有没有红变，有没有劣变味和异味。然后对照初制所制定的鲜叶收购标准定级验收（表6-1），根据鲜叶外部的含水量（雨水、露水）酌情扣除一定比例的水分。鲜叶在采摘和运输过程中，由于高温和挤压会出现鲜叶红变，如有红变应全部清除。验收后的鲜叶按照级别及时摊放，分级付制。

（1）芽　　（2）一芽一叶　　（3）一芽二叶　　（4）一芽三叶　　（5）一芽四叶

图6-7　茶鲜叶芽叶

表6-1　　　　　　　　　　　　　　　茶鲜叶分级指标

级别	芽叶比例
特级	一芽一叶占70%以上，一芽二叶占30%以下
一级	一芽二叶占70%以上，同等嫩度其他芽叶占30%以下
二级	一芽二三叶占60%以上，同等嫩度其他芽叶占40%以下
三级	一芽二三叶占50%以上，同等嫩度其他芽叶占50%以下
四级	一芽三四叶占70%以上，同等嫩度其他芽叶占30%以下
五级	一芽三四叶占50%以上，同等嫩度其他芽叶占50%以下

（二）茶鲜叶的管理

茶鲜叶从茶树上采摘下来后仍然在进行呼吸作用。在呼吸过程中，糖类分解，释放出二氧化碳和热量，鲜叶如果堆积过厚，热量扩散困难，就会引起鲜叶的叶温上升，加剧了鲜叶中多酚类物质的氧化缩合，使鲜叶发生红变，茶叶中的水浸出物、多酚类物质减少，叶底花杂。随着呼吸作用的进行，二氧化碳不断积聚，使鲜叶的有氧呼吸转向无氧呼吸，糖类在无氧呼吸作用下分解生成醇类，产生酒精气味和酸味，导致鲜叶品质劣变，并且鲜叶有损伤部分更容易发生红变。鲜叶的管理过程，目的就是要保证鲜叶的完好无损和叶温的降低，避免鲜叶发生红变。

鲜叶进场验收后，按照不同级别及时摊凉在鲜叶摊凉台上，或是摊凉在鲜叶摊凉架上（图6-8）。按照"清洁化"和生产许可要求，初制所要建立清洁化、离地的鲜叶摊凉场所。根据初制所的情况建立鲜叶贮青车间，设立摊凉台，也可以采用摊凉架。贮青车间要通风、没有污染源，摊凉台一般高0.80~1.20m，宽1.50~1.80m，长度根据车间情况决定，摊凉台中间用竹篾或是不锈钢筛网，保证透气和没有污染。摊凉架由晒架和簸箕组成，底部安装了滑轮，可以移动。在摊凉台上倒出的鲜叶，要及时散开，摊凉的厚度一般在10~15cm，在散开的过程中，要做到抖散、抖开、抖匀。摊凉的茶叶在1~2h，要翻动鲜叶，翻动时要轻、要匀。在鲜叶的摊凉过程中，要适时查看鲜叶是否发热和红变。鲜叶适当摊凉后，分级付制。

图6-8　茶鲜叶摊凉

四、普洱茶原料加工工艺

普洱茶原料加工依照晒青茶加工工艺进行，工艺流程：

摊放 → 杀青 → 揉捻 → 解块 → 晒干 → 包装

（一）摊放

摊放也称摊青。鲜叶采摘后，通过呼吸作用维持新陈代谢。但呼吸过程中会产生大量热量，降低鲜叶的鲜活度。摊青的主要目的一方面是为了降低鲜叶温度，恢复鲜叶活力，避免红变现象的发生；另一方面则是为了适度散失水分，以便于后续工艺的进行。目前采取的摊青措施主要是鲜叶置于摊青台，或者薄摊于筛网上。

（二）杀青

杀青是普洱茶初制中的关键工序，即利用高温破坏鲜叶中的酶活性，促使内含物转化和水分含量变化的工艺过程。杀青的作用主要包括三点：①迅速钝化鲜叶中的酶活性，使其失去催化能力，阻止多酚氧化物在酶促作用下氧化；②借助热化学反应，消除鲜叶的青臭、苦涩味，转化为具有花香的醇类；③散失鲜叶中的一定水分，使叶质柔软便于揉捻成条。

杀青的技术因素主要是温度、时间、投叶量以及鲜叶质量的相互关系。杀青技术要领主要有三点：高温杀青，先高后低；抛闷结合，多抛少闷；嫩叶老杀、老叶嫩杀。

1. 锅温

杀青要达到破坏酶活性、蒸发水分、产生香气等目的，就必须有一定的锅温才能实现。生产实践证明，杀青锅温过低，鲜叶下锅时听不到锅内有茶叶爆声，必然会出现红梗红叶，导致茶叶品质下降。杀青叶产生红变的原因，就是杀青时青叶受热不足，叶温上升缓慢，不能在短时间内使酶蛋白变性凝固，相反还会激化酶的活性，致使无色的茶多酚发生酶促氧化，迅速变成红色的氧化物，这就是杀青叶产生红梗红叶的基本原因。茶叶中酶的活性开始是随温度的升高而增强，温度达到 40~45℃ 时，酶的活性最激烈，如温度继续升高，酶的活性就开始钝化，当叶温升到 80℃，酶的活性便遭到破坏且酶蛋白几乎全部变性。因此，在杀青前期若能使叶温迅速升到 80℃ 以上，便能有效地防止产生红梗红叶。

杀青温度过高对茶叶品质也不利，会使茶叶产生焦斑、爆点，尤其是嫩芽尖和叶缘烧焦，这是产生烟焦茶的主要原因之一。由实验得出，若要避免产生红梗红叶，锅温应不低于 220℃；若要避免产生烟焦气，锅温应不高于 270℃。为达到既无红梗红叶，又无烟焦气的杀青标准，最佳的锅温应是 220~260℃，此时叶温迅速上升到 85~92℃。在这个范围内，自然光下锅面也仅是微微有点"灰白"，即使在黑暗条件下也看不出杀青锅发红。但在实际生产中，杀青时往往把锅烧得通红，这是造成烟焦茶的主要原因。

2. 嫩杀与老杀

所谓嫩杀，即时间适当短一点，水分适当少蒸发一点。与此相反则为老杀。一般地讲，嫩叶应当老杀，老叶应当嫩杀。因为嫩叶含水多，酶活性强，叶的韧性大，黏性大，适当老杀有利于提高品质。老叶含水少，酶活性较低，适当嫩杀有利于形成条索，减少碎末茶。杀青程度的掌握一般靠感官鉴定，当杀青叶达到手捏成团，稍有弹性，嫩梗不易折断；色泽墨绿，叶面失去光泽；叶减重率约40%时为杀青适度。杀青太嫩，经揉捻后碎茶片多，外形条索差，香气带生青，滋味显涩苦；杀青太老，揉捻后末茶多，成条困难，也易产生烟焦。100kg 鲜叶，经杀青后质量在 63kg 左右为适度，杀青叶的含水率大致是 60%。不同老嫩程度的鲜叶，杀青叶较适合的含水率如表 6-2 所列。

表 6-2　杀青叶含水率

鲜叶嫩度	杀青叶含水指标/%
嫩	58~60
中	61~62
老	63~64

普洱茶初制杀青有手工杀青和机械杀青两种方式。

手工杀青（图 6-9）一般采用斜锅，由于普洱茶鲜叶原料一般成熟度较高，芽叶肥壮，手工杀青采用抛闷结合的方式，使杀青叶均匀失水，达到杀匀杀透的目的。如果采用柴火加热方式，烟要排到室外，以免杀青叶吸附，产生烟味。手工杀青，锅温一般在220℃左右，投入鲜叶，投叶时能听到爆点的声音，杀青刚开始时，多闷、少抛，以便于叶温迅速上升，快速钝化鲜叶中多酚氧化酶的活性。不同的鲜叶，杀青程度不一样，嫩叶老杀、老叶嫩杀。杀青叶的水分一般控制在55%~65%。在杀青时掌握切忌杀焦，产生烟焦味。待到叶质柔软、清香显露、折梗不断，杀青适度，将杀青叶出锅后迅速摊凉。

图 6-9　手工杀青

机械杀青采用滚筒式杀青机和炒干机杀青，对于肥壮的茶鲜叶，一般采用炒干机杀青，杀青过程中水汽散发较慢，有利于杀透和杀匀。滚筒杀青（图6-10）设备应与流水生产线和机械连装。

图 6-10　滚筒杀青

滚筒杀青机按照筒体的直径大小常见的有 40 型、50 型、70 型、80 型和 100 型。80 型的滚筒杀青机，每小时能杀 1～2 级鲜叶 150kg 左右、3～5 级的鲜叶 200kg 左右。杀青时间约为 3min。根据生产经验，用好滚筒杀青机要注意以下两点：

（1）火力不宜过猛，投叶量不宜太多。判断的方法：在杀青过程中，观察筒内翻滚的叶子时，如果看得清，而且筒腔内没有水汽滞留，表明适宜；若滚筒两端直冒水汽，看不清筒内叶子翻转，说明投叶过多，这会影响叶子正常翻滚，容易产生半生不熟的烟焦茶。

（2）由于滚筒杀青出来的叶子其芽叶不同部位失水很不平衡，叶缘失水多，叶脉失水少，叶子总的含水量又往往偏高，叶质适揉性较差，因此，最好在滚筒出口处放置一台风扇，并用簸箕在出口处接杀青叶，薄摊于摊凉台上，使其透气摊凉，促使叶内水分均匀分布和继续蒸发，这样有利于揉捻成条。

（三）揉捻

揉捻的工序有冷揉和热揉之分，所谓冷揉，即杀青叶经过摊凉后进行的揉捻；热揉是杀青叶不经摊凉而趁热进行的揉捻。嫩叶宜用冷揉，因为嫩叶纤维少，韧性大，角质层薄，水溶果胶含量多，揉捻中易形成条索。老叶宜用热揉，因为老叶纤维多，角质粗硬，揉捻不易成条，采用热揉使叶质受热变软，有利于揉紧条索，减少碎末茶，提高外形品质。揉捻后的茶叶要进行解块筛分，较老的茶叶如果条索没有达到要求，要进行复揉。

1. 投叶量的确定

各种揉茶机投叶量都有一定的适宜范围，投叶太少，会降低揉捻加压的效果，难以揉紧条索；投叶量太多，叶子在桶内翻动受阻，导致揉捻不匀，往往底层茶多碎片末，上层茶多扁条，这是条形茶产生松、扁、碎等弊病的一个重要原因。投茶量掌握的原则是，杀青叶自然散放在揉筒里面，不能挤压，放到接近筒口处。

2. 揉捻加压

揉捻过程加压轻重与加压时间，对茶叶条索松紧扁碎有很大影响。揉捻程度的轻重，对叶组织的破损及内质上的色香味关系更大。整个揉捻过程的加压原则应是"轻-重-轻"。开始揉捻 5min 内不应加压，待叶片逐渐沿着主脉初卷成条后再加压，加压程度要根据揉捻叶的老嫩而定，嫩叶以轻压、中压为主，三级以下的叶子加压要逐步加重。

3. 揉捻程度

一是揉匀（三级以上的叶子成条率要达 80% 以上，三级以下叶子成条率达 60% 以上）；二是揉捻叶细胞破坏率一般为 45%～55%；三是茶汁黏附叶面，手摸有湿润黏手感觉。

4. 揉捻时间

普洱茶毛茶主要是要求条索的完整，揉捻时间 30min 左右。

普洱茶原料加工采用手揉和机械揉捻方式。手工揉捻（图 6-11）在清洁的揉捻台或是簸箕中进行，手工揉捻掌握揉捻的力度、时间和揉捻程度。一般采用冷揉，如果鲜叶成熟度较高，可以采用温揉，有利于条索的形成。在揉捻的过程中，采用"轻-

重-轻"的方法，手工揉捻可以更好地控制揉捻过程中用力的轻重，使条索相对完整。手工揉捻程度，茶叶成条率在90%以上，茶汁溢出，有黏手感。

图6-11　手工揉捻

机械揉捻（图6-12）根据鲜叶老嫩不同有所差异，嫩度高的先轻揉，再加压揉捻，掌握"轻-重-轻"至成条即可。较老鲜叶可以结合热揉。揉捻机的机型按照揉筒的直径大小分，有40型、55型、65型等。选用桶径55cm及桶径40cm的揉捻机。使用的揉捻机型和投叶量如表6-3所示。

表6-3　　　　　　　　　　　　　揉捻机型和投叶量

揉捻机型号	桶径/mm	投叶量/kg
40型	400	10
55型	550	35
65型	650	50

图6-12　机械揉捻

（四）解块

杀青叶经过揉捻后，易结成团块，大的如拳头，小的如核桃，需经解块机的解块，团块才被解散（图6-13）。解块机配置筛网，把被揉碎的茶叶筛出，与筛面的条茶分开制作，可提高毛茶品质。手工揉捻的杀青叶，用手抖散后直接转入晒干工序。

图 6-13　解块

（五）晒干

晒干是普洱茶形成品质的关键工序（图6-14）。初制所建有专用的晒干车间，四面用玻璃等材料制成，可以有效利用太阳光；有的在室外进行晾晒，晾晒的过程中地面一定要干净，并且隔离，防止鸡等家畜进入；也可以采用晾架，将揉捻叶薄摊到清洁的簸箕内。在晒青过程中，揉捻叶尽量薄摊，一般掌握5cm左右，天气晴好，每2h左右翻一次，待到茶叶有刺手感时，可以将晒青叶摊厚一些，到15～25cm，一方面有利于晒青叶中水分在叶和梗间的水分重新分布，有利于干燥和品质的形成。如果用簸箕摊晾，可以2～3筛并一筛。晒干的程度，水分在10%以内，茶梗可以折断，用手碾茶梗，可以形成颗粒型的碎末。遇到天气晴好，一般2～3d可以晒干，晒干后的毛茶，定量包装入库。

图 6-14　晒干（日光干燥）

（六）包装

晒干的毛茶，水分控制在10%以内，定量包装入库。以前多用编织袋装，不套塑料内袋。现大多采用纸箱包装，纸箱包装里面要放塑料内袋，装箱时不能挤压毛茶，以免断碎。

（七）贮藏和运输

按照茶叶保存和卫生要求进行贮藏和运输。根据生产许可制度，毛茶仓库必须干燥、通风、清洁、防潮、无异味、避光；有防鼠、防虫设施；堆茶叶的地面要有木质或是塑料做的垫层，以免茶叶吸潮。运输工具应清洁干燥、无异味，配备有防雨、防晒等设施。

根据GB/T 22111—2008《地理标志产品　普洱茶》，云南晒青茶原料按照嫩度分为特级和一~十级共11个等级，逢双设样（表6-4、图6-15）。普洱茶加工原料，要求干茶条索紧结色泽墨绿或深绿，汤色橙黄或黄色，香气清纯，滋味纯正。

表6-4　　　　　　　　　　　　晒青茶不同级别品质特征

级别	条索	色泽	整碎	净度	香气	滋味	汤色	叶底
特级	肥嫩紧显锋苗	芽毫特多	匀整	稍有嫩茎	清香浓郁	浓醇回甘	黄绿清净	柔嫩显芽
二级	肥壮紧实有锋苗	油润显毫	匀整	有嫩茎	清香尚浓	浓厚	黄绿明亮	嫩匀
四级	紧结	墨绿油润	尚匀整	稍有梗片	清香	醇厚	黄绿	肥厚
六级	紧实	深绿	尚匀整	有梗片	纯正	醇和	绿黄	肥壮
八级	粗实	黄绿	尚匀整	梗片稍多	平和	平和	绿黄稍浊	粗壮
十级	粗松	黄褐	欠匀整	梗片较多	粗老	粗淡	黄浊	粗老

（1）特级　　（2）二级　　（3）四级　　（4）六级　　（5）八级　　（6）十级

图6-15　晒青茶不同级别品质特征图

第二节 普洱茶（生茶）加工

普洱茶晒青原料在验收或拼配付制后的工艺流程：

精制 → 蒸压成型 → 干燥 → 包装

经过以上流程后才能成为普洱茶（生茶）。

一、验收和拼配付制

普洱茶原料入库前要进行验收，验收的项目包括确定件数、净重和品质。验收后分类堆放，并建立台账。品质验收要扦样，扦样要具有代表性。对照毛茶的收购标准进行感官审评，以评定进厂毛茶的等级，同时还要进行水分检测，水分控制在 10%以内。

拼配付制是对每次付制的原料进行选配，在保证品质的前提下，合理利用毛茶原料，充分发挥原料的经济价值，保证产品质量的延续性和稳定性。在拼配过程中，要处理好产地、级别、季节和成本的关系，保证产品质量的稳定性，包括外形和内质。拼配付制主要方法如下。

（一）单级拼合、单级付制、单级回收

同一级别的茶叶付制，生产出同一级别或是同一批次的产品。

（二）单级拼合、单级付制、多级回收

每次付制、拼合的毛茶原料是同一级别，而制成的产品有多个级别。可以提高生产效率，保证品质，同时保证了主要级别产品的质量，但会增加不同筛号茶的库存，对仓库管理要求较高，降低了资金的周转。

（三）单级拼合、阶梯式付制、多级回收

采用每三四批作为一个周期，由等级高到等级低的原料付制，使半成品拼配可以取长补短，互相调剂。

（四）多级拼配、多级付制、单级回收

将不同级别的原料拼配付制，制成产品级别一致的一个级。每次产品都可以拼配出厂，生产周期快，对生产管理有较高的要求。

二、精制

精制的基本作业为筛分、风选、拣剔、干燥、拼配、匀堆装箱。茶叶精制有简有繁，由于受到传统习惯、客户的要求和市场推广需要，不同的生产者选用不同的精制工序。普洱茶原料（云南大叶种晒青茶）由于来自不同的产地，采摘的嫩度、初制的技术有差异，品质各有不同。精制有利于形成品质稳定、符合生产标准的成品茶。

（一）筛分

筛分目的是区分茶叶的粗细、长短、轻重。在晒青茶的精制过程中一般采用圆筛和抖筛，圆筛分长短和大小，抖筛分粗细。

茶叶的精制工艺采用"分路取料"的方法，毛茶通过筛分，分成几条线路进行精制。用筛分分路，目的是便于分级取料，为拼配提供原料，同时提高茶叶的利用率和制率，充分发挥茶叶的经济价值。不同茶厂的作业流程也有不同，一般采取先筛分后风选，先复火后紧门，先筛分后拣剔等技术原则。茶叶精制的筛路一般分为本身路、长身路、圆身路、轻身路和梗筋路。

1. 本身路

本身路指在精制过程中毛茶第一次通过筛网的茶，本身路茶条索紧结，嫩度较高，身骨较重，品质较好。

2. 长身路

长身路指在筛分中分类出来的长形茶，从抖筛、紧门、撩筛等头子茶经切轧后通过圆筛机的长形茶。条索较粗松或较长，品质低于本身路，是取本级茶的成品和面张茶的主要成分。

3. 圆身路

圆身路指在筛分中分离出来的毛茶头、抖筛头、撩筛头多为圆形，是提取本级茶或降级处理的原料。

4. 轻身路

轻身路指在精制过程中，风选出来断碎的芽头等质量较轻的茶，一般在风选机的子口中，可以选较好的子口入本级。

5. 筋梗路

筋梗路指在筛制过程中，各路取出的筋梗，含有茶叶的梗和其他夹杂物，有嫩梗、老梗、细筋，筋梗路数量少、净度较差。

（二）切轧

切轧指将较粗大的头子茶切轧成为符合产品规格的茶，切轧工具有滚切机、齿切机、圆切机。

（三）风选

使用风力区分茶叶轻重好坏，具有划分茶叶级别、清剔碎石、灰末的作用，有吸风式和送风式不同的风选方法。

（四）拣剔

剔除茶梗、茶籽、茶片等夹杂物，弥补筛分、风选不足，提高茶叶的净度，达到产品质量的要求。有手工拣剔和采用机械拣剔，机械拣剔有阶梯式拣梗机、静电拣梗机，光电拣梗机。

（五）干燥

通过干燥，除去茶叶中的多余水分，符合茶叶品质的要求。

（六）拼配

把干燥后的各筛号茶，按照产品标准拼配成小样，然后从外形和内质进行审评，对比是否与目标样相符，小样合格后，按照拼配比例匀堆，然后进行扦样再进行审评对比，检验合格，完成拼配。在拼配过程中，在保证各级产品的质量和数量的前提下，合理使用半成品，做到取长补短，互相调剂，充分发挥原料的经济价值。为了做好拼配，一方面要熟悉毛茶，对毛茶通过精制后产生的半成品要能做到心中有数，掌握各筛号茶的质量，数量和堆放位置。另一方面，要对标准样（目标样）分析透彻，通过分析面张茶、中段茶、下段茶和碎末茶的含量，掌握各段茶的比例，还要开汤审评内质，最后根据外形和内质综合分析，制定出拼配比例。在拼配过程中要做到拼配均匀，确保茶堆各个部分的质量一致。

（七）匀堆装箱

根据品质要求，采用匀堆、过秤、装箱联合或采用人工方法，将大小不同筛号茶进行拼配均匀，称量和装箱。

三、蒸压成型

精制和拼配好的原料，经过称茶、蒸茶、压模、脱模、干燥、包装等工序就成了普洱茶（生茶）。

（一）称茶

在蒸压之前，拼配好的原料要喷洒一定比例的水，水质要求洁净，使付制的茶坯的含水量达到 15%～18%，喷水回潮的目的是使茶坯柔软利于蒸匀。普洱茶的成品水分要求控制在 10%以内。为了保证出厂时符合水分要求，在付制前根据原料的水分含量，成品茶标准的水分要求，结合加工损耗率，计算出要称茶的质量（图 6-16）。为了保证产品的品质规格，称量要准确。正差不超过 1.10%，负差不超过 0.50%。称茶动作要熟练、准确、快速，分里茶和面茶的普洱茶，一般先称里茶，再称面茶，按先后倒入铝合金蒸模，放入内飞，交付给蒸茶工序。

图 6-16　称茶

$$每块茶应称质量=每块茶标准质量×\frac{1-计重水分标准}{1-配料含水量}+半成品耗损量-撒面茶质量$$

（二）蒸茶

通过高温水蒸气迅速促进茶叶变软便于成型，同时去除杂味（图 6-17）。一般采用锅炉蒸汽，通过管道输入蒸压作业机，也有采用蒸汽发生机进行蒸茶。蒸茶时间一般为5~10s，茶叶蒸后水分增加3%~4%，茶坯的含水量达到20%左右。蒸后的茶用布袋套到蒸桶口，将茶坯倒入布袋后，趁热进行揉型，然后交付压模。

图6-17　蒸茶

（三）压模

　　传统压模采用石磨加压方式（图6-18），不同的企业采用不同的压模方式，多数采用冲压装置，将蒸过的茶叶装入模具，置于甑内由带柄的压盖压住，由冲头对压盖加压，茶块厚薄均匀，松紧适度。

图6-18　压模

（四）脱模

　　压过的茶块在模内定型后脱模（图6-19），冷却时间根据定型的情况而定。机压定型较好，施压后放置即可脱模，而手工压制须冷却一定时间方可脱模。

图6-19　脱模

（五）干燥

传统干燥（图6-20）是把茶叶放在晾干架上，让其自然失水干燥到成品茶标准含水量，在晾晒过程中要检查，防止出现发霉。加工厂一般都建有烘房，室内设有茶叶摊晾架，下面排有加温管道，由外部的锅炉加温后将蒸汽由管道输入烘房，烘房的温度一般控制在45~55℃。不同形状的产品烘干的时间不同，普洱茶生茶要将水分控制在10%以内，一般要烘13~36h。在烘的过程中要注意排湿，每隔2~3h，打开排气窗排湿。

图6-20　传统干燥

（六）检验包装和贮藏

加工而成的成品茶，要进行抽样检验，检验内容包括水分、质量、灰分、含梗量等，并进行对样审评，合格的产品及时包装。普洱茶（生茶）需要缓慢后发酵，要求在环境清洁、通风、无异味的专用仓库长期保存，忌高温高湿。在贮藏过程中，要检查是否发生霉变。

第三节　普洱茶（熟茶）加工

普洱茶（熟茶）加工制作的历史始于20世纪70年代初，1973年开始由昆明茶厂试制，经过几年的研制后，1975年工艺基本定型；1979年制定了云南省普洱茶制造工艺的试行办法，并在全省国营茶厂昆明、勐海、下关、普洱等地推广实施。至今，发酵技术不断更新和创新，普洱茶（熟茶）产品花色呈多样化、多元化发展，深受消费者青睐。

普洱茶（熟茶）根据形态和制作流程又可分为普洱茶（熟茶）散茶和普洱茶（熟茶）紧压茶。

一、普洱茶（熟茶）散茶加工

普洱茶（熟茶）散茶的加工主要有原料准备、潮水、微生物固态发酵、翻堆、干燥、筛分、拣剔、拼配、贮藏陈化等过程，工艺流程：

原料 → 潮水 → 微生物固态发酵 → 拣剔 → 筛分 → 拼配 → 包装 → 仓贮陈化

（一）晒青茶付制

云南大叶种晒青茶作为普洱茶的原料，通过筛分、拣剔，干燥等环节，去除杂质，使水分保持在10%以下。对水分、杂质进行检验合格后，即可付制。

（二）潮水

微生物固态发酵前在普洱茶原料（云南大叶种晒青茶）中加入一定量的清水，拌匀后即可发酵（图6-21）。加水量计算公式如下：

$$加水量（kg）=付制原料（kg）\times \frac{预定潮水茶含水率（\%）-原料茶含水率（\%）}{100\%-预定潮水茶含水率（\%）}$$

预定潮水茶含水量，视原料老嫩、空气湿度、气温高低而有不同的要求。老叶潮水率高，嫩叶反之；空气干燥、气温高，则潮水率高，反之亦然。潮水时宜用冷水。在大生产中，大体积堆放晒青茶，进行微生物固态发酵，晒青茶成堆后，表面可适当压水，盖上湿布，以增温保湿，利于微生物固态发酵快速进行。

（三）微生物固态发酵

微生物固态发酵是普洱茶（熟茶）加工技术的重要工序，也是形成普洱茶（熟茶）独特品质的关键性工序（图6-22）。形成普洱茶（熟茶）品质的实质是以原料（云南大叶种晒青茶）的内含成分为基础，在微生物固态发酵过程中经微生物代谢产生的酶及茶叶的湿热作用使其内含物质发生氧化、聚合、缩合、分解、降解等一系列反应，从而形成普洱茶（熟茶）特有的品质风格。晒青茶一般的含水量在9%~12%，在发酵过程中必须增加茶叶的含水量才能较好地提供微生物生长活动的条件。

图 6-21　潮水

图 6-22　微生物固态发酵

影响微生物固态发酵的因素很多，其中以叶温、茶叶含水量、供氧等尤为重要。这个过程中，水的介质作用极其重要。发酵前加入一定量的水，为微生物活动提供介质。微生物固态发酵过程中，水分含量是逐渐减少的，而温度是逐步升高的，最高温度以控制在 65℃ 以下为宜。控制水分和温度的变化，对内含物质变化起着积极的作用。微生物固态发酵温度不能过高，时间也不能过长。否则茶叶会"碳化"（俗称"烧堆"），茶叶香低、味淡、汤色红暗。反之，微生物固态发酵温度太低，时间太短，也会造成发酵不足，使多酚类化合物氧化不足，茶叶香气粗青，滋味苦涩，汤色黄绿，不符合普洱茶（熟茶）的品质要求。

（四）翻堆

在普洱茶（熟茶）的加工过程中，翻堆技术是影响普洱茶品质和制茶率的关键（图 6-23）。要求根据发酵程度、发酵堆温湿度及发酵环境的变化，进行适时翻堆。翻堆一方面是为了降低堆温；另一方面是使所有堆内的茶叶均匀地受到温度、湿度、氧气、微生物和酶的共同作用，达到普洱茶品质形成协调的结果。一般翻堆间隔 5～10d，视微生物固态发酵场地、堆温、湿度及微生物固态发酵程度来灵活掌握。翻堆时要打散团块、翻拌均匀，如潮水不足，应在翻堆时补足。一般经 5~6 次翻堆后，当茶叶呈现红褐色时，即可进行干燥。

图 6-23　翻堆

（五）干燥

在普洱茶加工过程中，当微生物固态发酵结束后，为避免微生物固态发酵过度，必须及时进行干燥（图 6-24）。普洱茶（熟茶）有一个后续陈化过程，这个过程对普洱茶品质形成有醇化的作用，因此普洱茶（熟茶）的干燥切忌烘干、炒干，可以采用晒干或者阴干的方式。

图 6-24　干燥

（六）筛分拣剔

筛分（图 6-25）是普洱茶（熟茶）散茶加工中把粗、细、长、短分出的重要环节。以筛分要求定普洱茶各号头，一般圆筛、抖筛及风选联机使用筛孔的配置按茶叶老嫩而决定。普洱茶微生物固态发酵结束后，通过抽样审评，即可按品质差异、级别差异进行归堆。再按普洱茶成品茶要求配置筛号筛分。筛分后对各级各号茶进行拣剔（图6-26），剔除非茶类夹杂物，拣净茶类夹杂物茶果、茶梗等。拣剔验收合格后，分别堆码。

图6-25　筛分

图6-26　拣剔

（七）拼配匀堆

拼配匀堆指根据茶叶各花色等级筛号的质量要求，将不同级别、不同筛号、品质相近的茶叶按比例进行拼和，使不同筛号的茶叶相互取长补短、显优隐次、调剂品质、提高质量，保证产品合格和全年产品质量的相对稳定，并最大限度地实现茶叶的经济价值的重要环节。

（八）不同发酵阶段样品质特征

不同发酵阶段样品质特征见表6-5。

表 6-5　　　　　　　普洱茶（熟茶）不同发酵阶段的感官品质特征

阶段	外形		香气	汤色	滋味	叶底	
原料	褐绿尚润		清香纯正	黄绿明亮	醇和	黄绿柔软	
一翻	褐绿		花香	黄明亮	醇和微酸	褐绿柔软	
二翻	褐绿		花香浓郁	橙黄明亮	醇和微酸	棕黄柔软	
三翻	灰绿		花香	橙黄明亮	醇爽	棕黄柔软	
四翻	红棕紧结		陈香带花香	橙红亮	醇爽微涩	黄褐柔软	
五翻	红褐尚紧结		陈香带花香	橙红明亮	醇甜	棕红带绿柔软	
六翻	红褐尚紧结		陈香带花香	红明亮	醇甜	棕红带绿柔软	
出堆	棕褐尚紧结		陈香浓郁	红亮	醇甜	红褐柔软	

二、普洱茶（熟茶）紧压茶加工

普洱茶（熟茶）紧压茶由普洱茶（熟茶）散茶经高温蒸压塑形而成，外形端正，松紧适度，规格一致，有呈碗状的普洱沱茶、长方形的普洱砖茶、正方形的普洱方茶、圆饼形的七子饼茶、心脏形的紧茶和其他各种造型特异的普洱茶紧压茶。

普洱茶（熟茶）紧压茶特殊品质的形成是由其独特的加工技术决定的，工艺流程：

原料付制 → 筛分 → 拼配 → 润茶 → 蒸压 → 干燥 → 包装 → 仓贮陈化

（一）原料付制

普洱茶（熟茶）紧压茶原料系经微生物固态发酵加工而成的普洱茶（熟茶）散茶，其水分含量必须保持在保质水分标准（12%～14%）以内，并堆放在干燥、无异味、洁净的地方以防止茶叶受潮、变质。

（二）筛分

一般普洱茶（熟茶）筛分分为正茶、头茶和脚茶。根据各级别对样评定后，分别堆码，同时通过筛分整理后可确定加工紧压茶的撒面茶和包心茶。

（三）半成品拼配

拼配是调剂普洱茶口味的重要环节。在拼配时要考虑普洱茶是"陈"茶的特点，其色、香、味、形要突出"陈"字。因此，拼配前要进行单号茶开汤审评，摸清微生物固态发酵程度的轻、重、好、次和半成品贮藏时间的长短，以及贮藏过程中的色、香、味变化情况，然后进行轻重调剂、好次调剂、新旧调剂，使之保持和发扬云南普洱茶的独特特性，保证产品合格和全年产品质量的相对稳定，并最大限度地实现普洱茶的经济价值。根据各种蒸压茶加工标准样进行审评，确定各筛号茶拼入面茶和里茶的比例。

对筛分好的级号茶，根据厂家、地域、品种、季节的不同，结合普洱茶市场的要求，拼配出所需的茶样，再根据茶样制定生产样和贸易样。

（四）润茶

润茶（图6-27）是为了防止茶叶在压制时破碎的前处理，为了保持茶叶芽叶的完好。润茶水量的多少依据茶叶的老嫩程度，空气湿度大小而定，一般在20%左右。润茶后的茶叶容易蒸压成形，但润茶后的原料应立即蒸压，否则茶叶可能会质变。

图6-27　润茶

（五）蒸压

1. 称茶

称茶（图6-28）是成品单位质量是否合乎标准计量并防止原料浪费的关键，必须经常校正和检查衡量是否准确；称茶应根据拼配原料的水分含量按付制原料水分标准与加工损耗率计算称茶量，质量超出规定范围的均作废品处理。其计算公式如下。

$$每块茶应称质量=每块茶标准质量×\frac{1-计重水分标准}{1-配料含水量}+半成品耗损量-撒面茶质量$$

为保证品质规格，称量要正确，正差不能超过1%，负差不能超过0.5%。

图6-28　称茶

2. 蒸茶

蒸茶（图6-29）的目的是使茶坯变软便于压制成型，茶叶通过高温水蒸气吸收一定水分，同时可消毒杀菌。蒸茶的温度一般保持在90℃以上，蒸10~15s，茶叶变软时即可压制。在操作上要防止蒸得过久或蒸汽不透面，过久造成干燥困难，影响品质；蒸汽不透面造成脱面掉边，影响外形。

图6-29　蒸茶

3. 压茶

压茶分手工压制（图6-30）和机械压制（图6-31）两种，注意掌握压力一致以免厚薄不均，装模时要注意防止里茶外露。

图 6-30　手工压制

图 6-31　机械压制

4. 定型干燥

压制后的茶坯需在茶模内冷却定型（图 6-32）3min 以上再退压脱模（图 6-33），退压脱模后的普洱紧压茶要进行适当摊晾，以散发热量和水分，然后进行干燥。

图 6-32　冷却定型

图 6-33　退压脱模

（六）干燥

普洱茶（熟茶）紧压茶干燥（图 6-34）采用室内加温干燥方式，室内加温干燥因压制松紧程度、茶叶形态以及地区气候情况的不同而有所不同，一般加温干燥在烘房中进行，温度不超过 60℃，过高会产生烘烤味，影响茶叶品质。

图 6-34　紧压茶干燥

（七）包装

包装应选用符合食品卫生要求，保障人体健康的材料。普洱茶（熟茶）紧压茶包装大多用传统包装材料，如内包装（图6-35）用棉纸，外包装（图6-36）用笋叶、竹篮，捆扎用麻绳、篾丝。茶叶包装前必须做水分检验，保证成品茶含水量在出厂水分标准以内，各种包装材料要求清洁无异味，包装要求扎紧，以保证成茶不因搬运而松散、脱面。包装标签应标注产品名称、净含量、生产厂名、厂址、生产日期、质量等级、执行标准编号。

图6-35　内包装

图6-36　外包装

（八）贮藏陈化

云南普洱茶熟茶紧压茶微生物固态发酵是自然氧化、微生物、水热作用等综合作用的过程。而在普洱茶熟茶微生物固态发酵结束后继续贮藏一段时间，逐渐形成普洱茶熟茶紧压茶特有的风格，其陈香随后期转化时间的延长而增加。贮藏陈化（图6-37）必须贮藏于清洁、通风、避光、干燥、无异味的仓库，温度控制在25℃左右，相对湿度不得超过75%，避免成品与原辅料、半成品混杂堆放，防止串味、被污染。

图6-37　贮藏陈化

第四节 普洱茶深加工

一、普洱茶深加工现状

（一）普洱茶深加工

普洱茶虽然为消费者青睐的健康饮品，但目前的消费方式较传统（冲泡饮用），精深加工严重不足，在一定程度上制约了普洱茶产业的持续发展和做大做强。综观目前普洱茶产业发展的态势，稳定面积、促进消费、增加出口、扩大和深化普洱茶深加工是必由之路。普洱茶深加工是实现云南茶资源可持续利用、提高茶制品科技水平和附加值的有效途径。

普洱茶深加工主要是指以普洱茶生产过程中的半成品、成品或副产品为原料，通过集成应用生物化学工程、分离纯化工程、食品工程、制剂工程等领域的先进技术及加工工艺，实现普洱茶有效成分或功能组分的充分利用。重点是两个方面：一是将普洱茶成品进行更深层次的加工，形成新型茶饮品，如袋泡普洱茶、菊花普洱茶、人参普洱茶等与中药配伍茶；二是提取普洱茶中可溶性物质和分离纯化功能性成分，并将这些产品再应用于食品、医药、化工等行业，如速溶普洱茶粉、普洱茶膏、普洱茶泡腾片、普洱茶冲剂、普洱茶片剂、普洱茶液体饮料、普洱茶胶囊、普洱茶食品等。精深加工产品的开发应用可解决低档茶、副产品等的市场出路，提升产品档次，实现茶产品的形态与功能多样化，实现普洱茶传统产业向现代普洱茶产业转变。

（二）普洱茶深加工的意义

将普洱茶进行深加工的意义有三点：一是充分利用茶叶资源，很多的低档茶和茶下脚料、茶废弃物没有直接的市场出路，对它们进行深加工就可以充分利用这些资源来为人类造福，而使茶叶生产企业和茶农获得显著的经济效益；二是丰富市场产品，普洱茶已经是大多数人的日常饮品，但是人们已经不满足普洱茶散茶、饼茶、沱茶等产品形态，人们需要丰富化的茶制品；三是开辟新的功能，普洱茶的许多功能或功效不能够在传统的冲泡方法中得以利用，将茶进行深加工，可以有方向、有目的地利用这些功能。同时在深加工中也与其他的物质相配合，以发挥更大的作用。

二、普洱茶深加工技术

（一）普洱茶深加工技术

普洱茶的深加工技术大体可以分为四种：机械加工、物理加工、化学和生物化学加工、综合技术加工。

1. 茶叶的机械加工

茶叶的机械加工是指不改变普洱茶的基本本质的加工方法，其特点是只改变茶叶的外部形式，如外观形状、大小（以便于贮藏、冲泡），符合卫生标准，美观等。袋泡茶是茶叶机械加工的典型产品。

第 四 节　普洱茶深加工

一、普洱茶深加工现状

（一）普洱茶深加工

普洱茶虽然为消费者青睐的健康饮品，但目前的消费方式较传统（冲泡饮用），精深加工严重不足，在一定程度上制约了普洱茶产业的持续发展和做大做强。综观目前普洱茶产业发展的态势，稳定面积、促进消费、增加出口、扩大和深化普洱茶深加工是必由之路。普洱茶深加工是实现云南茶资源可持续利用、提高茶制品科技水平和附加值的有效途径。

普洱茶深加工主要是指以普洱茶生产过程中的半成品、成品或副产品为原料，通过集成应用生物化学工程、分离纯化工程、食品工程、制剂工程等领域的先进技术及加工工艺，实现普洱茶有效成分或功能组分的充分利用。重点是两个方面：一是将普洱茶成品进行更深层次的加工，形成新型茶饮品，如袋泡普洱茶、菊花普洱茶、人参普洱茶等与中药配伍茶；二是提取普洱茶中可溶性物质和分离纯化功能性成分，并将这些产品再应用于食品、医药、化工等行业，如速溶普洱茶粉、普洱茶膏、普洱茶泡腾片、普洱茶冲剂、普洱茶片剂、普洱茶液体饮料、普洱茶胶囊、普洱茶食品等。精深加工产品的开发应用可解决低档茶、副产品等的市场出路，提升产品档次，实现茶产品的形态与功能多样化，实现普洱茶传统产业向现代普洱茶产业转变。

（二）普洱茶深加工的意义

将普洱茶进行深加工的意义有三点：一是充分利用茶叶资源，很多的低档茶和茶下脚料、茶废弃物没有直接的市场出路，对它们进行深加工就可以充分利用这些资源来为人类造福，而使茶叶生产企业和茶农获得显著的经济效益；二是丰富市场产品，普洱茶已经是大多数人的日常饮品，但是人们已经不满足普洱茶散茶、饼茶、沱茶等产品形态，人们需要丰富化的茶制品；三是开辟新的功能，普洱茶的许多功能或功效不能够在传统的冲泡方法中得以利用，将茶进行深加工，可以有方向、有目的地利用这些功能。同时在深加工中也与其他的物质相配合，以发挥更大的作用。

二、普洱茶深加工技术

（一）普洱茶深加工技术

普洱茶的深加工技术大体可以分为四种：机械加工、物理加工、化学和生物化学加工、综合技术加工。

1. 茶叶的机械加工

茶叶的机械加工是指不改变普洱茶的基本本质的加工方法，其特点是只改变茶叶的外部形式，如外观形状、大小（以便于贮藏、冲泡），符合卫生标准，美观等。袋泡茶是茶叶机械加工的典型产品。

茶叶的物理加工的典型产品有速溶茶、罐装茶水（即饮茶）、泡沫茶（调制茶）等。这是改变了茶叶的形态，成品不再是"叶"状了。

化学和生物化学加工指采用化学或生物化学的方法加工，形成具有某种功能性的产品。其特点是从茶原料中分离和纯化茶叶中的某些特效成分加以利用，或是改变茶叶的某些制度配方品，需要原素原素、硬化素原素、无质制度。

4. 茶叶的综合加工技术

茶叶的综合加工技术是指综合利用上述的几种技术制成含茶制品。茶叶深加工的技术手段主要有茶叶药物加工、茶叶食品加工等。

性能的薄膜，在外力推动下对普洱茶的有效成分进行分离、提纯、浓缩等；超临界萃取技术，是利用高于临界温度和压力的流体对许多物质具有良好的溶解能力的性能，对物质进行提取和分离的新技术。超临界二氧化碳萃取技术非常实用于普洱茶的深加工，受到普洱茶加工研究人员的高度重视；微波加热与杀菌技术，由于微波具有极强的穿透性，可使物料内外同时受热，从而使物料内外温度迅速上升，而且干燥后的物料能基本保持原有形状，由于微生物等往往是一些极性分子，极易被微波所极化，随着微波场的极性而发生热变性，普洱茶的生产加工可采用此技术从而提高普洱茶的卫生；超高压加工技术，由于超高压杀菌避免了加热，可以保持普洱茶的风味、色泽、质构和新鲜程度，提高普洱茶成品的品质，应用于普洱茶深加工中可使茶叶的浸出性能得到改善，有利于有效成分的分离。另外，普洱茶还可进行低温粉碎技术、辐射加工技术、微胶囊技术等方面的研究，提高普洱茶生产加工技术开发出更多的新产品。

茶叶深加工的浸提设备和浓缩设备如图6-38和图6-39所示。

 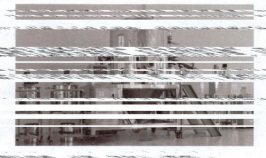

图6-38　浸提设备　　　　　　　　图6-39　浓缩设备

溶、易潮解的问题。普洱茶陈香是决定其品质优劣的主要因素，但是速溶茶的香气成分在提取、干燥过程中可能会受到较大的损失，因此必须保香、回香或增香。保香指尽量避免香气逸散，降低香气物质损失；回香指在速溶茶的加工过程中装置各种设备回收香气，最后香气提取物经雾化后直接往颗粒速溶茶上喷撒或将提取的香气微胶囊化制成固体粉末，再混入茶粉；增香指将各种天然香料及合成香料加入速溶茶中，以增加速溶茶的香味，即人工调香。按照香气物质的来源不同，主要有用香料、花果香、用芳香物质微胶囊粉增香。

第 五 节　普洱茶综合利用

普洱茶综合利用是指用普洱茶鲜叶、成品，或是废次品、下脚料为原料，利用相应的加工工艺生产出含茶制品的加工过程。含茶制品可能以茶为主体，也可能是以其他物质为主体。综合利用的意义：一是充分利用普洱茶资源，大量的低档下脚料和废弃物含有许多可以利用的资源可为人类造福；二是丰富市场产品种类，诞生出更丰富多样化的制品；三是开发普洱茶制品的新功能，通过有方向、有目的地利用这些功能，并与其他物质相配合，以发挥更大的效用。

普洱茶综合利用产品主要分为茶叶提取物和功能性终端产品两大类。茶提取物主要包括速溶茶、茶浓缩汁、普洱茶功能成分标准化提取物。目前，我国80%以上的茶叶功能成分标准化提取物（茶多酚、儿茶素、茶黄素、茶氨酸、咖啡因、茶多糖等）是以健康产品原料形式出口到国外，用于开发膳食补充剂或保健食品。速溶茶、茶浓缩汁的50%左右出口到美国、日本及欧洲国家，作为茶饮料、冰茶的原料。在我国，茶饮料经过近20年的快速发展，现已形成千亿级产业规模，是茶叶综合利用产品的主板。但是，茶食品、茶保健品、茶化妆品等功能性终端产品在我国的市场消费刚刚起步。

普洱茶的综合利用涉及复杂的知识结构，如化学工程、食品加工、生物化学、医学和营养学，可应用到食品、饲料、日化和医药等多个行业。产品包括天然药物、保健食品、茶饮料、食品、日化用品、植物农药、动物保健品等。普洱茶功能成分具有抗氧化、提高免疫力、降低血压、促使精神安定、促进脑部血流、增进脑活力、营养神经细胞、增加生长激素分泌、健肝利肾、改善更年期综合征和老年痴呆症、美容、补充营养等多方面作用。利用新的化学工程和生物化学工程相关技术对普洱茶活性成分进行分离和纯化，可以最大程度保留活性成分的功效，绿色提取技术也可以确保成分的安全性。

一、食品领域

在食品领域中，基于茶多酚化合物的抗氧化活性，茶多酚类化合物可以作为食品保鲜剂，添加到各种含油食品中发挥其抗氧化功能（图6-41）；利用茶鲜叶加工成不同细度的茶粉，翠绿的色泽和成分可以作为天然色素和功能强化剂；茶黄素等也可作为天然色素，并具有预防"三高"和抗氧化的功效。如市面上推出的普洱茶爽含片，可以减轻吸烟引起的自由基的危害，同时具有杀菌、提神等功效，可以代替每日饮茶。

图 6-41 普洱茶食品实例

普洱茶的多种营养成分具有改善食品口感、抗氧化、延长油脂食品的保质期、增加营养消化和吸收等多重功效，所以更多普洱茶食品的出现是未来食品市场发展的重要方向，也是推动科学吃茶的极好途径。

二、日化领域

在日化领域，在内衣、袜、鞋的棉织物中添加茶多酚类化合物可以杀灭皮肤及鞋、袜中的皮肤病真菌，并消除异味；在汽车和空调的出气和进气处安放茶多酚过滤网可以起到吸收异味和污染物的作用；茶口罩可过滤空气杂质，起到减轻雾霾对人体和动物呼吸道的伤害作用。茶的保湿功效十分显著。皮肤是机体的表层组织，表面角蛋白起着保护皮肤和防御外部侵害的功能。皮肤保水是皮肤外表健康的重要因素，缺水会引起皮肤干燥和形成皱纹。茶多酚含有大量的羟基，是一种良好的保湿剂。随着年龄的增长，人体皮肤中的透明质酸在透明质酸酶作用下会被降解，使皮肤硬化而形成皱纹。茶多酚可以抑制透明质酸酶的活性从而起到保湿的功效。

茶多酚具有防辐射的功效。人们生活中的电视机、手机、微波炉等在使用时也会释放微量的辐射性物质，可以研发茶多酚小贴膜，起吸附辐射能量的作用。同样，茶叶提取物也可以作为化妆品的添加剂。在防晒霜中加入茶多酚、茶氨酸等，可以减轻紫外线对皮肤的辐射伤害，修复损伤的肌肤细胞，降低患皮肤癌的风险，减轻过敏性反应。

普洱茶具有防止皮肤老化、清除肌肤不洁物的功能，尤其与某些植物一起使用效果更佳。目前以茶多酚为原料研制而成的日化产品有洗面奶、爽肤水、乳液、面霜、沐浴液、洗发水、牙膏、口香糖、除臭剂等，国内茶仕利品牌的众多产品更是异军突起，无香茶多酚护手霜、氨基酸茶皂等产品深受消费者喜爱。

三、医药及其他领域

因为茶多酚、茶氨酸和茶色素等产品具有多种生理活性作用，可开发用于增强体质、提高免疫力、减肥、降血脂、降血压等多种用途的保健品。未来老龄的消费者会更加注重食品的功能性和健康性，低糖、降血脂、高纤维等含茶食品将愈发受到青睐。用普洱茶活性成分和茶渣作为饲料添加剂，可以改善动物免疫力，减少臭味物质的排放。如茶多酚可以提高鸡肉中的维生素和肌酸含量，降低鸡蛋中的胆固醇含量；添加到猪饲料中可以降低猪肉的肥肉率。因此，可以开展添加普洱茶提取物的系列饲料产品的开发和应用。

第六节　普洱茶工艺创新

一、γ-氨基丁酸普洱茶

　　γ-氨基丁酸（γ-aminobutyric acid，GABA）普洱茶（图6-42），是利用自主研发的专利技术（专利号：201120132521.4），使云南大叶种茶鲜叶中的谷氨酸转化形成富含γ-氨基丁酸的新型茶制品。

　　γ-氨基丁酸普洱茶一般都是普洱茶（生茶），工艺流程：

摊放 → 厌氧处理 → 杀青 → 揉捻 → 干燥 → 蒸压 → 干燥 → 包装

　　其中，厌氧处理是γ-氨基丁酸普洱茶品质形成的重要工序，也是普洱茶（生茶）的创新工艺。厌氧处理是应用自主专利技术，在传统的普洱茶加工之前，增加了一步厌氧处理，充氮厌氧处理6h以上，使茶叶中的谷氨酸在谷氨酸脱羧酶的作用下，转化生成γ-氨基丁酸，并且使茶叶中的γ-氨基丁酸的含量达到γ-氨基丁酸食品的标准。γ-氨基丁酸普洱茶的品质特征是香气鲜香馥郁，滋味鲜爽、回甘、微酸，汤色黄亮，叶底匀嫩。

　　γ-氨基丁酸是哺乳动物体内（包括人类）中枢神经系统的抑制性传递物质，是神经组织中最重要的神经递质之一。研究表明，γ-氨基丁酸具有调节血压、促使精神安定、促进脑部血流、增进脑活力、营养神经细胞、增加生长激素分泌、健肝利肾、预防肥胖、促进乙醇代谢（醒酒）、改善更年期综合征等多种功效；还能促进胰腺中胰岛素的分泌，预防糖尿病。美国（GRAS Notice No. GRN 000257）、日本等国及我国台湾地区将γ-氨基丁酸用于食品；2009年9月27日，我国卫生部将γ-氨基丁酸列为新资源食品。

图6-42　γ-氨基丁酸普洱茶实例

二、洛伐他汀普洱茶

洛伐他汀（LVTP）是红曲霉的次级代谢产物。云南农业大学周红杰教授团队经筛选获得专利菌株紫色红曲霉（*Monascus purpureus* went）M13（专利号：201010182965.9）制成发酵剂（图6-43）并应用到普洱茶发酵中后，首次制得富含洛伐他汀的普洱茶。

图6-43　洛伐他汀普洱茶发酵剂

洛伐他汀普洱茶（图6-44）属于普洱熟茶，加工工艺流程：

晒青→潮水→微生物固态发酵（接种紫色红曲霉）→翻堆→干燥→分筛→拣剔→拼配→贮藏陈化

其中，微生物固态发酵（接种紫色红曲霉）是洛伐他汀普洱茶品质形成的关键工序，也是普洱茶（熟茶）的创新工艺。该创新工艺关键控制点在于，发酵过程中须按照产品品质要求分批次加入专利菌株紫色红曲霉（*Monascus purpureus* went）M13制成的发酵剂进行微生物固态发酵，使茶叶中富含洛伐他汀。

洛伐他汀普洱茶与传统普洱茶（熟茶）的化学成分有一定的差异。除了符合传统普洱茶（熟茶）的标准外，部分构成普洱茶（熟茶）品质的内质成分含量较传统普洱茶（熟茶）都有所提高（实验结果表明，专利技术发酵的普洱茶比对照样中茶样水浸出物、黄酮、氨基酸、总糖、茶褐素的含量分别提高了1.83%、14.43%、8.67%、4.89%、4.18%）。感官审评结果表明洛伐他汀普洱茶滋味醇厚甘滑，香气馥郁、曲酯香和甜香显著，汤色红艳明亮，叶底红褐柔软；与传统普洱茶相比，既保持了原有的品质特征，又具有新的品质特点——茶汤收敛性和苦涩味明显降低，增进茶汤在感官上的"黏滑、醇厚"感，增加了普洱茶茶汤的黏稠度和口感，且具有米曲香风味的新特点，丰富了普洱茶的花色品种，提高普洱茶的科技含量。这些为普洱茶新产品和特色产品的研究开发提供了科学依据。

图6-44 洛伐他汀普洱茶实例

思考题

1. 简述普洱茶的生产工艺流程。
2. 根据所学知识，谈谈普洱茶未来发展的方向及创新的思路。
3. 名词解释：普洱茶综合利用。
4. 列举日常生活中涉及的普洱茶深加工产品。
5. 简述普洱茶综合利用在不同领域中的应用实践。

参考文献

[1]夏涛．制茶学[M].3版．北京:中国农业出版社,2020.

[2]袁正,闵庆文．云南普洱古茶园与茶文化系统[M]．北京:中国农业出版社,2015.

[3]龚加顺,周红杰．云南普洱茶化学[M]．昆明:云南科技出版社,2011.

[4]刘仲华．中国茶叶深加工产业发展历程与趋势[J]．茶叶科学,2019,39(2):115-122.

[5]周玉忠,邓少春,浦绍柳,等．滇茶资源有效利用研究进展[J]．江苏农业科学,2017,45(8):15-20.

[6]杨新河．普洱茶色素提取、分级及生物活性研究[D]．长沙:湖南农业大学,2011.

[7]龚文琼,刘睿．响应面法优化微波辅助提取普洱茶中茶色素工艺研究[J]．食品科学,2010,31(8):137-142.

[8]王伟伟,张建勇,陈琳,等．茶梗的综合利用研究进展[J]．茶叶通讯,2020,47

（1）:20-24.

[9]屠幼英.茶的综合利用产业现状与未来[J].中国茶叶,2018,40(12):7-11.

[10]肖正广.茶渣的综合利用及研究进展[J].贵州茶叶,2017,45(4):23-25.

[11]马艳凌,黄伙水.茶副产品的综合利用[J].福建茶叶,2014,36(6):35-37.

第七章 普洱茶产品

　　当今社会喜爱普洱茶的人越来越多，普洱茶产品的发展也越来越丰富。本章从普洱茶散茶、紧茶、茶膏、茶粉、茶饮料以及茶日化用品、普洱茶用品及茶食等各种形态详细阐述了普洱茶产品。尤其普洱茶创新型产品的出现，不仅满足了消费者对普洱茶的需求，也极大丰富了普洱茶产品的类型。茶膏、茶粉、茶饮料、茶制品及茶食的出现，改变了普洱茶的饮用方式，普洱茶日化用品、茶制品及茶食运用到生活当中，既充分发挥了普洱茶的功能，又延伸了普洱茶产业链。本章思维导图见图7-1。

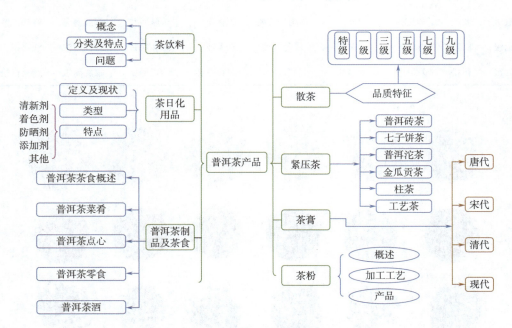

图7-1　第七章思维导图

第一节　普洱茶散茶

普洱茶按外观形态分普洱茶（熟茶）散茶、普洱茶（生茶、熟茶）紧压茶。

普洱茶（熟茶）散茶是以符合普洱茶产地环境条件的云南大叶种晒青茶为原料，经后发酵（渥堆）工艺加工形成的茶类。普洱茶（熟茶）散茶按品质特征分为特级和一~十级共 11 个等级（GB/T 22111—2008），逢单制样。级别的划分主要是以嫩度为基础，嫩度越高的级别也越高。

普洱茶（熟茶）散茶的特殊性是晒青毛茶经微生物固态发酵后，内含成分发生了转化，通过湿热，微生物和酶的作用，形成了许多新的成分，从而形成了普洱茶（熟茶）散茶所特有的品质特征（表 7-1、图 7-2）。

表 7-1　　　　　　　　　　　普洱茶（熟茶）散茶感官品质特征

级别	条索	整碎	色泽	净度	香气	滋味	汤色	叶底
特级	紧细	匀整	红褐润显毫	匀净	陈香浓郁	浓醇甘爽	红艳明亮	红褐柔嫩
一级	紧结	匀整	红褐润较显毫	匀净	陈香浓厚	浓醇回甘	红浓明亮	红褐较嫩
三级	尚紧结	匀整	褐润尚显毫	匀净带嫩梗	陈香浓纯	醇厚回甘	红浓明亮	红褐尚嫩
五级	紧实	匀齐	褐尚润	尚匀稍带梗	陈香尚浓	浓厚回甘	深红明亮	红褐欠嫩
七级	尚紧实	尚匀齐	褐欠润	尚匀带梗	陈香纯正	醇和回甘	褐红尚浓	红褐粗实
九级	粗松	欠匀齐	褐稍花	欠匀带梗片	陈香平和	纯正回甘	褐红尚浓	红褐粗松

| 特级 | 一级 | 三级 | 五级 | 七级 | 九级 |

图 7-2　不同级别普洱茶（熟茶）散茶

第二节 普洱茶紧压茶

普洱茶紧压茶可分为生茶和熟茶两大类，是以原料经高温蒸汽蒸压而成。外形有圆饼形、碗臼形、方形、柱形等多种形状和规格。主要特征：形状匀整端正；棱角整齐不缺边少角；模纹清晰；洒面均匀，包心不外露；厚薄一致，松紧适度。普洱茶的压制分为传统压制和现代压制两种。

传统压制在将散茶蒸软后放于磨具中用石磨进行手工压制，特点是饼形圆润、松紧适度，但费时费力。现代压制则多采用机械化压制，特点是饼形规整，控制不当时压制较紧，不易撬开。通常普洱茶厂会结合两者的长处，先用机械压制，然后再用石磨压制定型，即提高效率的同时饼形圆润自然。不论压制设施如何，压力是关键，压力不够易造成紧茶形制不完整或者易松散掉边，压力过大或压制过久则易形成"铁质"紧茶，饮用取茶不便，储存中后期转化也不利。

一、普洱砖茶

（一）普洱砖茶特征

有长方形或者正方形，质量小至 3g，大到 7.7t，以 250g、1000g 居多，制成砖茶主要是为了便于运输。代表性产品主要有 92 方砖、7581 普洱砖茶、金砖等。

（二）代表性产品

1. 92 方砖

92 方砖是 20 世纪勐海茶厂生产的一款名为"普洱方茶"的茶品（图 7-3），茶砖净重 100g，正面压"普洱方茶"四个字，背面是九方格（也有压"中茶牌"一说），也就是我们现在所说的"巧克力砖"。"普洱方茶"的外包装是白色纸盒，品牌商标为"中茶"，除了常规的基础信息，纸盒侧边的"净重 100 公分"字样，是这款茶与现在的普洱茶包装最大的不同之处。

2. 7581 普洱砖茶

7581 普洱砖茶是典型的普洱砖茶（图 7-4），云南中茶茶业有限公司的主打产品。精选勐海普洱茶为原料，经过传统工艺制作而成，砖形端正，厚薄均匀，松紧适度，汤色红褐，滋味醇浓润滑，陈香显著。

图 7-3　92 方砖实例

图 7-4　7581 普洱砖茶实例

3. 金砖

普洱茶金砖（图7-5），是普洱砖茶的一种。质量为1600g，压制成长方体的形状，边缘整齐。外形色泽褐红，叶底褐红；汤色红浓明亮，香气独特陈香，滋味醇厚回甘。

图7-5　金砖实例

二、七子饼茶

（一）七子饼寓意

七子饼茶是现在对云南普洱茶的统称（图7-6），而七子饼最开始是为了方便运输和征税交易，以100斤（当时1斤为16两）为1引，1引有32筒，1筒有7饼，每饼约重7.14两（即357g）的规格压制成饼，呈扁平圆盘状，又每七个为一柱，故名七子饼。饼，美似圆月，圆而不滑，有锋而不露，此为中庸之道，茶寓人生。

图7-6　云南七子饼茶实例

（二）代表性产品

云南七子饼茶，是普洱茶的标志性产品，以往的质量规格为357g/饼，现在为了使茶饼更加饱满，七子饼茶也有质量规格为380g/饼或者400g/饼。主要的产品代表有7542（图7-7）、7572七子饼茶。

图 7-7　7542 七子饼茶实例

三、普洱沱茶

（一）普洱沱茶特征

普洱沱茶形状和饭碗一般大，净重规格有 100g、250g，现在还有迷你小沱茶，每个净重 3~5g。造型有的像心形，有的又似熊熊燃烧的火焰。

（二）代表性产品

普洱沱茶（图 7-8）也分为普洱生沱茶和普洱熟沱茶。下关茶厂的普洱沱茶更闻名，以普洱、临沧等普洱茶区的大叶种晒青毛茶为原料进行精加工而制成。外观整齐，呈碗状，芽叶肥硕。

图 7-8　沱茶实例

四、金瓜贡茶（人头贡茶）

金瓜贡茶被压制成大小不一的半瓜形，从几十克到数千克不等，自古便作为朝廷的贡品（图 7-9）。普洱金瓜贡茶，是现存的陈年普洱茶中的绝品，港澳台茶界称其为

"普洱茶太上皇"。该茶生产始于清雍正七年（公元1729年），选取西双版纳一级芽茶，制成团茶、散茶和茶膏进贡朝廷。这种芽茶经过长期存放，色泽转变为金黄色，故人头贡茶又称为金瓜贡茶或金瓜人头贡茶。

图7-9　金瓜贡茶实例

五、柱茶

柱茶被压制成大小不等的柱状（图7-10），小的竹筒大小、重量不等，大的几十斤、几百斤，甚至可达二十几吨。有记载的最大茶柱重达20.8t。柱形茶中最有名气和特色的是千两茶。千两茶因以古秤1000两为计量而得名（古时16两为1斤，1000两约为32kg）。民国年间云南景东一带生产柱茶，调往"蒙化"（巍山），被当地老辈茶人称为"松花茶"。

图7-10　柱茶实例

随着消费文化的多元化，柱状茶的功能得到了延伸和发展。大的柱形茶立于大堂之中，反映主人的喜好品位，小的柱形茶藏于竹筒之中，竹馨茶香，竹之高洁、茶之韵味相融合，体现了别样的云南风情。

六、工艺茶

（一）普洱茶工艺茶特征

普洱茶工艺茶是采用晒青毛茶或普洱茶（熟茶）散茶精心压制而成，是可品可藏的优质茶工艺品。可将晒青毛茶或普洱茶（熟茶）散茶压制成平面、立体等各种形态的工艺品。普洱工艺茶不仅具有饮用价值，还具备一定的观赏和收藏价值。

（二）普洱茶工艺茶的类型

1. 工艺饼茶

表面有字的普洱工艺饼茶常见的有"福""禄""寿""禧""龙凤呈祥""马到成功""招财进宝""镇宅之宝"等吉祥字句工艺茶饼（图7-11），以及传统婚庆纪念性茶饼、铜钱状的圆茶饼等；表面有图的普洱工艺饼茶常见的有栩栩如生的十二生肖系列茶饼、"茶马古道"图案系列茶饼、"奔马图"图案系列茶饼、"古茶树"图案系列茶饼、"纪念郑和下西洋"图案系列茶饼等。这些普洱工艺茶饼的直径、厚度、质量目前没有标准加以规范。

图7-11　普洱工艺饼茶"马到成功"

2. 工艺砖茶

普洱茶工艺砖茶上有的绘有图画、写有诗文，有的是十二生肖造型，有的写有祝福话语，形式多样，不一而足。普洱工艺砖茶主要以普洱工艺茶匾的形式出现，茶匾的图案常采用吉祥物、民间艺术、人物、书法、绘画等艺术元素通过特殊工艺压制而成，比较常见的图案有"百寿图""八骏图""双龙戏珠""九龙壁""双狮献宝""福禄寿喜""吉祥如意""恭喜发财""福星高照""龙腾四海""大展宏图""一帆风顺""马到成功"等（图7-12）。普洱工艺茶匾规格不一，质量从1kg到180kg不等，极具观赏和收藏价值。

图7-12　普洱工艺砖茶"大展宏图"

3. 工艺柱茶

普洱工艺柱茶的图案以盘龙为主（图7–13），规格大小不一，有圆柱形和方柱形两大类。工艺柱茶一般放在大厅或者标志性的建筑旁边。作为工艺品，工艺柱茶一般是用来彰显当地的特色。

4. 工艺特形茶

对联工艺茶、屏风工艺茶、古钱币工艺茶、象棋工艺茶、茶壶、茶杯、茶船三位一体的精制茶具工艺茶、茶雕工艺茶、工艺礼品茶、作为挂件的工艺茶、供摆设用各种形象工艺茶、拴有中国结的工艺茶等（图7–14），荟聚成普洱工艺特形茶的大家庭。

总之，普洱茶工艺茶不胜枚举，美不胜收。这类茶因选料精细、工艺考究、茶中有寓意以及数量稀少而备受关注。

图7–13　工艺柱茶实例

图7–14　工艺特形茶实例

第三节　普洱茶茶膏

普洱茶茶膏是通过一定的方式将普洱茶［云南大叶种晒青毛茶、普洱茶（生茶）或普洱茶（熟茶）］中的固态纤维物质与茶汤分离，并将所获得的茶汤进行再加工，深加工而成的固态速溶茶。茶膏为中国所独有，是世界第一款"速溶茶"，作为云南历史上普洱"八色贡茶"之一，普洱茶膏曾是清朝宫廷贡茶，其雏形从唐代就开始形成，但期间制膏工艺经历百年的失传，直至清朝云南普洱茶逐渐繁荣，茶膏的制作再次悄然出现。

一、唐代

（一）唐代茶膏总体概况

唐代，茶膏被作为贡品首次出现。据吴任臣《十国春秋》记载，早在南唐闽康宗通文二年（公元937年），就有贡品茶膏进献，即"贡建州茶膏，制以异味，胶以金缕，名曰耐重儿，凡八枚"。"茶膏"字样在该文正式出现，外部用金丝芽装扮，比较贵重，只有 8 枚，数量极少，凸显珍贵，堪称极品。

（二）唐代茶膏加工工艺

从陆羽的《茶经》及唐代制茶工艺中可以判断得出，茶膏与唐代作饼制茶工艺息息相关。唐代逐渐完善了蒸青作饼的制茶工艺，成为唐代及后来的宋代茶叶加工的主流。陆羽在《茶经》中论述的"蒸、捣、拍"三个工序，极易将茶叶中的部分茶汁与纤维物质分离，在空气氧化作用下，出现膏化现象。

（三）唐代茶膏产品及品质特点

陆羽在《茶经》中多次提到"膏"字，如"畏流其膏""出膏者光""含膏者皱"等文字。陆羽所论及的唐代制茶法中的"膏"及后来出现于民贡的"茶膏"都属于"含膏"的性质，没有脱离茶叶的原始形态，仍然保持在茶饼的表面，与真正意义上的"茶膏"还有一定的距离。

二、宋代

（一）宋代茶膏总体概况

宋代将获得的茶膏作为独立的茶品纳入宋代的茶品名录。如北宋陶谷（公元 907—960 年）撰写的《茗荈录》，就将茶膏纳入其中，这标志茶膏作为独立产品的存在。"斗茶""吃茶""茶会"的盛行，推动了茶膏的发展。

（二）宋代茶膏加工工艺

宋代的制茶者认为茶中的"膏"是珍品，宋代采用榨取的工艺，先将茶蒸熟，再"须淋洗数过。方入小榨，以去其水，又入大榨出其膏"，将茶膏从茶中分离。蔡襄（公元 1012—1067 年）在他著述的《茶录》中对此有专门的描述："饼茶多以珍膏油其面，故有青黄紫黑之异"，其中"珍膏"就是茶膏。该茶膏取茶之精华，精炼提取茶叶有效物质，经高度浓缩凝炼成膏。在饼茶制作过程中，将饼茶表面用茶膏涂层，以增加饼茶表面的光亮度及色泽，这与唐代制茶中"含膏"工艺向前迈进了一大步。

但是宋朝制茶工艺在明代被废止，明代朱元璋下诏罢造龙团凤饼，全部改为"散形茶"。这种变革使唐宋制茶工艺，包括茶膏在内，就此失传。

（三）宋代茶膏产品及品质特点

宋徽宗在位期间（公元 1082—1135 年），对"珍膏油其面"则更为重视，把"膏"的质量好坏作为鉴茶标准。在其撰写的《大观茶论》中指出："茶之范度不同，如人之有面首也。膏稀者，其肤蹙以文；膏稠者，其理敛以实"。显然，宋代好茶以膏稠者为代表。

三、清代

（一）清代茶膏总体概况

在清代初期，雍正皇帝将大锅熬制的茶膏纳入皇宫作为贡品。朝廷进贡的茶品中，普洱茶膏是弥足珍贵的一类。当时的茶膏使用银匣、锦缎匣盛装。相比普洱茶进贡的数量，普洱茶膏进贡的量极为有限，足见其珍贵。

（二）清代茶膏加工工艺

茶膏最初由云南土司采取大锅熬制方法，初创制膏工艺。该方法借鉴唐宋制作饼茶工艺，将"蒸"改为"煮"。但是大锅熬制品质不稳定，就由清皇室御茶房自行炼制普洱茶膏，加入了珍贵的药材配伍，与大锅熬制的差别很大。当时清宫御茶房的制茶工匠们采取了一套低温提取、低温干燥的工艺，使其生产出的"普洱茶膏"跃上了新的台阶，"普洱茶膏"也由此正式定名。该茶膏为皇家茶膏，也被称作"宫廷茶膏"，作为茶叶的深加工产品，是茶叶所含有益物质的高度浓缩。因"宫廷茶膏"为清朝宫廷皇室御用，对原料较为挑剔，制作工艺复杂，出品率低，为稀缺珍贵之物，一直在宫廷沿袭，市场几无流通。最终令茶膏身价倍增，成为代表特定阶层的奢侈品。

（三）清代茶膏产品及品质特征

清代药学家赵学敏（公元1719—1805年）在公元1765年所著的《本草纲目拾遗》中，将"普洱茶膏"纳入其中。言称："普洱茶膏黑如漆，醒酒第一，绿色者更佳。消食化痰，消胃生津，功力尤大也。"

四、现代

（一）现代茶膏总体概况

普洱茶膏保留了云南特有的用乔木大叶种茶叶加工而成的普洱茶的主要营养成分，且其营养保健价值更高；体积小、重量轻、携带方便、冲泡简捷、冲水即溶，杯内不留残渣，浓淡易调节，方便卫生；口感温和厚重，层次感丰富。

茶膏制作工艺在中国一脉传承，虽经百年断代，但还是留下了重要的制作工艺。随着科技的提升，现代茶膏制作工艺也随之得到改进，当代的制作工艺可以被看作是古代制作工艺的传承。现代茶膏制作工艺利用了芳香物质和活性成分必须在一定温度下挥发和析出的特性，最大限度将这些茶叶的原有物质有效溶解到茶汤再浓缩成膏，中间避免了温度过高造成芳香物质挥发和活性成分被破坏和温度过低导致的析出不足，因此，制作的茶膏香味十足，陈化后的口感滋味也更好。

（二）现代茶膏加工工艺

传统的制作方法是大锅熬制，基本工艺流程：

大锅熬煮原料 → 细布袋过滤茶渣 → 大锅复煮茶汤 → 剔除浅黄色漂浮物 → 中型锅煎熬 → 小型锅煎熬 → 盛入成型模具成型 → 储膏器盛装 → 包装

现代普洱茶膏的制作则采用当今较为先进的生物科技手段，运用了冷等静压、细胞破壁技术、超临界流体萃取、冷冻干燥、真空回流干燥等先进技术，使得现代普洱茶膏的制作过程更科学、更简便、更卫生，所得产品的品质更能得到保障。现代普洱茶膏的主要加工制作工艺流程可总结为：

原料选择及处理 → 浸提 → 净化（过滤、沉淀）→ 浓缩 → 干燥 → 定型 → 包装 → 成品

（三）现代茶膏产品及品质特征

现代普洱茶膏（图7-15）是在传统茶膏生产基础上，运用浓缩、萃取、干燥等技

术提升普洱茶膏的制作工艺水平。现代普洱茶膏品质卓越，利用微热效常温萃取技术加工制成，该技术采用数字化浸提和有害菌去除工艺，能有效滤除可能存在的有害物质，完好保留有益物质和活性物质。现代普洱茶膏是对普洱茶深加工产品的再研发和再生产，提取优质普洱茶有效成分的精华，大幅提升养生功效，入喉醇香厚滑，其中的茶多酚含量可以高达 60%。

图 7-15　普洱茶膏实例

第四节　普洱茶茶粉

一、普洱茶茶粉概述

普洱茶茶粉是把普洱生茶、熟茶等作为加工原料，经过浸泡、萃取、研磨粉碎或经物理萃取、喷雾干燥等多种复杂工艺，而成的一种固态的微细茶粉，也称作速溶普洱茶。普洱茶茶粉最大限度地保持茶叶原有的营养、药理成分，且不含任何化学添加剂，即冲即饮，轻便易携带。

二、普洱茶茶粉加工工艺

普洱茶茶粉加工工艺流程：

普洱茶→ 粉碎 → （水、醇或酶解）浸提 → 过滤去渣 → 冷却静置 → 减压浓缩 → 干燥 →成品

传统浸提方法先运用醇提技术提取茶叶中的醇溶性成分，再用水提取其中的水溶性成分，可以显著提高产品得率，后有人研究使用复合纤维素酶∶果胶酶∶蛋白酶=1∶1∶1的酶解法提取工艺，使产品得率更高，且可较好地保持原普洱茶具有的品质和风味。

干燥是普洱茶茶粉加工过程中的最后一道工序，对茶粉成品的品质起着决定性作用。通过对干燥工序各项参数进行优化，有利于降低生产成本、提高生产效率、缓解常规速溶茶粉的部分品质问题、改善速溶茶粉的颗粒特性，以提升速溶茶粉在包装与贮运上的便利性。冷冻干燥的速溶茶香味物质及有效成分保留得更多，但是从加工成

本来看，冷冻干燥是投入多、能耗高、成本高的工艺，且目前生产效率也不及喷雾干燥，因此在实际生产中，大多数厂家仍然选择喷雾干燥。

在普洱茶茶粉的工业生产过程中，应针对不同的产品摸索干燥的最佳工艺参数，高效、节能地生产出高质量产品。

三、普洱茶茶粉产品

市面上普洱茶茶粉产品越来越多样化，根据普洱茶原料的生熟不同，分为普洱生茶粉和普洱熟茶粉；根据香型不同，又有清香型和糯香型普洱茶茶粉；此外，还有在普洱茶粉中加入菊花，制成菊花普洱茶茶粉，分为菊普生茶茶粉和菊普熟茶茶粉。

第五节　普洱茶饮料

一、普洱茶饮料

普洱茶饮料是一种以普洱茶为主要原料加工而成的不含酒精的，利用热水萃取普洱茶中的可溶性物质，通过调配（含调味）、膜过滤超高温灭菌、罐装等方法加工而成的新型饮料。这种饮料既具有普洱茶的独特风味，又兼具营养、保健和医疗等作用；同时在加工中不添加或仅少量添加调味物质，是一种安全、多效、深受消费者欢迎的多功能饮料。

二、普洱茶饮料的分类及特点

根据 GB/T 21733—2008《茶饮料》的规定，茶饮料按产品风味分为茶饮料（茶汤）、调味茶饮料、复（混）合茶饮料及茶浓缩液四类。所以，普洱茶饮料也有四种，分别是纯普洱茶饮料、调味普洱茶饮料、复（混）合普洱茶饮料以及普洱茶浓缩液。

（一）纯普洱茶饮料

纯普洱茶饮料是普洱茶茶汤饮料的一种，它低热量、低脂肪、低糖，维生素、矿物质丰富，无化学合成之虞，保健消暑，具有甜果味、带茶味，汤色欠亮。

（二）调味普洱茶饮料

调味普洱茶饮料是指用水浸泡普洱茶叶，经抽提、过滤、澄清等工艺制成的茶汤或在茶汤中，加入果汁（或食用果味香精）或乳（或乳制品）或二氧化碳、食糖和（或）甜味剂、食用酸味剂、香精等调制而成的液体饮料。普洱茶茶饮料不仅保留了茶叶的风味，而且富含天然茶多酚、咖啡因等茶叶中的功能性成分，有较高的营养和保健价值，包括果汁茶饮料、果味茶饮料、奶茶饮料、奶味茶饮料、碳酸茶饮料及其他调味茶饮料。

（三）复合普洱茶饮料

复合普洱茶饮料是以普洱茶茶叶和植（谷）物的水提取液或其浓缩液、干燥粉为原料，加工制成的，具有茶与植（谷）物混合风味的液体饮料。在 GB/T 21733—2008《茶饮料》中还规定了复（混）合茶饮料茶多酚含量应不低于 150mg/kg，咖啡因含量不低于 325mg/kg。

（四）普洱茶浓缩液

普洱茶浓缩液是以成品普洱茶为原料，经浸取、净化、浓缩、灌装和灭菌等工序制成的茶原汁。在茶饮料生产中，普洱茶浓缩液作为原浆或主剂使用，是一种新的茶叶深加工产品。其最大特点是，浓缩液在低温状态中保存 6 个月后，配制的茶饮料不会出现浑浊沉淀，普洱茶固有的风味完全得以保存。

三、普洱茶饮料存在的主要问题

（一）品质劣变

在普洱茶饮料的加工过程中，灭菌的目的是达到商业无菌的要求，除去有害菌等微生物。但在高温灭菌过程中，经常出现香味损失、产生熟汤味、色泽加深、颜色变暗从而影响茶水的品质等劣变现象。因此，一方面要控制好灭菌温度和时间，另一方面可采用膜过滤的方式进行无菌过滤和包装。

（二）品质不稳定

普洱茶饮料要求品质稳定，符合饮料质量标准。但各批次由于使用原料可能来自不同品种、不同地区、不同季节等，茶叶内质有较大养异，因此可采用拼配的方法来保证茶水色、香、味的稳定。也可以将茶褐素、茶红素、茶多酚等物质含量作为稳定指标。

（三）储存易产生沉淀

普洱茶饮料在长时间的存放过程中，也会产生大量沉淀，需要克服。目前认为，沉淀物首先由茶褐素、茶红素与咖啡因等络合形成螯合物，再遇上可溶性的蛋白质、果胶、多糖类物质后进一步聚合加大了粒子分子质量，从而导致沉淀。一般采用超滤、单宁酶法转溶、低温沉淀、梯度离心以及浓度稀释等方法解决沉淀问题。

第六节　普洱茶日化用品

一、普洱茶日化用品定义及现状

（一）普洱茶日化用品定义

普洱茶日化用品是以普洱茶为原料，挖掘利用普洱茶抗氧化、消炎、杀菌、表面活性、保湿美白等生理活性成分，经科学配伍、加工制作而成的日化用品。将普洱茶的有益活性成分与护理保健结合起来，加工出一系列对生活有益的含有普洱茶活性成分的日化用品。在茶叶加工过程中，属于茶叶的深加工范畴。此类产品的研发和应用，拓展了普洱茶深加工的产业链。

（二）普洱茶日化用品现状

茶叶不仅营养丰富，还含有大量的多酚、有机酸、生物碱与芳香物质等有效成分。从而具有保健、杀菌消毒、去污除臭及护肤美容等多种功能。故以普洱茶为原料的日用品已深为海外广大消费者青睐，普洱茶日用品的生产和销售逐年增长，形成市场热门。

二、普洱茶日化用品类型

（一）清新剂

普洱茶具有吸附作用，能有效去除 NH_3、H_2S 等臭气物质，可用于清新空气。因此，普洱茶可以作为天然空气清新剂，运用于新房子装修、冰箱或者其他带异味的场所，并且不会带来安全问题。

（二）着色剂

普洱茶经不同的提取方法可以获得绿色、红色、棕色、黄色、褐色等色素，这些色素可用作食品糖果类的着色剂，还可用于化妆品口红、染发剂的生产。

（三）防晒剂

普洱茶具有抗辐射、防晒作用。茶多酚能消耗紫外线辐射产生的大量自由基，进而避免生物大分子的损伤，起到防治皮肤光老化作用。茶多酚类化合物对紫外线敏感，尤其对引起日光皮炎的波长为 200~300nm 的紫外线有强吸收峰，可抑制黑素细胞的活化，同时减缓脂质氧化，减轻色素沉着。茶多酚还可抑制酪氨酸酶及过氧化氢酶的活性，有效抑制色素的产生，防止或减轻雀斑、褐斑、皮肤黑化和老年斑的症状。

目前的许多防晒霜中都加有 α-羟酸，其作用是保护皮肤，茶多酚的加入可以减少 α-羟酸的用量，进一步发挥其抗辐射的防晒功效。

（四）添加剂

茶多酚具有抗菌消炎等作用，对皮炎和蚊虫叮咬有一定疗效。由于茶多酚能够与蛋白质结合，产生沉淀，因此茶多酚具有抗菌作用的主要机制可能是特异性地凝固细菌蛋白、破坏细菌细胞膜结构、与菌体 DNA 结合，从而改变细菌生理状态并抑制其生长等。

中国农业科学院茶叶研究所研制出一种添加茶多酚的花露水，通过浙江医院皮肤科的临床试用，结果表明，对丘疹性荨麻疹作用效果的总显效率为 91%，止痒效果达10%，具有推广价值。

（五）其他普洱茶用品

目前已经研制出含茶多酚的漱口剂、对皮肤刺激性温和的除味防臭剂、含茶提取物的空气防臭剂及含茶牙膏、肥皂等日用产品，还可用于家禽、宠物的饲料、除臭宠物睡垫等用品。

三、普洱茶日化用品的特点

茶叶含有丰富的维生素、矿质元素、氨基酸等 500 多种生化成分，"饮茶有益健康"已成为共识。现代科学研究证明，普洱茶有以下三个特点：一是具有营养与药效功能，二是具有健肤美肤作用，三是具有抗菌消炎除臭作用。

这些功效的发现，使普洱茶的用途变得日益广泛，可利用普洱茶提取物的独特功能而将其应用于日化领域，在欧美国家和日本等，已有不少含有茶提取物的日用品上市，不但丰富了日化用品的种类，还为茶的综合利用开辟了新的途径。

第七节 普洱茶制品及茶食

一、普洱茶美食概述

（一）茶食发展

茶的利用最早从人们咀嚼茶开始的。"茶食"一词，首次出现于《大金国志·婚姻》："婿纳币，皆先期拜门，亲属偕行，以酒馔往……次进蜜糕，人各一盘，曰茶食"。其中茶食指的是糕点与糖果之类。而在茶学界，茶食多为用茶掺入食物，再经过加工而制成的糕点、糖果、点心、菜肴之类的食品。

目前在茶餐饮、茶艺馆在内的饮食服务行业，茶食的内涵较为广泛，许多食品都添加了茶的成分。在品饮香茗的同时，配有茶食点心可以互相促进，相得益彰。

把茶做成佳肴美食入馔，并非一时的心血来潮，其实自古以来中国就有"茶食"的说法。茶食的形成和发展，可以说是古代吃茶法的延伸和拓展，其历史颇为久远，大致经历了四个阶段。

1. 秦汉——茶食品的萌芽

"茶食"一词首次出现在金代文献中，但实际上茶为食用的出现更早。药食同源是茶食发展的开端，茶作为食用可以认为是茶以药用的延伸，在原始部落时期，人们为获得茶树鲜叶药用效果，都是以直接食用茶鲜叶的方式汲取茶汁，"神农遍尝百草，日遇七十二毒，得荼而解之"，这里的神农就是直接将茶鲜叶放入口中使用。在春秋末期，晏子就有食用"茗菜"的记载："婴相齐景公时，食脱粟之饭，炙三弋，五卵，茗菜而已。""茗菜"极有可能指将茶鲜叶放入炊具中用水煮沸后食用的菜肴。到了三国魏晋时期，根据《司隶教》记录："闻南市有蜀妪作茶粥卖，为廉事打破其器具，后又卖饼于市，而禁茶粥以困蜀姥何哉！"以及《广雅》中："荆巴间采叶作饼，叶老者，饼成以米膏出之。欲煮茗饮，先炙令赤色，捣末置瓷器中，以汤浇覆之。"可以发现食用茶叶的方法演变成茶鲜叶与稻米或粟麦共同烹煮的羹饮——以茶煮粥为食的风尚逐渐形成。在这一时期，茶食表示以茶为原料制作的食品。

2. 唐宋——茶食品的发展

中国的茶文化在唐朝得以兴盛，茶也成为人们日常生活中不可或缺的组成部分。在当时，茶叶加工技术的精进完善，得益于茶文化的发展壮大，才使得茶食种类丰富多样，如佐茶的糕点、菜肴和水果等，其中的糕点及菜肴多为不掺茶的佐茶点心。在唐朝前中叶，茶叶的加工制作粗犷，羹煮和茗粥仍是使用茶叶的主要方式。中唐以后，随着制茶技术的提高和普及，取用鲜叶直接煮饮便成为了支流，而茶圣陆羽认为在使用茶叶时添加各种作料是在破坏茶的真味，他所提倡的禁止在茶中添加作料的煎饮法在当时开始盛行。受到这种饮茶方式变化的影响，佐茶的点心作为唐代清饮所必备的茶食逐渐独立发展，茶糕、茶点心开始出现，不仅在官宦人家的筵席上，在酒馆、茶肆也都经常出现它们的身影，售卖茶点也成为茶楼的一种经营手段。与此同时，以茶替代酒成为宴会主饮的茶宴得到正式化。唐诗中有许多对唐代茶宴的相关记载，其中钱起为记录与赵莒一块办茶宴的盛况，写下《与赵莒茶宴》一诗："竹下忘言对紫茶，全胜羽客醉流霞。尘心洗尽兴难尽，一树蝉声片影斜。"这首诗就反映了唐代茶宴是以茶代酒的文人雅集。白居易的《招韬光禅师》则完整地记载了茶宴的饮食内容："白屋炊香饭，荤膻不入家。滤泉澄葛粉，洗手摘藤花。青芥除黄叶，红姜带紫芽。命师相伴食，斋罢一瓯茶。"茶宴上朴素淡雅的食物与婉转悠扬的乐曲，引领了一种独特的茶文化风尚。与文人雅士茶宴相比，宫廷茶宴却要富丽堂皇许多。

在宋朝，茶点心的种类更加多样化，也更接近平常百姓的日常生活，如《梦粱录》中的记载："凡点索茶食，大要及时。如欲速饱，先重后轻。兼之食次名件甚多，姑以述于后：曰百味羹、锦丝头羹……更有供未尽名件，随时索唤，应手供造品尝，不致阙典。又有托盘檐架至酒肆中，歌叫买卖者，如炙鸡、八焙鸡、红鸡……荤素点心包儿、旋炙儿……更有干果子，如锦荔、木弹……诸店肆俱有厅院廊庑，排列小小稳便儿，吊窗之外，花竹掩映，垂帘下幕，随意命伎歌唱，虽饮宴至达旦，亦无厌怠也。"宋朝的茶之风也较唐代更为盛行，宋代的茶宴大致分为分茶会、品茗会和茶果宴三种，其中分茶会是以茶菜、茶饭、茶果与品茗相互配合的正式茶宴。同时还出现了由寺院制作茶菜并举办茶宴，其中最著名的当数浙江余杭径山寺的"径山茶宴"。《类聚名物考》中记载："茶宴之起，正元年中，驻前国崇福寺开山南浦绍明，入唐时宋世也，到径山寺谒虚堂，而传其法而皈。"而由"径山茶宴"传至日本的茶食，后来也发展成为具备日本风格的高档茶食——怀石料理，也称茶怀石料理。

3. 明清——茶食品的兴盛

在明清之际，随着茶文化的发展，茶饮进一步得到普及，相较于文人雅士以品茗为主，平民百姓更钟爱茶食。明代饮茶习惯已经从宋代的点茶变为与现代相同的散茶冲泡，饮茶更为便捷，使得佐茶食品的样式变得丰富，外表更加美观。在明朝已经有人注意到鲜果的香气会影响茶的清香，所以在茶馆之中供应品类繁多的茶点主要以干果为主加工的茶果和以蔬菜为主加工的茶菜两类。如明代顾元庆《茶谱·择果》云："茶有真香，有佳味，有正色。烹点之际，不宜以珍果香草杂之。夺其香者，松子、柑橙、杏仁、莲心、木香、梅花、茉莉、蔷薇、木樨之类是也。夺其味者，牛乳、番桃、荔枝、圆眼、水梨、枇杷之类是也。夺其色者，柿饼、胶枣、火桃、杨梅、橙橘之类是也。凡饮佳茶，去果方觉清纯，杂之则无辨矣。若必曰所宜，核桃、榛子、瓜仁、藻仁、菱米、榄仁、栗子、鸡豆、银杏、山药、笋干、芝麻、茼蒿、莴苣、芹菜之类，精制或可用也"，茶食至清代时已成为大众主流。这个时期的茶食制作开始进行创新，茶食材料搭配多样化，无论荤菜、素菜都可以与茶搭配烹调，面点、干果、蜜饯等都成为佐食的茶点。

4. 现代——茶食品新的启程

当茶食发展至今天，茶的保健功效越来越受到重视，如果说明清是茶食发展的鼎盛时期，那么今天的茶食则进入了一个新的发展阶段。在日常菜肴的烹调中，运用炒、蒸、炖、焖、煮、凉拌等多种方式去烹制茶叶，如龙井炒虾仁、茉莉花茶竹筒饭、铁观音炖鸭、普洱肘子、红茶牛肉、绿茶拌豆腐等，不但为菜肴添加了独特的风味，更让菜肴变得健康。在人们使用原叶冲泡茶的同时，饮用含茶饮料逐渐成为时尚且广为流行。中国的饮料市场中，茶饮料份额占比超过20%，2018年市场规模约为1366.94亿元，随着消费者消费习惯的转变，茶饮料的消费由重量向重质转变。这种含茶饮料是将茶叶通过萃取、过滤、调配、浓缩、干燥等现代工艺制作而成，随着逆流提取技术、超临界萃取技术、膜分离技术、大孔吸附树脂分离、逆流色谱分离、冷冻干燥技术、喷雾干燥技术等新技术日趋成熟，并被集成创新融入到茶饮料加工产业中，使茶叶功能成分得到较大限度的保留，令茶饮料保留原茶风味的同时还具有保健功能和营养价值。在20世纪末，起源于中国隋唐时期的抹茶在世界上越来越流行，这种经过超细研磨工艺制成的茶叶超微粉末，保存了茶叶最原始的风味且具有较高的营养价值，使其广泛应用于小吃、零食、菜品甚至于化妆品中。将抹茶用于茶食的制作，增进人们对茶饮、茶文化的兴趣，有利于茶产业的发展，也延续了独特的抹茶文化。而在消费市场上凭借携带方便、甘甜清爽的茶爽含片，也受到消费者的一致好评。随着现代工业技术的发展，茶食品得到多元化的发展，从以前作为茶叶的配角，逐渐演变成茶产业中独树一帜的主角。

（二）普洱茶食

茶食制品，与一般饮茶相比，对人体健康更具独特的作用，它不仅利用了茶的水溶物质中的有益物质，而且将其不溶于水的营养保健成分也一起加以利用。茶与食品有机结合，改善了风味，使其不再甜腻；不同茶类的口感色泽不同，可以丰富食品的色、香、味。茶与茶食在待客时会一起登场，一则佐茶添趣，二则生津开胃，三则奉点迎客。

云南是茶叶也是茶食的发源地之一，普洱茶入膳历史悠久，甚至可以追溯到公元前，许多原始的食用茶叶方法仍延续至今。在云南，将普洱茶作为主料或配料来佐菜，普洱茶的甘醇香气入到菜味中，制成一道道风味独特、营养丰富的普洱茶菜。随着社会的发展，人们的生活水平不断地提高，将普洱茶作为美食原料进行加工的形式推陈出新，形成了现今多种多样的普洱茶美食，既丰富味蕾又补充营养。普洱茶除了融入中餐，也逐渐进入国际视野，西式的餐点与中国传统的普洱茶相融合将碰撞出不一样的火花。

以茶为食的最初目的是用于治病，随着人类社会发展进步，茶从煮、煎着吃，发展到冲泡品饮，制作越来越科学，使用越来越讲究。茶食发展的意义在满足人们物质需求的同时还满足了人们的精神追求。具有营养、保健的功能和药理功效的茶食体现了茶与自然、茶与民生的和谐。倡导茶食既符合人类科学、文明、进步发展的趋势，又有利于造福人类健康、和谐。

二、经典普洱茶菜肴

茶和中国菜肴优雅、和谐地搭配在一起，就是独具特色的茶料理。以茶做菜很讲究手法，要做茶食先得熟悉每种茶的特性，若茶叶或茶汤用多了，菜会变苦涩；茶叶或茶汤用少了，又显不出茶香味。另外，葱、姜、蒜、五香等此类重味作料搭配合理，这才合乎茶的本性和健康的要求。烹调方式不同时，搭配的茶叶也要不同，明白茶叶的茶性和菜肴的食性，那么如何搭配就随心所欲了。以茶入菜，如水仙下凡，似观音入世，品位高雅，精致不凡。

普洱茶叶能饮用，能调和滋味，增加色彩，又具有药理成分，普洱茶里还有许多微量元素和矿物质，不溶于水，而溶于油，入菜的最大好处是可以去腥味、除油腻、清肠胃，可增加肉质的爽滑度，有肥而不腻的特点。普洱茶叶入菜讲求搭配和工艺，做普洱茶菜肴要取茶之色、茶之味、茶之香、茶之形、茶之韵、茶之魂，不同的普洱茶有不同的普洱茶菜肴做法。

（一）凉拌茶

居住在西双版纳的基诺族人民，自古至今仍保留着用鲜嫩茶叶制作凉拌茶（图7-16）当菜食用的习惯，是极为罕见的吃茶法。

图7-16　凉拌茶

"基诺凉拌茶"食材丰富，制作简单易上手。制作"基诺凉拌茶"的茶树嫩叶以3~4月的最优，其他食材可以随着季节变换而补充丰富，如3月到4月份时有白参、食用菌、螃蟹、牛肉干巴（干巴）、槟榔青（嘎里罗）、酸蚂蚁蛋、黄果叶、芫荽、小米辣等应季食材可以用。菌类食材一般采用洗净后"包烧"（用大片植物叶子将目标食材包起来放到火堆里烤到适当程度）的方式处理，山货肉类（如螃蟹、鸟肉、干巴等）与香料植物（如辣椒、大芫荽等）一般采用稍焦后舂碎的方式处理，然后将洗净的茶嫩叶在手心里用力揉碎，作为食材的一小部分添加进去，最后注入凉的山泉水或者凉白开水即完成。

（二）普洱茶炖排骨

排骨既有浓郁的肉香，又有香滑的汤汁。普洱茶用来泡饮有减肥消脂的功效，入菜则可去油腻、清肠胃。将普洱茶与排骨一同炖煮，既可消除排骨多余的油脂，又使排骨染上茶汤红艳的色泽，吃起来软嫩鲜美之余，还有满口的茶香，普洱茶搭配排骨的做法比较多样，可炖也可蒸（图7-17）。

制作时先足量的冷水下排骨，开火煮到将沸未沸时，倒掉换水。普洱茶叶冲泡后，取茶汤入炖锅，然后加入调料炖煮便可。

图 7-17　普洱茶炖排骨

（三）普洱肘子

将普洱熟茶置入茶杯中冲泡，取其第 1 至第 6 泡茶汤备用。先用茶汤浸泡猪肘，去其油腥，然后再入锅里焖，直至猪肘炖烂，茶香进入肉中。油腻的肘子和去油的普洱茶在这里相遇，成就了既解油腻又添茶香的普洱肘子（图 7-18）。

图 7-18　普洱肘子

（四）打油茶

居住在云南的瑶族、彝族等少数民族同胞十分好客，喜欢喝油茶。因此，凡在喜庆佳节，或亲朋贵客进门，总喜欢用做法讲究、作料精选的油茶款待客人。

瑶族打油茶（图 7-19）一般用的茶叶是耐泡的云南大叶茶，制作时先将锅预热，放适量食用油，待油面冒出阵阵青烟时，投茶叶入锅不停翻炒，少许片刻，加入适量食盐、芝麻再炒，随后加水煮沸 3~5min，就可以将油茶连汤带料盛起入碗了。

如果这打油茶要用作宴客或作庆典，还必须细心配料，将事先准备好的香糯米、花生、玉米花、花椒、糖、盐、芝麻等炒熟，放入茶碗中备好，然后将油炒焖煮过的茶汤，滤除茶渣，趁热倒入之前装有各色食料的茶碗。此茶茶香、油香，各色食料味齐具，香气浓郁、滋味甘醇，沁人心脾。

（五）普洱茶粥

茶粥又称为茗粥，唐代起就有"茗粥"说法。

食材：用粳米 100g，普洱茶 10g，木糖醇适量，可加莲子、枸杞、茉莉花等。

图 7-19　打油茶

制作方法：先将粳米淘洗干净；普润茶后浸润许久成为浓汤。粳米中加矿泉水800mL、茶汤及木糖醇，用文火熬煮即成。

普洱茶粥口感特点：甜而不腻，香气清香易消化。普洱茶（生茶）粥适合春夏季节，具有提神、明目、理气安神、减肥等功效。普洱茶（熟茶）粥（图 7-20）适合秋冬季节，具有暖胃、解除疲乏、降脂功效。

图 7-20　普洱茶（熟茶）粥

（六）普洱茶香虾

普洱茶香虾（图 7-21）这道菜的独特之处就在于普洱茶香与虾肉的鲜香曼妙融合，既有虾肉鲜美的口感，也有让人唇齿留香的沁人茶味。

图 7-21　普洱茶香虾

将鲜虾洗干净，剪去须和头部硬刺，开背挑去虾线，沥干水后，用酒、姜丝、盐腌制 15min 入味，沥干备用。此外，再收集适量茶汤备用。

热锅后倒入油，爆香姜丝；放入虾，爆炒约 30s 后，加入普洱生茶茶叶，红糖小半勺，边炒边倒入普洱茶汤，盖上锅盖焖煮 2~3min。然后开盖，大火爆炒，至汤汁变少后，调味炒匀，即可出锅。

（七）普洱茶酥红豆

这道菜具有红豆酥脆，茶香味浓的特点。

先把红豆煮熟，普洱茶用水泡开；锅里放油，待七成热时把红豆、普洱茶加淀粉拌均匀下锅炸酥，捞出沥油；重新把锅置火上，放油炒焦香，放入普洱茶、红豆，加入五香粉、盐、味精、香油调味出锅装盘，一盘普洱茶酥红豆（图 7-22）就做好了。

图 7-22　普洱茶酥红豆

（八）普洱茶香饭

普洱茶香饭（图 7-23）是一种美味的茶膳，深受人们的喜爱，其做法也很简单。

图 7-23　普洱茶香饭

将米提前浸泡半小时，然后准备适量的普洱茶汤。在电饭锅中倒入浸泡好的米，注入和平时煮饭的水量相同的茶汤，按下煮饭键即可等待一锅清香的普洱茶香饭出锅。

（九）普洱茶炒包浆豆腐

普洱茶炒包浆豆腐（图 7-24）云南风味特色明显，是将云南两种特色食材——包浆豆腐和普洱茶结合。

图 7-24 普洱茶炒包浆豆腐

因为包浆豆腐内含水分很多，因此炸的时候温度不能太高，一般控制好温度后离火浸炸，反复将油锅置于锅上，小火慢炸至金黄色，这样炸出来的豆腐，表层酥脆，内里软嫩。普洱茶味苦，用它做菜，需要至少泡 3 次茶才好用，然后处理好后控干水分再进行油炸。

将包浆豆腐和普洱茶都炸好后，锅留底油烧热，下入豆腐、红豆、普洱茶，加盐、辣椒面翻炒均匀，出锅装盘即可。炸好的豆腐外酥里嫩，而普洱茶也酥脆清香。

（十）普洱茶香鸡

用普洱茶制作的茶香鸡（图 7-25）鸡肉茶香味厚重，将普洱茶用纱布袋包起来然后沏上一大杯，放一边备用。

准备处理好的鸡 1 只和干辣椒、茴香、香叶、肉桂、葱结、姜片，生抽、老抽、盐、糖等配料。用适量的姜片、盐、米酒、生抽、白砂糖、老抽等反复揉搓按摩鸡身，直到吸收充分，然后加入姜片、葱段、蒜瓣，倒入泡好的茶水，腌制 30min 备用。

选用密封性良好，加热温度比铁锅高的砂锅，将腌好的鸡和调味汁倒入砂锅，再加入适量的水，水刚好漫过整只鸡即可，大火烧开后转小火。选用砂锅是因为砂锅能均衡而持久地把外界热能传递给内部原料，锅内形成相对平衡的环境温度，有利于调味汤汁与食物的相互渗透，能更大限度地释放鸡肉的味道。

图 7-25 普洱茶香鸡

（十一）普洱茶（熟茶）炒面

面食是中国人喜爱食物之一，面食是用面粉制作，而面粉则来自小麦。小麦性平，味甘。常吃面条可以养胃，富含碱，面汤中含有营养成分，容易消化、热量高，健脾养胃。

食材：面粉500g、普洱茶（熟茶）磨粉5g、蔬菜汁30g、芹菜100g、豆芽菜50g、胡萝卜丝50g、肉丝100g、盐、鸡精、食油等适量。

制作方法：面粉、茶粉、蔬菜汁和匀，制成面粉煮熟后捞出清水凉透，加清油拌和。然后放油下肉丝、芹菜、豆芽菜、胡萝卜丝爆炒，再加面炒匀出锅即成。特点色香俱全，有熟普醇香。

普洱茶（熟茶）炒面（图7-26）口感特点：熟普的醇香把面条本有的碱味去掉，增加了面条的顺滑与韧性。与各类蔬菜经过热油炒制，降低了炒面重油的油感，口味独特。

图7-26　普洱茶（熟茶）炒面

三、经典普洱茶点心

"点心"是指饭前或饭后的小量餐饮，其种类丰富多样。在民间，"点心"成为司空见惯的一种小吃。经过我国劳动人民的长期实践，点心的品种越来越多，而且制作技巧精细，口味多样，形体小，量少质好。慢慢品味间，使饮茶升华到一个更高的境界。目前，在我国常见的茶点心有茶团、茶包子、茶糕等。普洱茶点心是指以普洱茶叶或者茶汤为主在家其他辅料制作的点心吃食，而运用普洱茶结合面点制作点心，香气清香或陈醇、口感清爽、色泽悦目。

（一）普洱生茶团子

食材：用糯米粉250g，五仁（核桃、腰果、瓜子、芝麻、杏仁）各20g，普洱生茶5g，以及白糖、蜂蜜、蔬菜汁适量。

制作方法：五仁炒熟与白糖、黄油、蜂蜜拌匀成馅。然后将糯米用开水搅拌成团。用小团作为皮包馅，蒸熟加椰丝。

普洱生茶团子（图7-27）特点：甜、香、糯，营养丰富，果香茶香完美结合。

图 7-27　普洱生茶团子

（二）普洱茶与经典西式甜点——普洱茶提拉米苏

讲到西式甜点，经典之一是提拉米苏，寓意"带我走"。熟普陈香浓郁，醇甜回甘，将它代替可可粉，茶汤代替朗姆酒与咖啡液，手指饼干加入普洱茶碎，是茶味点心的新演绎。

制作方法：

（1）普洱茶手指饼干　材料：低筋面粉 55g、普洱茶碎 5g、细砂糖 30g（蛋白用）、细砂糖 20g（蛋黄用）、蛋白 55g、糖粉适量。将蛋黄与蛋清分离，蛋黄与 20g 细砂糖打至浓稠发白，蛋白加入 30g 细砂糖打至干性发泡，蛋黄糊分三次加入蛋白中翻拌均匀，最后筛入低筋面粉与普洱茶碎翻拌均匀装入裱花袋中，挤成长条状筛一层厚厚的糖粉，放入预热后的烤箱 185℃烤 12min。

（2）芝士糊（可制作一个四寸的量）

材料①：蛋黄 4 个、细砂糖 30g、普洱茶 1 匙。

材料②：淡奶油 250g、普洱茶叶 3g、马斯卡彭芝士 250g。

材料③：普洱茶汤 30mL。

材料④：普洱茶茶粉。

将材料①混合用打蛋器隔水打至浓稠（有明显清晰纹路即可），将材料②部分普洱茶叶放入淡奶油中提前一晚冷泡，马斯卡彭芝士搅打均匀，加入泡好后的淡奶油过滤茶叶，打发至七分发状态（有明显纹路），材料①加入材料②中混合均匀，材料③部分混合，均匀刷在手指饼干上，将手指饼干铺在杯子底层，挤入一部分面糊，筛一层普洱茶粉，重复以上直至面糊用完，最后筛上茶粉放入冰箱冷藏至少 4h 后食用。

普洱茶提拉米苏（图 7-28）口感特点：提拉米苏是喜欢甜品的美食家欲罢不能的甜品之一，但人们总是担忧过多的糖分会引起体重增加。该甜品的配方使用了具有降脂减肥功效的熟普，甜品的甜度下降，香醇增加。满足了味蕾的享受，减轻了肠胃的负担。

（三）紫娟熟普茶米糕

江南吃茶糕可以追溯到南宋时期，杭嘉湖平原自古富庶，早起的人们在运河边的茶馆里喝上一壶茶、吃上两块茶糕便是一天的开始。茶糕体态丰腴有弹性，呈半透明状，茶糕以历史悠久、选料考究、味道鲜美著称，具有糯、香、鲜三大特色。

图 7-28　普洱茶提拉米苏

食材：紫娟熟普 10g、水 500mL、粳米 500g、糯米 250g，红豆沙 100g。

制作方法：

（1）10g 紫娟熟普置于 500mL 水中泡开，取茶水；

（2）500mL 茶水中放入 500g 粳米 250g 糯米，搅拌均匀浸泡 2h；

（3）将浸泡好的米滤去多余的茶汤用打粉机打成米粉，以米粉能轻捏成团为宜；

（4）选择喜欢的模具，分次放入米粉、红豆沙馅、米粉，压制成型；

（5）放入蒸笼蒸 25min，出锅，完成。

紫娟熟普茶米糕（图 7-29）口感特点：紫鹃熟普内含物质丰富，富含花青素，茶汤红润，果香浓郁，滋味醇厚，成品茶色鲜明，茶香浓郁。

图 7-29　紫娟熟普茶米糕

四、普洱茶零食

零食，通常是指一日三餐时间点之外的时间里所食用的食品。目前常见的茶零食（图 7-30）品种众多。

（一）普洱茶零食分类

1. 炒货

按制作方法，炒货可分炒制、烧煮、油炸等种类。能与茶搭配的炒货有花生、瓜子、核桃、杏仁、开心果、腰果等，用茶粉或者浓茶浸润后再经过制作而成。最常见的炒货是茶五香豆、茶瓜子、茶松子等。

2. 蜜饯

蜜饯是用鲜果或晒干的果干做原料，经过茶、糖的浸煮后加工的半干制品。特点是果形丰润、甜香具备，风味多样。目前常见的茶蜜饯有山楂糕、果丹皮、苹果脯、糖冬瓜、芒果干、话梅、九制陈皮、糖杨梅、葡萄干等。

图 7-30　茶零食

3. 糖食

在饮茶过程中能起到调节口味的作用，是品茶时候的好零食。在日本，在品饮抹茶时，会尝些茶糖食，主要有芝麻糖、花生糖、可可核桃糖、桂花糖等。

4. 其他

以茶为原料的红茶、绿茶、乌龙茶等各种茶奶糖和茶胶姆糖等。它们具有色泽鲜艳、甜而不腻、茶味浓醇的特点。

以普洱茶干茶或茶汤为原料、添加物制作的零食，其香气、滋味含有普洱茶的韵味，使口感与健康需求均得到了满足。

（二）经典普洱茶零食

普洱茶在日本、法国、德国等国家有"美容茶""减肥茶"的美称。除了饮用之外，普洱茶还可以用来做零食和饮品。

1. 荔枝糖普洱茶气泡水

汤色清澈黄亮的普洱生茶，香气是带有蜂蜜柔甜的果香，荔枝带核做荔枝蜜，核有行血散寒止痛的功效，和普洱生茶是搭档完美的夏日解暑小茶饮。

荔枝糖普洱茶气泡水食材配料：普洱生茶 50mL、苏打水 150mL、荔枝糖适量、荔枝 2 颗、冰块适量。

制作方法：

（1）制作荔枝糖，食材为荔枝 500g、冰糖 500g。

（2）制作方法　将玻璃密封罐消毒干净，荔枝去皮，一层冰糖、一层荔枝往上叠，最上面一层放冰糖，密封保存，待冰糖完全化开后即可食用。待放置 1 周左右开始发酵冒泡，可以隔一天打开放气摇晃。

（3）将荔枝糖放入杯中加入冰块与荔枝搅拌。

（4）放入普洱茶。

（5）最后倒入苏打水。

荔枝糖普洱茶气泡水（图7-31）口感特点：普洱生茶口感适合初夏季品饮，与荔枝香甜滋味结合，甜爽顺滑。闷热的初夏，人的食欲会因入夏闷热而降低，这款茶饮品可以打开味蕾的进食欲，消除积食。

图7-31　荔枝糖普洱茶气泡水

2. 紫娟熟普桂花冻

紫娟熟普内含物质丰富，富含花青素，茶汤红润，果香浓郁，滋味醇厚。桂花具有祛寒止痛、美容养颜、护肺止咳的功效，桂花泡水饮用，可以使人唇齿留香，消除口腔内的异味。用桂花和冰糖制成桂花酱与紫娟熟普茶冻结合，可以很好地综合普洱茶底的苦味，又能缓和桂花酱的甜腻，口感清爽香甜。

紫娟熟普桂花冻食材：紫娟熟普10g、水500mL、白凉粉20g、桂花酱20g。

制作方法：

（1）10g紫娟熟普置于500mL水中泡开，取茶水。

（2）500mL茶水中放入20g白凉粉，搅拌匀，放凉后放入冰箱冷藏至结冻。

（3）将冻好的茶冻舀入小碗淋上一小勺桂花酱即可。

（4）桂花酱的制作方法　桂花100g，蜂蜜100g，冰糖50g，水200mL，将所有材料放一起入锅煮沸；然后改小火慢煮至浓稠即可使用。

紫娟熟普桂花冻（图7-32）口感特点：外观晶莹剔透，香气茶香四溢、口感软滑，是一款低热量的健康食品。

3. 熟普洱茶皂角米桃胶银耳海石花冻

食材：海石花25g、皂角米3g、桃胶10g、银耳1/5朵、普洱茶（熟茶）茶汤7碗、蜂蜜适量。

制作方法：

（1）将除蜂蜜以外的食材洗净。

（2）皂角米、桃胶、银耳分别泡发后在电饭煲中煮熟。

（3）海石花放入滤网袋加入7碗熟普洱茶汤煮50min。

图 7-32　紫娟熟普桂花冻

（4）煮好后捞出滤袋沥干得到熟普洱茶海石花液。

（5）在模具中倒入熟普洱茶海石花液，放入皂角米、桃胶、银耳。

（6）静置冷却直至液体凝固成胶状，切块。

（7）淋上蜂蜜即可食用。

普洱熟茶皂角米桃胶银耳海石花冻（图 7-33）口感特点：浓醇香甜熟普茶味、带有嚼劲的桃胶、口感滑润的银耳三者结合在一起，香甜醇美，具有极高的营养价值和保健作用，具有美容养颜的功效。

图 7-33　普洱熟茶皂角米桃胶银耳海石花冻

五、普洱茶酒

（一）茶酒概况

茶是世界各国医学家公认的保健饮料，酒可以用来配制各种药酒和滋补酒。茶属无酒精的健康饮料，酒属刺激性饮料，茶酒采用茶叶酿制或配制，既有酒的风格又有茶的风味和保健功能。

1. 茶酒

茶酒为我国首创，是以茶叶作为主要原料，经直接浸提或生物发酵、过滤、陈酿、勾兑而成的一种具有独特风味、兼具一定功能的饮料。

2. 茶酒的分类

根据所用茶叶品种的不同，分为红茶酒、绿茶酒、乌龙茶酒、苦丁茶酒、秦简茶酒、茶花酒等，它们多以茶叶为原料，或用酒精浸提，或水浸提，或对浸提液添加酵母辅助酿制。根据酿造方式的不同，分为酿造型、浸提型、调配型三类。

3. 茶酒的特点

（1）茶酒兼具茶与酒的特性，花香馥郁，滋味醇厚爽口，深受消费者欢迎。

（2）茶酒的酒精含量一般在10%以下，男女老少均宜，适用范围广。

（3）茶酒是集营养、保健、医疗为一体的多功能饮品。用茶与酒预防疾病，是我国人民千百年来实践证明行之有效的方法。

（4）茶酒原料来源充足，工艺技术易于掌握，生产周期短，生产销售快，经济效益显著，发展潜力大。

（二）普洱茶酒概况

1. 普洱茶酒

普洱茶酒将普洱茶和酒有机结合起来，使之既具有普洱茶和酒的风味，又含有茶叶的活性成分和营养成分，是一种集营养与保健于一身的饮用酒。目前市场上茶酒品种较多，而普洱茶酒较少。

2. 普洱茶酒的类型

关于普洱茶酒的报道，主要是配制型，即分别将普洱茶与红酒、白酒、黄酒进行调配，生产出了一定体积比的普洱茶酒。还有发酵型普洱茶酒，是以干果和普洱茶为原料，对浸提液添加蔗糖，接种酵母发酵，制成风格典型的复合发酵酒。

3. 普洱茶酒的特点

茶叶作为普洱茶酒的主要原料，在酿制时茶叶的营养物质大多溶于其中，茶叶中含有咖啡碱、多酚类复合物使人消除疲劳、振奋精神、帮助消化。普洱茶酒兼具有茶和酒的特色，风格独特，具有茶香、味纯、爽口、醇和的特点。

4. 普洱茶酒产品

（1）发酵型普洱茶酒　该酒属于酿造酒。酿造酒又称发酵酒、原汁酒，是借着酵母作用，把含淀粉和糖质原料的物质进行发酵，产生酒精成分而形成酒，其生产过程包括糖化、发酵、过滤、杀菌等。

①加工工艺：普洱茶酒选用普洱有机茶鲜叶和本地无公害基地生产的玉米、高

粱、荞麦和多种谷及无污染山泉水等原料酿制而成，整个酿制过程无任何添加剂，保证原生态。普洱茶清香酒经过特制工艺，利用普洱茶鲜叶中的茶多酚将纯白酒中的有害成分进行分解和降低，增加了酒的保健作用，同时还融合优质普洱茶的保健功效。

②特点：普洱茶清香酒无色或微黄、清澈透明，香气自然、纯正清雅，口感纯和、甘冽净爽，极具云南特色；更重要的是，它不是勾兑酒，不含食品添加剂、香精等，用优质普洱茶叶精工酿制而成的原浆酒，适量品饮不伤身。可谓是"人生难得几回醉，普洱茶酒不伤胃！"普洱茶清香酒是真正能代表云南特色的酒，也是历史上茶与酒的经典融合，对云南的白酒市场是一种全新的整合和开创，它将成为继云烟、云茶之后云南的又一张新名片。

（2）配制型普洱茶酒　该酒属于配制酒。配制酒又称调制酒，是以发酵酒、蒸馏酒或者食用酒精为酒基，加入可食用的花、果、动植物或中草药，或以食品添加剂为呈色、呈香及呈味物质，采用浸泡、煮沸、复蒸等不同工艺加工而成的改变了其原酒基风格的酒。

①加工工艺：将优选的普洱茶，用适量 60~70℃ 的温水泡开，捞出的茶叶立即置于水中冷却，降至室温后将茶叶取出并置于干燥箱内干燥至含水量低于 7%，得到脱除咖啡因的普洱茶叶；将获得的脱除咖啡因的普洱茶叶放入粉碎机内粉碎，得到普洱茶粉末，然后将普洱茶粉末放入研磨式超微粉碎机内粉碎，得到超微茶粉。

在每 1000g 黄酒中，加入以下原料：制川乌 8~12g、制草乌 8~12g、当归 13~18g、白芷 10~15g、桃仁 10~15g、川红花 10~15g、密陀僧 3~8g，在常温下浸泡 30~40d，过滤即得药酒。

将超微茶粉与上述制得的药酒按 1g：250mL~1g：350mL 的比例混合均匀，然后转移至水浴中，80~85℃ 水浴浸提 50~60min，浸提完成后进行真空抽滤，最后进行微波灭菌，包装贮藏，即得。

②特点：茶叶含有多种生物碱、黄酮类、鞣质、维生素、麦角甾醇及挥发油等，其作用十分广泛，有兴奋、强心、利尿、杀菌、抗炎等功效。与中药结合，能够增强人体免疫力，在享受独特风味的同时起到保健的作用。

思考题

1. 普洱茶（熟茶）散茶的品质特征如何？
2. 普洱茶（熟茶）散茶每个级别的外形和内质特征如何？
3. 普洱茶膏的现代制作工艺有哪几个步骤？
4. 普洱茶用品有哪些？请简要概述其特点。
5. 茶食的发展经历了哪几个阶段？
6. 普洱茶酒的保健功效有哪些？

参考文献

[1]单治国,张春花,周红杰,等.普洱茶膏制作工艺探讨[J].现代园艺,2017(16):223-226.

[2]单治国,张春花,周红杰,等.普洱茶膏的发展历史初探[J].现代园艺,2017(12):27-29.

[3]杨转,郭桂义,王乔健,等.普洱速溶茶粉的制备工艺优化[J].食品工业科技,2016,37(21):243-248;254.

[4]张靓,吕杨俊,段玉伟,等.速溶茶干燥工艺研究进展[J].中国茶叶加工,2017(1):33-39.

[5]曾小燕,蔡烈伟,刘小煌,等.我国茶饮料行业现状与发展对策[J].蚕桑茶叶通讯,2017(3):16-19.

[6]林金科.茶叶深加工学[M].北京:中国农业出版社,2013.

[7]周红杰,李亚莉.第一次品普洱就上手[M].2版.北京:旅游教育出版社,2021.

[8]南占东.普洱茶精深加工宏图正在拓展[J].农村实用技术,2014(7):52-53.

[9]王英伟.穿越千年记忆的陈香——茶技[J].金融博览,2018(3):70-73.

[10]杨景然.含茶日化用品消费市场调查[J].中国茶叶加工,2018(2):49-54.

[11]何强,伍尚敏.普洱茶在抗衰老中的作用[J].中国美容医学,2016,25(2):101-103.

[12]贡湘磊.探究我国茶食的制作历史及文化[J].福建茶叶,2019,41(8):257-258.

[13]高学清,韩坤,王斌,等.中国茶食品发展状况[J].茶叶通讯,2014,41(3):45-47.

[14]张清改.茶食加工制作历史初探[J].四川旅游学院学报,2017(1):13-16.

[15]周国富.中国食茶概述[M].杭州:杭州出版社,2018.

[16]汪水莲,章传政.茶酒的研究进展[J].蚕桑茶叶通讯,2020(3):25-27.

[17]何婷婷.发酵型普洱茶酒的研制[D].天津:天津科技大学,2015.

第八章　普洱茶贮藏

　　普洱茶是云南省地理标志保护产品，优质的原料、精湛的加工工艺、科学的贮藏方法，是形成云南普洱茶优良品质特点必备的三个条件，普洱茶的贮藏是加工工艺中进一步提升品质的重要程序，按照相应的加工工序以及技术措施和科学的贮藏技术进行普洱茶的生产，才能保证最终普洱茶商品茶的品质。而好的贮藏条件能够促使普洱茶的风味品质逐渐得到改善和优化，满足消费者获得品饮普洱茶的最佳美感，创造更高的经济效益，最终实现普洱茶带来的精神与物质的有机统一。因此，藏之得法对于普洱茶来说至关重要。本章思维导图见图8-1。

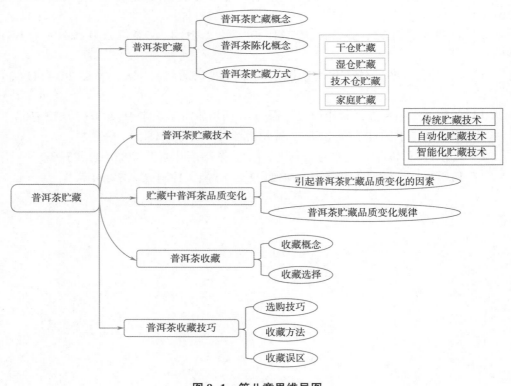

图8-1　第八章思维导图

第一节　普洱茶贮藏概述

一、普洱茶贮藏概念

不同种类的茶叶在含水量、发酵程度、茶叶特性等方面有所不同，贮藏措施及方法也不尽相同，根据贮藏的方法分类有低湿贮藏法、常温贮藏法、低温贮藏法、真空贮藏法、混合贮藏法等，应根据茶类特性的不同针对性选择、采取不同的贮藏方式。例如，为保持绿茶的鲜爽度，绿茶适宜真空保存在 0~5℃ 的环境中。红茶宜常温贮藏，有利于后熟作用，但贮藏温度不宜过高，并应防止吸湿变质。为保持铁观音的香气，铁观音要求在低温真空的条件下保存。普洱茶要求在干净、卫生、无异味、避光、防潮的环境中贮藏，有利于普洱茶后期的氧化作用。因此，绿茶、红茶、乌龙茶的贮藏是成茶品质的保证，是生产的终端、销售的前端，而普洱茶的贮藏则是加工的环节，也是品质转化、增值的环节。普洱茶贮藏是加工延续提升品质的最后一道把关工序，如果这一阶段的工艺指标和技术措施得不到正确实施，会使加工过程中形成的良好品质遭到破坏。

普洱茶贮藏既是加工工艺中的重要程序之一，也是有效提升普洱茶的品质价值，最终使普洱茶达到"越陈越香"的技术基础。普洱茶的贮藏应根据茶叶的特性、茶叶产品供销的客观规律，通过物理的、化学的、生物的综合措施，科学合理地进行茶叶贮藏，最大限度地保证或提升普洱茶品质。

二、普洱茶陈化的概念

普洱茶陈化是普洱茶在科学贮藏过程中化学物质与贮藏空间（温度、湿度、光照、微生物等）之间的一系列复杂反应的结果，该过程可促进普洱茶陈香物质、醇化品质、生物活性成分的协调发展。普洱茶陈化不仅是巩固、完善和提高普洱茶品质的重要工序，也是普洱茶贮藏技术水平与效果把握的衡量指标。普洱茶需要一定时期合理的陈化处理，以进一步提高普洱茶的品质。因此，适宜的贮藏环境非常关键，普洱茶品质的变化与其贮藏温度、湿度、光线、氧气、微生物、时间及贮藏措施等影响因素之间存在显著的相关性，这些因素对普洱茶的甘滑、醇厚、活顺、甜绵、稠润、香幽等品质特点的形成有重要作用。其中，温度和湿度的控制尤其重要。贮藏环境条件不同，其普洱茶品质会有很大的差异。

三、普洱茶贮藏方式

普洱茶陈化是普洱茶在科学贮藏过程中化学物质与贮藏空间（温度、湿度、光照、微生物等）之间的一系列复杂反应的结果，该过程可促进普洱茶陈香物质、醇化品质、生物活性成分的协调发展。普洱茶陈化不仅是巩固、完善和提高普洱茶品质的重要工序，也是普洱茶贮藏技术水平与效果把握的衡量指标。对普洱茶而言，贮藏是普洱茶加工延续提升改善品质中的关键环节，它不仅是普洱茶产品贮藏的过程，而且是普洱茶品质向着香、醇、厚、甘、润、滑、甜等方向转变的重要步骤，更是铸就普洱茶顺、活、洁、亮品质的关键环节。普洱茶贮藏（陈化）方式根据环境的干燥度，茶叶含水量及作用时间可分为干仓贮藏、湿仓贮藏、技术仓贮藏和家庭贮藏。

（一）干仓贮藏

干仓贮藏是指利用独特的地理优势、气候条件，使普洱茶在温度适中、相对湿度75%以下，通风透气，清爽无杂味的环境下自然缓慢陈化。普洱茶干仓的保存温度一般保持在室温（25±3）℃、相对湿度小于75%，相对湿度过大会影响普洱茶贮藏时间以及劣变。干仓普洱茶，存放于干燥、通风、湿度小的仓库环境里。一般干仓茶叶在温湿度适中、通风透气、清爽无杂味的环境下自然陈化，质地活性柔软有弹性，保存了普洱茶的本质真性，也增加了品茗的体验度。

干仓普洱生茶条索肥硕壮实，表面光泽鲜润，充分表现茶叶的活力感；汤色因贮藏时间不同为黄绿、绿黄、黄、橙黄、黄褐、红褐等并透亮；滋味仍然有苦涩味；香气也因贮藏时间不同呈现清香、花香、蜜香、独特陈香等；叶底是黄绿色至黄褐色。

干仓普洱熟茶条索紧结重实，表面光泽鲜润，充分表现茶叶的活力感；汤色红浓明亮；滋味甜醇；香气具独特陈香等；叶底呈红褐色。

（二）湿仓贮藏

湿仓贮藏是指通过人为增大普洱茶陈化环境的温湿度以提高陈化效率。当湿仓普洱茶在较短的时间内各种贮藏因子控制得当时，有利于改善普洱茶的品质。湿仓根据湿度不同可分为重度、中度和轻度湿仓。但是在相对湿度超过80%的环境常会导致普洱茶"霉变"而不可饮用。湿仓贮藏是将普洱茶成品放入高温高湿环境，或是将晒青毛茶通过"湿仓"处理后再行压制。湿仓陈化是微生物参与作用（污染）的贮藏，其目的是利用微生物分泌的酶加快普洱茶陈化速度。

湿仓普洱生茶外形条索松脱、颜色暗淡、粗糙，生茶黑绿或褐，熟茶红褐，且茶叶表面或夹层有霉斑霉点或丝状物；汤色呈暗栗色，混浊，似泥浆水，有的经过烘焙处理后汤色红浓澄清，常被误认为是干仓，但是出汤较慢；香气有明显的仓味，甚至有霉味；口感较薄，没有厚感，汤中有些也可喝到霉味；叶底生茶暗栗色或是黑色，质地则保持柔软，且富于弹性，熟茶红褐色，质地较生茶干硬。

通过湿仓处理的茶有较明显的"湿仓味"，茶色显旧相，这些看似"老陈"的茶叶，其实只不过是新的"改造茶"。

普洱茶品质形成需要一定的贮藏时间，贮藏技术的好坏，直接决定了普洱茶品质的优劣。科学贮藏保留下来的老茶，具有富深厚的文化底蕴。目前，湿仓茶具有一定的市场，湿仓茶流行的关键原因主要有两个：一个是不少消费者欲寻求口感刺激性弱的老茶风格；另一个是普洱茶商家根据市场要求改变产品特性的结果。

注：干仓和湿仓的辨别

1. 干仓陈年普洱茶年代相对较长；"湿仓"普洱茶大多年代较短。

2. 市场中的"湿仓"普洱茶除汤色变深外，茶汤滋味粗杂不醇，有强烈的漂浮感，缺乏沉着感。

3. 严重霉变的"湿仓"普洱茶大多气味霉浊，失去茶叶应有的光泽，欠纯正、不自然。有的青茶茶汤深暗无光泽。有的茶虽经"烘焙"和几年"退仓"等处理，少了霉呛味，但喉部的"仓迹"却难以驱除。同时，霉变过的"湿仓"茶的香气与干仓普洱茶差异较大，难以等同。

4. 干仓茶无霉点、斑点，无菌丝体、虫卵等污染物，包装纸一般无水迹；湿仓茶茶叶表面或内部有霉点或菌丝体，外包纸有水迹。

湿仓方式会严重影响普洱茶品质，故不建议湿仓陈化。干仓贮藏普洱茶是缓慢自然的变化过程，内含生化成分在贮藏过程中进行缓慢的酶促/非酶促氧化，虽然变化缓慢，但保留了普洱茶的本真特性。

（三）技术仓贮藏

随着产业发展与实践经验的积累，人们逐步意识到普洱茶存放过程中温、湿度等环境因素对普洱茶品质变化的影响，开始有意识有目的性地对普洱茶存放条件进行调控，形成了现代化专业贮藏。

建立健全有效的贮藏方式是普洱茶品质保证的关键，技术仓是应用科技有效改变和提升普洱茶品质的贮藏技术。科学调控贮藏中影响普洱茶品质的因子参数，严格控制茶仓的温度（25℃±3℃）、相对湿度（55%~65%）、氧气、光照（避光）等，避雨淋、适度通风、控制微生物数量，或用负氧离子处理，同时营造无污染、无异味、清洁卫生的环境条件，所以一般会有专门选址，配合采用专业设备、设施来完成调节，为茶品的后期转化提供最有利条件，从而控制茶叶内含物的转化，使普洱茶色香味品质得到显著提升，实现茶叶提质增值的目的。除了实现食品安全、快速陈化的目的外，还能形成不同风格、不同品质、功效的普洱茶产品。

普洱茶贮藏需要达到以下标准。

（1）普洱生茶与熟茶、老茶与新茶应当分类堆放、分开储存、定期翻动，使其有利于贮藏茶叶陈化均匀。

（2）仓库周围应无异味，应远离污染源；库房内应整洁、干燥、无异气味。

（3）地面应有硬质处理，并有防潮、防火、防鼠、防虫、防尘设施。

（4）应防止日光照射，有避光措施；应具有通风功能；且有控温、控湿设施。

（5）仓库内的温度、相对湿度、通风情况应定期检查，高温、多雨季节应勤查勤看，并做好记录。

（6）应当定期进行仓库清洁、换气、换仓。

（7）禁止家禽家畜进入仓库。

（8）所有的来访者都需要符合普洱茶贮藏的卫生要求。

（9）应有防火、防盗措施，确保安全。

（四）家庭贮藏

由于家庭贮藏茶叶品类较为复杂，空间环境具有多样化的特征，较小的空间中可能存在空气的"杂异味"。在家庭贮藏过程中应该注意以下几点。

（1）不应密封低温保存，让普洱茶接触干净、卫生、无"杂异味"的空气，有利于普洱茶存放过程中的氧化反应。

（2）家庭存茶要存放在相对独立的环境中，避免靠近厨房、卫生间等"杂异味"较大的区域。

（3）家庭开放存放环境不允许时，可选择透气性较好、具有一定防潮性、避光的存茶器具，如紫砂陶器、瓷器、纸箱、木箱等。

（4）存放过程中注意气候的变化，避光、防潮、防高温、防虫蚁、防异味，不轻易拆外包装，严禁与有毒害易污染的物品混放，适当通风定期翻动，生熟分开，新老分开。

第二节　普洱茶贮藏技术

普洱茶贮藏技术是指对加工好的普洱茶成品置入存放场所或空间，通过人为控制该场所或空间环境来促进普洱茶品质提升的技术措施。自普洱茶"越陈越香"的品质概念成为约定俗成的普洱茶贮藏品质判定因素以来，普洱茶醇化方法、贮藏技术、陈化品质判别、陈化安全监管、陈化普洱茶溯源等贮藏技术，引发了人们对普洱茶贮藏质量与安全的关注。普洱茶贮藏技术的发展极大地降低了陈化成本，压缩了时间与陈化品质的距离。普洱茶贮藏技术对于普洱茶陈化来讲是一项"复杂的技术调控"，涉及陈化品质提升和安全控制的方方面面。根据普洱茶贮藏技术对于普洱茶陈化促进的研究现状，可将普洱茶贮藏技术划分为三种类型，一是传统贮藏技术，针对贮藏空间自身运行所依赖的基础技术架构；二是自动化贮藏技术，在普洱茶陈化过程中，贮藏空间的微环境在普洱茶陈化过程中的适配问题；三是智能化贮藏技术，针对入仓普洱茶特性及出仓陈化品质要求调配最优化的贮藏条件。

一、传统贮藏技术

传统贮藏技术，一般是借助贮藏的地理位置、条件气候、微生物菌群而进行自然存储的过程。根据存储后口味的不同而划分出以地名来命名的茶仓，如云南仓、港仓、广东仓、大马仓等，其贮藏的地方不同，所形成的陈化普洱茶风味各异。不当的贮藏手段会造成微生物毒素在普洱茶中富集等安全风险的增加。研究表明，含水量对于普洱茶陈化品质具有重要作用，含水量过低则不利于陈化过程，含水量过高则易引起普洱茶质变。

二、自动化贮藏技术

自动化贮藏技术（图8-2）是根据贮藏空间地理位置，利用无线遥感感应技术的控温控湿自动化监测及预警系统，实现贮藏空间的自动化调节。针对茶仓、茶室环境基于物联网架构设计，使用高灵敏度传感器、低功耗芯片、无线网络数据传输，成功开发的普洱茶自动化贮藏技术，通过电脑或手机终端可以实现对贮藏环境中温湿度、光照强度、二氧化碳浓度、空气质量（包括氨气、硫化物、芳香族化合物、烟雾、可燃气体）的实时监测与历史数据统计，从而实现普洱茶贮藏环境自动调节，这对普洱茶自动化贮藏建设具有极大的应用价值，可预防普洱茶贮藏过程中一定程度的霉变劣变现象的产生。

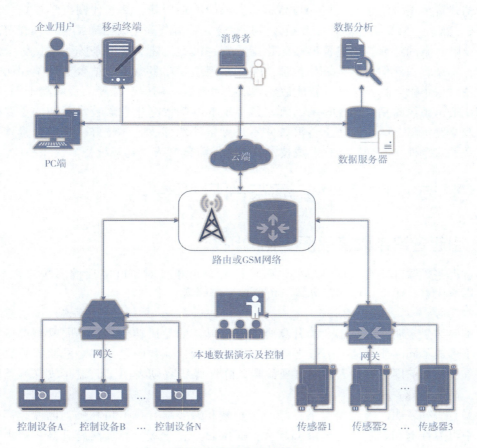

图 8-2　自动化贮藏技术

在贮藏时注意将新茶品和老茶品、生茶和熟茶归类堆放，并定期翻动，有利于陈化均匀，可以预防霉变产生。

三、智能化贮藏技术

随着科学研究的持续深入，影响普洱茶陈化品质及安全性的环境因素不仅是温度、湿度、光照，环境中的负氧离子浓度对普洱茶陈化品质也有一定的影响，研究表明，在 25℃和 35℃贮藏 8 个月的普洱生茶，由清香显露出陈香，且在 35℃条件下贮藏的普洱生茶品质较好，苦味消失。相关研究表明，负氧离子浓度 10000～20000 个/cm^3、温度 20℃、相对湿度 60%的贮藏条件下，有效范围保持在 30cm^2 与茶饼直接接触，"烟味"等杂异物质有所下降，其他焦灼味成分和不新鲜刺激性气味物质成分甚至消除，整体口感明显提升。普洱茶在贮藏过程中，不能仅仅追求温湿度的作用，应根据各影响因素对普洱茶陈化品质的代谢关系综合考虑。随着国家新一代信息技术不断落实推进、大数据、物联网、区块链智能时代已经到来，未来普洱茶贮藏技术将向着数字化、科学化、智能化升级。

构建普洱茶智能化贮藏技术与品质动态云端迫在眉睫：基于代谢组学根据普洱茶（生茶、熟茶）陈化动态特征变化机制及规律建立普洱茶陈化数据库；根据入仓普洱茶特性及贮藏空间特征，构建普洱茶陈化指数判别模型；建立普洱茶陈化质量等级定量模型，实现客观评估普洱茶陈化价值；基于基因组学、蛋白组学结合毒理学探明普洱茶贮藏过程中微生物安全性；智能适配贮藏技术参数（温度、湿度、负氧离子等），实现陈化普洱茶风味精准调控等基础研究是实现普洱茶智能化贮藏技术云端的重要研究方向及必要保障。综合而言，普洱茶并不是无条件地存放越久越好，应结合具体贮藏对象及贮藏条件，实现智能化贮藏技术，才能保障普洱茶"越陈越香"优质品质。

第三节 贮藏中普洱茶的品质变化

一、引起普洱茶贮藏品质变化的因素

普洱茶贮藏的研究表明，不同贮藏地区和环境条件对茶叶品质的影响非常显著。主要影响因素有温度、湿度、光线、负氧离子等因素。

（一）温度

试验结果表明，贮藏温度的升高会加速普洱茶的品质转变，且不同贮藏温度会使普洱茶形成不同品质风格。一般常温处理较为自然，陈香明显；37℃早期陈香后期出现甜香；55℃前期枣香怡人后期出现酸味。陈保等研究则表明，低温存放普洱茶陈香明显，高温则陈香减退。

另有研究表明，温度与可溶性糖、氨基酸和茶多酚含量呈负相关，温度越高，普洱茶中可溶性糖和氨基酸含量降幅越大，而常温下变化缓慢。随温度升高，糖类物质脱水裂解产生各种降解产物，其中含有甲酸、乳酸、丙酮酸、醋酸等具有强烈气味的酸性物质。高温环境下糖类还可与氨基酸产生美拉德反应，使其品质进一步下降。

因此，贮藏温度不可骤然变化，温差变化太大会影响茶汤口感的活性。

（二）湿度

有研究表明，湿度的增加会加速普洱茶的陈化，茶多酚含量呈下降趋势；普洱茶外形变松，色泽逐渐加深，香气浓郁度减弱，滋味浓强刺激度也减弱。同时，太过潮湿的环境会导致普洱茶的快速变化，往往容易引起"霉变"，致使茶叶无法饮用；同时一些外来水气中带来的微生物也可能会导致产生异杂菌作用，产生不佳质变。而太过干燥的环境则会令普洱茶的陈化变得缓慢，且易变"燥"。所以在贮藏普洱茶时，应严格控制相对湿度在50%~65%。如沿海一带为温暖的海洋性气候，相对湿度在梅雨季节会高于75%，因此更应注意适时开窗通风，以散发水分。

（三）光线

普洱茶制成成品后不适宜再受到阳光直射。一方面阳光长时间的照射会提升茶叶温度，降低湿度，同时阳光中的紫外线含有极高的能量，会破坏茶叶本身的物质结构，影响普洱茶品质的后续转化。另一方面，普洱茶受日光照射后，酚类物质、叶绿素更容易氧化，同时引发内含物的光化学反应，增加茶叶中的戊醛、戊烯醇等的含量，其色泽、香气、滋味等都会发生显著的变化，使茶叶失去其原有风味和鲜度，容易造成茶叶变质，产生日晒后的"油脂味"。因此，普洱茶要求避光贮藏。

（四）负氧离子

普洱茶要保持后期转化，氧气是其化学反应中的必备要素。茶叶中的多酚类物质、醛类、酮类、维生素 C 等物质都能进行自动氧化。多酚类物质不论是酶促氧化还是非酶促氧化，是加氧氧化还是脱氢氧化，都离不开氧气的参与。

研究表明，负氧离子作为活性氧对贮藏中普洱茶的内含物质影响显著，负氧离子能够降低酯型儿茶素表没食子儿茶素没食子酸酯和表儿茶素没食子酸酯的含量，提高简单儿茶素表没食子儿茶素与表儿茶素的含量，增加总糖含量，降低咖啡因的含量，促使普洱茶滋味醇和，苦涩味低，收敛性弱，甜度及顺滑度高。同时，负氧离子对贮藏过程中普洱茶的香气影响显著，高浓度负氧离子处理下，普洱茶酯类化合物含量高，表现出果香带陈香。

（五）生态环境

茶叶由于含有棕榈酸和具有毛细孔多的结构，具有很强的吸附性，所以贮藏普洱茶的环境必须洁净，禁止与有毒、有害、易污染的物品混放。同时普洱茶贮藏应生、熟分开，归类堆放，定期适度通风，定期翻动，使其陈化均匀。另外，不同环境中的微生物种群具有差异性。当贮藏温湿度达到一定范围就会促成微生物的生长，进而分泌各种胞外酶，促成普洱茶内含物的变化，影响普洱茶感官品质。因此，现代化专业贮藏，还须严格控制避免有毒微生物的滋生。

（六）时间

一定时间的自然存放是普洱茶品质形成所必需的，但并非存放的时间越长越好。普洱茶（生茶）自然陈化过程相对缓慢，受陈化环境条件影响，可能需要 10~15 年的陈化时间，在一定的时间内，具有越陈越香的特点。普洱茶（熟茶）自然陈化较快，视陈化环境而定，需要 3~5 年，其陈化后具有独特陈香，滋味醇厚回甘。

（七）其他

成品普洱茶的含水量和紧压茶的压制松紧度也会影响其在贮藏过程中的品质变化。有关试验研究表明，普洱茶以紧压茶松紧适度、成品含水量在 9% 左右者更有利于贮藏过程中的品质变化。值得注意的是，一定时间的科学贮藏有利于普洱茶品质的改善，但并非时间越长越好。普洱茶品质变化一般会有一个峰值，达到峰值以后反倒会逐渐下降，如果无限期贮藏下去，必然会使内含有益成分逐渐分解，失去其原有美好风味与养生价值，因此应把握最佳时期适时品饮。

普洱茶有别于其他茶类的特点是以"陈"为贵，具备了品饮与收藏增值的双重属性，"陈"字是普洱茶的核心，"越陈越香"主要是由普洱茶的本质特征、贮藏的环境、陈放的年限等多种因素决定的，所以对于普洱茶的品质，如何藏就显得特别重要。

二、普洱茶贮藏品质变化规律

在普洱茶的贮藏过程中，与常温相比，无论冷冻、冷藏还是 45℃ 条件下贮藏普洱茶，在一定的时间内普洱茶汤色都有变亮的趋势；滋味出现醇或滑的感觉，只是程度稍有差异；香气则在低温下陈香明显，高温下陈香气减退。普洱茶的感官品质在贮藏过程中呈动态变化，且不同的原料在相同的条件下或同一原料在不同的贮藏环境条件下变化均不一样。总的来说，茶汤颜色逐渐变深，滋味顺滑度增加、苦涩度减弱、甜度增加，形成普洱茶特有的香、甘、醇、滑的品质特征。在适宜的贮藏条件下，时间越久风味越协调。周红杰等（2017）认为干仓贮藏的晒青茶、普洱茶生茶、普洱茶熟茶香味日趋变醇变甜，但湿仓贮藏的香味均出现劣变，有刺鼻不爽的湿仓气，有霉苦味，饮品后喉咙干痒、无生津感。

（一）不同贮藏时间普洱茶生茶品质特点

普洱茶生茶约 5 年"干仓"生茶，青涩活泼，有收敛性；约 10 年以上，苦中带有回甘，口感饱满；约 15 年以上，香味醇化，柔滑，茶韵有层次感；约 20 年以上，有陈韵，丰富醇厚，口感厚实有起伏，生津度强；约 25 年以上，汤的明度与彩度高，茶味的强度、稠度、调和度饱满，陈韵丰富。

（二）不同贮藏时间普洱茶熟茶品质特点

普洱茶熟茶约 5 年"干仓"熟茶，汤色红浓，浓厚回甘；10 年以上，醇厚甜绵，稠滑细腻；15 年以上，醇厚滑润，软绵悠然；20 年以上，醇甜滑润，口感柔和细腻；25 年以上，汤的明度与彩度高亮，滋味甜润甘爽，陈韵极致。

正常发酵工艺的普洱茶，不应该有堆味，且汤色较透；3 ~ 7 年的，茶汤清澈，香气纯正，部分带陈香；8 ~ 15 年，陈香明显，汤色红浓透亮。不同等级的普洱茶（熟茶），如宫廷级会出现干果香、荷香、药香，成熟度高或粗老原料茶做的多出现枣香、木香或中草药香。

第四节　普洱茶收藏

一、收藏概念

"收"本意指把外面的事物拿到里面。个人根据自己的爱好收集保存一些物件，或认为有各种价值的物件。作为名词具有收获、收藏品之意。藏字本义是收藏、贮藏。《说文解字》"藏，匿也"，表示贮藏了大量珍贵的物品。收藏二字即是收集大量属于自己的珍贵物品贮藏起来。

物以稀为贵，对于茶的收藏也是如此。对于普洱茶收藏从了解普洱茶开始，普洱茶由优质的原料、精湛的加工工艺与科学的贮藏组成，这既是优质普洱茶的最基本要求，也是收藏普洱茶的基本原则。

如 20 世纪中叶生产的普洱茶代表是中茶牌圆茶，印有红印、绿印，市场上流通的数量十分稀少。20 世纪 60 年代后中茶牌圆茶改制成七子饼茶，印有红印、绿印，增加了蓝印，这类产品也不多。到了 20 世纪 70 年代，为了适应市场发展的要求，研究出了普洱茶发酵技术，普洱熟茶才正式登入市场，但需要注意的是早期的普洱熟茶在选料上较粗老，20 世纪 90 年代后才开始选用较为细嫩的原料生产宫廷普洱熟茶。2006 年左右，普洱茶市场掀起一阵全面热炒普洱茶的狂潮。

除我国香港、台湾等地区传统市场出现普洱茶收藏、投资热外，珠江三角洲普洱茶总销量已突破 1.50 万 t，增量达 40% 以上，北京、上海、大连、西安、昆明乃至全国市场正在迅速升温；国外华侨市场的需求也在高速增长，年出口贸易量已逾千吨，对美国和欧盟的出口也在迅速增加。巨大的市场需求和有限的产地资源，形成了较大的供需空间。因此，在收藏普洱茶的时候一定要辨别其原料生产地、制茶工艺、生产厂家、年份等基本信息，以便判断其茶品价值。

二、普洱茶的收藏选择

自然走过的历史，才能表现其真实性。普洱茶必须自然地从历史岁月走出来，才能展现它的真实性。如今，陈年的普洱茶不仅成为茶叶爱好者追求的目标，更成为了爱好收藏人群的新宠。近年来，关于天价普洱茶的拍卖纪录屡见不鲜。

（一）优质的原料

自然环境造就了普洱茶内质丰富，各种微量元素丰富的特点。普洱茶树生长在原生态的哀牢山、无量山以及高黎贡山等山脉，在茂密的原始森林里，有着极其丰富的植物资源，云南仅高等植物就有 7000 多种，普洱茶树和这些植物在森林里共同生长，良好的生态环境，形成了普洱茶丰富的内质。

云南省是茶树的发源核心地之一，几千年栽培种植茶树的经验，优良的茶树品种为普洱茶优质的品质奠定了基础。目前茶叶原料基本分为两种，一种是生态茶园茶，另一种是野放茶。生态茶园面积大，茶园茶产量高。野放茶树少，野生茶的产量也低。

（二）精湛的工艺

普洱茶的主要制作工艺为鲜叶采摘、摊放、杀青、揉捻、解块、日光干燥、蒸压、（熟茶需先有微生物固态发酵）干燥、包装、贮藏。

制茶工艺对茶的外形、滋味、内质等方面都有很大的影响。茶叶又是需要经过多种工艺精制而成，在每一工艺中使用恰如其分的制作方法可以使茶叶的综合品质达到最佳。

（三）贮藏方法

科学贮藏对普洱茶最终品质特性的形成至关重要。贮藏过程中普洱茶品质的转化也是多方因素形成的，主要有温度、湿度、氧气三种因子共同作用。在贮藏过程中，需注意定时开窗通风保证充足的氧气，同时又要防止其他异味影响茶叶的转化。与此同时储藏地点也影响着茶叶品质的转化，以昆明、上海、北京三地为代表性的地域对贮藏五年以上的普洱茶滋味香气具有不同的影响。

普洱茶以陈为贵的价值特性，使之成为可以喝的古董，地域性决定了普洱茶生产资源的不可复制性，无论普洱茶（生茶）还是普洱茶（熟茶），贮藏得法，不仅可以提升普洱茶的品质，还能增加普洱茶附加值。

第五节 普洱茶收藏技巧

普洱茶因其具有"越陈越香"的品质特征，被许多消费者收藏，当存放 10 年以上时，则可称为普洱"老茶"，也被市场上誉为"可以喝的古董"。

一、选购技巧

在选择收藏级的普洱茶时可以发现，被人们收藏的普洱茶以勐海茶厂、昆明茶厂、下关茶厂、临沧茶厂、普洱茶厂 20 世纪 70—90 年代生产的产品居多。这些产品被人们收藏的原因，与当时正处于计划经济时代、各厂家生产普洱茶注重原料选择和工艺技术密切相关，而且这些厂家也知道普洱茶品质形成与后期贮藏的时间长短相关。许多新创的普洱茶生产企业生产的普洱茶产品质量也不差，但缺少统一的标准，缺乏企业自己的产品特色，生产中仍一味地配合商家生产传统形式、风格的产品。造成这些问题的原因可能是原料的品质得不到保证、由市场突然扩大而引起的盲目追从。

作为消费者，收藏普洱茶不能只是一味跟风，学习普洱茶历史知识、掌握一些普洱茶收藏技巧是必不可少的。

（一）产品质量安全符合国家卫生标准等相关要求

选购任何一款普洱茶作为收藏品时，其产品的感官审评指标和卫生指标必须达标，符合国家标准规定的相关要求。没有生产日期、质量安全标识（QS）/生产许可标识（SC）、厂家等具体信息的茶品需要谨慎收藏。

（二）选购知名品牌茶企的产品

尽量选购有品牌的茶叶企业的产品，因为品牌企业都有较为严密的生产监管体系、良好的拼配技术体系和完整的售后服务体系等。品质可以得到一定的保障，一旦出现相关质量问题，厂家也有能力承担起相应的责任。

（三）买新茶进行存放

虽然市场上仍有炒作 30 年、40 年甚至年份更久的产品，但真实的产品生产年份，尚未能准确地检测出。所以建议大家可以买一些新茶来收藏，同时注意存储方式，买新存旧，新茶价格便宜很多，且对整个收藏过程的可控性强，这样的存茶方式性价比较高，且质量有保障。

（四）多品饮、学会基本的鉴别

一般来说，收藏普洱茶，不能盲目跟风。平时可以多品饮，体会不同茶的香气、滋味。并从干茶的外观、色泽、触感、香气及湿茶的茶汤、叶底、香气、回韵综合评判，掌握鉴别一款茶的好坏的基础本领。这样在收藏普洱茶时，可以做到心中有数。

二、收藏方法

收藏只是第一步，买回家之后依然要特别注意存储普洱茶的方式，若茶品发生霉变、受潮、产生异味，需要尽快丢弃，及时查看贮藏环境是否出现异常，并对环境进行彻底清洁。学会科学的收藏方法也是必不可少的。

普洱茶的保存条件，一般来说，只要不受阳光直射或雨淋，环境清洁卫生，通风，无其他杂味、异味即可。如存放数量多，可设专门仓库保管；如数量少，个人在家中可用陶瓷、瓦缸等进行存放。但普洱茶存储时间并不是越长越好，在最佳品饮时期以前，其品质呈上升趋势，达到高峰以后品质会逐渐下降。总的来说，普洱茶（生茶）需要 10~15 年的转化时间，普洱茶（熟茶）仅需要 3~5 年转化时间，一般 10 年的贮藏时间就可以陈化到最佳饮用口感，随着贮藏时间延长普洱茶（熟茶）会变得更加香醇和细腻。不同普洱茶品质有差异，最佳品饮时期的香气、滋味等也不同，因此目前无法对普洱茶的最佳贮藏期进行统一的规范。

收藏过程中的"陈化"是普洱茶发展其独特香气，巩固、提高和完善品质的重要工序。因此，普洱茶收藏室应通风、透气、干燥，温度应保持在（25±3）℃、相对湿度控制在 75% 以下，室内无污染、无异味、清洁卫生，收藏的茶叶应放置在储物器具中避光保存。新茶、老茶、生茶和熟茶需归类存放，按期翻动，使其陈化均匀。禁止茶叶与有毒、有害、有异味、易污染的物品混储、混放。

三、收藏误区

（一）越久越值钱?

盲目追求年份，是消费者进行普洱茶收藏过程中的第一大误区。普洱茶优质的陈化品质形成离不开良好的贮藏条件，即使贮藏年份久，但缺少适当的贮藏环境，其品质甚至安全性仍会受到不利影响。20 世纪 70 年代在故宫存放百年的"人头贡茶"经过泡饮鉴定，发现该陈茶只有暗红的汤色，滋味全无。这是由于年份太久所致，也说明了茶叶已"陈化"过度了。因此，年份久不等于品质好，时间久也不等于就是精品。

（二）陈化赚大钱?

目前，在市场上存放 20 年以上的普洱茶，品质好的数量已经很少了，三四十年以上的普洱茶更是罕见。现在市面上部分卖价达千元甚至万元的"陈饼"，其实是某些商家用出厂仅一两年甚至几个月处理制作的茶叶。陈茶不等于好茶。

（三）发霉才是好?

目前在普洱茶收藏中，不乏有人认为，老茶贮藏时间长、年代久远，只有茶饼发霉才能代表老茶、才是好的普洱茶。这也是普洱茶收藏的误区。发霉不等于老茶。

思考题

1. 贮藏对于普洱茶有什么重要意义?
2. 影响普洱茶品质形成的主要贮藏因子有哪些?
3. 普洱茶加工流通过程中哪些环节涉及贮藏?
4. 普洱茶收藏技巧有哪些?
5. 普洱茶收藏一般有哪些误区?

参考文献

[1]孙雪梅,邓秀娟,周红杰,等.普洱茶贮藏影响因子与品质变化研究进展[J].茶叶通讯,2019,46(2):135-140.

[2]邢倩倩,李思佳,周红杰,等.浅析专业贮藏在普洱茶产业中的地位和作用[J].保鲜与加工,2015,15(4):77-80.

[3]许腾升.贮藏中负氧离子对普洱生茶品质的影响研究[D].昆明:云南农业大学,2016.

[4]龚加顺,周红杰.云南普洱茶化学[M].昆明:云南出版集团公司,云南科技出版社,2011.

[5]苏丹,王志霞,周佳,等.基于区块链技术的普洱茶贮藏安全监管探讨[J].食品安全质量检测学报,2021,12(16):6636-6641.

第九章　普洱茶品质

　　云南普洱茶品质的形成涉及优质的鲜叶原料、精湛的加工工艺和科学的贮藏环境，这三者是紧密联系、缺一不可的。云南大叶种茶树鲜叶丰富的内含物质为普洱茶品质的形成奠定了基础，属于内因范畴；加工工艺、气候条件、微生物、水分、温度、氧气及光照等因素，对普洱茶加工和贮藏过程中的品质形成有重要影响，属于外因范畴。本章思维导图见图9-1。

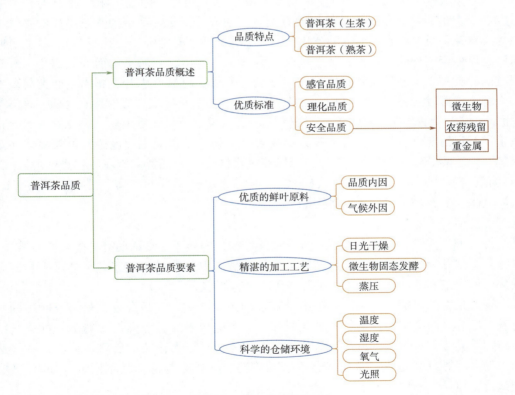

图9-1　第九章思维导图

第一节 普洱茶品质概述

一、普洱茶品质特点

（一）普洱茶（生茶）品质

普洱茶（生茶）的品质特征：外形色泽墨绿、香气清纯持久，滋味浓厚回甘、汤色绿黄清亮，叶底肥厚黄绿。为什么呈现这一品质特征，主要原因是普洱茶（生茶）没有经过长达 30~50d 的微生物固态发酵工序，其内含成分较多地保留晒青毛茶特征。

普洱茶（生茶）的香气以清香为主。研究表明，普洱茶（生茶）香气提取物的评价为头香清香、吡嗪类坚果香、青气和油脂气，带焦苦气；中段似烘青大叶绿茶的特征香，吡嗪类烘烤香明显，有明显苦涩、清凉、收敛感觉；后段略带苔青气和泥腥气；香气强，透发，留香短。目前共鉴定出普洱茶（生茶）的主要挥发性化合物 90 余种，主要包括醇、醛、酮、酸、酯、内酯、酚、杂氧化合物、含氧化合物、含氮和硫化合物等共 10 大类。

普洱茶（生茶）缺少"微生物固态发酵"这一过程，因此，刚生产出的普洱茶（生茶），其芳香物质组成比较接近晒青毛茶。如普洱茶晒青毛茶中含量最高的香气物质为具有花香或果实香的萜烯醇类化合物（如芳樟醇、香叶醇、橙花醇等），其在鲜叶内则是以葡萄糖苷的形式存在的，茶叶经晒青加工后由糖苷酶水解而释放出来。鲜叶原有的醇类物质与酸类物质在酶的作用下发生酯化反应而形成芳香物质。而类胡萝卜素降解，能形成 α-紫罗兰酮和 β-紫罗兰酮，进一步氧化生成二氢猕猴桃内酯。普洱茶（生茶）是在晒青毛茶的基础上，经过高温蒸压、成型及烘干等工序，因此香气成分也发生了一定的变化。普洱茶（生茶）的主要香气物质的组成主要包括芳香族醇类（苯甲醇、苯乙醇等）、萜类（芳樟醇、芳樟醇氧化物、α-松油醇、橙花醇、香叶醇）、醛类［正己醛、糠醛、青叶醛、(E,E)-2，4-庚二烯醛、苯甲醛、苯乙醛等］酮类（α-紫罗兰酮、β-紫罗兰酮、香叶基丙酮）等。

（二）普洱茶（熟茶）品质

普洱茶（熟茶）的品质特征：外形色泽红褐，内质汤色红浓明亮，香气独特陈香，滋味醇厚回甘，叶底红褐。该品质特征的形成离不开特殊的加工工艺，即微生物固态发酵，但决定其品质特征的主要是其本身所含有的物质。

普洱茶香气辨别是品鉴普洱茶中最直接的因素之一，其综合香气是由茶叶中的所有香气成分共同决定的，是各种香气成分的一个综合表现。普洱茶（熟茶）的香气特点是陈香显著，有的似桂圆香、枣香和槟榔香等，是令人愉快的香气。普洱茶香气达到的最高境界也就是我们常说的普洱茶的陈韵。陈香味与霉味是不同的，如有霉味、酸味或其他异味等均为不正常。

普洱茶国家标准（GB/T 22111—2008《地理标志产品 普洱茶》）也对普洱茶（熟茶）的香气进行了规定。普洱茶（熟茶）特级：陈香浓郁；一级：陈香浓厚；三级：陈香浓纯；五级：陈香尚浓；七级：陈香纯正；九级：陈香平和。普洱茶（熟茶）

香气提取物的评价为头段干草气、油脂气、灼烧般气息；中段是药草气、油脂气、菌类的气息；后段是药草气；香气平和，留香短。

二、优质普洱茶品质标准

普洱茶的品质特性，取决于云南大叶种原料固有的成分、制造工艺的特殊性以及贮藏的环境和时间。合理评估普洱茶的品质，需要从感官品质、理化品质、营养品质、卫生品质和功能品质五个方面加以考虑。感官品质主要从茶叶的外形和内质两个方面评价，理化品质主要评估呈味物质的含量高低，卫生品质主要从安全性考虑，而功能品质则考虑茶叶的生理活性物质的含量。本着这一原则，提出了优质普洱茶的品质标准供参考。

（一）优质普洱茶感官品质

1. 普洱茶（熟茶）散茶

普洱茶（熟茶）散茶分为特级和一到十级，部分厂家还分宫廷普洱、礼茶、金芽普洱等。普洱茶（熟茶）散茶基本要求是色泽褐红或棕红，条索紧结，内质汤色红浓明亮、有陈香（或似甜香、槟榔香、桂圆香），滋味醇和、有回甘。除此之外，不同级别的普洱茶还有各自的特点。一般级别的划分是以嫩度为基础的，嫩度越高级别也越高。衡量嫩度的高低主要看三点：一看芽头的多少，芽头多、显毫的则嫩度高；二看条索是否紧结、重实，越紧结、越重实，说明嫩度好；三看色泽与润度，嫩度好的色泽光滑、润泽，嫩度差的色泽干枯。如优质普洱茶（熟茶）散茶外形金毫显露，色泽褐红有光泽，条索紧结、重实。

普洱茶（熟茶）散茶的感官品质好坏可通过感官来评价，即通过色、香、味、形辨别。

（1）香气　首先看陈香的纯度与持久性。香气纯正，没有霉味和异杂味，就是合格的普洱茶（熟茶）散茶。霉味是一种变质的味道，使人不愉快，难以接受。而陈香味是普洱茶在固态发酵过程中，在微生物和酶的作用下形成的，由多种香气物质综合协调所构成，如似桂圆香、槟榔香、甜香、荷香等，是一种令人舒服的气味。普洱茶（熟茶）散茶纯正的香气是具有陈香味和以上所说的槟榔香、桂圆香、甜香等，如果有霉味、酸味、异味等则为异常。

（2）汤色　普洱茶（熟茶）散茶汤色要求红浓明亮，一般贮藏时间长的，透亮度会更好些。优质普洱茶的汤色要求红浓明亮，深红色为正常，黄、橙色过浅或深暗发黑为异常。汤色混浊不清或有漂浮物属品质劣变或异常。

（3）滋味　主要是品尝滋味的醇和、爽滑、回甘。醇和是指滋味清爽带甜味，刺激性不强。爽滑指爽口、滑口，"滑"与"涩"相反，口腔有很舒服的感觉。"涩"味一般由酚类、单宁等物质刺激口腔黏膜细胞，使口腔黏膜蛋白质发生"瞬间"可逆的凝固，产生收敛性所致。爽滑是高品质普洱茶（熟茶）散茶的滋味要求。回甘是指茶汤浓而刺激性不强，茶汤入口有明显的回甜味，一般要求微苦回甘。

（4）叶底　主要看嫩度、色泽、匀度。嫩度好的叶底含芽量多，叶质柔软、有弹性、光泽度好。嫩度差的叶底少芽或没有芽、不显毫，叶张较粗大、叶底硬脆、无弹性、无光泽。叶底色泽均匀褐红的好，花杂不匀或发黑、碳化，或腐烂如泥、叶张泡不开均属品质不佳。

2. 普洱紧压茶

普洱紧压茶是以晒青毛茶或普洱散茶为原料，经蒸压成型的各种形态的普洱茶。根据形状的不同，有圆饼形的七子饼茶，有砖形的普洱砖茶，有碗臼形的普洱沱茶等，大到几千克，小到几克，各式各样有上百种之多。鉴别普洱紧压茶的质量除内质特征与晒青毛茶或普洱散茶相同外，外形要求：形状匀整端正；棱角整齐，不缺边少角；模纹清晰；撒面均匀，包心不外露；厚薄一致，松紧适度。

总之，作为优质的普洱茶（熟茶）散茶和普洱紧压茶的感官标准应符合表 9-1 和表 9-2 的规定。普洱紧压茶外形要求平滑、整齐、端正、厚薄匀称。紧茶按甲、乙、丙规格选择相对应级别普洱散茶，分撒面、包心茶，其撒面茶应分布均匀，不起层掉面，包心茶不外露。

表 9-1 优质普洱茶（熟茶）散茶品质特征

	指标	感官要求
外形	条索	紧结、重实或紧实
	整碎	匀整
	色泽	红褐红润
	净度	匀净，可带嫩梗
内质	汤色	红浓明亮
	香气	陈香浓郁或浓厚、浓纯
	滋味	浓醇或浓厚回甘、滑爽
	叶底嫩度	柔嫩或较嫩
	叶底色度	红褐匀亮

表 9-2 优质普洱紧茶规格及品质特征

成品名称	单位	净重/g	形状规格/cm	色泽	香气	滋味	汤色	叶底
普洱沱茶（熟）	个	100	碗臼状，口直径 8.2×高 4.3	褐红	陈香浓厚或浓纯	浓醇回甘	红浓明亮	棕红
紧茶（熟）	个	250	15×10×2.2	褐红	陈香浓厚或浓纯	浓醇回甘	红浓明亮	棕红
七子饼茶（熟）	个	357	圆饼形，直径20，中心厚 2.5，边厚 1	褐红	陈香浓厚或浓纯	浓醇回甘	红浓明亮	棕红
普洱砖茶（熟）	块	250	15×10×3.35	褐红	陈香浓厚或浓纯	浓醇回甘	红浓明亮	棕红

成品名称	单位	净重/g	形状规格/cm	色泽	香气	滋味	汤色	叶底
普洱方茶（生）	片	250	10.1×10.1×2.2	乌润	浓醇	浓厚	黄明	黄绿
沱茶（生）	个	100	碗臼状，口直径 83，高 43	乌润	浓醇	浓厚	黄明	黄绿
饼茶（生）	个	125	圆饼形，直径 11.6，边厚 1.3	乌润	浓醇	浓厚	黄明	黄绿
方茶（生）	片	125	10×10×2.2	乌润	浓醇	浓厚	黄明	黄绿
青砖（生）	片	200	长方块 14×9×2.2	褐绿显毫	浓醇	浓厚	橙黄	黄绿

（二）优质普洱茶理化品质

普洱茶理化成分是决定普洱茶品质的重要因素，理化成分种类繁多，不是单一物质含量的高低就能决定普洱茶的风味，而是多种物质的协调与统一。普洱茶（熟茶）中含量较高的理化成分主要为茶多酚（平均为 13.04%）、水分（平均为 10.69%）、茶褐素（平均为 9.89%）、总糖（平均为 9.60%）、寡糖（平均为 3.24%）、多糖（平均为 2.68%）、茶红素（平均为 2.57%）、黄酮类（平均为 2.55%）、总儿茶素（平均为 2.04%）及氨基酸（平均为 1.34%）等。另外两个重要指标是普洱茶的水浸出物（平均为 32.00%）和灰分（平均为 6.50%）。而普洱茶（生茶）中含量较高的理化成分主要为茶多酚（平均含量 26.98%）、水分（平均含量 8.07%）、总儿茶素（平均含量 7.92%）、茶红素（平均含量 7.17%）、茶褐素（平均含量 5.34%）、氨基酸（平均含量 2.08%）及总黄酮（平均含量 1.54%）等。另外两个重要指标是水浸出物（平均含量 42.13%）和灰分（平均含量 5.93%）。通过分析，优质普洱茶的主要理化指标应符合表 9-3 的规定，具备这样理化成分的普洱茶，色、香、味等品质特征也是比较好的。选择这样品质的普洱茶品饮，养生健体就有了物质保障。

| 表 9-3 | 优质普洱茶的理化指标 | | 单位：% |

项目	普洱茶（熟茶）		普洱茶（生茶）
	散茶	紧压茶	紧压茶
水分	≤11.0	≤11.0	≤12.0
总灰分	≤6.5	≤6.5	≤6.0
粗纤维	≤14.0	≤15.0	—
粉末	≤0.8	—	—
水浸出物	≥32.0	≥32.0	≥40.0
茶多酚	≤13.0	≤13.0	≥27.0
茶褐素	≤12.0	≤12.0	≥5.0
茶红素	≥2.5	≥2.5	≥7.0

续表

项目	普洱茶（熟茶）		普洱茶（生茶）
	散茶	紧压茶	紧压茶
黄酮类	≥2.5	≥2.5	≥1.5
总儿茶素	≥2.0	≥2.0	≤7.0
总糖	≥9.5	≥9.5	—
多糖	≥2.5	≥2.5	—
寡糖	≥3.0	≥3.0	—
氨基酸	≥1.5	≥1.5	≥2.0
咖啡因	<4.0	<4.0	<4.0
没食子酸	≥1.0	≥1.0	—

注：引自龚加顺、周红杰《云南普洱茶化学》（2011 年）。

（三）普洱茶安全品质

普洱茶的安全卫生是指为确保普洱茶在生产、加工、运输、贮藏和制造过程中，确保普洱茶产品安全可靠，有益健康并且适合人类饮用的种种必要条件和措施。普洱茶的安全性一方面要强调其生产、加工、贮藏、流通中的卫生可靠，即在普洱茶产品中不得检出含有可能损害或威胁人体健康的有毒、有害物质或检出剂量不得超过某个阈限值之外；另一方面还要提倡科学饮用普洱茶，做到饮用方式合理、饮用量适当等。

普洱茶卫生品质主要涉及的问题是微生物、农残和重金属等问题。

1. 微生物问题

普洱茶（熟茶）是一种后发酵茶，其加工过程需要大量微生物的参与，在发酵中大量的霉菌、酵母菌等参与普洱茶（熟茶）的风味成分以及保健功能成分的形成。然而，如果普洱茶发酵过程中发酵堆温、湿度控制不当或者发酵环境卫生恶劣，常伴随烟曲霉、灰绿曲霉等不利于普洱茶品质的微生物出现，这些潜在的有害微生物则会影响普洱茶的品质安全，可能造成普洱茶不良风味的产生，或影响其他有益微生物的正常功能，在茶叶加工和存放过程中都应该引起企业和消费者的高度重视。研究表明，现在市场上的某些劣质普洱茶（熟茶）产品存在微生物（如大肠菌群）超标的问题。因此，对普洱茶（熟茶）中的微生物加以限制十分重要。

在微生物安全性评价方面，黄峻（2009）对 1260 个普洱茶样品中微生物的检验表明，检测的 1260 个样品中仅有 3.49% 检出大肠菌群，未检出沙门菌、志贺菌、金黄色葡萄球菌、溶血性链球菌等致病菌。有研究者认为普洱茶中的微生物主要是有益菌群，可以放心品饮。有研究发现，黑曲霉、酵母属、散囊菌、木霉、根霉、毛霉等微生物在普洱茶发酵过程中可以丰富茶叶成分、增加多种微生物代谢活性产物，这些有益菌群对普洱茶"顺、活、洁、亮"的品质形成有重要意义。

2. 农残问题

农药残留（pesticide residue）是指在使用农药后残存于食品中的农药母体、衍生物、代谢物、降解物和杂质的总称，残留的数量称为残留量。许多农药残留是有害物质，在生产和使用中带来了环境污染和食品农药残留问题，当食品中农药残留量超过最大残留限量时，则会对人体产生不良影响。茶叶中的农残绝大多数是因为茶农乱用、滥用高毒、高残留的农药造成的。由于不科学地施用农药化肥，导致农药附着在茶叶的表面，更为严重的是药被吸收，直接进入茶树的根、茎、叶中，进而引起茶叶农残超标等不安全问题。但近年来，随着我国绿色茶叶、有机茶叶的发展，茶叶中农药残留水平有明显的下降。

黄峻（2009）抽取云南 11 个地州（市）的 701 个企业的 1260 个普洱茶样品，其中包括了不同级别、不同类别（散茶、紧压茶、生茶、熟茶等）、不同产区，对其安全性指标（重金属、微生物、农残、稀土）进行检测，数据分析表明：检测的 1260 个样品重金属铅、农药残留量、稀土、致病菌（主要是沙门菌、志贺菌、金黄色葡萄球菌、溶血性链球菌）等全部合格。表明云南普洱茶的质量是安全的。另有研究者对云南省 5 个普洱茶主产区的 30 个普洱茶样品进行有机磷农药残留量检测，并未检出国家限制使用的高毒有机磷农药（如甲胺磷、甲拌磷），而个别样品所检出的农药残留量均低于国家及欧盟的限量标准，认为普洱茶具有较高的食用安全性。近年来云南省各级政府以及科研事业单位在推动生态茶园建设、无公害茶、绿色食品茶和有机茶基地建设方面投入了大量的人力财力，这些措施有效地控制了普洱茶原料的农残问题，为普洱茶原料农残问题提供了更有力的保障。

3. 重金属问题

重金属问题一直是人们关注的焦点，其中包括铅、铜、汞、镉等的残留。宁蓬勃（2010）采集云南省普洱茶主产地的 150 份普洱茶样品，对普洱茶的铅、砷、汞含量进行检测。结果表明，云南相同主产地的生茶和熟茶中铅含量没有显著性差异，目前云南普洱茶质量安全状况良好。

第二节　普洱茶品质要素

一、优质的鲜叶原料

（一）品种

云南大叶种茶树的品种适制性对普洱茶品质的形成具有奠基作用。不同茶树品种的遗传性状有差异，其对土壤元素的需求和吸收能力以及其抗逆性、抗病虫害能力、物候期、主要经济性状等也会存在差异，进而导致普洱茶鲜叶原料的主要化学物质（包括多酚类化合物、蛋白质、氨基酸、生物碱、糖类、香气物质、茶色素、维生素等）含量差异，因此其品质水平也就不一致。

中国云南是茶树的起源中心和原产地，有着世界上最为丰富的茶树种质资源。目前，云南省共选育出国家级良种 5 个，省级良种 28 个，国家植物新品种保护权品种 4 个，此外，还有许多地方品种、选育良种及品系等，其中国家级良种有勐海大叶茶、勐库大叶茶、凤庆大叶茶、云抗 10 号、云抗 14 号等。勐库大叶茶的春茶一芽二叶鲜叶含咖啡因 4.06%、茶多酚 33.76%、氨基酸 1.66%，勐海大叶种春茶一芽二叶鲜叶含咖啡因 4.06%、茶多酚 32.77%、氨基酸 2.26%，云抗 10 号春茶一芽二叶鲜叶含咖啡因 4.57%、氨基酸 3.23%、茶多酚 34.95%等，均较适合普洱茶的制作。大叶种与小叶种相比较，茶多酚类含量高 5%~7%，儿茶素总量含量高 30%~60%，水浸出物含量高 3%~5%，这都有利于普洱茶越陈越香品质的形成。

（二）气候环境

云南地处中国的西南边疆，其地理特点是纬度低（北纬 21°8′~29°15′），海拔差异大（最低海拔 76.40m，最高海拔 6663.60m），而且南北海拔差异与纬度高低一致，加剧了南北地表热量的差异。从温度因素来讲，几乎具有全国从南到北的气候类型。有终年无霜的低热河谷区，也有常年处于低温的高寒山区。由于海拔差异大，不同地区温度差异很大，即使在同一县不同乡村，温度差异也很大，有所谓"十里不同天"的气候特点。但同时由于纬度低，全年不同季节日照时数变化较小，而且南北纬度跨度不大，在云南全省范围内南北日照时数差异不大。

云南茶区多分布在澜沧江两岸温凉、湿热的山区丘陵地带，海拔在 1200~2000m，年平均温度在 12~23℃，活动积温 4500~7000℃以上，年降雨量一般 1000mm 以上，最高 2000mm。土壤为红壤、黄壤、砖红壤，pH 4~6。云南普洱茶主产区主要分布在北纬 25°以南的滇南茶区，包括思茅、西双版纳、红河、文山 4 个市、州的 22 个县（市）。如西双版纳是普洱茶的重要产地，普洱县是历史上普洱茶的集散地。这一地区的气候主要有南亚热带湿润气候和北热带气候类型。年平均温度 17~22℃，大于或等于 10℃的活动积温在 6000~8300℃，年降雨量在 1200~1800mm，西盟的年降雨量为 2812.9mm。这些优越的气候条件为该区种植的云南大叶种创造了适宜的生长条件，也为普洱茶品质的形成奠定了坚实基础。

众所周知，地理纬度不同伴随日照、气温和降水量等气候条件的变化，对茶叶化学成分特别是次生代谢产物有明显影响。纬度偏低，地表接受日光辐射量也较多，有利于碳素代谢，也就有利于茶叶多酚类物质的积累。已有的研究表明，茶叶中较高含量的次生物质是茶树与环境共同作用的结果。对茶树生长及其体内物质代谢影响较大的因子主要有光照、温度、湿度，因此茶叶的产量、品质与茶园的气候有直接关系。

根据国内外的研究报道，光照直接影响儿茶素的总量或多酚类混合体的组成。凡是光照强度和日照量大的条件下，茶叶中儿茶素含量明显增加，其中，酯型儿茶素特别显著。另外，光照强度和日照量也显著影响叶组织中氨基酸的含量，茶氨酸含量的变化更显著。光照还是茶叶色素（如叶绿素、类胡萝卜素、叶黄素、花青素等）形成的重要调节因子。温度，特别是积温对茶树生长的作用极大，其生理生化过程都随温度的变化而变化。据日本中川致之的研究，日照与温度有利于多酚的积累。温度 26℃时多酚类含量为 10.70%，22℃时 9.60%；自然光照下多酚类为 11.80%，遮光处理下仅 10.50%，这说明光照、温度对多酚形成有利。同时，水分不足会影响糖类物质的代谢，最终影响到多酚类物质的生物合成和积累。

由此看来，环境条件对茶树生理代谢的影响是深刻的，因而要形成云南普洱茶特有的品质特色，是离不开云南（特别是普洱茶主产区）这一优越的自然条件的。

二、精湛的加工工艺

（一）日光干燥

普洱茶的原料为晒青，晒青的干燥方式为日光干燥。日光干燥是晒青毛茶品质形成的关键，是增强茶叶香气强度和形成茶汤良好口感的重要过程。传统的晒青是将揉捻叶置于露天场所的日光下进行晾晒干燥，然而此方法大多受天气条件的限制。为避免降雨等不确定的环境因素干扰茶叶质量，茶农将揉捻叶置于晒青棚内干燥。但这两种干燥方式所制出的茶叶在风味特征方面有着明显差异，通常认为用日光直接干燥的茶叶日晒气息更加浓郁且滋味更加醇和。经实验测定发现，日光干燥的紫外线强度是晒青棚的 1500 倍，此时叶温保持在 $45 \sim 50 \, ^{\circ}\mathrm{C}$，使茶叶水分快速降至 10% 以内，促使晒青毛茶品质形成，初制完成。一般鲜叶采摘当天初制，晒干，品质最佳。当天不能晒干的应薄摊，置阴凉通风处，快速散发水分，降低叶温，避免堆积发酵变黄熟或产生红梗红叶，影响晒青毛茶品质。待有阳光时使之尽快晒干。晒青适度标准：茶条色泽墨绿油润显毫，清香浓郁，落地有声，茶叶手捻即为碎末。

有研究者研究了 3 种日晒方式对晒青中脂肪酸、挥发性化合物和感官品质的影响，结果表明，在晒青干燥过程中，紫外线强度较高的处理，即日光干燥和晒青棚加紫外干燥，能在较大程度上促进脂肪酸降解，且挥发性化合物种类多，醛类、醇类相对含量均高于晒青棚干燥处理，茶叶风味更好，更为消费者所喜爱。

（二）微生物固态发酵

云南普洱茶在制作过程中有一道特殊的工序是"微生物固态发酵"，它是形成普洱茶（熟茶）品质特征最关键的一步。在整个"微生物固态发酵"过程中，主要发生了以茶多酚类为主体的一系列复杂剧烈的生物转化反应和氧化反应，生物转化反应是以微生物分泌的胞外酶进行的酶促催化反应为主。但需要注意的是，这些微生物除了来源于茶叶本身，也包括加工环境中自然接种到发酵茶叶的微生物，研究报道表明，现代发酵工艺中，人工接种外源优势菌能起到良好的作用。现已证实，普洱茶中的微生物主要为黑曲霉（*Aspergillus niger*）、棒曲霉（*Aspergillus clauatus*）、根霉（*Rhizopus chinehsis*）、乳酸菌（*Loctobacillus thermophilus*）与酵母（yeast）等。

微生物的发酵作用是云南普洱茶品质形成的最重要条件，没有微生物就没有普洱茶。普洱茶的"固态发酵"实质应是以微生物的活动为中心，微生物作用于发酵的全过程。普洱茶（熟茶）品质形成的本质可表述为：以云南大叶种普洱茶原料（晒青）的内含成分为基础，在后发酵过程中微生物代谢产生的酶、热及湿热作用使其内含物质发生氧化、聚合、缩合、分解、降解等一系列反应，从而形成普洱茶熟茶特有的品质风格。普洱茶加工原料含水量一般在 9%~12%，在加工时必须增加茶叶的含水量才能较好地发挥微生物作用和湿热作用。微生物除生长释放生物热以外，更重要的是分泌多种酶类，特别是氧化酶类和水解酶类，这对普洱茶品质的形成起决定性作用。可认为普洱茶品质形成的机制是微生物分泌的各种酶的催化反应作用机制。整个发酵过程可以认为是发生了以多酚类为主体的一系列复杂剧烈的生物转化反应和氧化反应。

在发酵过程中，温度对普洱茶风味及品质的影响十分重要，当堆温保持在一定的范围时，加工出的普洱茶具有较好的风味特征。当堆温低于或高于一定的范围时，加工出的普洱茶的品质及风味不佳，堆温过低，一些化学成分氧化降解所需的热量无法达到，导致发酵不足；堆温过高，又会导致碳化，同样不利于普洱茶良好风味品质的形成。同样，水分为普洱茶加工过程中的重要介质。普洱茶加工所用的晒青毛茶一般含水量较低，必须增加茶叶含水量才能在后发酵（固态发酵）中较好地发挥湿热作用。水分多，物质的扩散转移和相互作用就显著。水分不但是茶叶发酵过程中各种物质变化不可缺少的介质，而且水分本身又是许多物质变化的直接参与者，它分解而成的原子与基团，是发酵过程中新形成的化合物必不可少的构成部分。研究发现，在水分含量小于15%时，水分亏缺，发酵不足，一些生化变化就会受到影响，生产出的普洱茶色泽泛绿，滋味苦涩，汤色橙红、香气青涩，缺乏好的普洱茶色泽褐红、滋味醇厚、汤色红浓、陈香显著的风味特征；而大于45%时，水分含量过高，又会出现发酵叶腐烂现象，严重影响普洱茶的汤色与口感，风味不好。因此，水分含量要求适当，一般在30%~40%为宜，但要视原料的老嫩程度，既不能偏少也不能过多，这样生产出的普洱茶才可能具有较好的风味。

（三）蒸压

宋代时就有茶马市场，到了元朝茶叶已经成为市场交易的重要商品。当时的茶叶加工技术较简单，所制茶叶均为晒青绿茶，但由于散茶不便携带、运输，且云南地处云贵高原，山道崎岖，交通不便，茶叶外运全靠人背马驮，长途跋涉，历经数日，甚至逾年，所以先民们在不断实践和改进下将晒青茶蒸软后，压制成饼状紧茶。蒸压成饼状是实践中进步的表现，也是中华民族智慧的体现。

紧压成型主要是通过蒸茶活化茶叶内含果胶质的黏结作用与完整条索间的钩连作用。蒸压前检测每批原料水分，紧压车间根据原料水分率、合理的加工损耗率确定称茶量。若有面茶、芯茶、底茶，则需分别称量，按顺序均匀导入蒸压桶内，用手撒均匀，避免出现"露芯"。将蒸筒置于操作台蒸汽孔上，一般蒸15~30s（可根据普洱茶生熟原料的茶质、外形、水分、级别、黏合度等适当调整蒸压时间），将茶蒸湿、蒸软，便于压制成型。

将布袋套在蒸筒上，翻转筒身，茶叶倒扣在布袋内，均匀地收拢布袋，快速均匀揉制茶叶，避免茶叶变冷不易成型，在揉制茶叶的同时在布袋中心区域打结。饼茶和沱茶制作的有揉茶工序，砖茶没有此工序。要求揉茶力量控制合理，具有技巧性，需做到饼茶和沱茶撒面均匀、包心不外露、不起层不掉面。

将揉好的茶饼放置于饼茶成型机、砖茶成型机或沱茶成型机底座模具中心位置，调节压力和定型时间。取出茶饼用卷尺测量，不合格品进行返工处理，合格品用石模定型。放置石模时力量须均衡，避免受力不均影响饼形。需保证饼茶和沱茶平滑、整齐、厚薄均匀。置于木架上摊晾5~6min，待布袋冷却后解开布袋，检验外观品质、有无杂物，若有杂物需进行处理、不合格品则应进行返工。

压制后的饼茶、沱茶、砖茶先摊晾，检测含水量达到了14%~16%时，即可进入烘房干燥。将置于木架上的待烘半成品推入烘房，排列整齐，生、熟茶不能置于同一烘房内；生茶烘干温度一般控制在 40±10℃，半成品茶饼水分含量 10% 以下。

三、科学贮藏

科学贮藏强调的是在合理的光温水气等环境条件下对普洱茶进行贮藏，为普洱茶后期陈化转化和品质提升提供有利条件。

贮藏过程中的"陈化"是普洱茶发展香气，巩固、完善和提高品质的重要工序。普洱茶贮藏，应保持贮藏室通风、透气、干燥，温度应保持在 25℃ 左右，相对湿度控制在 75% 以下；室内无污染、无异味、清洁卫生；贮藏茶叶应避光，避免雨淋。新茶、老茶、生茶、熟茶归类存放，按期翻动，使其陈化均匀；禁止茶叶与有毒、有害、有异味、易污染的物品一起存放。个人或家庭少量存放，可用陶瓷瓦缸存放；若是数量多，可设立仓库进行贮藏，仓库需注意温湿度的控制，有条件、有必要的可在仓库安装温湿度控制装置。

普洱茶虽有"越陈越香"的属性，但"陈"和"香"都是有最佳时期的，并不是贮藏时间越长普洱茶品质越好，在最佳时期前，它的品质呈上升趋势，达到高峰后品质则逐渐下降。

思考题

1. 请描述普洱茶（熟茶）紧压茶的品质特征。
2. 请列举普洱茶品质的构成要素有哪些。
3. 请简述普洱茶加工中具体哪些因素对品质形成发挥作用，并简述作用的过程。

参考文献

[1]庞欠欠,朱强强,张肖娟,等. 普洱熟茶的品质形成机理分析[J]. 现代食品,2019(7):43-44;54.

[2]霍星光,杨明帮,杨韩晖,等. 杀青设备及工艺技术对普洱茶品质的影响[J]. 现代农业装备,2014(6):57-59.

[3]方成刚. 普洱茶质量安全管理与控制体系研究[D]. 北京:中国农业科学院,2011.

[4]鲍晓华. 普洱茶贮藏年限的品质变化及种类差异研究[D]. 武汉:华中农业大学,2010.

[5]田洋,肖蓉,徐昆龙,等. 普洱茶加工过程中主要成分变化及相关性研究[J]. 食品科学,2010,31(11):20-24.

[6]坤吉瑞,闫敬娜,舒娜,等. 不同日晒技术对晒青绿茶中挥发性化合物、脂肪酸和感官品质的影响[J]. 食品与发酵工业,2020,46(21):154-160.

[7]邱岚,王燕. 普洱茶精制技术[J]. 现代农业科技,2019(17):244-245;247.

[8]孙雪梅,邓秀娟,周红杰,等. 普洱茶仓储影响因子与品质变化研究进展[J]. 茶

第九章 普洱茶品质

叶通讯,2019,46(2):135-140.

[9]郑际雄.云南大叶种晒青茶的加工工艺及关键技术[J].中国茶叶,2017,39(7):34-35.

[10]陈文友,徐敏珊,赵丽珍,等.普洱茶制作工艺发展研究[J].广东茶业,2015(合刊1):19-23.

[11]陈文品,许玫.普洱茶卫生与安全控制及相关研究现状[J].食品安全质量检测学报,2013,4(5):1373-1378.

[12]康冠宏,李亚莉,周红杰.普洱茶安全性研究进展[J].食品工业科技,2013,34(19):387-390.

[13]寇婷婷,徐昆龙,张灵枝,等.普洱茶中有机磷农药残留的测定[J].食品科学,2010,31(12):165-168.

[14]宁蓬勃,龚春梅,郭抗抗,等.云南省不同地区普洱茶铅含量的差异性[J].西北农业学报,2010,19(1):116-120.

[15]宁蓬勃,郭抗抗,王晶珏,等.云南普洱茶砷和汞的含量分析[J].食品科学,2010,31(8):150-153.

[16]周红杰,龚加顺.普洱茶与微生物[M].昆明:云南科技出版社,2012.

[17]王光文,袁唯,许靖逸,等.普洱茶中微生物安全性的评价[J].普洱,2012(5):86-89.

[18]王白娟,蒋明忠,刘旭川,等.云南普洱茶中有害菌的检测探究[J].云南农业大学学报,2010,25(3):447-450.

[19]陈宗懋.我国茶产业质量安全和环境安全问题研究[J].农产品质量与安全,2011(3):5-7.

[20]张霞,黄端杰.储藏条件对普洱茶品质的影响及其茶汤饮用安全性分析[J].江苏农业科学,2018,46(12):160-163.

第十章　普洱茶评鉴

　　普洱茶的评鉴是依靠人的视觉、嗅觉、味觉、触觉等感官来评定茶叶品质（色、香、味、形等）高低优次的技术。本章对普洱茶评审要求、程序、方法以及鉴赏技巧进行综合归纳总结，普洱茶行业通常按照国家标准审评方法进行茶叶感官审评，周红杰名师工作室结合多年来我国普洱茶行业评比规则，通过多年不断改进与实践，建立了规范的评鉴方法及规程，研究出"325"评鉴法和"212"鉴品法。"325"评鉴法是通过三次评审找出茶叶的问题，筛选出好的普洱茶；"212"鉴品法则是对"325"评鉴法选出的好的普洱茶，通过"212"鉴品法冲泡感受好的普洱茶品质内涵之美，是享受美茶的可行技法。本章思维导图见图10-1。

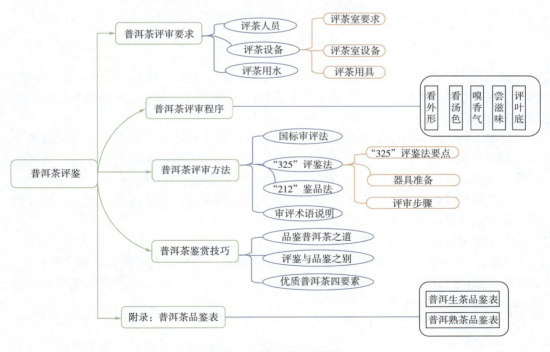

图 10-1　第十章思维导图

第一节 普洱茶审评基本要求

一、评茶人员

评茶人员应掌握系统的专业知识。作为一名评茶人员应把理论学习和审评实际操作结合起来，应该对制茶工艺、茶叶机械、茶叶化学等相关知识有所了解，还要深入了解特定的消费市场和相应的饮茶习惯。不断地提高自身素质，准确评定茶叶品质的优次，结合茶叶行业中"制、供、销、用"，真正成为一名评价判断茶叶品质的行家（图10-2）。

图10-2　茶叶审评

首先，作为评茶人员应具有健康的身体。感官审评是依靠评茶人员的嗅觉、味觉、视觉、触觉等来实现的，要求评茶人员有敏锐的审辨能力和熟练的评茶技术，而具有健康的身体是前提条件，尤其是五官的正常功能。

其次，评茶人员应忌不良嗜好。为保持视觉、嗅觉和味觉器官的灵敏度，避免受到某些食物和药物的干扰，作为评茶人员应忌烟酒，少吃葱蒜辣椒类的食品（尤其在评茶之前不能吃），少吃甜食油炸食品及生萝卜等刺激味觉的食物。

茶叶感官审评最终是以人为中心来完成，要消除审评可能出现的误差，从技术角度看，应该注意以下几点。

（一）不因个人偏好影响审评结果

茶叶是一种偏好型消费饮品。我国茶叶种类繁多，各地饮茶习惯存在很大的差异，在评审过程中，评茶人员必须注意评茶的目的是获得客观的结论，因此不能将地域习惯和个人爱好带入审评过程，影响审评结果。

（二）坚持训练，克服感官疲劳

茶叶感官审评是一项需要评茶人员全神贯注、始终保持感觉器官高度敏感性的工作。评茶人员在日常工作中，需要针对自己的不足之处，坚持进行审评训练。努力提高感觉器官抵抗疲劳的能力，达到保持感觉器官敏锐的目的。

（三）积极交流，修正感官认识的系统性误差

简练、准确的品质术语便于评茶人员相互交流。评茶术语的熟练使用建立在对茶叶品质的系统化认识之上。在掌握、运用评茶术语的过程中，积极开展交流，有助于获得对茶叶品质的共识，获得对术语一致、准确的理解，消除系统性的误差，从而建立规范、统一的茶叶评判体系。

（四）审评人员的基本资格

（1）专业从事茶叶工作，具有中级及以上专业技术职称（农艺师、工程师、讲师及以上职称），具备丰富的茶叶品质审评知识与经验。

（2）专业从事茶叶审评工作，拥有"高级评茶员"证书（国家职业资格等级证书）、"评茶师"（国家职业资格等级二级）证书或"高级评茶师"证书（国家职业资格等级一级）。

二、评茶设备

茶叶感官审评需要的设备主要涉及审评的环境、审评器具和审评用水。针对进行茶叶感官审评的场地条件，我国专门制定了相应的国家标准。茶叶感官审评室的选择和布局，应符合相关标准的要求。审评使用的专业器具应对标准和操作规范予以详细的规定，力求体现设备的一致性。

规格统一的评茶器具，是获得客观审评结果准确的先决条件。我国茶叶产品种类繁多，不同地区饮茶消费习惯各异，审评源于品饮，在长期运用中逐渐获得规范，使用的器具也随之发展，最后形成了当前独具特色的各种评茶器具。茶叶审评需要的审评设备与用具包括干评台、湿评台、审评标碗、干样盘、叶底盘、天平（精确至0.10g）、计时器（精确到秒）、电茶壶、水桶、直尺、汤碗、茶匙、毛巾等。

（一）评茶室的要求

感官审评需要一个适宜的评茶环境（表10-1）。审评室选择的基本条件如下。

（1）评茶室面积一般要求50m² 以上（按每位评茶人员活动空间10m² 计算），评茶室要求干燥清洁，避免潮湿，最好设在二层楼以上，朝北开窗（适于北半球），开窗面积应占墙面的50%以上，窗口宽敞窗户使用无色透明玻璃，窗外的空间开阔，东西面无窗。

（2）对光线有严格要求，自然光要均匀、充足，避免阳光直射，室内要求光线柔和、均匀明亮（干评台工作面照度不低于1000lx，湿评台工作台面照度不低于750lx），光照强度不够可用日光灯补光。

（3）装饰素净，墙面为白色、天花板为白色或接近白色、地面为浅灰色为好，评茶室的内外不能有红、黄、紫、蓝、绿等异色反光和遮断光线的障碍物。反射光不影响对茶叶色泽的评定。

（4）室内空气流通，无异气味，评茶室要求空气新鲜，不宜与化学分析室、仓库、食堂、卫生间等产生异味的场所相距太近；室内禁止吸烟。

（5）装有空调，室内温度保持在15~25℃。

（6）周边安静，环境噪声不应超过50dB。

（7）评茶室要求安静。评茶室内禁止高声喧哗，以免分散评茶人员注意力，影响评茶结果的准确性。

表 10-1　　　　　　　　　　　　　　评茶室的要求

项目	条件	参数	场景图
室外环境	地势干燥、环境清静、空气洁净通畅、光线充足	根据具体实况确定	
室内环境　审评室　样品室	南北朝向，环境安静、空气流通，地面干燥，墙面白色；自然光为主，光线明快柔和	室温 25～26℃；审评台可用 40W 日光灯补光	

（二）评茶室的设备

评茶室（审评室）的常见设备如下。

1. 干评台

评茶室内靠窗口处应设置干评台，用于审评茶叶外形的形态与色泽。台一般高 90～100cm、宽 50～60cm，长短据审评室及具体需要而定，用以放置样茶罐、样茶盘，台面一般漆成黑色，台下设置样茶柜。

2. 湿评台

用于放置审评杯碗，用于审评茶叶的内质，包括评审香气、滋味、汤色、叶底。一般湿评台高 85～90cm，台面镶边高 5cm、宽 36cm，长度根据实际需要而定，刷白漆，台面一端应留一缺口，以利于台面清洁和茶水流出。

3. 样茶柜架

在评茶室内要配备样茶柜（或架），用以存放茶叶样罐。

4. 碗橱

用于盛放审评杯碗、汤碗、汤匙、网匙等。一般采用长×宽×高：40cm×60cm×70cm，设置抽屉，要求上下左右通风、无异味。

（三）评茶用具

评茶用具是专用的（表 10-2），要求规格一致，数量备足，质量要好，力求完美，尽量减少客观上的误差。评茶常用的工具如下。

1. 审评盘

审评盘也称样茶盘或样盘，是审评茶叶外形用的。用木板制成（一般不刷漆），有正方形（23cm×23cm×3cm）和长方形（25cm×16cm×3cm）两种。盘的一角开一缺口，便于倒出茶叶。审评盘的框板最好采用杉木板，底板以五层板为好，木板不能有异味。

2. 审评杯和审评碗

审评杯用于开汤冲泡茶叶及审评香气，为特制白色圆柱形瓷杯，杯盖有小孔，在杯柄对面口上有齿形或弧形缺口，以利于沥出茶汤，内径 62mm，外径 66mm，高 65mm，容量为 150mL。

审评碗是审评茶汤汤色和滋味的用具，为广口白色瓷碗，上口外径 95mm，内径 89mm，高 55mm，容量 200mL。审评杯和审评碗是配套的。用于审评成品茶和毛茶的杯、碗不同，一般审评精茶的杯、碗小一些，容量为 150mL，审评毛茶的杯、碗大一些，容量为 200mL。

3. 样茶秤

样茶秤用于称取审评茶样的质量，常用感量 0.10g 的托盘天平或电子天平。

4. 定时器

定时器是评茶冲泡计时的工具，常规使用可预定 5min 自动响铃的定时钟（器）或用 5min 的砂时器。

5. 汤碗

汤碗为白色瓷碗。碗内放茶匙、网匙，用前冲入开水清洗。

6. 茶匙

茶匙也称汤匙，用于取茶汤、评滋味的白色瓷匙。因金属匙导热过快，有碍于品味，故不宜使用。

7. 网匙

网匙用于捞取审评碗中茶汤内碎片末茶，用细密的不锈钢或尼龙丝网制作，不宜用铜丝网，以免产生铜腥味。

8. 水壶

水壶是用于烧水的茶壶或电茶壶，水容量 2.5~5L。忌用黄铜或铁壶烧水，以防异味或影响茶汤的色泽。

9. 吐茶桶

吐茶桶是盛装茶渣、评茶时吐茶汤及倾倒汤液的容器。

10. 叶底盘

叶底盘用于审评叶底，叶底盘为木质方形小盘，规格为长×宽×高：10cm×10cm×2cm，漆成黑色。也有用长方形白色瓷盘（23cm×17cm×3cm），将多个样品叶底排列于盘中，便于相互比较。

11. 茶样贮藏桶

用于保存有价值的茶样。要求密封性好，桶内放生石灰作干燥剂。

表 10-2　　　　　　　　　　　　　　　　评茶用具

审评器具		主要用途	规格	实物图
审评台	干评台	检验干茶外形	高 90~100cm；宽 50~60cm；长度根据实际需要而定	

续表

审评器具		主要用途	规格	实物图
审评台	湿评台	审评茶叶内质	高 85~90cm；宽 36cm；长度根据实际需要而定	
审评杯碗		审评香气、汤色和滋味	毛茶审评杯 200mL；精制茶审评杯 150mL；审评碗 200mL	
审评盘		盛放茶样，审查茶叶形状及色泽	白色、一角有梯形缺口；长×宽×高 = 23cm ×23cm×3cm	
叶底盘		审评茶样叶底	方形黑色木盘（10cm ×10cm×2cm）或长方形白色搪瓷盘（23cm ×17cm×3cm）	
称量用具		称取待审评茶叶的质量	精确度 0.1g 的托盘天平（即药物天平）或电子天平	
计时器		用于评茶计时的工具	可预定 3min 或 5min 自动响铃的定时钟、表计时，但应注意准确掌握时间	
茶匙		分取茶汤	白色瓷匙	
网匙		捞取审评碗中茶汤内的碎片末茶	细密度 60 目左右	

审评器具	主要用途	规格	实物图
汤碗	品鉴茶汤	规格不一	
煮水器	制备沸水	一般容量 2.5~5L 规格可按需求而定	
吐茶桶	盛装茶渣、评茶时吐茶汤及倾倒汤液	塑料、木头材质	
审评表	记录审评结果		
茶样柜	放置、保存茶样	规格不一	
碗橱	放置、保存审评器具	规格不一，根据需求而定	
消毒柜	对审评用具进行消毒	规格不一，根据需求而定	

三、评茶用水

评茶用水的优劣对茶叶汤色、香气和滋味影响极大，若水质差或冲泡方法不当，都会影响茶叶的香味和滋味。评茶用水以深井水、自然界中的矿泉水及山区流动的溪水较好，但须采用净水器过滤，去除铁锈等杂质，提高水质的纯净度。总之，评茶用水要求水质无色、透明、无沉淀，不得含有杂质。

一般用100℃开水冲泡，水沸后宜立即冲泡。如用久煮或用热水瓶中开过的水继续回炉煮开再冲泡，会影响茶汤的新鲜滋味。如用未沸滚的水冲泡茶叶，则茶叶中水浸出物不能最大限度地泡出，会影响香气、滋味的准确评定。

第二节　普洱茶审评程序

茶叶审评操作强调规范有序。茶叶取样，是从一批或者数批茶叶中取出具有代表性样品供审评使用。为确保规范地完成取样工作，我国专门制定了相关的国家标准（GB/T 8302—2013《茶　取样》）。普洱茶的评茶程序：

取样→把盘→评外形→称样→冲泡→沥茶汤→观汤色→嗅香气→尝滋味→评叶底→品质记录

普洱茶审评根据审评方式可分对样审评和盲评两类，根据审评茶叶形态可分为晒青原料、普洱散茶审评、普洱压制茶（生茶、熟茶）审评、普洱茶袋泡（生茶、熟茶）审评、普洱茶粉（生茶、熟茶）审评及普洱茶膏（生茶、熟茶）审评。散茶外形审评主要是条索、色泽、整碎及净度，紧压茶加评外形匀整度、松紧度及撒面情况。审评基本术语根据审评对象不同而有所差异，审评常用修饰词有较、稍、略、欠、尚、带、有、显、微等。茶叶感官审评见图10-3。

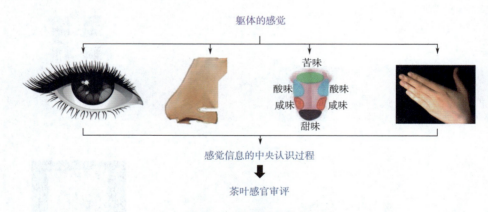

图 10-3　茶叶感官审评

一、看外形

把盘，统称摇样匾或摇样盘，是审评干茶外形（图10-4）的首要操作步骤。审评干茶外形依靠视觉触觉来鉴定。审评时应查对样茶，判别茶类、花色、名称、产地等，然后抔取有代表性的样茶。审评成品茶（精制茶）外形一般是将样茶倒入审评盘中，双手握住审评盘的对角边沿，其中一手要拿住样盘的倒茶小缺口，同样用回旋筛转的方法使盘中的茶叶分出上、中、下三层。一般先看面装和下身，然后看中段茶。看精制茶外形一般要求对样评比上、中、下三档茶叶的拼配比例是否恰当和相符，是否平整匀齐，是否有脱档现象；看整碎度把盘后，要对样评比粗细、匀齐、净度，审评精制茶外形时，各盘样茶应保持一致，便于评比；紧结度主要看茶叶条形的卷缩成条或块的紧结程度；净度主要看茶梗、茶片及非茶叶夹杂物的含量。

普洱散茶外形色泽褐红，条索肥壮紧结（不同级别有不同的标准），有陈香。普洱紧压茶要求形状匀整端正，棱角整齐，模纹清晰，不起层掉面，撒面均匀，松紧适度。闻一闻干茶，有特有的甜香或陈香等香气。级别的划分以嫩度为基础，嫩度越高的级别也越高。衡量嫩度的高低主要看三点：一是看芽头的多少，芽头多、毫显、嫩度高；二是看条索（叶片卷紧的程度）紧结、重实的程度，紧结、重实的嫩度好；三是色泽光润的程度，色泽光滑、润泽的嫩度好，色泽干枯的嫩度差。如高档普洱散茶外形金毫显露，色泽褐红（或深棕）润泽、调匀一致、条索紧细、重实。

图 10-4　看外形

二、看汤色

汤色靠视觉审评，是茶叶开汤后茶叶内含成分溶解在沸水中的溶液所呈现的色泽，称为汤色。审评汤色要及时，因茶汤中的成分和空气接触后很容易发生变化。汤色易受光线强弱、茶碗规格容量多少、排列位置、沉淀物多少、冲泡时间长短等各种因素的影响，冬季评茶汤色随汤温下降逐渐变深。在相同的温度和时间的条件下，茶汤的变色幅度为大叶种大于小叶种、嫩茶大于老茶、新茶大于陈茶，在审评时应引起注意。如各碗茶汤多少不一，应加以调整，使之一致；如茶汤中混入茶渣残叶，应用网匙捞出，用茶匙在碗里打一圆圈，使沉淀物集中于碗中央，然后开始看汤色（图 10-5）。按汤色深浅、明暗、清浊等评出优劣。出汤后，可仔细观赏茶汤的色泽，汤色审评主要从色度（正常色、劣变色、陈变色）、亮度和清浊度三方面评比。汤色审评要快，因为溶于热水中的多酚类物质与空气接触后很容易氧化变色，使汤色变暗。明亮度是指茶汤的反光、透光程度，以鲜亮清澈醒目为好；浑浊暗色的茶汤吸光较多，所以汤色显暗，通常味觉表现欠佳。

图 10-5　看汤色

普洱茶（生茶）的汤色依陈化程度的不同而深浅不同，从黄绿、绿黄、浅黄、橙黄、深黄、黄亮不一，但好的普洱茶（生茶）的汤色一定是明亮的；普洱茶（熟茶）的汤色有红艳、红亮、深红、红浓、红褐、褐色等，一般以红浓明亮为佳，好的普洱茶（熟茶）的汤色就其品质的不同呈现宝石红、玛瑙红、石榴红、陈酒红、琥珀红等，并且很亮，像玫瑰一般艳丽，似琥珀一样晶莹。普洱茶汤色要求红浓明亮。如汤色红浓剔透是高品质普洱茶的汤色；深红色为正常；黄色、橙色过浅或深暗发黑为不正常。汤色混浊不清属品质劣变。

三、嗅香气

嗅香气（图 10-6）时应一手拿住已倒出茶汤的审评杯，另一手揭开杯盖，靠近杯沿用鼻轻嗅，杯盖不能完全打开，只能在鼻子靠近处，打开一半，并迅速地嗅一下，立即盖好。为了正确辨别香气的类型、高低、长短，嗅时应重复一次。但每次嗅的时间不宜过长，因嗅觉易疲劳，易失去灵敏度，一般是 3s 左右。每次嗅评时都要将杯内叶底抖动翻身，在香气评定未结束前，不得打开杯盖。

图 10-6　嗅香气

嗅香气应以热嗅、温嗅、冷嗅相结合进行，热嗅重点是辨别香气正常与否及香气的类型及高低，重点还要辨别茶叶香气的纯度。温嗅辨别主体香气的浓度，并根据其香气的厚度和层次辨别其优次，冷嗅主要是评定茶叶香气的持久程度（即香气长短），综合考量叶底冷香及杯底留香情况。凡一次审评若干评茶叶香气时，为了区别各杯茶的香气，嗅评后按香气的高低把审评杯作前后移动，一般按香气好次依次前后排列，此项操作称为香气排队，审评香气时应同类茶进行评定。审评香气时还应避免外界因素的干扰，如抽烟、擦香脂、香皂洗手等都会影响香气鉴别准确度。

香气是茶叶冲泡后随水蒸气挥发出来的气味。茶叶的香气受茶树品种、产地、季节采制方法等因素影响，使得各类茶具有独特的香气风格，如清香、花果香等，即便是同一类茶，也有地域性香气特点。审评香气除辨别香型外，主要比较香气的纯异、高低和长短。纯度在洗茶后热嗅时判断，辨别茶叶是否吸附了异杂气味，不含异杂气为纯。高低为第一、第二泡时香气的浓度，嗅闻杯盖判断。长短是指香气的持久度。

普洱茶（生茶）的香气常常是带有甜香、蜜香与花香，随着陈化时间的延长，逐渐出现陈香、沉香和药香；普洱茶（熟茶）陈香浓郁，或似桂圆等干果香，有时又似藕香、枣香、甜香、木香、沉香和药香，很难确切地说它是哪一种香，它的香是一种淡淡的幽香或暗香，需要审评人员用心去体会。

辨别普洱茶香气主要看香气的纯度，特别要区别霉味与陈香味，有人说陈香味就是霉味，这是错误的。霉味是一种变质的味道，是使人不愉快、不能接受的一种气息。而陈香是普洱茶在后发酵过程中，多种化学成分在微生物和酶的作用下形成的一些新的物质，这些新的物质互作协同作用，遇热产生一种综合的香气，有的似桂圆香、有的似药香等，是一种令人感到舒服的气味。如同乌龙茶中的铁观音有"音韵"，武夷岩茶有"岩韵"一样，普洱茶所具有的是"陈韵"。这是普洱茶香气的最高境界，普洱茶纯正的香气是具有陈香味和以上所说的桂圆香、甜香、木香、药香等。如有霉味、酸味等为不正常。

四、尝滋味

审评滋味茶汤温度要适宜，一般以50℃左右较合评味要求。如茶汤太烫或茶汤温度过低都会影响正常评味。审评滋味时用瓷质汤匙从审评碗中取一浅匙置于汤碗中，吮入口内，由于舌的不同部位对滋味感觉不同，茶汤入口后在舌头上循环滚动，才能正确而较全面地辨别滋味。尝味后的茶汤一般不宜咽下，应吐入吐茶桶内，尝第二碗时，茶匙中残留的茶液应倒尽或在开水中洗净，不致互相影响。

审评滋味主要按浓淡、强弱、爽涩、鲜滞及纯异等评定优次。舌头各部分的味蕾对不同味感的感觉能力不同。如舌尖最易为甜味所兴奋；舌的两侧前部易感觉咸味，而两侧后部为酸味所兴奋；舌心对鲜味涩味最敏感，近舌根部位则易被苦味所兴奋。因此在评味时，茶汤应在舌头上循环滚动，互相接触舌头各个部位才能正确辨别滋味。滋味是评茶人的口感反应。审评滋味先要区别是否纯正，纯正的滋味可区别其浓淡、强弱、鲜爽、醇和，不纯的可区别其苦涩、粗异。将茶汤啜入口中细细品尝滋味：醇和、爽滑、回甘。醇厚度是指茶汤物质的饱满度，苦涩物质分解和发酵之后，由内含物质充分协调带来的醇度，醇度之后形成的没有刺激感的滑度，滑度之后形成甜味物质的甜度。取开水与米汤做比较，米汤为厚，开水为薄，茶汤中内含物质丰富，喝起来味觉饱满黏稠。甜滑度是指喝起来口腔或舌面有顺滑感觉的程度。回甘是指茶汤喝下去后喉咙部位的回甘程度。耐泡性是指连续冲泡三次，每次滋味口感的差别程度，差别越小，茶叶的耐泡性越好。韵味是指某个特定品种在某个特定地域、依照特定的工艺加工所形成的特定感觉。

好的普洱茶的滋味应具备甘、滑、醇、厚、顺、柔、甜、活、洁、稠等特点。反之，如果茶汤中品尝到麻、叮、刺、刮、挂、酸、苦、涩、燥、干、杂、怪、异、霉、辛、飘（浮）等滋味，均为品质不佳的普洱茶。

五、评叶底

评叶底（图10-7）时将杯中冲泡过的茶叶倒入叶底盘中或放入审评杯盖的反面，倒时要注意把细碎叶片倒干净。先将倒入叶底盘或杯盖上的叶底拌匀、铺开、揿平，观察其嫩度、匀度和色泽。评叶底时，要充分发挥眼睛和手指的作用，手指按揿叶底的软硬、厚薄等，再看芽头和嫩叶含量，叶张卷、光糙、色泽及匀度等区别好坏。其中嫩度是指手背轻轻触摸的软硬程度，软的和弹性小为嫩。均匀度是指叶底的颜色是否一致，看上去都是一个颜色为均匀、可以分出几个相差较大的颜色为不均匀。

（1）普洱茶（生茶）　　　　　　　　（2）普洱茶（熟茶）

图10-7　评叶底

第三节　普洱茶审评方法

普洱茶的评鉴，是评审人员运用正常的视觉、嗅觉、味觉、触觉等辨识能力，对普洱茶产品的外形、汤色、香气、滋味与叶底等品质因子进行综合分析和评价的过程。目前普洱茶评鉴的方法有国标审评法、"325"评鉴法和"212"鉴品法。

"325"评鉴法和"212"鉴品法是周红杰名师工作室经过多年实践探索出的鉴别茶品质优劣的有效适用方法。

一、国标审评法

按照 GB/T 23776—2018《茶叶感官审评方法》，称取有代表性的茶样 5.0g，置于

250mL 的标准审评杯中，注入沸水至杯满，加盖浸泡 2min，将茶汤沥入评茶碗中，审评汤色、嗅杯中叶底香气、尝滋味后，进行第二次冲泡，时间 5min，将茶汤沥入评茶碗中，审评汤色、香气、滋味、叶底。结果汤色以第一泡为主评判，滋味、香气以第二泡为主评判。

（一）汤色

汤色以红浓明亮、红亮剔透为好；深红色为正常；汤色深暗、浑浊者为差。

（二）香气

香气评纯度、持久性及高低。以香气馥郁或浓郁者为好；香气纯正为正常；带酸味者为差；异味，杂味者为劣质茶。

（三）滋味

滋味评浓度、顺滑度、回甘度。以入口顺滑、浓厚、回甘、生津的为好；醇和回甘为正常；带酸味、苦味重、涩味重为差；异味、怪味为劣质茶。

（四）叶底

叶底以肥嫩、柔软、红褐、有光泽、匀齐一致为好；色泽花杂、暗淡、碳化，或用手指触摸如泥状为差。

二、"325"评鉴法

3.0g 茶叶，100℃沸水。第一次冲泡 3min，第二次冲泡 2min，第三次冲泡 5min。根据三次冲泡结果，重点看其色、香、味、形等品质的差异。三次差异小，品质较好；三次差异大，品质较差。通过这样的评鉴方法可以较好地鉴别茶叶真实品质。

（一）"325"评鉴法操作流程

1. 把盘评外形（图 10-8）

图 10-8 把盘

2. 匀样（图10-9）

图 **10-9** 匀样

3. 称样（3g）（图10-10）

图 **10-10** 称样

4. 冲泡

冲泡与计时如图10-11、图10-12所示（第一次冲泡3min、第二次冲泡2min、第三次冲泡5min）。

图 10-11 冲泡

图 10-12 计时

5. 观汤色（图 10-13）

图 10-13 观汤色

6. 闻香气（图 10-14）

图 10-14　闻香气

7. 尝滋味（图 10-15）

图 10-15　尝滋味

8. 评叶底（图 10-16）

图 10-16　评叶底

（二）"325"评鉴法技术要点

1. 闻香气

第一泡分辨香气高低和纯度，是否有异杂气息；第二泡分辨香气类型、粗细，并放大不明显的异杂味；第三泡对比前两泡，以确定茶叶的耐泡程度和香气的持久度。如有烟味、霉味、酸味、馊味、臭味等异杂味的品质较差。

2. 尝滋味

第一泡分辨滋味的浓淡、醇苦、甘爽、厚薄，是否回甘，是否黏稠；第二泡分辨浓强度、顺滑度、融合度，是否生津，刺激性强而不涩是为浓，入口苦、吞咽后苦而挂舌是为涩；第三泡对比前两泡，以确定滋味的浓稠、厚薄程度。滋味在口腔中汤水协调度、物质融合度与分散度，苦涩剥离的品质较差。

三、"212"鉴品法

3.0g 茶叶，100℃沸水。第一次冲泡 2min，第二次冲泡 1min，第三次冲泡 2min，后陆续依次逐步添加冲泡茶汤浸出时间，一般冲泡 10～12 泡为宜，以出现甜为判断标准，就可重新换茶。

在"325"评鉴法找出好茶的基础上，"212"鉴品法通过有效的冲泡方法和技巧，充分展现优质普洱茶的品味。在普洱茶品鉴中，主要体会色、香、味协调度。

四、普洱茶审评术语说明

（一）普洱茶外形术语（表 10-3）

表 10-3 　　　　　　　　　　　普洱茶外形审评术语说明

审评术语	解释说明
紧结度	茶叶条形的卷缩成条或块的紧结程度
净度	茶梗、茶片及非茶叶夹杂物的含量
紧结	条索卷紧而重实
紧直	条索紧卷、完整而挺直
粗松	嫩度差，形状粗大而松散
匀整	茶的大小、粗细、长短较一致
短碎	条短碎茶多，欠匀整
匀净	匀齐而无硬朴及其他夹杂物
朴片	叶质粗老，外形松大，轻飘，呈块片状
黄绿	绿中带黄，绿多黄少
绿黄	绿中多黄的干茶色
墨绿	深绿色深显乌，少光泽
黄褐	褐中带黄

续表

审评术语	解释说明
橙黄	黄中微泛红，似橘黄色
橙红	红中泛橙色
棕红	红中泛棕，似咖啡色
红褐	褐中泛红
棕褐	棕黄带褐
花杂	干茶叶色不一致，杂乱、净度差
油润	色泽鲜活，光滑润泽
调匀	叶色均匀一致
枯暗	色泽枯燥且暗无光泽

（二）普洱茶香气术语（表10-4）

表10-4	普洱茶香气审评术语说明
审评术语	解释说明
纯度	热嗅时判断茶叶是否吸附了异杂气味，不含异杂气为纯
高低	第一、第二泡时香气的浓度，嗅闻杯盖判断
长短	茶叶冲泡到第几泡依然还有香
浓郁	带有浓郁持久的特殊花果香
馥郁	比浓郁香气更雅的香气感受
醇正	香气尚浓，正常
纯正	香气纯净、不高不低，无异杂气
纯和	稍低于纯正
平和	香气较低，但无杂气
酵气	存放不当或渥堆不佳，带发酵气味
粗气	香气低，有老茶的粗糙气
闷气	属不愉快的熟闷气，缺乏鲜灵，沉闷不爽
酸馊气	渥堆不当，水分过多底部腐烂不透气发出的酸馊气
霉气	霉变的气味
平淡	香气较低，但无杂气
清淡	味淡薄

（三）普洱茶汤色术语（表10-5）

表 10-5　　　　　　　　　　　**普洱茶汤色审评术语说明**

审评术语	解释说明
明亮度	茶汤的反光、透光程度，鲜亮清澈醒眼为好；浑浊暗色的茶汤吸光较多，所以汤色显暗，通常味觉表现欠佳
黄绿	绿中带黄，绿多黄少
绿黄	绿中多黄的汤色
黄褐	褐中带黄
墨绿	深绿显乌，少光泽
橙黄	汤色黄中微泛红，似土黄或杏黄色
橙红	橙黄泛红，清澈明亮
棕红	红中泛棕，似咖啡色
深红	汤色红而深，无光泽
红褐	褐中泛红
棕褐	棕中泛褐
橙红	红中泛橙色
暗红	红而深暗
黑褐	褐中带黑
清澈	清净、透明、光亮、无沉淀
混浊	茶汤中有大量悬浮物，透明度差

（四）普洱茶滋味术语（表10-6）

表 10-6　　　　　　　　　　　**普洱茶滋味审评术语说明**

审评术语	解释说明
醇厚度	茶汤味道单一为纯，物质种类多而协调即为醇厚，如果感觉有几个味道混在一块或者茶汤当中像含有微小颗粒的感觉为杂
甜滑度	喝起来口腔或舌面有顺滑感觉的程度
回甘	茶汤喝下去后舌面及喉咙部位的甘甜程度
耐泡性	连续一定的时间冲泡三次，每次滋味口感的差别程度，差别越小，茶叶的耐泡性越好
韵味	某个特定品种在特定地域依照特定的工艺加工所形成的特定感觉
浓强	茶味浓厚，刺激性强
浓厚	味浓而不涩，浓醇适口，回味清甘
醇厚	醇而甘厚

续表

审评术语	解释说明
醇正	味尚浓且协调
纯正	口感纯净、无异杂味
平淡	茶汤清淡物质少
粗老味	粗老茶特有的木质粗糙味，汤色颗粒粗
霉味	茶叶受潮或长期贮藏在潮湿环境霉变产生的不良滋味
粗淡	味粗而淡薄，为粗老原料加工茶的滋味

（五）普洱茶叶底术语（表 10-7）

表 10-7　　　　　　　　　普洱茶叶底审评术语说明

审评术语	解释说明
嫩度	叶底手背轻轻触摸的软硬程度，软的和弹性小为嫩
均匀度	看叶底的颜色是否一致，颜色一致为均匀，颜色相差较大为不均匀
细嫩	细紧完整、显毫
柔软	手按如绵，质地柔软有弹性，嫩度较好
粗老	叶质粗硬，叶脉显露，手按硬而粗糙

第四节　普洱茶品鉴技巧

一、品鉴普洱茶之道

普洱茶的鉴赏，其鉴定品质仍然是通过感官来评判，人们通过感觉器官（视觉、味觉、嗅觉、触觉）对茶叶的外形、内质作出客观的评判，即通过品尝、眼看、鼻闻、手摸来直接鉴别茶叶的质量高低，包括形状、规格和色、香、味是否符合标准。通过外形、内质的主要因子——色、香、味、形来综合评判普洱茶。要审评一种普洱茶品质的好坏，有无品饮价值、收藏价值，在鉴评技巧上必须通过三次以上高温、长时的冲泡。

目前，市场上看包装、外观、产地等评鉴的普洱茶，在某种程度上忽视了真正意义上优质普洱茶应具备的良好特征和特性。所以生产者、经营者和消费者要科学认识普洱茶。

二、审评与品鉴之别

（一）形式方法差别

审评是从自然科学的角度审视"茶"，品鉴是从传统文化的角度看"茶"，因此

"审评就是看西医，品鉴就是看中医"的说法不无道理。

（二）论述点有区别

审评以茶为中心，论述共性缺失，寻找短板；品鉴从心出发，论述个性优势，发现长板。

（三）功能性不一样

审评是发现问题，解决问题；品鉴是完美体验，喝过且过。

（四）服务对象不同

"2B"指企业与企业之间进行数据、信息的交换、传递、开展交易活动的模式，"2C"是直接面向消费者销售产品和服务商业的零售模式。在普洱茶的审评与品鉴中，审评师是"2B"模式，服务于企业品鉴；品鉴家是"2C"模式，服务于个体消费者。

（五）形象装束不一

审评室硬装只用黑白两色，预示着"黑白分明"；审评师穿上白大褂才算是进入工作状态，如同考古学家戴上白手套，代表"敬畏、爱护"。品鉴的场景追求只有一个"雅"字。

三、优质普洱四要素

（一）顺

顺是品饮普洱茶过程中，茶汤进入口腔稍停片刻，通过喉咙流向胃部的感觉很圆润，很亲切，很自然，它对身体无刺激作用，却给品饮者极强的感触。品饮中的舒服之感，就像幼儿对母亲的依恋。顺柔之感乃是普洱茶品性的忠实反映，也是普洱茶平和宜人的真实表现。

（二）活

活是品饮普洱茶者始终追求真茶灵性的表征。活乃普洱茶优质原料、良好工艺、科学贮藏综合水平的反映，且通过活性可观普洱茶拥有者对普洱茶的认知水平，因为活是普洱茶有效成分保存量的真实反映。没有活性的普洱茶，品饮中缺乏生命的活力，对深爱普洱茶的人来说，品饮普洱茶，犹如长者融入青年人中忘记了自身的年龄，体会青春年华的峥嵘岁月，所以说品饮普洱茶的活性，可以追寻到长寿的痕迹，最能获得"茶"寿蕴含的内容。

（三）洁

洁是鉴评普洱茶的重要参数。普洱茶属于饮用食品，是进入人体的日常生活品，不洁之物进入人体，它不但不能给人以健康，还会致病。如果把不洁之物用来讲养生，讲文化，讲生活质量是难以说服人的。所以说鉴评普洱茶，洁是至关重要的，只有洁的普洱茶，品饮中才能体会其甘、滑之美，醇厚之味，顺柔之态，甜活之质。

（四）亮

亮既是鉴评普洱茶品质优劣的重要指标，又是鉴赏普洱茶美的内在标志。良好的普洱茶外形富有光泽，油润褐红的普洱茶，可以衬出自然之美；而观其内质汤色，亮给人以美感和联想。好的普洱茶其汤色就其品质不同呈现宝石红、玛瑙红、石榴红、陈酒红、琥珀色等，这些亮色，亮出了普洱茶的历史，亮出了普洱茶的文化，亮出了云南古老的茶树，亮出了普洱茶马古道，亮出了普洱茶的陈香、陈韵，亮出了云南高原的山水，亮出了没有污染的彩云之南，这种亮是普洱茶自身拥有的内在品质，它不需要人为的作用，也不需要茶艺师的技巧运用，突出了普洱茶的自然之美。

思考题

1. 普洱茶审评的要点有哪些？
2. 怎样辨别一款普洱茶品质的好坏？
3. 什么样的普洱茶最具品饮和收藏价值？

参考文献

[1]禹利君,黄建安.试论"茶学研究法"在紧压茶审评中的应用与实践[J].茶叶通讯,2019,46(3):383-386.

[2]周红杰,李亚莉.第一次品普洱就上手[M].2版.北京:旅游教育出版社,2021.

第十一章　普洱茶冲泡

　　普洱茶的冲泡是一门生活的艺术，冲泡过程中不同的感受令人心驰神往。对于普洱茶冲泡要求、程序、方法、茶艺及多样普洱茶品饮进行了解与学习，将全方位掌握普洱茶冲泡技艺，从物质层面为普洱茶的功效成分体现提供有效的应用技巧和可行的途径，从精神层面为普洱茶道精神的彰显营造氛围。本章思维导图见图11-1。

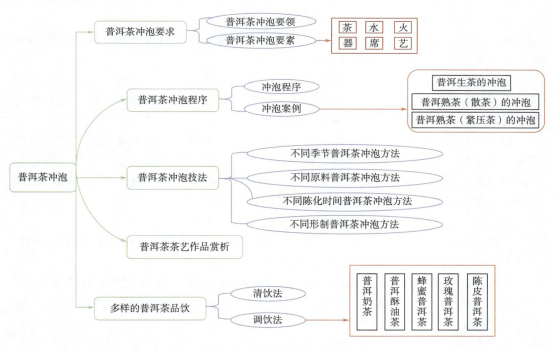

图11-1　第十一章思维导图

第一节 普洱茶冲泡要求

一、普洱茶冲泡要领

普洱茶的冲泡，应根据不同品类、不同年份、不同级别、不同区域等品质特性差异，对各大冲泡要素进行合理的协调，做到因茶制宜，选择合适的投茶量、茶水比和冲泡时间，做到茶、水、火、器、席、艺六大要素相得益彰，有利于促进普洱茶茶性的抒发与特色的彰显。

二、普洱茶冲泡要素

（一）精茶

泡好的普洱茶，需要具备优质的原料、精湛的工艺及科学的贮藏三大要素，三者缺一不可。茶品以形、色、香、味鉴高下。

形，包括干茶形状和叶底形状，一般指干茶形状，也称茶叶外形（条索形状、色泽、整碎、净度等），其形成与鲜叶和制茶工艺有关。

色，包括干茶色泽、茶汤色泽和叶底色泽。色泽是鲜叶内含物质在制茶过程中发生不同程度降解、氧化、聚合等变化后的总反映。

香，包括干茶的香气及茶叶经沸水冲泡后散发出来的香气。茶叶中的芳香物质对茶叶品质的形成具有重要作用。普洱茶香气大部分是在加工过程中产生的，生熟普洱茶香气有所区别，贮藏后普洱茶香气不断转变。

味，指茶叶冲泡后茶汤的滋味。茶叶滋味是品质的核心，其主要的呈味物质有茶多酚、氨基酸、咖啡因、糖类、有机酸、芳香化合物等。贮藏和发酵普洱茶，滋味的醇厚滑爽回甘与茶叶中物质的氧化、降解、聚合、重组等密切相关。有益菌的作用和湿热作用都直接或间接影响着普洱茶品质形成。

（二）真水

水是茶的色、香、味的体现者，是茶叶内含有益成分的载体。各种营养保健物质，都要溶于水后，才能供人享用。因此，水质直接影响茶质。

学习茶艺，必须懂得选水。张大复在《梅花草堂笔谈》中指出"茶性必发于水，八分之茶，遇十分之水，茶亦十分矣；八分之水，试十分之茶，茶只八分耳。"郑板桥写有一副茶联："从来名士能评水，自古高僧爱斗茶。"这副茶联生动地说明了"评水"是茶艺的一项基本功。最早提出水标准的是宋徽宗赵佶，他在《大观茶论》中写道："古人品水，虽曰中零、惠山为上，然人相去远近，似不易得。但当取山泉之清洁者，其次井水之常汲者为可用。"并且认为"水以清、轻、甘、冽为美。轻甘乃水之自然，独为难得。"后人在他提出的"清、轻、甘、冽"的基础上又增加了个"活"字。以上论述均说明了在茶艺中精茶必须配真水，才能给人至高的享受。

好茶配好水。泡茶要用软水（水质"清轻活甘冽"），硬水中钙、镁离子含量高，与茶汤有效呈味物质缔合，损害茶汤滋味，影响茶汤香气。

古人历来提倡用山上的泉水泡茶，陆羽在《茶经》中指出："其水，用山水上，江水中，井水下。其山水，拣乳泉石池漫流者上。"在没有泉水的情况下，只好用井水，只要周围环境清洁卫生，深而多用的井水即可。此外，雨水和雪水、江河湖泊中的活水，都可用。自来水含较多氯气，需要储存在水器中过夜，待氯气挥发后，再煮沸泡茶，或者适当延长煮沸时间，驱散氯气，然后泡茶。现在也有使用矿泉水、纯净水来泡茶的，效果也不错。

（三）活火

古人主张"活水还须活火煎"，所谓活火，即炭火之有焰者。燃料选择上一要燃烧值高，二要无异味。陆羽认为煮茶最好用木炭，其次是硬柴，如桑、槐、桐、栎一类。沾染了油腥气味的曾烧过的炭，以及含油脂的木柴，如柏、桂、桧一类，还有腐朽的木器都不能用来煮茶，否则会有"劳薪之味"。此外，还需注重煮水的火候。明许次纾《茶疏》："茶滋于水，水藉于器，汤成于火，四者相须，缺一不可"。掌握（控制）火候的主要依据是"看汤"，即观察煮水全过程。"三大辨，十五小辨"是古人的经验。明代的张源在《茶录》中记载："一曰形辨，二曰声辨，三曰气辨。形为内辨，声为外辨，气为捷辨。"陆羽《茶经》云："其沸，如鱼目，微有声，为一沸；缘边如涌泉连珠，为二沸；腾波鼓浪，为三沸。"二沸水煎茶最好，一沸水嫩，三沸水老。水嫩指未沸滚的水，水中的钙镁离子会影响茶汤滋味，细菌多；水老指煮沸过久，水中所溶二氧化碳释放殆尽，这样的沸水老汤，沏茶则茶汤不会明亮，茶味不会醇厚、鲜爽，甚至苦滞涩舌。

明以后由煮茶发展到以开水冲泡，"火候""燃料"一说也由繁到简。水开即冲茶，无须"三大辨、十五小辨"。燃料也多样化，煤、煤气、液化气、电等。但"活火"一说，防止燃料异味串味损坏茶品一说，对现代茶人仍有指导作用。现代人多使用电水壶（随手泡）或酒精灯茗炉作为主要的烧水器皿，具有清洁卫生、简单方便的优点，在现代茶艺馆中被普遍使用。

冲泡水温有讲究；烧开的水宜稍晾置（至95℃左右），但是，当茶味趋淡时，可适当提高水温。

在冲泡普洱茶时，普洱茶生茶和普洱茶熟茶之间，不同茶区/山头普洱茶（生茶）之间，不同级别原料之间，不同年份普洱茶（生茶）之间，其冲泡水温均有差异。一般来说，冲泡普洱茶水温要高，通常为90~100℃的热水。水温对香气和滋味都有很大的影响。低温下普洱茶的香气不易充分展现出来，滋味也欠醇和。不过，对于原料偏嫩、新加工而成的普洱茶（生茶）和晒青毛茶来说，水温应相对偏低一些，否则容易发生"烫熟"的现象。

（四）妙器

茶、器相得益彰。视觉效果好的茶具，其工艺美术效果令人叹为观止。受"美食不如美器"思想的影响，我国自古以来无论是饮还是食，都极看重"器"之美。到了近代，茶的品种已发展到六大类，上千种，而茶具更是琳琅满目，美不胜数。美器能烘托出环境的雅趣，也能突显茶人动作的优美，更能衬托好茶的精妙。

泡茶和饮茶的器具种类很多，常用的泡茶器具主要有陶器、玻璃、瓷器三大类。不同的器物，因其材质结构不一样，茶汤的品质均有差异。宜兴紫砂，由于具有气孔率高的特性，其吸水率较高；瓷器的釉面较光滑，所以吸水率比紫砂器低得多；玻璃的吸水率则基本为零。从另一个指标来说，由于器物材质不同，导热系数也大相径庭，玻璃的导热系数远远大于瓷器，而紫砂器的导热系数较小。所以用不同的茶具泡制出来的茶自然有一定的差异。

1. 根据场合备器

若在家独饮，为了方便，可以选择飘逸杯或直接将茶投入杯中饮用；若要待客，尽量选择比较正式的泡茶用具，如盖碗、壶等。

2. 根据人数备器

云南大叶种茶本身叶片比较大，容积较大的壶有利于叶片的充分舒展和内含物质的析出。泡普洱茶一般宜选择 180~200mL 的茶壶，也可选择更大一些的壶，视喝茶人数的多少而定。

3. 根据茶叶备器

泡普洱茶宜选择腹大、身桶饱满的壶型。目数较高的朱泥壶，能如实地反映出茶质的好坏；紫泥、段泥制作的紫砂壶可以吸附一部分普洱茶质中不好的滋味，如苦、涩、烟味等，尤其是用来泡熟茶，堆味会减少很多，老的入仓茶也可以用紫砂来吸附一定的杂味。干仓老茶因茶质好，苦涩度低，汤甜，宜选用烧结温度高、壶壁薄的壶，可以更好地表现干仓普洱老茶的香、醇、滑、厚；若泥料本身又特别精纯、陈腐时间较长，最能原汁原味地表现出茶质。新生茶宜选用红泥、本山绿泥、降坡泥一类泥料所制的壶，壶壁薄、烧结温度低，可迅速降低温度来减少青涩味。

冲泡普洱茶（熟茶）一般选择紫砂茶具，也可选择盖碗，推荐高石瓢；冲泡普洱茶（生茶）可选择紫砂茶具、紫陶茶具或盖碗，推荐子冶石瓢、（建水）紫陶壶。推荐使用建水紫陶茶具：紫泥茶具冲泡普洱茶，茶汤口感较甜醇，口感的协调度较高，白泥茶具冲泡普洱茶口感较浓强、稍苦涩。紫泥器具适合冲泡年份较久的普洱茶（生茶）。盖碗冲泡普洱茶滋味欠浓、略苦涩，扁圆壶滋味醇厚，高直壶滋味浓厚回甘，扁圆壶冲泡普洱茶口感协调度最好。不同泥料、器型的紫陶茶具对普洱茶品质有较大的影响，相对于器型来说，泥料对普洱茶茶汤品质的影响较大。

（五）美席

茶席，即泡茶的空间。2002 年，童启庆在《影像中国茶道》中第一次提到"茶席设计"一词，茶席指"泡茶、喝茶的地方，包括泡茶的操作场所、客人的坐席以及所需气氛的环境布置"。享受一杯好的普洱茶，需要舒适、幽雅的环境，好的品茗环境给人带来身心的愉悦与放松。唐代诗人王昌龄在《诗格》中曰："处身于境，视境于心。莹然掌中，然后用思，了然境象，故得形似。"其后，中国诗学一贯主张："一切景语皆情语，融情于景，寓景于情，情景交融，自有境界。"人们品茶从根本上来说，是通过感官来获得感受，但影响感觉系统的因素很多，视、听、味、触、嗅觉的综合感觉，也会直接影响品茶的感觉。中国茶艺要求在品茶时做到环境、艺境、人境、心境四境俱美。

茶，是茶席设计的灵魂，也是茶席设计的思想基础。一般传统品茶的环境要求多是清风、明月、松吟、竹韵、梅开、雪霁等种种妙趣和意境。还需要在环境中配以幽雅的艺术氛围，如使用茶挂、花器、音乐来烘托气氛。现代品茶可在家中、去郊外，也可邀请朋友到茶艺馆品茶，一般都是要求环境幽雅。尤其是在茶艺馆更是装修考究、灯光柔和、音乐悠扬，具有浓厚的文化氛围，更有茶艺员为客人提供专业的泡茶服务和讲解茶艺知识，既可品茗，又增长见识。

（六）佳艺

"艺"之美，主要包括茶艺程序编排的内涵美和茶艺表演的动作美、神韵美以及服装道具美等，普洱茶茶艺重在"具、技、和、真"。"具"指以紫砂壶为宜，也可选用盖碗；"技"指冲泡普洱茶必备的素质，包括掌握投茶量、冲泡时间、茶汤浓度和普洱茶知识等；"和"指平和、柔和，与人相处以和为贵，在冲泡和品饮普洱茶时要保持平和的心态。"真"指普洱茶要真，做茶人的心要真，真的普洱茶是普洱茶茶艺的根本。

俗话讲"外行看热闹，内行看门道"，不少茶艺爱好者在观赏茶艺时往往只注意表演时的服装美、道具美、音乐美以及动作美而忽视了最本质的东西——茶艺程序编排的内涵美。一套茶艺的程序美不美要看以下四个方面。

一看是否"顺茶性"。通俗地说就是按照这套程序来操作，是否能把茶叶的内质发挥得淋漓尽致，泡出一壶最可口的好茶来。各类的茶性（如粗细程度、老嫩程度、发酵程度、火工水平等）各不相同，所以泡不同的茶时所选用的器皿、水温、投茶方式、冲泡时间等也因而不相同。表演茶艺，如果不能把茶的色、香、味最充分地展示出来，如果泡不出一壶真正的好茶，那么表演得再花哨也称不得好茶艺。

二看是否"合茶道"。通俗地说，就是看这套茶艺是否符合茶道所倡导的"精行俭德"的人文精神和"和静怡真"的基本理念。茶艺表演既要以道驭艺又要以艺示道。以道驭艺，就是茶艺的程序编排必须遵循茶道的基本精神，以茶道的基本理论为指导。以艺示道，就是通过茶艺表演来表达和弘扬茶道的精神。

三看是否科学卫生。目前我国流传较广的茶艺多是在传统的民俗茶艺的基础上整理出来的，有个别程序按照现代的眼光去看是不科学、不卫生的。有些茶艺的洗杯程序是把整个杯放在一小碗里洗，甚至是杯套杯洗，这样会使杯外的污物粘到杯内，越洗越脏。对于传统民俗茶艺中不够科学、不够卫生的程序，在整理时应当抛弃。

四看文化品位。这主要是指各个程序的名称和解说词应当具有较高的文学水平，解说词的内容应当生动、准确、有知识性和趣味性，应能够艺术地介绍出所冲泡的茶叶的特点及历史。

每一门表演艺术都有其自身的特点和个性，在表演时要准确把握个性，掌握尺度，表现出茶艺独特的美学风格。

"韵"是我国艺术美学的最高范畴。可以理解为传神、动心、有余意。在古典美学中常讲"气韵生动"，在茶艺要达到气韵生动要经过三个阶段的训练。第一阶段要求达到熟练，这是打基础，因为只有熟才能生巧。第二阶段要求动作规范、细腻、到位。第三阶段才是要求传神达韵。在传神达韵的练习中要特别注意"静"和"圆"，关于以静求韵，明代著名琴师杨表正在其《弹琴杂说》中讲得很生动："凡鼓琴，必择净室高堂，或升层楼之上，或于林石之间，或登山颠，或游水湄，或观宇中；值二气高明之时，清风明月之夜，焚香静室，坐定，心不外驰，气血和平，方与神合，灵与道合。"也就是说要弹好琴，首先必须身心俱静，气血和平。茶通六艺，琴茶一理。

"圆"就是指整套动作要一气贯穿，成为一个生命的机体，让人看了觉得一股元气在其中流转，感受到生命力的充实与弥漫。

第 二 节 普洱茶冲泡程序

一、普洱茶冲泡基本程序

普洱茶的冲泡是品茗文化中的重要形成元素，冲泡普洱茶，看起来简单，实际上要想泡好却并不容易。在技术层面，需要真正了解想要冲泡的这款茶品，然后备水择器，心正意诚地去把握每一泡茶水的时间、火候；在艺术层面，需要你以美的心理去感知茶之美的要素，布置、展示、分享、传达出你对茶的理解。因此，茶叶的冲泡技艺是一门综合性的艺术活动。它极易入门，却也极为考验我们自身对泡茶技艺的练习和对茶道艺术的感知。一般来说，普洱茶冲泡的基本程序为备具、煮水、赏茶、洁具、投茶、润茶、出汤、斟茶、奉茶、品茶、收具。

普洱茶冲泡基本程序主要包括以下步骤。

1. 备具

静心备具，将泡茶台、煮水器、盖碗（或壶）、公道杯、品茗杯、茶道组、滤网、茶巾等按冲泡所需陈列。

2. 煮水

冲泡普洱茶最好选用山泉水或纯净水。现烹煮的活水更能淋漓尽致地体现出普洱茶的色香味品质。

3. 赏茶

茶品为普洱茶（生茶）或普洱茶（熟茶）紧压茶时，用茶针（刀）沿纹路轻轻松解茶饼，取出约7g茶置于茶荷中；若茶品为普洱茶（熟茶）散茶，可直接从茶叶罐中取出放置茶荷中。

4. 洁具

用煮沸后的水将茶具温润一遍，既可提高杯具温度，不致茶叶投入后冷热悬殊，又可突出净器净茶之韵味。

5. 投茶

将茶荷中的普洱茶轻轻拨入盖碗（或壶）中，以备冲泡。

6. 润茶

将沸水注入盖碗（或壶）中。若主泡器为壶，可再次以沸水浇淋紫砂壶外壁，以提高壶温，"内外夹攻"，更好地孕育茶汤。最后将润茶的水快速倒入茶海或茶船中。

7. 出汤

将沸水再次注入盖碗（或壶）中，耐心等待数秒出汤，倒入公道杯中。

8. 斟茶

"茶倒七分满，留下三分做人情"，将公道杯中的茶汤以七分满为度均匀斟入各个品茗杯中。

9. 奉茶

将装有茶汤的品茗杯按礼仪依次放到客人面前，并以伸掌礼请客人品饮。

10. 品茶

品饮茶汤，闻其香，赏其色，尝其味，感受其韵味无穷。

11. 收具

古语有云"烹茶尽具"（尽：洗涤），品饮后应收具谢客，善始善终，体现着茶人内心的谦卑与恭敬。

二、生熟普洱茶的冲泡

（一）普洱茶（生茶）的冲泡

普洱茶（生茶）茶性较烈，投茶量可稍少些，一般以 6~8g 茶叶、150mL 的水为宜。水温要高，通常用 95~100℃ 刚沸的水，冲泡时间的长短视茶汤情况进行把握。

1. 解茶

解茶，就是撬茶（图 11-2）。茶，生于土木，沉寂金火，复活于水。唯紧压茶独享了这"最是那一刀的温柔"。

图 11-2　解茶

2. 行礼备具

一般普洱茶（生茶）的香气要用瓷器才能充分展现，茶具选择瓷盖碗、玻璃品茗杯、煮水器、茶道组合、茶盘、玻璃公道杯、汤滤、茶巾（图 11-3）。

图 11-3　行礼备具

3. 鉴赏香茗

优质的普洱茶（生茶）外形条索紧结，色泽墨绿，油润显毫（图11-4）。

图11-4 鉴赏香茗

4. 温润杯具

用沸腾的水润洗杯具（图11-5），既可起到提高器皿温度的作用，同时也再次清洗了杯具。

图11-5 温润杯具

5. 仙茗入瓯

将茶轻轻拨入温热的瓷碗中（图11-6）。飘然而下的茶叶仿佛深山中的仙子，轻松、欢快地展现她那清丽、活泼的仙姿。

图11-6 仙茗入瓯

6. 洗净香肌

苏东坡诗云："仙山灵草湿行云，洗遍香肌粉未匀。"以沸水醒（润）茶（图11-7），快速将碗中之水倒出，轻轻揭开盖，热闻香气，一股清新之气、青鲜之韵、灵动之感扑面而来，让人感受到原生青饼活泼的韵致。

图11-7　洗净香肌

7. 仙茗起舞

将沸水高冲入茶碗，茶叶在盖瓯轻盈摇曳起舞。随后盖上盖子，悠然一抬手，将盖瓯提起，自然轻松地将茶汤倒入公道杯中（图11-8）。

图11-8　仙茗起舞

8. 观赏汤色

公道杯中的茶汤，清香馥郁，汤色黄亮，自然的本色尽显其中，让人心旷神怡（图11-9）。

9. 分享琼浆

将茶汤均匀分到品茗杯中。可以采用循环三次分茶，以达到茶汤均匀（图11-10）。

图 11-9　观赏汤色

图 11-10　分享琼浆

10. 香茗敬客

将茶敬奉给客人，并引领客人品茶。

11. 慢品茶韵

品饮茶汤（图 11-11），闻其香，清香高扬，天然幽香令人神清气爽；观其色，晶莹剔透，橙黄明亮；尝其味，甜绵甘滑，满口生津，让人感到齿有余香、口有余甘，回味无穷。

图 11-11　慢品茶韵

（二）普洱茶（熟茶）散茶的冲泡

普洱茶（熟茶）散茶一般是容量 150mL 的壶，投茶量 6 ~ 8g 为宜，开水润茶 10 ~ 20s，第一泡 20 ~ 40s 即可出汤。备具、赏茶如图 11-12 所示。

图 11-12　备具、赏茶

1. 暖壶温盏

将白色的陶杯一个挨一个放在一起。往壶里注满沸水，让其慢慢升温，最后将水悠悠浇入水洗（图 11-13）。

图 11-13　暖壶温盏

2. 静心投茶

在壶中投入茶叶（图 11-14）。普洱略浓一些的茶汤，其暖甜会让人觉得余韵无穷。

图 11-14　静心投茶

3. 中注醒茶

中注水，让茶叶在壶内翻腾，唤醒茶叶，抬手出水（图 11-15）。

图 11-15　中注醒茶

4. 定点冲泡

无须吊水，无须旋转，让不疾不缓的水流定点注入壶中（图 11-16），不用晃动，只要盖上盖，静等 10s 左右便可出汤。

5. 慢品茶汤

徐徐将茶汤注入杯中（图 11-17），欣赏红艳剔透的美丽茶汤。不急着喝茶，轻揭壶盖，愉悦的陈香会扑鼻而来。静品一口，醇和饱满，暖甜入心。

图 11-16 定点冲泡

（1）出汤

（2）观色

（3）分茶

（4）品茗

图 11-17 慢品茶汤

（三）普洱茶（熟茶）紧压茶的冲泡

普洱茶（熟茶）紧压茶一般容量 150mL 的壶，投茶量 6~8g 为宜，100℃沸水冲泡，开水润茶 40~50s，第一泡 30~40s 后可以出汤。

1. 解茶

解茶（图 11-18）第一要有绣花的耐心和细心。第二是注意力要放在刀尖上，用刀尖去寻找茶与茶的缝隙，一旦遇到阻力，要尽最大可能保持茶叶条索的完整，改变进刀的角度，慢慢地渗透。第三点是抽刀重新置入，轻轻松解茶饼。

2. 备具

选择泡茶所用之具（图 11-19）。如紫砂壶、茶海、滤网、品茗杯、杯托、茶荷、茶勺、茶针、杯夹、茶漏、渣匙、茶巾、干泡台、茶船、随手泡、铁壶、茶盘等。根据所选器具及冲泡习惯布具。

图 11-18　解茶

图 11-19　备具

3. 赏茶

右手拿起茶荷（茶荷中放的是散茶），左手接住，双手握住茶荷，从左到右转一圈供宾客欣赏，同时介绍茶叶的品质特征，让品饮的客人既知道了茶叶种类，又了解了此茶叶的品质特征（图 11-20）。

图 11-20　赏茶

4. 洁具

　　左手拇指和食指夹住壶盖的盖钮，中指按住壶身把壶盖揭下置于茶船上，右手提铁壶由壶外到壶内向内转圈注满沸水，左手拿起壶盖盖上，使壶体充分受热，充分浸润。再用右手拇指和中指握住壶把，食指按住盖钮（不能堵住钮孔），提起壶，把壶中的水倒入茶海，再把茶海中的水一一倒入品饮杯中，放回茶海，右手拿起杯夹，夹住品饮杯内侧一一清洗（图11-21）。温杯洁具，也表示对客人的尊重。

图 11-21　洁具

5. 投茶

　　左手揭下壶盖放于茶船上，再取茶漏并置于壶口上，右手取茶荷置于左手，再取茶匙拨茶入壶中，茶叶的投置量为紫砂壶容量的1/4左右（可根据不同的茶叶适当加减）；放回茶匙，再放回茶荷（图11-22）。

图 11-22　投茶

6. 润茶

　　右手提铁壶由壶外到壶内向内转圈注满沸水，左手盖上壶盖，右手拿壶，把壶中的茶汤迅速倒入茶海（此茶海内置有滤网），以免茶中物质浸出过多，放回茶壶。右手托起茶海，把茶海中的茶汤倒出，也清洗了茶海（图11-23）。润茶表示对客人的尊重，也温润了茶叶。

图 11-23　润茶

7. 冲泡

左手揭盖，右手以"高山流水"（图 11-24）之势悬壶沿壶口边向内转圈缓缓注水入壶中，水注满后，用壶盖刮去上面一层的浮末，即"春风拂面"。盖上壶盖，用沸水浇淋壶身，清除壶身上的泡沫，同时也起到再次加热以促香气散发的作用，故谓之"壶外追香"。

图 11-24　冲泡

8. 出汤

右手拿壶让壶底在茶巾上沾一下即可倒入茶海，其目的是让壶底沾的水擦干避免倒出时滴入茶海（图 11-25）。在茶汤倒尽后，以"凤凰三点头"的姿势将最后几滴茶汤滴入茶海。因为最后几滴浓度高，关系茶汤最后的滋味，因此不能忽视。同时"凤凰三点头"也表示对客人的欢迎和尊敬。

图 11-25　出汤

9. 斟茶

斟茶也称分茶（图 11-26）。将茶海中的茶汤——注入品茗杯中。通常注入的量为杯的七八成，不能过满。

图 11-26　斟茶

10. 奉茶

把装有茶汤的杯在茶中上沾一下，放入杯托，再双手奉给客人（图 11-27）。如客人坐得远，则把杯放入杯托再置入茶盘中，双手端盘至客人前放稳，再——奉给客人并示意客人品饮。奉茶时要表现出对茶的敬意和对客人的诚意。

11. 闻香

用右手的大拇指和食指握住杯沿，中指托住杯底，这种"三龙护鼎"端杯法既雅观，又不烫手。端到鼻前，先闻其香，后观其色，再尝其味。

图 11-27　奉茶

12. 品茗

分入杯中的茶汤要趁热品啜，引导宾客观其色，尝其味（图 11-28）。所谓"一口润喉，二口留香，三口随意"，三口为品。

图 11-28　品茗

第三节　普洱茶冲泡方法

普洱茶冲泡方法是让品饮者获得优美茶汤的专业技术。掌握好冲泡方法，可以充分释放普洱茶自身具有的独特品质，为品饮者体验和享用普洱茶创造前提条件。

要品饮就要学会冲泡，品饮可以有多种类型，有以健康为主的、有以感官体验为主的，还有二者兼顾的。对于纯粹基于健康角度考虑的品饮，这时候口感并不是放在第一位；有发烧友级的品饮，对泡茶之水与泡茶器具精挑细选，特别重视过程细节以追求极致的感官享受；有兼顾健康和口感型的品饮，按照常规泡茶规范冲泡。从所品饮普洱茶的时间看，有品饮当年茶的，有品饮三五年茶的，也有非 20 年以上陈茶不喝的。无论是哪种品饮形式，品饮前都需要冲泡，所以学习普洱茶的冲泡方法很重要。

一、不同季节普洱茶冲泡方法

（一）春茶

春茶为 5 月底前。春季温度适中、雨量充沛，光照柔和，茶树氮素代谢旺盛，茶树经秋、冬季的休养生息，体内营养物质储备丰富，茶叶中有效成分含量高，是茶叶品质最好的时间。按照正常的投茶量进行沸水冲泡。

（二）夏茶

夏茶为 6 月初至 7 月。夏季气温高、光照强，茶树碳素代谢旺盛，茶树芽叶中多酚类物质积累较多，因此，茶叶滋味涩味较重，鲜爽度不如春茶。投茶量适当减少；降低水温冲泡；适当延长浸泡时间。降低涩感，增加浓度。

（三）秋茶

秋茶为 7 月中旬至秋季结束。秋茶经过春、夏两季采收，茶树体内贮存的营养物质显著减少，茶叶浓度减低，滋味较为淡薄，但苦涩味较夏茶轻些。冲泡时应适当增加投茶量，沸水冲泡，适当缩短浸泡时间，增加浓度、提升香气。

二、不同原料普洱茶冲泡方法

（一）原料细嫩

较细嫩的普洱茶如宫廷普洱茶（熟茶），由于芽叶细嫩茶汤内含物质浸出速率快，可适当减少投茶量，避免由于内含物质浸出速率快导致茶汤过浓；润茶时间不宜过长，以免导致茶内有效成分的无谓流失，失去品饮价值；冲泡时，尽量避免沸水直接撞击茶叶，同时缩短浸泡时间，揭盖避免闷坏茶叶。

（二）原料粗老

粗老的茶因呈味物质相对少故要稍微增加投茶量，延长冲泡时间，利于茶汤浓度的增加。一般采用沸水冲泡，利于内含物质浸出，能够体现出茶汤的饱满丰富度和稠、滑等汤感，但容易出现粗老味。应沸水击汤。

三、不同区域普洱茶冲泡方法

（一）临沧茶区

临沧位于澜沧江西以北，包括云南临沧市的勐库茶区、勐库大雪山、邦东茶区等。此茶区的茶叶口感特点为甜中带涩、苦弱涩强、香高饱满、蜜香显、茶气刚烈霸道。因此在冲泡的过程中，通过适当增加投茶量或者降低泡茶水温，降低茶汤的涩感，提升茶叶的甜柔感和绵柔感。

（二）版纳茶区

版纳茶区位于澜沧江西以南，包括勐海县的南糯山、布朗山、勐宋、巴达以及贺开等茶山和勐腊县的易武、倚邦及景洪的攸乐等茶山。此茶区特点为茶性强、茶质厚重、香气扬、苦强涩弱、香气多为花（蜜）香、香气持久。此类茶冲泡应当减少投茶量，沸水高温冲泡，可以减轻苦感，同时能保证香气高扬，茶气足，回甘快。

（三）普洱茶区

普洱茶区位于澜沧江东以北，包括普洱市的困鹿山、小景谷、无量山、哀牢山等，此茶区特点是茶气相对平淡、清甜柔和。冲泡按照正常投茶量，沸水冲泡即可。

四、不同陈化时间普洱茶冲泡方法

普洱茶经过长期存放，品质会不断发生变化。自然的陈化使其成熟醇厚，陈香中生发出活泼生动的韵致，且时间越长，其内香和活力越发显露和稳健。"陈化"是指普洱茶（生茶）在制成之后经妥善贮藏，生青涩味逐渐减少，滋味趋于醇和的过程；普洱茶（熟茶）在制成后经科学存放后，消除杂味，汤水变得更为细腻，香气变得更加陈醇优雅。原料细嫩、陈期较短的普洱茶（生茶）冲泡水温可稍低，选择95℃左右水温进行冲泡；原料成熟度较高、陈期较长的普洱茶（生茶）和普洱茶（熟茶）水温要高，不仅应用100℃的二沸之水冲泡，还需在壶外浇淋开水，以提高壶温，从而逼发茶香。

不同陈化时间普洱茶冲泡的参考方法如下。

（一）普洱茶（生茶）

存放4年：水温85℃、茶水比1：30，第一泡为40s出汤，第二泡为30s，第三泡20s。

存放9年：水温95℃、茶水比1：20，第一泡、第二泡均为40s出汤，第三泡为30s。

存放16年：水温80℃、茶水比1：20，第一泡为50s出汤，第二泡、第三泡均为40s。

（二）普洱茶（熟茶）紧压茶

存放4年：水温90℃、茶水比1：20，第一泡为80s出汤，第二泡、第三泡均为20s。

存放9年：水温90℃、茶水比1：20，第一泡80s出汤，第二泡为40s，第三泡为30s。

存放16年：水温95℃、茶水比1：20，第一泡为70s出汤，第二泡、第三泡均为30s。

五、不同型制普洱茶冲泡方法

冲泡普洱茶时，冲泡器皿、水温应根据茶叶的发酵程度、茶叶的紧结度来选择。发酵度较轻、茶叶较松散的普洱茶，可选择盖碗、瓷壶或鼓腹矮身大容量紫砂壶进行冲泡；发酵度较高、茶叶紧结的，用能够保温增温的高肩紫砂壶更能泡出普洱茶的真味。

第 四 节　普洱茶茶艺作品赏析

普洱茶是各大茶类中非常独特的一个存在，具有一茶两类、一茶两性、一生一熟、一攻一补等特性。无论是茶叶感官品质，还是保健养生功效，抑或历史文化底蕴，普洱茶都具有其非常独特的魅力，而生熟普洱茶文化，恰恰与中国的传统文化相契合。基于此，2013 年，云南农业大学周红杰名师工作室创编出"茶里乾坤"的茶席设计作品，并于 2013 年全国第二届茶艺职业技能竞赛中斩获"茶席设计"金奖。2014 年，邓秀娟等进一步在茶席作品的基础上设计创编成了茶艺作品。

一、作品名称

《茶里乾坤》。

二、作品主题

太极两仪，茶里乾坤，一生一熟，一阴一阳，同有老庄底蕴，国学血脉，穿越千年时光，异曲同工地承载着中华传统文化——太极八卦通天地，普洱茶里有乾坤！作品以太极八卦图铺席设器，一物一器均暗合阴阳八卦之理；采用两人对泡的形式，同时表现生茶之柔美与熟茶之阳刚，生熟互补，阴阳调和，刚柔相济。同时，通过黑白相融、枯木逢春等元素，将普洱茶的包罗万象与道家思想的博大精深巧妙地结合起来。整个设计沉静雅致，简约深邃，实用性与艺术性巧妙结合，品茗之时，举杯之间，茶香茶道自然生成，很好地体现了道家"阴阳协调，天人合一，以达和谐"的思想，以及普洱茶在内质、文化、养生等方面丰富的内涵与厚重的质感。

三、茶品

γ-氨基丁酸（GABA）普洱茶（生茶）、洛伐他汀（LVTP）普洱茶（熟茶）。

四、背景音乐

《禅茶一味》。

五、茶席设计

以黑白为主色调，选用普洱茶（生茶）和普洱茶（熟茶），分别对应八卦里的阴仪和阳仪。底铺白色麻布营造素静气息，上覆白色轻纱增强其灵动感（图 11-29）。泡生茶的白瓷盖碗与泡熟茶的黑色紫砂分置于八卦图阴阳两仪的极眼处，其旁各三杯环绕，一生一熟［GABA 普洱茶（生茶）、LVTP 普洱茶（熟茶）］，一阴一阳，生熟互补，阴阳交融，将普洱茶之厚重与道家之深邃有机融合。八卦图侧也采用生熟黑白对称的方式分别摆放茶饼、茶罐、水壶、拨茶器，方便对泡，又暗合主题。台面下方，碎石凌乱，枯枝横斜，似无生机，而当枯枝沿着水壶和茶具一路穿过八卦图，经过太极调和与普洱滋润之后，却是枯木逢春，入眼的盆栽植物，竟是那般翠绿欲滴，生机盎然，只需一眼，浓郁的生命力便瞬间扑面而来——生熟互补，阴阳调和，万物复苏，和谐天成，岂非与"一生二，二生三，三生万物"的道家思想有着异曲同工之妙乎？

（1）正视图

（2）俯视图

（3）侧视图

图 11-29 "茶里乾坤"茶席作品

六、表演程序

（一）围棋对弈，悟道修心

两人专心对弈，忽遇难题，百思而不得解。

解说词："太极生两仪，两仪生四象"，天地之道，以阴阳二气造化万物；人生之理，以阴阳二气长养百骸。人与天地相参，与日月相应，一体之盈虚消息，皆通于天地，应于物类，于阴阳转化中实现平衡，以达和谐。世间万物，星象、围棋、茶道，无不如是，其中之理，亦无不相融相通。人生坎坷，每当我们遇到百思而不得解的难题，不如，暂且放下，整理心绪，走进茶的美妙世界，寻找开启智慧之门的钥匙。

（二）普洱缘起，太极茶生

同时看到旁边的生熟普洱茶，分别起身，来到茶席处，净手入席。

解说词：云南是茶的故乡，几千年来勤劳勇敢的云南人民为茶而歌，为茶而舞，仰茶如生，敬茶如神，创造出了灿烂悠久的普洱茶文化。从茶马古道的千年沧桑到清宫茶饼的百年深藏，普洱茶凭其独特魅力历经岁月长河的洗礼与磨砺，沉淀出厚重无比的文化内涵，成为博大精深的中国文化历史中浓墨重彩的一笔，阴阳两仪，生熟普洱，同有老庄底蕴，国学血脉，穿越千年时光，异曲同工承载着中华传统文化。

（三）紫砂沐霖，白鹤初浴

洁具，烫洗茶壶，将盖碗和紫砂壶中的水注入茶海，然后分入各个品茗杯，逐个清洗温润。

解说词：古人有云，茶至洁，最宜精行俭德之人，只有清寂明廉的心境和一尘不染的冲泡器具，泡出来的普洱茶才能在品饮中体会出甘滑之美，醇厚之味，柔顺之态，甜活之质。我们采用普洱茶（生茶）和普洱茶（熟茶）男女对泡的形式，白袍持生茶，黑褂拥熟茶，白壶与黑壶相对，生熟与阴阳相依。静静地，默默地，偶尔相视而笑，未有只言片语，却是已然心有灵犀——这是精神的对话，灵魂的洗礼。

（四）佳人出轿，古木流芳

赏茶：分别将普洱茶（生茶）和普洱茶（熟茶）盛于茶荷中，两人相互展示，欣赏普洱茶（生茶）和普洱茶（熟茶）的外形。八卦白面展示 LVTP 普洱茶（熟茶），黑面展示 GABA 普洱茶（生茶）。

投茶：取茶匙各自将茶荷中的 GABA 普洱茶（生茶）和 LVTP 普洱茶（熟茶）分别拨入盖碗和紫砂壶中。

解说词：今天，我们选用的是 GABA 普洱茶（生茶）和 LVTP 普洱茶（熟茶），GABA 普洱茶（生茶）是云南农业大学国家自然科学基金项目研究成果，GABA 具有调节血压、健肝利肾、增强脑活力等多种功效。LVTP 普洱茶（熟茶）是云南省自然科学基金十二五重点项目"普洱茶加工工艺与品质关系研究"（2009CC005）创新研究成果，富含具有降脂功能的洛伐他汀成分，具有独特而浓郁的米曲香新风味。其融科学、创新、和谐与健康为一体，是未来普洱茶走入科学道路的标志。

（五）水抱静山，醒茶开颜

润茶，用悬壶高冲的手法注入沸水使茶叶与水充分融合，便于冲泡时茶叶的色、香、味更好的发挥。然后将润茶的水快速倒入水洗之中。

解说词：将沸水注入紫砂壶中，甘泉在砂壶中漾起涟漪，茶叶在沸水中缓缓苏醒，复以生机。

（六）同降甘霖，凤凰行礼

用凤凰三点头的手法同时向盖碗和紫砂壶中注入沸水，使茶叶与水充分接触，便于茶叶有效成分的浸出。

解说词：采用凤凰三点头的手法注入沸水，使茶叶有效成分充分浸出。

（七）龙凤呈祥，普洱显姿

出汤赏色，将冲泡好的普洱茶分别由盖碗和紫砂壶注入玻璃茶海中，普洱茶容颜毕见，生熟普洱各展奇姿。

解说词：将冲泡好的普洱茶汤注入茶海之中，普洱茶容颜毕见，生熟普洱各展奇姿。生普茶汤金黄带绿，晶莹透亮，茶味爽滑，自然天成，尽显清新雅致的阴柔之美。熟普茶汤红浓明亮，富有灵气，陈香怡人，厚滑甘醇的包容滋味透着百纳之气，阳刚之味。

（八）茶海慈航，分茶入杯

采用关公巡城的手法将茶海中的茶汤均匀地斟入各个品茗杯中。

解说词：采用关公巡城的手法将茶海中的茶汤均匀地斟入各个品茗杯中。

（九）齐眉案举，敬奉香茗

依次将品茗杯放入茶盘之中，为各位嘉宾敬奉香茗。

解说词：普洱茶无论是开泡前的形状，还是开泡后的汤色，直至最后留下的茶渣，都如那乾坤八卦图般，值得人们去细细体味和参悟——太极两仪，茶里乾坤，一生一熟，一阴一阳，于浓酽和醇厚中贮藏着时间的重量，穿越茶马古道的千年孤寂，又历经世人吹捧打压的喧嚣起伏，桑田沧海，普洱只管安然入定，将太极阴阳融于其中，动静置于其间，把偌大的宇宙和万象包容传承千年的国粹文化水乳交融于这一生一熟两杯茶汤之中。

（十）过喉探玄，回味悟参

奉茶完毕，回归茶席，互敬佳茗，用心品饮。

解说词：请尊贵的嘉宾喝一口普洱茶，探觉生熟普洱之玄妙，体味普洱内涵之韵味。从回味中细品普洱茶的沧桑和兴衰，走进普洱茶的时光隧道，参悟世间变化，寻觅人间之美。

太极一八卦，阴阳两仪生，同样一壶水，生熟两种味，至上智人品香茗，交友、养生、怡情……生熟相对，阴阳相济，万物复苏，天地人和——只见黑与白，茶与道，皆融于这阴阳八卦之中，浑然一体，岂非太极八卦通天地，普洱茶里有乾坤乎？

（十一）佳茗互谢，普洱永存

施礼结束，依次退场。

茶艺表演展示见图11-30。

图 11-30　《茶里乾坤》茶艺表演

指导老师：周红杰、李亚莉；茶席设计：邓秀娟、熊丽娜、刘洋；茶艺创编与表演：邓秀娟、刘洋、王辉

第五节　多样的普洱茶品饮

中国地域辽阔，民族众多，饮茶历史悠久，在漫长的历史发展进程中形成了丰富多彩的饮茶习俗。普洱茶历史久远，传承发展为具有文化、艺术和鉴赏等多重特点及功能的物品，多样的普洱茶品饮方法，对全面认识及合理利用普洱茶有积极的意义。细啜慢品陈香的形成、温润醇厚的底蕴和厚积薄发的回甘，恰似人生历经青涩和苦难后蜕变成长为成熟所彰显的无穷魅力，茶与人生，似乎本存一道。

一、普洱茶的饮用方式

（一）清饮法

清饮法即用茶叶置入茶杯或茶壶中，然后冲入沸水，静置几分钟后，待茶叶内含物溶入水中，即可饮用。这种方法简便易行，为广大群众所乐用。

（二）调饮法

调饮法是指在茶汤中加入糖或盐等调味品，以及配牛奶、蜂蜜、果干等配料。调饮的方法依地区和民族的不同而呈现出复杂多样的特点，其中最具有代表性的调饮普洱茶有酥油茶、奶茶等。

二、普洱茶品饮的多样化

（一）普洱奶茶

普洱茶的历史悠久，早年间普洱茶随着茶马古道的运输，到了藏族、蒙古族等地方，他们喝不惯普洱茶的苦涩，就在茶汤中加入牛奶。而藏族、蒙古族喝的奶茶就是普洱茶做的。

普洱茶（熟茶）茶汤和牛奶按照3：1的比例调配，滋味较佳，既有熟茶的甜润醇厚，又有牛奶的浓醇鲜香（熟茶茶汤可适当浓一些，这样调配出来的奶茶才能较为浓郁香甜，不会显得淡薄）。牛奶是最古老的天然饮料之一，被誉为"白色血液"，含有丰富的钙、磷、铁、锌、铜、锰、钼等对人体有益的矿物质，以及蛋白质、氨基酸等多种营养成分。而茶叶是世界三大饮料之一，同样富含多种对人体有益的物质，奶与茶的搭配自古已有。且牛奶也具有保护和滋养肠胃的功效，所以用同样具有护胃功效，且醇厚的普洱茶（熟茶）加奶调饮，也是不错的选择（图11-31）。

图11-31　普洱奶茶

（二）普洱酥油茶

酥油茶（图11-32）是藏族人们喜爱的一种饮品，用普洱茶加水煮汁，滤去茶叶。将茶汁倒入竹筒，加酥油，再加少量盐芝麻等调味，搅拌制成的酥油茶香气和味道别具一格。饮后能助消化、增强御寒能力，强壮身体。与藏族毗邻的一些民族也有饮用酥油茶的习俗。

图 11-32　普洱酥油茶

酥油茶有各种制法，一般是先煮后熬，即先在茶壶或锅中加入冷水，放入适量砖茶或沱茶后加盖烧开，然后用小火慢熬至茶水呈深褐色、入口不苦为最佳。在这种熬成的浓茶里放进少许盐巴，就制成了咸茶。如在成茶碗里再加一片酥油，使之溶化在茶里，就成了最简易的酥油茶。但更为正统的做法是把煮好的浓茶滤去茶叶，倒入专门打酥油茶用的酥油茶桶（这是藏区群众家里常见的也是必备的一种生活工具，由筒桶和搅拌器两部分组成。筒桶用木板围成，上下口径相同，外面箍以铜皮，上下两端用铜做花边，显得精美大方）。酥油茶里的茶汁很浓，有生津止渴、提神醒脑等作用。茶中的芳香物质，还能溶解脂肪，帮助消化，尤其是生活在西藏高原牧区的藏民，缺少新鲜蔬菜和水果，主食牛、羊肉。由于缺氧，高寒地区的人排尿量要比平原地区人的排尿量多一倍，因此，他们只有靠饮茶来维持体内水分的平衡和正常的代谢，并且饮茶可以补充缺乏的维生素。

（三）蜂蜜普洱茶

1. 材料

3g 熟洱茶熟茶，适量蜂蜜。

2. 调饮方法

普洱茶放入杯中，滚水冲泡出汤，待茶汤冷却至 50～60℃时根据个人口味调入蜂蜜。

3. 功效

普洱茶（熟茶）和蜂蜜可谓绝配，两者皆营养丰富，并且具有清肠排毒等诸多功效。尤其是熟普洱茶温和的茶性及显著的护胃功能，能够抵消蜂蜜对寒性肠胃的刺激。长期喝还有预防感冒的作用。需要注意的是，沸水会破坏蜂蜜的营养，所以等普洱茶冷却至 50～60℃时加入蜂蜜，营养效果最佳。

（四）玫瑰普洱茶

1. 材料

普洱茶和玫瑰花各 3g。

2. 调饮方法

玫瑰花和普洱茶的搭配通常 1：1 较为合适。冲泡玫瑰花时水温不宜过高，温度在80~90℃较佳。

3. 功效

玫瑰花性质温和，老少皆宜，具有理气解郁、活血散瘀，以及较好地保护肝脏胃肠的功效。既能够和普洱茶（生茶）搭配，也能和普洱茶（熟茶）搭配，较为适合燥热烦闷的夏日饮用。但如果是胃寒体虚的茶友，最好选择用玫瑰搭配熟茶。

（五）陈皮普洱茶

1. 材料

4g 普洱茶，1g 陈皮。

2. 调饮方法

普洱茶和陈皮的比例在 4：1 较为合适，两者一同以沸水冲泡即可，注水量多少可根据自身口味调节。

3. 功效

陈皮和普洱茶都具有越陈越香的特性，陈皮既可以和普洱茶（生茶）搭配，也可以和普洱茶（熟茶）搭配（图 11-33）。陈皮性温，生茶性寒凉，所以如果是普洱茶（生茶）搭配陈皮能够降低生茶的寒性，适合肠胃消化功能稍弱、易积食、便秘，且体质偏热容易上火的体质，有助于辅助消化，消积食、去便秘。但陈皮味稍苦，如果喜欢滋味甜润一些，就可以选择陈皮配普洱茶（熟茶），两者性质都较为温和，调饮之后既能养胃，还具有润喉清痰的功效，滋味也较为甜润。

图 11-33　陈皮普洱茶

思考题

1. 简述普洱茶的冲泡要求。
2. 普洱茶品饮有哪些方法？
3. 普洱茶冲泡技艺六要素包括哪些内容？

参考文献

[1]王绍梅,宋文明．普洱茶茶艺[J]．福建茶叶,2010,32(12):56-59.

[2]周红杰,李亚莉．第一次品普洱茶就上手[M]．2 版．北京:旅游教育出版社,2021:132-146.

[3]陶琳琳．不同冲泡因子与普洱茶茶汤品质关系的研究[D]．昆明:云南农业大学,2019.

[4]付子祎．建水紫陶茶具对普洱茶茶汤品质的影响研究[D]．昆明:云南农业大学,2018.

[5]邵宛芳,周红杰．普洱茶文化学[M]．昆明:云南人民出版社,2015.

[6]叶乃兴．茶学概论[M]．北京:中国农业出版社,2013.

[7]崔文锐．普洱茶的加工与品饮[J]．北京农业,2015(6):147.

[8]周红杰,李亚莉．民族茶艺学[M]．北京:中国农业出版社,2017.

第十二章　普洱茶与健康研究

近年来普洱茶越来越深受广大消费者的青睐，皆因普洱茶的保健功效和特殊风味。普洱茶加工工艺的特殊性使其具有养生物质丰富、物质小分子化、品饮平和的特点，具有减肥、降脂、改善动脉粥样硬化、防治冠心病、降压、抗衰老、抗癌、降糖、抑菌消炎、减轻烟毒、减轻重金属毒、抗辐射、兴奋中枢神经、利尿、防龋齿、明目、助消化、抗毒、灭菌、预防便秘、解酒等独特的功效。从古时候《本草纲目拾遗》《滇南新语》《随息居饮食谱》《滇南闻见录》等的记载，到现代的科学研究成果，普洱茶的功效一直被世人所认可。本章思维导图见图12-1。

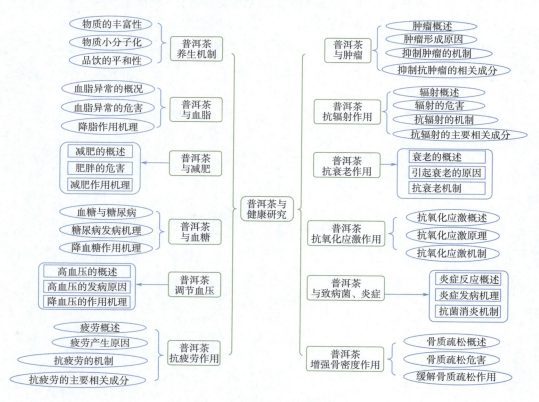

图 12-1　第十二章思维导图

第一节　普洱茶养生机制

　　想要使普洱茶具备养生保健的功效，就是要选择内含物丰富的云南大叶种原料，通过科学的加工技术和合理的贮藏，使得普洱茶中的茶多酚、茶色素、茶多糖等有效成分含量相对较高且比例协调。普洱茶平和的特性使消费者增加了饮用量，且不受饮用时间的限制。品饮功能成分多样且协调的普洱茶，使消费者饮用后在体内整体改善和提升机体的免疫系统，调节体内微生物环境，促进体内有益微生物生长，抑制有害微生物滋生，从而达到人体健康的目的和要求，以达到普洱茶养生的作用。

一、物质的丰富性

　　普洱茶养生是普洱茶中含有的固有物质作用的结果，也是这些固有物质具有的特性决定的。普洱茶中具有多种独特的功能活性物质（图12-2），可最大限度地辅助消除对人类健康产生重大危害的器质性病变。自由基是机体病变的重要原因，茶叶中的内含成分可辅助消除自由基，从本质上首先增强人体机体免疫系统调节功能，保持健康的生理状态。普洱茶含有茶多酚、茶氨酸、生物碱、糖类、茶色素、黄酮类以及其他生物活性物质等。其中茶多酚主要包括黄烷醇类、黄烷酮类、花色素类、花黄素类、缩酸和缩酚酸类，生物碱主要有咖啡因、茶叶碱、可可碱，糖类包括茶多糖和寡糖，茶色素包括茶黄素、茶红素和茶褐素，槲皮素和芦丁是普洱茶中具有代表性的黄酮类物质，同时普洱茶渥堆过程中，微生物产生大量的生物活性物质，如辅酶、抗坏血酸、B族维生素、有机酸、他汀类和活性蛋白质以及其他功能性成分。这些物质共同构成了普洱茶的物质丰富性。目前研究表明普洱茶的养生功效主要与这些物质有关。

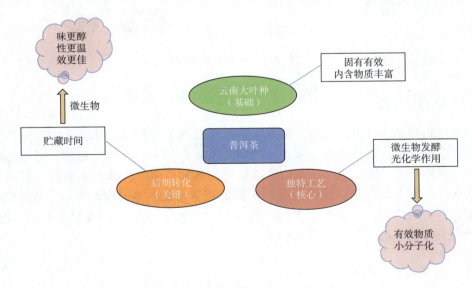

图12-2　普洱茶中功能活性物质的产生

二、物质小分子化

普洱茶是以云南大叶种晒青毛茶为基质，经微生物固态发酵的茶叶，其化学物质来源途径有三条：一是茶叶自身保留下来的，二是微生物固态发酵作用于茶叶转化形成的，三是参与固态发酵微生物自身固有物质以及生命活动代谢产物。云南大叶种茶树鲜叶含有的丰富的化学物质是普洱茶品质形成的基石，微生物固态发酵则是普洱茶特色品质形成的关键，普洱茶的品质形成机理，使得普洱茶内含物呈现养生物质多样性，与其他茶类形成差异。

普洱茶与其他茶类养生机制的差异，表现为有效物质的小分子化（图12-3）。即酯型儿茶素、多糖等大分子的降解；苦涩类物质的减少，甜味物质的增多。有益物质转化生成，如寡糖；香味物质的形成，如由微生物代谢生成的樟香、甜香等物质。寡糖的增多，对提高免疫有特殊的意义。由于小分子活性强，小分子物质的增加增强了养生效果。

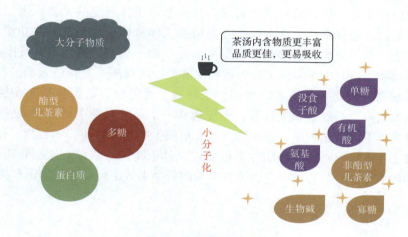

图12-3 物质小分子化

三、品饮平和性

晒青原料经微生物固态发酵，普洱生茶和普洱熟茶经贮藏转化，其内含物质经氧化、降解、聚合等，多酚类物质氧化、酯型儿茶素降解为非酯型儿茶素，可溶性糖增加，咖啡因络合等，使口感风味由浓强逐渐转为醇和，而普洱茶的味更醇引起的口感上的变化，使得人们在日常饮用的过程中的饮用量增加；经转化后的普洱茶性更温，使饮用人群更加广泛，在量变中实现质变，有效功能成分增多、内含物协调性更好，使得普洱茶的养生功效更佳（图12-4）。

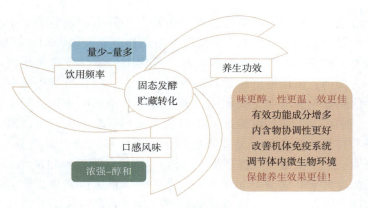

图12-4 普洱茶品饮平和性

第二节 普洱茶与血脂

一、血脂异常的概况

据基层常见治疗疾病指南，血脂是指血清中的胆固醇、甘油三酯（triglyceride，TG）和类脂（如磷脂）等的总称。血脂异常通常指血清中胆固醇和甘油三酯水平升高，俗称高脂血症。高脂血症是以血清中总胆固醇、低密度脂蛋白胆固醇和甘油三酯过高或伴有高密度脂蛋白胆固醇水平过低为特征的一种疾病。云南普洱茶以其独特的调节血脂异常作用为人们所关注，高血脂是一种人类常见的病症，易导致一系列心脑血管疾病，而心脑血管疾病已成为全球人类死亡的主要原因。在欧美等发达国家，该病的死亡率居各种疾病之首，占死亡总人数的40%~50%。在我国其死亡率仅次于恶性肿瘤，居第二位。因此云南普洱茶作为一种具有调节血脂作用的绿色饮品，备受广大消费者的欢迎。

二、血脂异常的危害

血脂异常严重威胁人类的健康，是引发心血管疾病、高血压、糖尿病、肥胖症、脂肪肝等重大疾病的危险因素。近些年来，我国经济飞速发展，人们的生活水平显著提升，导致以血脂异常为代表的心血管疾病发病率持续升高。临床治疗上采用西药的疗效比较显著，特别是他汀类药物，其疗效确切、快捷，但长时间使用存在一定副作用，易引起血糖升高、恶心、腹胀、腹泻及肝功能损害等不良反应。如何有效地通过无毒副作用的非药物干预降低高脂血症的发病率是当代人们研究的重要内容。

三、普洱茶降脂作用机理

（一）普洱茶降脂研究现状

普洱茶具有潜在的降脂减肥作用，是21世纪研究的一个热点。茶叶中的主要降血脂物质为茶多酚、茶多糖、茶色素等。研究表明普洱茶的降血脂功效显著优于其他茶类，如绿茶、红茶等。这很有可能与普洱茶中特有的降血脂成分洛伐他汀有极大的关系。经调查显示目前临床上使用的六大类降血脂药物有胆酸螯合剂、烟酸及其衍生物、他汀类、贝特类、鱼油制剂等。在众多降血脂药物中，他汀类药物是应用得最为广泛和效果最好的一类药，洛伐他汀便是其中的典型代表，而普洱茶中特有的洛伐他汀很可能是令其降血脂效果显著的主要原因。关于普洱茶的减肥作用，最早研究的是日本学者Mitsuaki，他在1985年的试验证明给高脂大鼠饲喂普洱茶，可以降低高脂大鼠血浆内的胆固醇和甘油三酯含量，显著降低高脂大鼠腹部脂肪组织重量。2005年，Kuo等试验结果证明，正常大鼠饲喂普洱茶30周后，体重、胆固醇和甘油三酯含量均显著降低，且降低幅度大于其他茶类如绿茶和红茶，同时低密度脂蛋白胆固醇降低，而高密度脂蛋白胆固醇则显著升高，抗氧化酶超氧化物歧化酶（SOD）活性较正常对照组要高。吴文华（2005）研究发现饲喂高脂饲料的小鼠在同时饲喂晒青毛茶或普洱茶时，均能有效地抑制高脂饮食小鼠血脂的升高，并能使血清总胆固醇（TC）、甘油三酯及低密度脂蛋白（LDL）水平全面降至正常值范围，同时使高密度脂蛋白胆固醇（HDL-C）水平显著升高，普洱茶的效果略优于晒青毛茶。熊昌云（2018）研究发现普洱生茶和熟茶均对肥胖大鼠体重增加有较强的抑制作用，大鼠体重、脂肪湿重、脂肪系数、甘油三酯、总胆固醇、低密度脂蛋白胆固醇等指标均低于肥胖模型组，而高密度脂蛋白胆固醇则有明显提高。刘雅琼（2017）对营养型高脂肥胖小鼠模型连续灌胃9周实验结果表明：生普组与熟普组各茶样均能显著抑制高脂肥胖小鼠体重；通过石蜡切片HE染色技术观察脂肪及肝脏组织切片，表明生普与熟普均能使脂肪细胞体积减小，降低脂肪组织脂滴积累，缓解脂肪肝病状；通过检测小鼠粪便总蛋白（TP）、总胆固醇、甘油三酯表明，灌胃茶汤能有效抑制小肠对脂类物质的消化吸收。赵亚华（2014）采用高脂饲料饲喂法建立高脂血症大鼠模型，普洱茶水溶性茶色素有很好的降脂减肥功效。其中大鼠体重、肝脏指数和脂肪指数显著降低；高密度脂蛋白胆固醇水平显著上升，甘油三酯水平显著下降。

（二）普洱茶降脂作用机理

关于普洱茶降脂减肥的机制研究近年仍在不断深入中。Huang（2019）发现普洱茶中的茶褐素可抑制胆盐水解酶（BSH）相关微生物和胆盐水解酶活性。胆盐水解酶活性降低导致回肠结合胆汁酸（BA）增加，这进一步抑制肠道FXR-FGF15/19信号通路以提高肝脏中胆汁酸的产生。在茶褐素对胆汁酸合成的调节中，肠道FXR-FGF15/19信号传导被抑制，而肝脏FXR-SHP信号传导被激活，导致替代胆汁酸合成途径中酶的表达增加，提高肝脏胆汁酸的产生和粪便排泄，最终，降低胆固醇水平。Huang（2012）研究发现，通过摄入普洱茶可抑制高果糖饮食大鼠脂肪酸合成酶（FAS）水平和增加AMPK磷酸化水平来改善果糖诱导的高脂血症和高瘦素血症状态。Yuko（2013）研究了普洱茶提取物（PTE）对饮食诱导小鼠脂肪积累的影响，发现补充普洱茶提取物可减少小鼠体重增加、腹部和肝脏脂肪堆积，摄入普洱茶提取物会降低小鼠肝脏中甾醇调节元件结合蛋白（SREBP-1c）和脂肪酸合成酶mRNA的表达，从而抑制体内脂肪积累。陈亚蓝（2017）研究发现普洱茶茶色素可通过调控能显著下调细胞的脂肪酸合成酶和甾醇调节元件结合蛋白1c（SREBP-1c）的mRNA表达水平，显著上调三磷酸腺苷结合转运子 A1（ABCA1）的转录水平，且使胆固醇 7α-羟化酶（CYP7A1）的转录水平呈上升趋势，并显著上调磷酸化腺苷酸活化蛋白激酶（p-AMPK）蛋白的表达量，从而改善油酸诱导下 HepG2 细胞的脂质代谢水平。Cao（2011）研究发现普洱茶显著降低了高脂饮食（HFD）诱导肥胖大鼠的血浆总胆固醇、甘油三酯浓度和低密度脂蛋白胆固醇水平，但不影响低密度脂蛋白胆固醇水平。此外，普洱茶显著增加了高脂饮食诱导的肥胖大鼠附睾脂肪组织中脂蛋白脂肪酶、肝脏脂肪酶和激素敏感脂肪酶的活性，表明普洱茶可以减轻高脂饮食诱导肥胖大鼠模型内脏脂肪堆积并改善高脂血症。

近年来，随着普洱茶降脂功能研究的开展，普洱茶单纯降脂功能的证实已经不能满足普洱茶进一步深入研究的需要，更多的研究重点已经转向普洱茶降脂活性成分的研究，目前研究认为普洱茶降脂活性成分可能主要是茶多酚、茶多糖、茶色素、他汀化合物等，但是普洱茶的降脂活性成分及其形成机理的研究目前尚不明确，仍需深入探讨。

第三节 普洱茶减肥作用

一、肥胖的概述

根据 2022 年《中国居民肥胖防治专家共识》个体是否肥胖，可以通过体重指数、腰围、腰臀比和腰围身高比来判断。体重指数（BMI）是体重与身高的平方的比值，是总体衡量肥胖的标准，处于 18.5~24 为正常体重，大于 24，则为肥胖。腰围、腰臀比和腰围身高比是反映中心性肥胖的间接测量指标，可用于预测疾病发生率和死亡率。世界卫生组织建议将腰围（WC）男性>94cm、女性>80cm 作为肥胖的标准，但这一标准适宜于欧洲人群；对于亚太地区包括中国人群，建议采用腰围男性>90cm、女性>80cm 作为肥胖的标准更合适。腰臀比（WHR）是指腰围和臀围的比值，是判定中心性肥胖的重要指标；女性得数在 0.8 以下，男性得数在 0.9 以下，就说明在健康范围内；当男性腰臀比大于 0.9，女性腰臀比大于 0.8 时，可诊断为中心性肥胖；但其分界值随年龄、性别、人种的不同而略有差异。腰围身高比（WHtR）是指腰围与身高的比值，是评价肥胖和预测心血管危险因素的人体体表测量学指标之一，能准确地反映内脏脂肪的堆积，人的腰围身高比的最佳切割点为 0.52，超过则为肥胖。

肥胖是遗传因素与环境因素共同作用所导致的营养代谢障碍性疾病，主要表现出机体能量摄入大于消耗的能量平衡状态，从而导致体内脂肪积聚过多而造成的一种疾病症状。当前肥胖已经成为了全世界的公共卫生问题，国际肥胖特别工作组（TOTF）指出，肥胖将成为新世纪威胁人类健康和生活满意度的最大杀手。肥胖是人们健康长寿的天敌，科学家研究发现肥胖者并发脑栓塞与心衰的发病率比正常体重者高 1 倍，患冠心病、高血压、糖尿病、胆石症者较正常人高 3~5 倍，由于这些疾病的侵袭，人们的寿命将明显缩短。身体肥胖的人往往怕热、多汗、皮肤皱褶处易发生皮炎、擦伤，并容易合并化脓性或真菌感染；而且由于体重的增加导致身体各器官负担加重，容易遭受各种外伤、骨折及扭伤等。此外，睡眠呼吸暂停综合征、恶性肿瘤的产生等都与肥胖有着直接的关系。

二、肥胖的危害

肥胖危害主要表现在两个方面，首先是内脏脂肪组织本身脂肪积累过多，导致脂肪细胞储存能力下降，不能储存更多的多余脂类、糖类等，血脂和其他器官的脂含量升高，危害健康。系膜和内脏附着的脂肪量增多，也会影响内脏器官的功能。其次，脂肪组织作为一种分泌器官的存在，尤其是内脏脂肪组织，一旦本身脂肪积累过多，就会分泌大量抑制脂肪和肌肉组织功能的细胞因子，这些细胞因子主要包括游离脂肪酸（FFA）、炎症因子（如 TNF-oc 等）、抵抗素以及活性氧（ROS）等。细胞因子可以以自分泌和旁分泌的形式直接作用于脂肪细胞，使其产生胰岛素抗性，紊乱糖脂代谢；还可以进入血液作用于肌肉细胞产生胰岛素抗性，降低其能量储存和消耗的能力，或作用于胰脏等器官，损害其功能。

三、普洱茶减肥作用机理

大多数关于普洱茶减肥、降脂功效的研究是在啮齿动物（大、小鼠）和细胞系上进行的。多项研究发现饲喂普洱茶能降低实验大鼠体重及腹部脂肪组织重量，降低其血清总胆固醇、甘油三酯及低密度脂蛋白含量，增加高密度脂蛋白含量及减缓肝组织脂肪变性。Kuo 等（2005）饲喂大鼠绿茶、乌龙茶、红茶及普洱茶 30 周后，发现普洱茶对体重的抑制作用大于红茶和绿茶；普洱茶能在提高高密度脂蛋白含量的同时降低低密度脂蛋白含量，而其他茶则同时降低两者含量；相对于乌龙茶和红茶，普洱茶和绿茶能更有效地降低血液总胆固醇，提示普洱茶的减肥、降脂功效可能较其他茶更为明显。

肥胖是遗传和环境因素共同作用所致的综合代谢性疾病。减肥药物主要通过减少食物摄入和吸收，促进食物排泄，抑制脂肪合成，加快脂肪分解的作用。周宁娜（2009）发现普洱茶可明显抑制小肠对木糖的吸收，并增加脂肪排出量。普洱茶也可能通过促进脂肪氧化、分解达到减肥、降脂功效。张冬英（2011）发现普洱茶中单体功能成分尿嘧啶、没食子酸在 PPAR-γ、FXR、LXR 模型表现出明显的活性作用，其中尤以没食子酸对 PPAR-γ 的激活效果最为显著。陈婷（2011）研究发现普洱茶茶褐素可显著降低高脂血症大鼠血清中总胆固醇、甘油三酯、低密度脂蛋白胆固醇水平，升高高密度脂蛋白胆固醇水平；有效预防高脂饮食大鼠血清中总胆固醇、甘油三酯、低密度脂蛋白胆固醇水平的升高和高密度脂蛋白胆固醇水平的降低，具有减少大鼠肝脏脂肪沉积，预防脂肪肝形成的作用，而且对正常大鼠血脂代谢影响不大。Cao 等（2011）、高斌等（2010）分别报道了普洱茶中肝脏肝脂酶（hepaticlipase，HL）和激素敏感性脂酶的表达和活性上升可促进脂肪分解。山波（2022）发现菌方普洱熟茶水提物和茶褐素能够保护肝细胞，减少肝细胞的脂肪变性和脂滴聚集，降低肝脏脂质积累。但是菌方普洱熟茶水提物在预防大鼠体重增长、脂肪积累以及血糖血脂升高方面比菌方茶褐素更具优势，这是由于水提物中具有其他活性成分（如茶黄素、没食子酸、表没食子儿茶素没食子酸酯等）可能与茶褐素存在协同的关系。

普洱茶含有的茶多酚、茶多糖、茶褐素、氨基酸、咖啡因及他汀类物质等多种成分均具有减肥、降脂功能。目前尚不明确其中哪种成分单独或者和其他成分共同起减肥、降脂作用，或者还有其他未知化合物成分起作用。近年来，转录组学、蛋白组学和脂质组学发展迅速，这些新方法和新技术为了解疾病发病机理、寻找疾病标记物和药靶提供了强有力的手段。因此，未来可以广泛地开展调查研究普洱茶与脂代谢和调控基因的表达或相关酶活性，多条调控能量代谢信号通路之间的关系，以及利用上述组学技术和方法寻找新的普洱茶作用靶基因。

第四节 普洱茶与血糖

一、血糖与糖尿病

血糖是指血液中葡萄糖含量，其受饮食、神经系统、激素等影响，当出现不平衡时，会出现血糖升高或降低。根据 2022 新血糖标准，18 岁以下青少年空腹血糖应控制在 $4.40\sim6.10$ mmol/L、$18\sim45$ 岁人群空腹血糖应控制在 $4.40\sim7.10$ mmol/L，45 岁以上人群空腹血糖应控制在 9.0mmol/L 以内。当血糖超出标准值，对身体的危害较大，如果长时间超出标准值，极易患上糖尿病。

糖尿病（diabetes mellitus，DM）是指胰岛素相对或绝对不足引起的糖、脂肪、蛋白质、继发性的水、电解质代谢紊乱及酸碱平衡失调的内分泌代谢紊乱，是一种伴随有癌症、高血压、神经紊乱和心血管疾病并发风险的常见疾病，通常与肥胖、运动缺乏、人口增长以及老龄化有关。据统计，目前全球范围内估计在 $20\sim79$ 岁人群中有 4.63 亿人患有糖尿病，绝大多数为Ⅱ型糖尿病，相当于每 11 个成人中就有 1 名患者。报告显示，2021 年全球成年糖尿病患者达到 5.37 亿人，相比 2019 年，糖尿病患者增加了 7400 万，增幅达 16%。据世界卫生组织统计，糖尿病是目前已知并发症最多的一种疾病。临床数据显示，糖尿病发病后 10 年左右，将有 30%~40% 的患者至少会发生一种并发症，且并发症一旦产生，药物治疗很难逆转。

二、糖尿病发病机理

根据糖尿病的发病机理不同，世界卫生组织将糖尿病分为Ⅰ型糖尿病和Ⅱ型糖尿病。Ⅰ型糖尿病（胰岛素依赖型）是一种自体免疫疾病，主要是由于免疫系统导致的胰岛-β 细胞破坏致使血浆中胰岛素水平低于正常引起的；Ⅱ型糖尿病（非胰岛素依赖型）是最常见的一类糖尿病，约占糖尿病患者总数的 90% 以上。其产生因素除了表现为胰岛缺陷外，更主要是表现为胰岛素抵抗，即胰岛素的能力并非完全丧失，甚至患者体内胰岛素产生过多，但胰岛素的作用效果却大打折扣，因此患者体内的胰岛素是一种相对缺乏。除上述最常见的两大类糖尿病之外还有由药物、感染或者其他遗传疾病引起的继发性糖尿病和妇女妊娠糖尿病。应激性高血糖和妊娠糖尿病是一个动态改变的状态，一般于应激消失后两周或分娩后恢复。

三、普洱茶降血糖的作用机理

（一）普洱茶降血糖研究现状

我国和日本民间有泡饮粗老茶叶来治疗糖尿病的历史，且茶叶越粗老治疗糖尿病的效果越好。茶叶的降血糖功效已有很多研究报道，有研究证明，普洱茶中多酚类物质儿茶素有降血糖功效，而近年来茶多糖是茶叶中继茶多酚后发现的又一重要的生理活性物质，研究发现茶叶降血糖的主要功效成分是茶叶中的水溶性茶多糖。Wang 等（2001）从粗老茶中分离纯化得到茶多糖，参照民间用粗老茶所含茶多糖的剂量，通过动物试验发现茶多糖不仅显著降低糖尿病模型小鼠的血糖水平，而且显著增强其免疫功能，从而揭示了民间常泡饮粗老茶来预防糖尿病的主要功效成分为茶多糖。

（二）普洱茶降血糖作用机理

胡金芳等（2015）选取链脲佐菌素（streptozotocin，STZ）致糖尿病大鼠模型，研究普洱茶水提物与吡格列酮联合应用对糖尿病大鼠的降糖作用，以明确普洱茶水提物对降糖药物具有协同作用，在控制血糖前提下能否减少降糖药用量。结果发现普洱茶水提物与吡格列酮混合用药能显著抑制空腹血糖的升高，下调灌胃葡萄糖后 30min、60min、120min 血糖的升高，显著抑制葡萄糖负荷血糖曲线下面积（area under concentration-time curve，AUC）；给药各组能显著降低大鼠血清中的糖化血清蛋白（glucosylated serum proteins，GSP）含量。在服用吡格列酮的同时，辅助饮用普洱茶水提物，可以减少服用吡格列酮的用药量而不减弱吡格列酮的降糖效果。Du 等（2012）以普洱茶水提物（WEPT）为原料，研究其降血糖作用。在糖利用试验中，发现加入不同浓度的普洱茶水提物，HepG2 细胞糖利用率均有升高，其中中剂量（0.03g/L）和高剂量（0.1g/L）组出现显著提高。db/db 小鼠是常用的进行 II 型糖尿病科学研究的小鼠模型。在禁食后血糖和胰岛素的测定中，服用普洱茶水提物的 db/db 糖尿病小鼠血糖值下降，在第 4 周试验结束后，中剂量组（200mg/kg）和高剂量组（400mg/kg）呈显著下降；同时血清中胰岛素含量也降低。这些结果指出了普洱茶水提物的小鼠在餐后 3h 内血糖增加值与模型对照相比均有下降，其中高剂量组（400mg/kg）显著降低，说明普洱茶水提物可以提高机体糖耐量。在淀粉酶、果胶酶及麦芽糖酶的半抑制浓度试验中，结果表明普洱茶水提物具有开发成新的 α-糖苷酶抑制剂的潜力。同时，王绍梅等（2010）研究证明普洱茶中没食子酸通过调节 PPAR-γ 维持糖代谢平衡。

第 五 节　普洱茶调节血压

一、高血压的概况

高血压也称血压升高，是血液在血管中流动时对血管壁造成的压力值持续高于正常的现象，是心血管疾病发生的高危因素。研究表明，肥胖是血压增高的重要因素，血压与体重指数直接相关。肾素-血管紧张素-醛固酮系统激活让脂肪细胞分泌的盐皮质激素释放因子促进醛固酮的分泌可能是肥胖致高血压的病理生理学机制之一。此外，高血压患者常有高胰岛素血症。高血压是心血管疾病最主要的危险因素，患者经常伴随脑卒中、心肌梗死、心力衰竭及慢性肾脏病等主要并发症。医学实践证明，高血压是可以预防和控制的，通过降低高血压患者的血压水平，可明显减少心血管疾病。茶的降血压作用一直受到医学和茶学研究者的关注，十多年来，国内外学者对茶多酚、儿茶素、茶黄素、茶氨酸等功能成分的降血压作用及其机理，以及不同茶类的降血压效果开展了深入的研究。

二、高血压的发病原因

高血压具有十分复杂的病因，目前还尚未明确其发病机制。Otsuka（2021）认为高血压患者年轻化主要与长期的精神紧张、激动焦虑及一些刺激性因素导致的血管收缩过度存在一定的关系。其主要致病因素及其发病机制在中西医专家中存在各不相同的观点，结合近年来有关研究进展，西医主要观点是产生高血压的患者主要是受到环境及遗传因素的影响，目前尚未明确具体的发病机制。活跃的交感神经对肾素-血管紧张素-醛固酮系统具有过度激活作用；血管内皮存在一定的功能障碍；受损的血小板功能形成血栓是高血压发病的三个流行观点。而我国中医文献中，已经明确记载"高血压"疾病，对其病因及病理机制也存在多种观点。但结合高血压发病特点，大部分观点都是高血压属于头痛眩晕范畴，分为虚实两方面的基本病理机制，与内脏器官具有十分密切的关系。很多病理因素都能引发高血压，中医主要分为肝阳上亢、风阳上扰、痰浊中阻、血脉瘀阻及肝肾阴虚等几种类型，比较多见就是肝肾阴虚及肝阳上亢两种类型。

三、普洱茶降血压的作用机理

普洱茶具有明确的降脂和降糖效果，对高脂动物血管内皮具有保护作用，对过氧化损伤的人脐静脉内皮细胞具有保护作用，而从心血管保护意义上来说，它对于这些诱因引发的高血压具有一定的降压效果。李彦川等（2015）研究普洱茶水提物对施用硝苯地平后自发性高血压大鼠（SHR）的降压功效效果的影响，发现普洱茶水提物能不同程度增强低剂量硝苯地平的降压作用，能达到高剂量硝苯地平单独使用时的降压效果。且硝苯地平、普洱茶水提物两者配合使用还能对心肌纤维化具有一定程度的抑制作用，对心脏具有一定程度的保护作用。何国藩、林月蝉、徐福洋（1990）用普洱茶对人体研究表明饮普洱茶后脑血管的生理状态和脑血流动力学状态都发生了变化，能引起人的血管舒张、血压暂时下降、心率减慢和脑部流量减少等生理效应，故对老年人和高血压与动脉硬化患者，均有良好作用。西南大学研究人员认为，茶叶在渥堆过程中，黄酮类物质中以黄酮苷形式存在者最多，而黄酮苷具有维生素 P（芦丁）的作用，可防止人体血管的硬化。而普洱茶的加工工艺"渥堆"正是形成其独特健康功效的一个重要工序。除此之外，茶叶中的 γ-氨基丁酸也具有降血压的作用。γ-氨基丁酸含量大于 150mg/100g，即可认为该茶是 γ-氨基丁酸茶，具有 γ-氨基丁酸茶的保健作用。

第六节 普洱茶抗疲劳作用

一、疲劳概述

疲劳，常指生理疲劳，根据1982年第五届国际运动生化会议对疲劳的定义："疲劳是机体生理过程不能将其机能持续在特定水平或器官不能维持其预定的运动强度"。随着社会的不断发展，生活节奏不断加快、长期的紧张工作、竞争压力以及情绪不稳定都容易导致疲劳的产生。如今，疲劳已成为危害人类身心健康的主要因素之一。机体疲劳若得不到及时消除，便会逐渐积累，并导致情绪异常，久而久之则形成慢性疲劳综合征，甚至导致过劳死亡。

二、疲劳产生原因

世界上约有10%的人患有慢性疲劳，然而其发病机制并不完全明确。有研究表明，疲劳的产生可能与能量代谢、免疫和内分泌系统及抗氧化防御系统的炎症反应和功能障碍有关。不同学者对疲劳的机理有不同的视角阐述，目前形成了不同的学说理论，疲劳的产生可主要归纳为能量物质耗竭、代谢产物堆积、内环境稳定性失调、大脑产生的保护性抑制、生理指标的突变、自由基的大量积累等。机体长期处于疲劳状态会对脑组织、心脑血管系统、免疫系统、肌肉组织、皮肤、肝脏等人体组织器官产生危害。

三、普洱茶抗疲劳的机制

疲劳的产生与高强度或长时间运动或作业后体内能量物质如肝/肌糖原等减少、代谢产物如乳酸蓄积等因素有关。疲劳的最直接最客观的表现是运动耐力的下降。普洱生茶熟茶都具有抗疲劳的作用。茶叶中的茶氨酸具有消除紧张、放松情绪的作用，动物实验证明茶氨酸能减少肝糖原的消耗量，降低运动后血清尿素氮水平，促进运动后血乳酸的消除而达到抗疲劳的作用。张冬英等（2010）的研究结果表明，用不同剂量普洱茶饲喂小鼠，小鼠负重游泳时间均有延长，血乳酸（BLA）、血尿素氮（BUN）含量降低，血乳酸脱氢酶（LDH）活力升高，肝糖原（LG）、肌糖原（MG）含量也有显著提高，且以高剂量的普洱茶抗疲劳作用最为明显。

四、普洱茶抗疲劳的主要相关成分

（一）茶多酚

茶多酚（TP）主要包括黄烷醇类、花色素类、花黄素类、缩酸和缩酚酸类。茶叶的抗氧化、清除自由基和预防心血管疾病等功能与茶多酚有关。一般普洱茶生茶的茶多酚含量≥28%、熟茶中的茶多酚含量≤15%。

茶多酚具有抗氧化、防病抗病、延缓衰老、增强免疫、抗菌等功效。王光军（2016）等通过大鼠实验发现，茶多酚能够有效延长大鼠的力竭时间，随着茶多酚剂量的增加，运动后大鼠的尿素和血乳酸含量降低、血乳酸脱氢酶活力提高，表明茶多酚具有显著的抗疲劳作用。

（二）生物碱

茶叶中的生物碱主要有咖啡因、茶碱、可可碱，其中咖啡因含量较高，咖啡因具有兴奋中枢神经、提高记忆力、减少疲劳感、抗氧化、抗癌以及影响呼吸作用和新陈代谢的功能。李淑翠（2012）等的研究中用不同浓度的咖啡因每天喂饲小鼠两次，发现均能提高其肝糖原储备量，降低运动后乳酸浓度；中高剂量组可降低尿素氮水平，提高超氧化物歧化酶活性。综合来看，咖啡因增强了小鼠的运动耐力，有抗运动疲劳的功能。

（三）茶氨酸

茶叶中发现的氨基酸种类很多，大部分是加工过程中蛋白质水解产生的。茶氨酸是茶叶的特征性氨基酸，是茶叶中含量较高的氨基酸，约占游离氨基酸总量的50%～60%。王小雪（2002）等在对茶氨酸的抗疲劳作用研究中发现，经口给予小鼠不同剂量的L-茶氨酸30d后，能明显延长小鼠负重游泳时间，对小鼠运动后血乳酸升高有明显的抑制作用，能促进运动后血乳酸的消除，得出茶氨酸具有抗疲劳的作用。

第七节　普洱茶与肿瘤

一、肿瘤概述

肿瘤是指机体在各种致瘤因子作用下，局部组织细胞增生所形成的新生物，因为这种新生物多呈占位性状块状突起，也称赘生物。根据新生物的细胞特性及对机体的危害性程度，又将肿瘤分为良性肿瘤和恶性肿瘤两大类。恶性肿瘤可分为癌和肉瘤，癌是指来源于上皮组织的恶性肿瘤；肉瘤，是发生于间叶组织的恶性肿瘤。癌症是世界范围内危害人类健康的主要死亡因素，最新统计表明，2020年，全世界约有1930万新发癌症病例，近1000万患者死于癌症，随着人口老龄化，这一情况还会进一步加剧。

二、肿瘤形成原因

近几年来，肿瘤患病率呈现持续高发的态势，由于肿瘤形成的原因有很多，导致大多数人对肿瘤的形成原因缺乏系统的了解，影响了防治效果。那么，肿瘤的形成原因有哪些呢？

（一）遗传致癌因素

1. 癌基因激活

癌基因是在研究肿瘤病毒致瘤机制的过程中认识到的，人们在研究的过程中发现在正常细胞基因组中发现与病毒癌基因十分相似的DNA序列，称为原癌基因，原癌基因在正常时并不会导致肿瘤，但当原癌基因发生点突变、基因扩增、染色体重排等一些异常时，原癌基因就会被激活变为癌基因。

2. 肿瘤抑制基因功能丧失

肿瘤抑制基因本身也是在细胞生长与增殖的调控中起重要作用的基因，肿瘤抑制基因的两个等位基因都发生突变或丢失的时候，其功能会丧失，导致细胞增生和恶变。

3. 凋亡调节基因功能紊乱

肿瘤生长取决于细胞增殖与细胞死亡的比例，细胞凋亡受复杂的分子机制调控，通过促凋亡分子和抗凋亡分子之间复杂的相互作用实现，凋亡调节基因功能紊乱、凋亡途径发生障碍可促进肿瘤形成。

4. 其他因素

除了癌基因激活、肿瘤抑制基因功能丧失、凋亡调节基因功能紊乱因素外，细胞代谢重编程、肿瘤细胞获得无限增殖能力、基因组不稳定性等因素共同造成了肿瘤的形成。

（二）环境致癌因素

1. 化学物质

多数化学致癌物需要在体内代谢活化后才致癌，称为间接致癌物，如多环芳烃、致癌的芳香胺类、亚硝胺类物质等，少数化学致癌物不需要在体内进行代谢即可致癌，称为直接致癌物，直接化学致癌物较少，主要是烷化剂和酰化剂。

2. 物理致癌物

物理致癌物主要是紫外线、电离辐射。紫外线可引起皮肤鳞状细胞癌、基底细胞癌和恶性黑色素瘤；电离辐射能使染色体发生断裂、转位和点突变，导致癌基因激活或者肿瘤抑制基因灭活。

3. 生物致癌因素

生物致癌因素主要是病毒，导致肿瘤形成的病毒称为肿瘤病毒，分为 DNA 肿瘤病毒和 RNA 肿瘤病毒两大类。

三、普洱茶抑制肿瘤的机制

随着科学技术的发达以及茶文化的传播，茶饮品预防肿瘤的活性越来越受到人们的关注。对茶饮品抗肿瘤活性的研究主要集中在儿茶素，尤其是表没食子儿茶素没食子酸酯上。Liu（2011）等研究发现，表没食子儿茶素没食子酸酯可以通过调控多个靶分子，从而影响多条信号通路，起到抑癌作用。普洱茶能够一定程度上地预防、抑制肿瘤，减缓肿瘤的生长。梁明达（1993）等发现普洱茶杀灭癌细胞的作用强烈，1%的日常喝茶浓度亦有明显作用。且普洱茶对不同肿瘤细胞的抑制效果不同，对消化道肿瘤、乳腺癌、宫颈癌的抑制效果明显，在较低浓度时也具有较好的抑制作用。

四、普洱茶抗肿瘤的主要相关成分

（一）茶多酚

Wang（2015）等研究表明，茶多酚能够作为肿瘤治疗的辅助药物，与抗癌药物具有协同作用：茶多酚通过调节相关蛋白来对癌细胞的周期、凋亡和血管生成作用造成影响；在与激素相关的肿瘤中，如乳腺癌、前列腺癌，茶多酚能够下调多药耐药相关蛋白（MRP）的表达，与激素受体相互作用；茶多酚的抗氧化和促氧化调节作用能够克服抗癌药物的耐药性并与之协同作用。

（二）茶色素

茶色素对大鼠肝癌癌前病变具有明显的抑制作用，抑制细胞增殖和诱导细胞凋亡可能是其抗癌的重要机制。Trina（2005）等研究证实了茶黄素（TFs）通过激活Caspase-3和Caspase-8，从而下调抑凋亡蛋白Bcl-2和上调促凋亡蛋白Bax的表达来诱导人白血病HL-60和K-562细胞的凋亡。从已有的研究可以看出，茶色素抗癌、抗肿瘤的作用机理主要通过抑制致癌物诱发癌的形成、抑制癌细胞信号传输和增殖、阻止肿瘤转移、诱导肿瘤细胞凋亡等方式实现的。

（三）茶多糖

茶多糖具有抗肿瘤活性，可以直接抑制肿瘤细胞的生长，促进其凋亡，或者通过改善免疫系统以消除癌细胞。沈健（2007）等以肉瘤S180荷瘤小鼠为实验对象，灌胃不同剂量的茶多糖，观察小鼠体重、脾细胞增殖能力和脾细胞培养上清中IL-2和TNF-α含量的变化，结果显示茶多糖对肿瘤生长具有抑制作用。

（四）黄酮类物质

茶叶在渥堆过程中，以黄酮苷形式存在的黄酮类物质形成最多。普洱茶中的槲皮素、花青素和芦丁是具代表性的黄酮类物质。槲皮素抗肺癌作用显著，徐亚文（2020）等研究表明槲皮素可以通过诱导细胞凋亡、促进细胞周期阻滞和下调ERK/AKT通路实现对骨髓瘤细胞NCI-H929的抗肿瘤作用，诱导肺腺癌细胞凋亡。薛宏坤（2021）等研究表明原花青素B2（PCB2）可通过破坏Ca^{2+}平衡，增加胞内活性氧水平和MCF-7细胞凋亡率，改变MCF-7细胞凋亡形态，并将细胞阻滞在G0/G1期，其内在机制为通过上调Bax、细胞色素c、Caspase-12和Caspase-3蛋白相对表达水平，下调Bcl-2蛋白相对表达水平来达到抗肿瘤效果。黄曦文（2020）等研究发现，芦丁在诱导乳腺癌细胞周期阻滞、调控相关蛋白表达水平以抑制乳腺癌侵袭转移、提高乳腺癌细胞对化疗的敏感性等方面具有重要作用。

（五）咖啡因

范耀东（2013）等研究认为，咖啡因对U251人胶质瘤细胞有增殖抑制作用，且随咖啡因浓度增大和作用时间的延长出现瘤细胞增殖抑制加强趋势。王艳萍（2001）等研究表明咖啡因可明显增强顺铂对肺癌细胞的体外抗癌效应，而咖啡因联合苯巴比妥对体外抗癌有增效作用。

（六）茶氨酸

茶叶中发现的氨基酸种类很多，大部分是加工过程中蛋白质水解产生的。茶氨酸是茶叶的特征性氨基酸，是茶叶中含量较高的氨基酸，占游离氨基酸总量的60%以上。

Friedman（2007）等发现茶氨酸对肝癌细胞HepG2、乳腺癌细胞MCF-7、结肠癌细胞HT29及前列腺癌细胞PC-3均有抑制效果，Liu（2009）发现茶氨酸能显著地抑制肺癌细胞A549和白血病细胞K562的生长，而且还有研究发现，125mg/L茶氨酸可以抑制55%的A549细胞浸润、67%的A549细胞迁移，以达到抗癌效果。

第八节　普洱茶抗辐射作用

一、辐射概述

辐射指的是由场源发出的电磁能量中，一部分脱离场源向远处传播，而后不再返回场源的现象，能量以电磁波或粒子（如 α 粒子、β 粒子等）的形式向外扩散。自然界中的一切物体，只要温度在绝对温度零度（−273.15℃）以上，都以电磁波和粒子的形式时刻不停地向外传送热量，这种传送能量的方式被称为辐射。不论物体（气体）温度高低都向外辐射，甲物体可以向乙物体辐射，同时乙也可向甲辐射。一般普遍将这个名词用在电离辐射。辐射本身是中性词，但某些物质的辐射可能会带来危害。

二、辐射的危害

当电离辐射通过物质，包括活体组织时，它会沉积能量，最终使物质内部发生电离或激发，形成正离子和负离子或激发态原子。辐射产生的电离作用以直接或间接的方式作用于 DNA 结构，直接作用是引起碱基、脱氧核糖、糖−磷酸等化学键断裂，间接作用是通过电离辐射使水、有机分子等产生的自由基间接作用于 DNA 分子，从而引起基因突变、染色体断裂等，从而导致各种健康危害，严重的可能引起致死性癌症、畸变、遗传效应等。X 射线和 γ 射线含有比紫外线更多的能量和穿透力，更易打断 DNA 双链或单链，引起染色体断裂、缺失、重复、插入等突变。随着清洁无污染的核能广泛应用，尤其是核电站的建设数量呈现上升趋势，使得辐射事故的发生也在增加，特别是日本福岛核电站事故的发生，造成了严重的污染和人员伤亡。随着肿瘤患者的增加，放射治疗也给患者带来一定的辐射损伤副作用，间接影响了患者的治疗效果和生活质量。通常辐射防护主要是针对电离辐射，电离辐射包括高能电磁辐射和粒子辐射，高能电磁辐射指 X 射线和 γ 射线产生的辐射；粒子辐射是指中子、α 粒子、β 粒子、质子、重离子等带电粒子产生的辐射。电离辐射作用于生物机体，将其能量传给机体的瞬间，出现物理学、物理化学和化学反应，使机体产生一系列生物效应，造成辐射损伤。

三、普洱茶抗辐射的机制

普洱茶可以通过提高被辐照人群的免疫力，达到防辐射的效果；普洱茶具有保护辐照人群造血系统免受辐射损伤的作用；普洱茶可减少辐照人群由辐照引起的自由基损伤。黄敏均等（2010）研究表明，大部分细胞经紫外线辐射后造成死亡或损伤，在后来加入普洱茶生茶提取物或熟茶提取物，对细胞的修复保护和促进细胞成活方面有一定作用。通过紫外线辐射体外培养的 NIH−3T3 成纤维细胞，验证了普洱茶浸出物能不同程度地抑制紫外线辐射诱导的损伤，对细胞具有保护作用。表明普洱茶具有抗紫外线辐射和保护细胞的作用。

有些研究结果表明，普洱茶可增加癌细胞的辐射敏感性，同时降低正常细胞的辐射敏感性；普洱茶可加剧癌细胞辐照损伤，同时保护正常细胞的 DNA 损伤。普洱茶作为一种安全、健康的饮品，可用于日常生活中防止低剂量、长时间的辐射危害。

四、普洱茶抗辐射的主要相关成分

（一）茶多酚

茶多酚是由多个酚羟基组成的，它可以通过与靶分子作用，从而提高机体的辐射抗性。茶多酚可从多个水平，包括辐射损伤前、中、后等各个过程发挥抗辐射作用，因此茶多酚是茶叶中最关键的抗辐射成分。杨贤强等（1993）研究表明，茶多酚具有清除活性氧自由基的效能，对受损细胞膜和细胞器有保护作用，在抗辐射、抗肿瘤、抗衰老方面具有一定作用。

（二）茶多糖

研究表明，很多的中药多糖具有抗辐射作用，茶多糖作为多糖，也不例外。茶多糖主要通过增强机体抗氧化和免疫功能而发挥抗辐射作用。陈琳琳等（2017）研究表明，茶多糖具有抗辐射作用，其作用主要体现在能增加白细胞数量，保护造血功能，且可以提高机体非特异性免疫能力，对机体正常代谢机能进行修复。茶叶的抗辐射损伤和增多白细胞功能的作用，对于因肿瘤而接受放射治疗的病人的治疗具有重要意义。

第九节　普洱茶抗衰老作用

一、衰老的概述

衰老是细胞响应各种内外刺激如癌基因激活、氧化应激、急性 DNA 损伤或线粒体功能障碍等的结果。细胞在发生衰老以后，会表现出明显的衰老特征。首先，细胞衰老的主要标志是细胞周期停滞，细胞复制能力丧失。衰老的细胞通常发生细胞周期停滞在 G0 或 G1 期，然而却仍然具有代谢活性。细胞一旦生长停滞以后，即便是在合适的生长条件下也不能够进行 DNA 复制。与静止期细胞不同的是，衰老相关的生长停滞是永久性的，衰老细胞在受到特定的生理信号刺激时也不能够进行细胞增殖。其次，细胞在衰老以后往往会表达衰老特异性的标志物，而与衰老相关的 β-半乳糖苷酶（SA-β-Gal）是目前为止能够鉴别细胞衰老的特异性最强的标志，在大多数的衰老细胞中都能够运用染色方法检测到此标志物，而在未发生衰老的细胞中不能检测到。

二、引起衰老的原因

不同的刺激可以诱导体外培养的细胞发生衰老。根据诱发细胞衰老的方式不同，衰老可以分为以下几种类型。

（一）复制性衰老

非转化细胞多次分裂引起端粒缩短所致的增殖潜能下降，最终导致增殖停滞及衰老。

（二）生理性衰老

胚胎发育及伤口愈合等依赖衰老。生理性衰老通常在体内发挥有利的作用，如组织重塑、肿瘤抑制及稳态维持等。

（三）癌基因诱导的衰老

原癌基因，如 RAS 或 BRAF 激活；肿瘤抑制基因如 P16INK4A 激活或 pten 失活或激活，可诱导 OIS（癌基因诱导的衰老）。

（四）DNA 损伤诱导的衰老

多种引发 DNA 损伤的方式可诱导此类衰老，包括辐射（电离辐射和紫外线）及多种药物（如某些化疗药），也称作治疗诱导的衰老（therapy-induced senescence，TIS）。

（五）化疗诱导的衰老

部分化疗药诱导 DNA 损伤（如博来霉素或阿霉素），而另一些可以通过其他机制，如抑制周期蛋白依赖性激酶（CDK，如 abemaciclib 或 palbociclib）等诱导衰老。

（六）氧化应激诱导的衰老

细胞代谢的氧化产物或外源性的氧化剂（如 H_2O_2）可引起衰老。

（七）线粒体功能障碍相关的衰老

线粒体功能障碍能诱导衰老，而衰老相关分泌表型（senescence associated secretory phenotype，SASP）的出现似乎是这种衰老的特征。

（八）表观遗传改变诱导的衰老

表观遗传的修饰剂如 DNA 甲基化酶及组蛋白脱乙酰基酶的抑制剂（如丁酸钠）等可诱导此类衰老。

（九）衰老细胞诱导的衰老

由原衰老细胞产生的衰老相关分泌表型等组分诱导旁细胞衰老也称旁分泌衰老（paracrine senescence），或通过细胞与细胞直接密切接触诱导。

三、普洱茶抗衰老机制

自由基出现和免疫功能衰退，是引起人体衰老的两大重要因素，而普洱茶中的茶多酚、茶氨酸、茶色素等多种有效成分是效果显著的抗氧化剂、自由基清除剂和免疫功能调节剂，有明显的抗衰老功效。人体在代谢过程中不断消耗氧气而形成的自由基，扮演着强氧化剂的角色，它会使体内的脂肪酸产生过氧化作用，破坏细胞结构和功能，引起人体衰老。普洱茶中的茶多酚类化合物、维生素 C 和维生素 E 可与自由基形成稳定物质，抑制一氧化氮、活性氧等自由基产生，清除 NO、ROS、H_2O_2 等自由基，抑制低密度脂蛋白胆固醇氧化，减少丙二醛产生，保护自由基引起的细胞损伤、提高细胞存活率，防止脂肪酸过氧化；普洱茶中的脂多糖、多酚类物质，可提高人体白细胞、淋巴细胞的数量和活性；普洱茶中的茶色素含有大量的具有极强清除自由基和抗氧化作用的活性酚羟基等活性基因，因而普洱茶能增强人体免疫功能，延缓衰老过程。

儿茶素是茶多酚的主体物质，也是茶叶抗衰老的主要成分。茶叶儿茶素类化合物主要包括表没食子儿茶素没食子酸酯（EGCG）、表儿茶素没食子酸酯（ECG）、表没食子儿茶素（EGC）与表儿茶素（EC）。这些化合物在不同的动物模型中均表现出良好的抗衰老作用。史敏（2019）等在糖尿病小鼠模型实验中发现，表没食子儿茶素没食子酸酯可改善糖尿病小鼠血清丙二醛（MDA）、超氧化物歧化酶（SOD）及活性氧簇（ROS）水平，而且对衰老相关指标（肝脏抗氧化剂谷胱甘肽浓度、系统炎症标志物、总超氧化物歧化酶活性和血清低密度脂蛋白胆固醇含量）等均有所改善。普洱茶以云南大叶种毛茶为原料加工制成，其所含的儿茶素总量要高于其他茶树品种，因而抗衰老作用更显著。

茶叶中黄酮类化合物主要包括杨梅素、山奈酚、槲皮素及其糖苷类化合物。在动物模型中，槲皮素干预可以使平均寿命延长 15%，杨梅素干预可以使平均寿命延长 18%，山奈酚干预后可以使平均寿命延长 5.90%。

王媛等（2015）研究表明，普洱茶多糖可显著提高衰老二倍体前卫细胞［人衰老成纤维细胞（HDF 细胞）］的线粒体 D-loop 基因的表达量。因此，普洱茶多糖可能通过保护衰老 HDF 细胞线粒体免受氧化损伤和完整性，从而保护细胞延缓衰老。并且普洱茶多糖可能直接清除细胞内的自由基，或作为抗氧化酶的辅助因子协同作用提高衰老 HDF 细胞的增殖能力，减少细胞氧化损伤而延缓衰老。

人体中脂质过氧化过程已证明是人体衰老的机制之一，采用一些具有抗氧化作用的化合物维生素 C、维生素 E 能延缓衰老。普洱熟茶由于微生物发酵作用，其维生素 C、茶色素会成倍增加，这对提高人体免疫功能十分有利。普洱茶中不仅有较多的维生素 C 与维生素 E，并且其拥有的茶多酚还起到重要作用。Kaufmann（2002）研究表明，许多酚类化合物清除过氧阴离子的能力远远超过维生素 C 和维生素 E 等抗氧化剂，茶叶天然酚类化合物具有显著的抗氧化活性。另外，普洱茶的氨基酸和微量元素等也有一定的抗衰老功效。龚雨顺（2019）经调研发现饮茶抗衰老活性与个体遗传因素、性别和茶叶摄入量有关。长期的习惯性饮茶能降低人类老年疾病的患病风险，且短期内少量饮茶不会影响人体老年疾病的代谢指标。Lei（2022）等研究表明茶褐素可以有效提高衰老小鼠肝脏中超氧化物歧化酶及谷胱甘肽过氧化物酶的活性，降低丙二醛含量，表明茶褐素能够对抗自由基损害，有效预防由氧化应激导致的氧化损伤，具有抗衰老作用。雷舒雯等（2022）研究表明茶褐素可以通过调节小鼠体内脂类代谢、能量代谢、氨基酸代谢等过程，从而起到抗衰老作用。

第十节　普洱茶抗氧化应激作用

一、抗氧化应激概述

氧化应激的概念源于 1956 年英国学者 Harmna 首次提出的自由基衰老学说，该学说认为衰老是由于体内自由基攻击造成组织细胞损伤所致，自由基也是诱导肿瘤等恶性疾病的重要起因。1985 年德国科学家 Sies 首次提出氧化应激的概念。氧化应激是指体内氧化与抗氧化作用失衡的一种状态，倾向于氧化，导致中性粒细胞炎性浸润，蛋白酶分泌增加，产生大量氧化中间产物。氧化应激是由自由基在体内产生的一种负面作用，并被认为是导致衰老和疾病的一个重要因素。

二、抗氧化应激原理

近年的研究表明，氧化损伤不但与衰老、肿瘤相关，还与许多其他疾病有着密切的关系，如冠心病、心衰、高血压、脑卒中、缺血/再灌注损伤等心脑血管疾病，多种免疫、炎症性疾病，糖尿病等营养代谢性疾病，慢性阻塞性肺炎、肺动脉高压等呼吸系统疾病，阿尔茨海默病、帕金森等神经系统退行性疾病，肾小球性肾炎等泌尿系统疾病等。研究表明，抗氧化剂可以减缓氧化应激带来的危害。氧化应激破坏了强氧化剂和抗氧化剂的平衡导致的潜在伤害，氧化剂、抗氧化剂平衡的破坏是细胞损伤的主要原因。氧化应激的指示剂包括损伤的 DNA 碱基、蛋白质氧化产物、脂质过氧化产物。氧化代谢是动物机体获取能量的主要途径，机体在进行有氧呼吸和代谢过程中会产生大量的活性氧等代谢副产物。线粒体、过氧化物酶体和内质网等细胞器可促进细胞内活性氧的产生。以活性氧形式产生分子氧是有氧生命活动的自然组成部分，影响蛋白质、脂质及 DNA 的合成代谢过程，正常生理条件下，细胞内存在一套完整的抗氧化防御系统，从而维持机体的氧化和抗氧化能力的平衡。当活性氧的产生与机体抗氧化防御系统之间的平衡遭到破坏后，机体便会发生氧化应激。

三、普洱茶抗氧化应激机制

普洱茶含有多种有效成分，不同的成分具有不同的抗氧化活性，作为复杂的化合物综合体，普洱茶的抗氧化能力是各个化合物综合表达的结果。在众多功能成分当中，多酚类化合物是普洱茶中的重要抗氧化活性物质之一，极易与自由基反应，提供质子和电子使其失去反应灵活。

陈梅春（2015）等对普洱茶的 DPPH 自由基清除效果进行了研究，发现普洱茶具有较好的清除自由基能力，且呈剂量依赖性，DPPH 自由基清除能力与多酚含量呈正相关，不同普洱茶的总多酚含量虽然差异不明显，但清除 DPPH 自由基能力呈显著性差异。周先容（2019）等研究表明普洱茶多酚能增加小鼠血清中超氧化物歧化酶（具有抗氧化和抗衰老的作用）活性和谷胱甘肽（具有保持正常的免疫系统功能，并具有抗氧化作用、整合解毒作用）含量，同时减少丙二醛（导致膜脂过氧化，损伤生物膜结构）的含量，进而保护胃黏膜不受氧自由基引起的氧化损伤，具有很好的体内和体外抗氧化作用。Duh（2004）等报道普洱茶水提物具有结合金属离子，清除 DPPH 自由基和抑制巨噬细胞中脂多糖诱导产生 NO 的效果。金亮（2016）等研究通过对比不同种类茶叶抗氧化活性，发现普洱生茶的 DPPH 自由基清除活性显著高于普洱熟茶，普洱熟茶的清除活性低于红茶，而普洱生茶具有和绿茶相当的 DPPH 自由基清除活性。

陈浩（2013）研究发现普洱茶多糖具有较强的抗氧化活性和突出的 α-葡萄糖苷酶抑制能力，且和陈化时间有密切关系，对糖尿病小鼠体内的抗氧化状态有积极的调节作用。任洪涛（2014）研究结果表明普洱茶的挥发性物质具有较强的 DPPH 自由基清除活性和抗氧化能力，其挥发性物质抗氧化活性与甲氧基苯类化合物和芳樟醇氧化物含量有关。普洱茶中的茶色素同样具有很强的清除自由基和抗氧化能力。

第十一节　普洱茶与致病菌、炎症

一、炎症反应概述

炎症（inflammation）就是平时人们所说的"发炎"，是机体对于刺激的一种防御反应，表现为红、肿、热、痛和功能障碍。一般情况下，有感染或组织损伤触发的急性炎症反应涉及将血液成分中的血浆和白细胞协调递送到感染或损伤部位。此反应的特征对于细菌或病毒感染最为明显，这种感染是由先天免疫系统的受体触发的。这种感染的初始识别主要是由组织内巨噬细胞介导产生多种炎症介质，包括趋化因子、细胞因子和蛋白水解级联产物。这些介质最主要直接的作用是诱发局部的炎性渗出物，被限制在血管中的血浆蛋白和中性粒细胞通过毛细血管后微静脉进入感染或损伤部位的血管外组织中。

二、炎症发病机理

炎症是一种适应性反应，由有害的刺激和条件触发，如感染和组织损伤。苏格兰医生 John Hunter 早在 1794 年曾这样描述过炎症："炎症本身不被视为疾病，而是因某些创伤或疾病而进行的有益手术。"通常认为，受控制的炎症反应是有益的（如在提供抗感染保护方面），但如果炎症调节失调则可能变得有害（如引起败血性休克及脓毒症）。Ruslan Medzhitov（2008）综述了炎症的起源和生理作用，认为炎症反应是由形成复杂调节网络的大量介质协调的。诱导剂是引发炎症反应的信号，它们激活专门的传感器，然后引出特定的介质集的产生。反过来，这些介质会改变组织和器官（这是炎症的效应物）的功能状态，使它们能够适应特定的炎症诱导物所指示的条件。因此，一个通用的炎症"途径"由诱导剂、传感器、介质和效应剂组成，每个成分决定了炎症反应的类型。炎症诱导剂和传感器炎症诱导剂可以是外源性或内源性的，其中外源性炎症诱导剂可分为两类：微生物类和非微生物类。两类微生物诱导剂是病原体相关分子模式（PAMPs）和毒力因子，非微生物来源的外源性炎症诱导物包括过敏原、刺激物、异物和有毒化合物等。内源性炎症诱导物是由应激、损伤或其他功能障碍的组织产生的信号，其中一些启动炎症反应的几种内源性途径依赖于活性氧。此外，除与感染和组织损伤相关的诱导剂外，还存在可以在故障或应激的组织中触发炎症反应但目前尚未确认的诱导剂。

三、普洱茶抗菌消炎机制

对于普洱茶的抗菌功效来说，茶多酚、茶氨酸等都起到了关键的作用。清代宋士雄《随息居饮食谱》云："普洱产者，味重力竣，善吐风痰，消肉食，凡暑秽痧气腹痛，霍乱痢疾等症初起，饮之辄愈。"可见，普洱茶的抑菌治痢的效果早有史书记载。在健齿防龋、消除口臭、抑菌方面，医药界研究和临床试验已证明，云南普洱茶确有抑菌作用，湖南医科大学口腔系茶与健康实验室主任曹进（1994），通过对普洱健齿茶抑制变形球菌附着能力进行体外实验观察研究，结果发现普洱健齿茶具有抗菌斑形成的作用。其有效浓度在0.125%~1%，以1%浓度效果最佳。湖南医科大学口腔系茶与健康实验室赵燕（1993）研究观察了普洱茶对口腔病原菌的抑制效果，结果发现普洱茶可以抑制抗菌斑的生成及龋齿的发生，有良好的健齿护牙作用。

普洱茶抑菌的作用与其成分中的茶多酚密切相关。茶多酚的抗菌机制为其作为一种优良的氢或中子的给予体，可以和生物体在氧化还原反应中生成的过量的自由基反应生成酚氧自由基，从而灭活自由基，保护生物体遭受自由基的损伤。茶多酚作为自由基清除剂主要通过抑制氧化酶、与诱导氧化的过渡金属离子络合、直接清除自由基或激活自由基的清除体系等途径实现。普洱茶中含有许多生理活性成分，本身就具有消炎杀菌的作用。WU等（2007）研究证明了普洱茶水提物的抗突变和抗细菌活性，认为是普洱茶中的咖啡因和表儿茶素起到了相应的作用。卢添林等（2015）研究普洱茶总水提物对金黄色葡萄球菌、副溶血性弧菌及产气荚膜梭菌的抑菌效果较佳，对益生菌普洱茶水提物对婴儿双歧杆菌和德氏乳杆菌均无抑菌作用，也佐证了普洱茶水提物的安全性。胡永金等（2007）研究普洱茶提取物在1~7g/100mL范围内对李斯特菌（*L. monocytogenes*）有较强的抑制作用，其最低抑制浓度（MIC）为0.07mg/mL，在5~7g/100mL范围内对大肠杆菌（*E. coli*）、伤寒沙门菌（*S. typhimurium*）、金黄色葡萄球菌（*S. aureus*）、李斯特菌（*L. monocytogenes*）、猪粪链球菌（*S. faecalis*）、炭疽杆菌（*B. anthracis*）等均有抑制作用，对炭疽杆菌的抑制效果最好。在云南少数民族饮茶习惯中，勐海县南糯山的哈尼族人民有将普洱茶煎服以减轻细菌性痢疾病状的习惯。

第十二节　普洱茶增强骨密度作用

一、骨质疏松概述

骨质疏松被称为"无声杀手"，我国现约有9000万骨质疏松症患者，其中60岁以上老年人占56%，绝经后妇女发病率更高，为60%~70%。骨质疏松，是以低骨量、骨密度低和骨组织微结构改变为特征的一种全身性骨代谢疾病，伴有骨脆性增加，易发生骨折。老年人、更年期女性由于激素水平快速大幅度降低，很容易导致骨钙的大量流失，造成骨质疏松。骨质疏松症除了主要与绝经和老年有关的原发性骨质疏松外，还可能由多种疾病引起，称为继发性骨质疏松症。

二、骨质疏松的危害

（一）疼痛、身长缩短、驼背

疼痛是骨质疏松的常见表现，全身的骨头疼，因为骨头里有一种细胞称破骨细胞，它会把骨头都吞噬掉，继而发生疼痛；骨质疏松可引发腰椎压缩性骨折，致使身长缩短3~6cm，年纪越大萎缩的情况越严重，负重量大使脊椎前倾，背曲加剧，形成驼背。

（二）易骨折

老年人骨质疏松并发骨折者高达12%，轻者可使活动受限，重者须长期卧床；此外，老年人骨折可引发或加重心脑血管并发症，导致肺感染和褥疮等多种并发症的发生，严重危害老年人的身体健康，甚至危及生命，死亡率可达 10%～20%。

（三）呼吸功能下降

胸、腰椎压缩性骨折，脊椎后弯，胸廓畸形，可使肺活量和最大换气量显著减少，患者往往出现胸闷、气短、呼吸困难等症状。

三、普洱茶具有缓解骨质疏松的作用

钙、磷及维生素等微量元素是影响骨骼生长发育的重要因素，直接影响到骨重。侯艳（2010）研究普洱茶对 Wistar 大鼠骨密度的影响发现，采用不同剂量［高、中、低剂量分别为 0.5、1.0、2.0g/kg（体重）］的普洱茶茶汤灌胃（2mL/d）90d 后，均未出现骨钙和骨磷含量降低的情况，表明饮用普洱茶并未阻碍实验动物对钙、磷的吸收。相反，高剂量生茶以及低、中剂量的熟茶组实验动物骨钙含量显著增加。

2017 年药物学杂志 Frontiers in Pharmacology（《药物学前沿》）在线发表了云南农业大学的研究成果——普洱茶具有缓解骨质疏松的功效。实验结果表明，将大鼠灌胃普洱茶提取物能维持钙、磷的平衡，并对其他血液生化指标也有不同程度的改善作用。大鼠灌胃普洱茶提取物改善了股骨骨密度以及骨的生物力学特性，骨显微结构也有所改善。更为重要的是，体外实验结果表明，普洱茶提取物显著抑制了破骨细胞的分化，有利于提高骨密度。分子生物学研究结果证实，普洱茶提取物有效抑制了破骨细胞特异性基因和蛋白的表达。科学数据证实了普洱茶可以有效改善大鼠卵巢切除术诱导的骨质疏松症，并在体外抑制破骨细胞生成，揭示普洱茶提取物可以作为一种有效的方式来预防和治疗骨质疏松症。从分子机理研究和临床观察证实了喝普洱茶具有能够缓解和预防骨质疏松的功效，澄清了喝茶易导致钙流失的认识误区。车晓明（2015）阐述骨质疏松症是骨吸收大于骨形成的代谢失衡结果。增强成骨细胞的活性以及减少破骨细胞可以帮助恢复骨代谢平衡和限制骨质疏松症的发展。已有越来越多的体外实验、动物实验以及流行病学调查证据证明茶多酚生物活性成分可以预防骨质疏松症。茶多酚主要通过抗氧化、抗炎途径以及与此相关的各种信号通路来实现对骨质疏松的干预。

思考题

1. 请列举普洱茶中具备养生功效的物质成分。
2. 请描述普洱茶大分子小分子化的重要意义。
3. 简要说明普洱茶减肥机制。
4. 普洱茶中主要是哪些物质具有降脂作用？
5. 普洱茶的养生功效有哪些？

参考文献

[1]苏涛,毛永杨,李智高,等．普洱茶保健功效及其特征物质研究进展[J]．食品安

全导刊,2019(19):63-65.

[2]杨延.茶叶中活性成分分析[J].广东蚕业,2019,53(2):22-23.

[3]岳随娟,刘建,龚加顺.普洱茶茶褐素对大鼠肠道菌群的影响[J].茶叶科学,2016,36(3):261-267.

[4]梁玉红.普洱茶茶褐素中小分子化合物分析研究[D].合肥:安徽农业大学,2016.

[5]何强,伍尚敏.普洱茶在抗衰老中的作用[J].中国美容医学,2016,25(2):101-103.

[6]肖作为,郑楠楠,陆广琴,等.普洱茶茶氨酸的含量测定及其抗氧化活性的研究[J].湖南中医药大学学报,2015,35(12):46-48.

[7]熊昌云.普洱茶降脂减肥功效及作用机理研究[D].杭州:浙江大学,2012.

[8]卓婧,赵明,周红杰.普洱茶降脂功能及活性成分研究进展[J].中国农学通报,2011,27(2):345-348.

[9]熊昌云,杨彬,彭远菊,等.普洱茶抑肥降脂作用比较研究[J].西南农业学报,2018,31(5):187-191.

[10]刘雅琼.不同陈化期普洱茶降脂减肥功能比较研究[D].广州:华南农业大学,2017.

[11]赵亚华,桑守强,余霜,等.普洱茶水溶性茶色素降脂减肥作用研究[J].西南农业学报,2014,27(3):1256-1259.

[12]HUANG F,ZHENG X,MA X,et al. Theabrownin from pu-erh tea attenuates hypercholesterolemia via modulation of gut microbiota and bile acid metabolism[J]. Nature Communications,2019,10(1):1-17.

[13]HUANG H C,LIN J K. Pu-erh tea,green tea,and black tea suppresses hyperlipidemia,hyperleptinemia and fatty acid synthase through activating AMPK in rats fed a high-fructose diet[J]. Food & function,2012,3(2):170-177.

[14]SHIMAMURA Y,YODA M,SAKAKIBARA H,et al. Pu-erh tea suppresses diet-induced body fat accumulation in C57BL/6J mice by down-regulating SREBP-1c and related molecules[J]. Biosci Biotechnol Biochem,2013,77:1455-1460.

[15]陈亚蓝,王雪青,王怡雯,等.普洱茶茶色素对HepG2细胞脂质代谢的影响及作用机理[J].食品科学,2017,17(38):203-209.

[16]CAO Z H,GU D H,LIN Q Y,et al. Effect of pu-erh tea on body fat and lipid profiles in rats with diet-induced obesity[J]. Phytother Res,2011,25:234-238.

[17]LV H P,ZHU Y,TAN J F,et al. Bioactives compounds from Puerh tea with therapy for hyperlipidaemia[J]. J Functi Food,2015,47(19):194.

[18]陈浩.普洱茶多糖降血糖及抗氧化作用研究[D].杭州:浙江大学,2013.

[19]陈亚蓝.普洱茶茶色素对SD大鼠脂质代谢的影响及其作用机理研究[D].天津:天津商业大学,2016.

[20]刘芳,蒋一倩,马志红,等.肥胖患者营养与行为干预研究[J].海南医学,

2013,24(21):3164-3167.

[21]王永,王超,王世华,等.从专利文献角度分析减肥中药的用药规律[J].中医药学报,2018,46(6):83-88.

[22]陈立玮.H1N1与肥胖[J].中国实用医药,2010,5(10):232-233.

[23]刘金英,晓荣,王建,等.针刺配合策格治疗单纯性肥胖症80例临床疗效观察[J].中国民族医药杂志,2015,21(9):13-16.

[24]邹晓菊,丁毅弘,梁斌.普洱茶减肥、降脂机制的探讨[J].动物学研究,2012,33(4):421-426.

[25]KUO K L,WENG M S,CHIANG C T,et al. Comparative studies on the hypolipidemic and growth suppressive effects of oolong, black, pu-erh, and green tea leaves in rats[J]. Agric Food Chem,2005,53(2):480-489.

[26]陈婷,彭春秀,龚加顺,等.普洱茶茶褐素对高脂血症大鼠血脂代谢的影响[J].中国食品学报,2011,11(1):20-27.

[27]CAO Z H,GU D H,LIN Q Y,et al. Effect of pu-erh tea on body fat and lipid profiles in rats with diet-induced obesity[J]. Phytother Res,2011,25(2):234-238.

[28]高斌,彭春秀,龚加顺,等.普洱茶茶褐素对大鼠激素敏感性脂肪酶活性及其mRNA表达的影响[J].营养学报,2010,32(4):362-366.

[29]山波,龚加顺,王秋萍,等.菌方普洱熟茶水提物和茶褐素的组成及其降脂作用[J/OL].食品科学:1-17[2022-10-18].http://kns.cnki.net/kcms/detail/11.2206.TS.20220729.0940.026.html.

[30]顿耀山,石月,彭晓庐,等.中药运动营养补剂作用机制的研究进展[J].食品科学,2013,34(15):415-423.

[31]张冬英,黄业伟,汪晓娟,等.普洱茶熟茶抗疲劳作用研究[J].茶叶科学,2010,30(3):218-222.

[32]周海澜.茶氨酸对篮球运动员抗疲劳作用研究[J].福建茶叶,2016,38(6):33-34.

[33]王光军.茶多酚对运动抗疲劳作用的分析研究[J].福建茶叶,2016,38(3):39-45.

[34]李淑翠,张敏,陈向明,等.咖啡因抗运动性疲劳作用的实验研究[J].中国食品添加剂,2012(3):120-124.

[35]LEI S W,ZHANG Z F,XIE G H,et al. Theabrownin modulates the gut microbiome and serum metabolome in aging mice induced by D-galactose[J]. Journal of Functional Foods,2022,89:104941.

[36]雷舒雯,谢桂华,张智芳,等.茶褐素对D-半乳糖致衰老小鼠脑组织代谢组学的影响[J/OL].食品工业科技:1-14[2022-10-19].DOI:10.13386/j.issn1002-0306.2022050204.

[37]刘惠娟,王晶,欧阳里知,等.恶性肿瘤的分子生物学研究进展[J].中国中医药现代远程教育,2020,18(12):145-147.

［38］史敏,杜剑青.儿茶素没食子酸酯对糖尿病小鼠心肌氧化应激损伤的保护作用及其机制［J］.中国生物制品学杂志,2019,32(4):416-419.

［39］严煜钧,刘仲华,林勇,等.茶叶中 EGCG 对非酒精性脂肪肝大鼠的调脂保肝作用研究［J］.茶叶科学,2014(3):221-229.

［40］史敏,杜剑青.儿茶素没食子酸酯对糖尿病小鼠心肌氧化应激损伤的保护作用及其机制［J］.中国生物制品学杂志,2019,32(4):416-419.

［41］步宏,李一雷.病理学本科临床配增值［M］.9 版.北京:人民卫生出版社,2018.

［42］田艳涛,康文哲.全球癌症发病情况研究新进展［J］.中国医药,2021,16(10):1446-1447.

［43］LIU X,ZHANG D Y,ZHANG W,et al. The effect of green tea extract and EGCG on the signaling network in squamous cell carcinoma［J］. Nutrition and cancer,2011,63(3):466-475.

［44］WANG Y,DUAN H,YANG H. A case-control study of stomach cancer in relation to *Camellia sinensis* in China［J］. Surg Oncol,2015,24(2):67-70.

［45］黄曦文,何刚,伍春莲.黄酮醇及其改良剂型抗乳腺癌研究进展［J］.生命科学,2020,32(5):7.

［46］范耀东,边慧,瞿家桂,等.咖啡因对体外培养 U251 人胶质瘤细胞的影响［J］.临床与实验病理学杂志,2016,32(5):544-547.

［47］徐亚文,邹丽芳,李菲.槲皮素对多发性骨髓瘤的抗肿瘤作用及其相关机制［J］.中国实验血液学杂志,2020,28(4):6.

［48］薛宏坤,谭佳琪,李倩,等.原花青素 B2 诱导乳腺癌 MCF-7 细胞凋亡及其作用机制［J］.食品科学,2021,42(9):91-99.

［49］孙玲,刘利平,徐婉茹,等.物理诱变在药食用菌育种中的应用研究进展［J］.安徽农业科学,2018,46(14):29-33.

［50］黄敏钧,陈卓,阮静雯,等.普洱茶抗辐射作用初探［J］.广东茶业,2010(4):30-33.

［51］陈琳琳.夏秋茶深加工产品研发［D］.贵阳:贵州大学,2017.

［52］LU J,WANG Z,CAO J,et al. A novel and compact review on the role of oxidative stress in female reproduction［J］. Reprod Biol Endocrinol,2018,16(1):80.

［53］YU H F,DUAN C C,YANG Z Q,et al. HB-EGF ameliorates oxidative stress-mediated uterine decidualization damage［J］. Oxid Med Cell Longev,2019:6170936.

［54］SINHA N,DABLA P K. Oxidative stress and antioxidants in hypertension-a current review［J］. Curr Hypertens Rev. 2015;11(2):132-42.

［55］钟雅静,朱少平,陈艾玲,等.鸽源性大肠杆菌的分离鉴定及茶多酚对其体外抑菌效果的研究［J］.中国畜牧兽医,2022,49(10):4052-4062.

［56］李婧雯,张晓卉,尹新华.肥胖相关高血压的研究进展［J］.临床与病理杂志,2020,40(4):1006-1011.

[57]刘凤霞．高血压心血管疾病的预防、治疗及护理研究[J]．健康之路,2013,12(6):269-270.

[58]GRAHAM N,SMITH D J. Comorbidity of depression and anxiety disorders inpatients with hypertension[J]. J Hypertens,2016,34(3):397-398.

[59]陈杰．普洱茶降血压"新说"——GABA(γ-氨基丁酸)[J]．普洱,2011(1):8.

[60]高晓余．肠道菌群介导的后发酵普洱茶改善饮食诱导的代谢综合征[D]．长春:吉林大学,2017.

[61]刘佳．普洱茶多酚对高尿酸血症小鼠降尿酸和抗氧化作用的研究[D]．昆明:昆明理工大学,2016.

[62]刘广安．高血压患者常见病因及预防的初步探讨[J]．预防医学与公共卫生,2017,16(4):40-41.

[63]李欣欣,莫红梅,马晓慧,等．普洱茶提取物对自发性高血压大鼠降压研究[J]．茶叶科学,2012,32(5):457-460.

[64]李彦川,李欣欣,周王谊,等．普洱茶水提物与硝苯地平联用降压效果研究[J]．茶叶科学,2015,35(2):165-170.

[65]胡金芳,王根辈,徐阁,等．普洱茶水提物与吡格列酮联合应用降糖功效研究[J]．茶叶科学,2015,35(2):158-164.

[66]袁野,梁大伟,章斌,等．雅安藏茶醇沉物对小鼠抗疲劳作用实验研究[J]．世界最新医学信息文摘,2018,18(80):178-180.

[67]王伟伟,张建勇,王蔚,等．茶叶中咖啡碱的开发利用[J]．中国茶叶,2021,43(5):11-15.

[68]张瑞,曹庆伟,李爱平,等．基于网络药理的黄芪抗疲劳作用机制研究[J]．中草药,2019,50(8):1880-1889.

[69]林旭．谈谈肿瘤的形成与预防[J]．大众健康报,2020,23:1.

[70]孔德栋,赵悦伶,王岳飞,等．茶多酚对肿瘤免疫逃逸的抑制机制研究进展[J]．浙江大学学报:农业与生命科学版,2018,44(5):539-548.

[71]陈来荫,陈荣山,叶陈英,等．茶色素的提取、功效及应用研究进展[J]．茶叶通讯,2013,40(2):31-35.

[72]冯燕玲．茶多糖对免疫抑制小鼠腹腔巨噬细胞与脾淋巴细胞免疫功能的影响[D]．南昌:南昌大学,2015.

[73]吴思琪,李毅俊,孙伟芬．槲皮素及其衍生物抗肺癌机制研究进展[J]．中药药理与临床,2021(6):231-236.

[74]张广慧．黑茶提取物辐射防护和脓毒症治疗作用及其机制研究[D]．北京:北京协和医学院,2017.

[75]谭婉玉．湖南郴州柿竹园钨多金属矿区天然辐射环境研究[D]．衡阳:南华大学,2019.

[76]潘静,陈金铃,朱丹丹,等．细胞衰老机制的研究新进展[J]．中国病原生物学杂志,2015,10(7):672.

[77]龙凯琴.槲皮素促进电离辐射引起的衰老细胞发生凋亡[D].兰州:兰州大学,2020.

[78]戴申,鹿颜,余鹏辉,等.茶叶预防衰老及衰老相关疾病研究进展[J].茶叶科学,2019,39(1):23-33.

[79]龚雨顺,戴申,黄建安,等.茶叶的抗衰老作用[J].中国茶叶,2019,41(8):6-11.

[80]王媛,荣华,初晓辉,等.普洱茶提取物及普洱茶多糖对人成纤维细胞抗衰老作用机制研究[J].云南农业大学学报:自然科学,2015,30(2):219-227.

[81]顾小盼,潘勃,吴臻,等.普洱茶药理作用研究进展[J].中国中药杂志,2017,42(11):2038-2041.

[82]沈云辉,陈长勋.抗氧化应激研究进展[J].中茶药,2019,41(11):2715-2719.

[83]陈梅春,张海峰,潘志针,等.陈年普洱茶香气成分及清除DPPH自由基活性研究[J].中国农学通报,2015,31(4):274-279.

[84]周先容,赵欣,龙兴瑶,等,不同年份生普洱茶多酚体外抗氧化效果及对小鼠酒精性胃损伤的保护作用比较[J].食品工业科技,2019,40(12):300-308.

[85]金亮,李小白,丁华侨,等.不同种类茶叶抗氧化活性及茶汤颜色参数比较[J].中国食品学报,2016,16(2):242-250.

[86]陈浩.普洱茶多糖降血糖及抗氧化作用研究[D].杭州:浙江大学,2013.

[87]任洪涛,周斌,秦太峰,等.普洱茶挥发性成分抗氧化活性研究[J].茶叶科学,2014,34(3):213-220.

[88]杨扬.协同响应性纳米药物载体的制备及对抗菌消炎的研究[D].杭州:浙江理工大学,2020.

[89]王天禄.普洱茶茶褐素的分离、抗氧化与体外抑菌研究[D].天津:天津科技大学,2016.

[90]卢添林,黄梦姣,程悦,等.普洱茶水提物体外抑菌效果研究[J].现代预防医学,2015,42(2):313.

[91]LIU T,DING S,YIN D,et al. Pu-erh tea extract ameliorates ovariectomy-induced osteoporosis in rats and suppresses osteoclastogenesis *in vitro*[J]. Front Pharmacol,2017,8:324.

[92]侯艳,肖蓉,邵宛芳,等.普洱茶对Wistar大鼠骨密度的影响[J].茶叶科学,2010,30(4):317-321.

[93]车晓明,陈亮,顾勇,等.茶多酚治疗骨质疏松症的研究进展[J].中国骨质疏松杂志,2015,21(2):235-240.

第十三章 普洱茶美学

普洱茶的盛行源于自身独特的价值以及时代的需求，普洱茶是大自然赐予人类的最美佳茗，是美的化身。一方面普洱茶从原料种植、采摘、加工制作、选购、烹煮、品饮、收藏，每一个环节都能找到普洱茶的美；同时，普洱茶除了具有独特的舌尖风味，还具有保健作用；普洱茶的色、香、味能给人一种独特的审美愉悦价值。普洱茶与美相融，其美融入生产实践、融入文学作品、融入柴米油盐酱醋茶的平凡生活、更融入琴棋书画诗酒茶的人文精神世界，如鱼得水，充满生机与活力，释放出无穷的魅力。本章思维导图见图13-1。

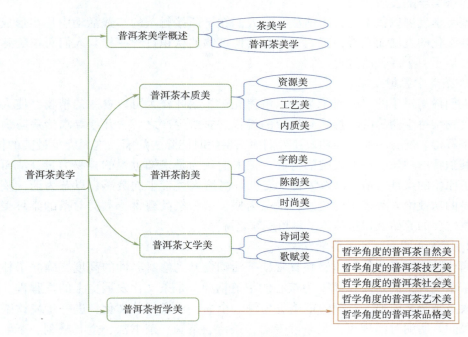

图13-1 第十三章思维导图

第一节　普洱茶美学概述

一、茶美学

（一）茶美学概念

茶之美包括由茶的色、香、味、形等所带来的感官愉悦以及在进行茶事活动过程中所获得的精神愉悦两方面。

茶美学是庞大美学体系里的一个分支，是以茶、茶事活动、茶艺术创造以及这一过程中的审美态度、审美趣味、审美经验等为研究对象，总结出如何审美茶、创造茶美感以及这一过程中人的感官与精神感受的一般规律，从而促进茶文化和茶业经济的发展、提高人们的审美能力、美化人们生活的学科。

茶美学作为美学的一个分支，其研究对象不能脱离美学的研究范围，包括审美主体、审美客体、审美活动三个基本要素。审美主体指对茶、茶事活动、茶艺术作品进行审美的人。审美客体指茶以及茶事活动，涉及的内容相当广泛。审美活动指创造关于茶的审美价值的人类实践活动，如种茶、制茶、冲泡、品饮等，以及茶诗、茶画、茶歌舞等的创作活动。

（二）茶美学的发展历程

茶美学发展以饮茶普及为前提，是人们在不断接触茶的实践活动中逐步形成，并随着茶文化的发展而发展，正如人类对其他事物的认识过程一样，人们对茶美感的认识也经历了一个漫长的过程。

1. 茶美学思想发端

人们最初对茶的美感源于茶可以解渴充饥。茶叶作为可以食用的植物，使人类在寻找食物维持生命的阶段感受到果腹的愉悦。农耕生产之后，开始寻求治病防病的方法。茶解毒、健身、益寿的功效使人们面临疾病时能除去病痛，这无疑是最美的体会。茶因其独特的功效，保护人类的身心，被人们认为是未知世界的神秘力量，从而对其产生了原始的崇拜之情。以茶为食，充饥解渴给人类带来的美感；以茶为药，茶能治病健身的功效给人类带来的美感；以茶为祭，茶为祭品蕴含着人类对茶的崇拜美，这些对茶之美的原始认识是茶美学思想发端之源。

2. 唐宋元明清时期茶美学发展

唐代陆羽《茶经》问世，将日常饮茶活动提升到修身养性的高度，确立了朴素自然的茶审美观，倡导以"和"为核心的茶道精神，是茶文化发展史上的里程碑。唐宋时期大量茶诗文涌现，对茶的审美更为深入全面，丰富了茶文化，进一步使饮茶风气普及民间。明朝时涌现出大量茶叶专著，茶诗、茶画、茶书法、金石篆刻、茶歌、茶舞、茶音乐等茶的文学和艺术作品。清末时期，城市茶馆兴起，茶与曲艺、诗会、戏剧、灯谜等民间文化活动融合，形成特殊的"茶馆文化"，"客来敬茶"也已成为寻常百姓的礼仪美德。

唐宋元明清时期是茶美学发展的重要阶段，茶从日常解渴的饮品，上升为修习身心的茶道，人们围绕茶、茶事活动，不断进行茶的审美、茶的艺术创造，在这个过程中人的感官与精神感受得到了美的熏陶，人们的审美能力得到提高，人们的生活也得到美化，同时促进了茶文化和茶业经济的发展。

3. 近现代对茶之美的认识

品茶成为美的休闲方式之一，以茶为主题的茶诗、茶画、茶舞、根雕、泥塑、金石、绣品等不断涌现，为人们的生活增添诗情画意。各种以茶为主题的茶文化交流活动广泛开展，茶文化知识不断普及，茶叶研究的科技进步，促使茶叶消费方式多元化，消费数量增长。茶所具有的亲和力得到广泛认同，以茶相待成为国人日常甚至国际交往中的高雅礼仪，茶及茶文化的重要性日益凸显。

（三）茶美学的核心思想"和"

中国的茶文化植根于儒、道、佛的思想沃土之上，吸收融会了三家的思想精华，形成以"和"为核心的审美思想。所有茶事活动无不渗透"和"的美学理念，天与人、人与人、人与境、茶与水、茶与具、水与火以及情与理，相互之间的协调融合成为茶事活动中的审美追求。

茶和之美体现在从茶园到茶杯的茶及茶事活动中，茶园生态的和谐美、烹调茶中调和美、品茗环境和洽美、达利传情和乐美、茶之功效和健美，无一不体现出"和"的审美思想。

二、普洱茶美学

茶的故乡在云南，4000万年前喜马拉雅山从海洋深处不可一世地庞然崛起，在这冉冉上升的地平线上产生了"三条巨龙"，称金沙江（长江上游，又名通天之河，自古盛产黄金）、澜沧江（湄公河上游，也称幸福之母，俗称东方多瑙河，一条流贯东南亚的重要河流）、怒江（东方大峡谷，有神秘的岩画），出现了世界独一无二的奇观"三江并流"，在这一宽度约150km的区域里，澜沧江与金沙江最短距离为66km，澜沧江与怒江的最短直线距离为19km。"三江并流"世界自然遗产于2003年7月2日被联合国科教文组织列为世界自然遗产，当时，"三江并流"是中国也是全世界唯一一个达到四项标准的世界自然遗产。世界的遗产中心报告，"三江并流"所占面积仅占中国国土面积的0.40%，但却拥有除海洋和沙漠外的所有植被类型，中国25%以上的高等植物（6000多种）、50%以上的动物物种在这里繁衍生息，让人一天之内可以在冰天雪地的北极寒冷型针叶林和非洲的干热河谷中穿行，堪称一绝。三江并流天下胜，聚集天地之大美和烂漫诗意。"三江并流"中的澜沧江中下游孕育着世界著名的大叶种茶，神奇的大叶种成就了世界著名的普洱茶。

普洱茶美学是以普洱茶为主体展开的一系列的种植、制作、贮藏、品饮、收藏、鉴评等茶事活动中的美学因子鉴赏和感受，以及由此创作的内容广泛的普洱茶文学作品，其中包含对普洱茶的生理感受和心理感受，体现在普洱茶山之和谐美、云南大叶种茶芽叶之丰腴美、制作工艺之精湛美、形态多样之变化美、内质丰富之汤香味美、冲泡技艺之秀雅美、民族融合之多元美、茶道思想之哲学美等方面。

第二节 普洱茶的本质美

一、资源美

（一）茶树种质资源之美

1. 物种丰富之美

云南是茶树起源和多样性分布中心之一，境内高山深谷河流纵横交错，土壤以砖红壤与赤红壤为主，有机质含量高，常年云雾笼罩，为茶叶种植生长创造了得天独厚的自然条件。云南茶树种质资源占全世界总量的74.30%、全国的76.50%，拥有悠久的种茶历史和得天独厚的地理优势。独特的生态环境孕育了云南的丰富茶树种质资源，使云南大叶种、中叶种、小叶种类型俱全，尤以云南大叶种茶最为独特，在热带、亚热带、温带、寒带均有分布，其茶树种质资源具有物种多样性、生态型多样性、形态特征多样性、生化成分多样性、遗传多样性的特征。

云南是世界茶组植物分类研究中所占比例种类最多、分布最广的地区，从起源中心向其他地域的自然传播和从中国向世界的人为传播过程中，发生了从形态水平到细胞水平、再到分子水平的一系列演化，孕育了云南的茶树种质资源库。在这片丰富的物种海洋里，云南茶组植物在水平或垂直分布上呈现的连贯状态，超过世界上任何产茶地区，这是原产地物种植物的重要特点之一。如此众多茶树种质资源为茶叶科学的研究利用提供了广阔的物质基础和利用空间，其中一些珍稀资源也具有重要的学术研究价值和利用潜力，在茶树育种和品种改良中具有重要作用。而云南大叶种的独特生态之美的绽放，吸引着越来越多的人来到茶的世界，孕育出最美的行业，吸引着每一位茶学研究者投身于茶学领域，并奉献终身。

2. 类型多样之美

扎根在群山中的古茶树群落，以顽强的生命力，经历了云南大叶种茶树家族的变迁，孕育了多样的野生型、过渡型、栽培型茶树。从野生型茶树到现代栽培型茶树，是一个逐渐演化的过程。野生型茶树的存在，证明了中国是世界茶叶的发源地，野生型茶树多为乔木，树姿高挺，树高在3m以上，嫩叶无毛或少毛、角质层厚，毛茶颜色多呈墨绿色，野生茶的酯型儿茶素含量较低，对口感的刺激度较低，滋味甜醇。过渡型茶树一般为乔木型茶树，它的发现填补了野生茶树到栽培茶树之间的空白，改写了世界茶叶演化史，过渡型茶树的茶叶嫩叶多白毫，叶缘细锐齿，叶脉主副脉明显，制成的毛茶多为黄绿或深绿色，内含物质丰富，香气较高扬，回甘耐泡度很好。栽培型茶树具有一般大叶种茶的性状，且性状较为稳定，品质优异，制成的毛茶外形条索紧细，色泽暗绿，香气具有明显的兰香或蜜香，茶汤滋味饱满，回甘好。多样古树之类型，绚丽云南之佳境，云南丰富的茶树类型是茶树栽培史的缩影，在这小小的缩影中，可以见到云南茶树种质资源的多样之美。

3. 内含变化之美

温和气候、充沛雨量等独有环境滋养下的云南茶树种质资源不仅种类型多元，其内含物质也存在差异。同一生化成分上的差异也天差地别，有氨基酸含量6.5%的新平者龙白毛茶，也有1.0%的罗平中山毛尖茶；有咖啡因含量高达5.8%南涧阿伟茶，也有不到1.0%的盐津牛寨茶；有茶多酚含量高达42.6%的双柏鹦加大黑茶，也有只有15.8%的富源黄泥河大厂茶；有儿茶素含量高达19.9%的腾冲坝外大叶茶，也有只有3.2%的师宗大厂茶；有表没食子儿茶素没食子酸酯含量高达11.9%的腾冲大叶茶，也有只有1.2%的双柏鹦加大野茶。内含生化成分的多样性是DNA遗传多样性的直接表现形式，因此在生化代谢特征水平上表明了种质资源的多样性之美。

4. 形态多元之美

从长夏无冬的热带到四季分明的亚热带、从沟谷雨林到丘陵坡地，均有茶树的身影，在这多样环境的孕育下，茶树长成了不同的生态类型。既有屹立于南亚热带原始森林的乔木大叶型茶树、也有生长于中亚热带山涧谷地的小乔木大、中叶型茶树、更有林林总总遍布于北亚热带和暖温带广阔地域的灌木大、中、小叶型茶树。云南多样的生态型造就了云南茶树表型的多样性。树形乔木、小乔木和灌木应有尽有，高低错落尽显树型之美。树姿表型从直立状、到半披张状、再到披张状的转变，茶树之身姿如徐徐展开的折扇，意蕴美感，耐人寻味。对于叶片来说，表型更是丰富多样，其在叶色、叶面、叶身、叶缘、叶质、叶形、叶基、叶尖、叶片大小、芽叶色泽和芽叶茸毛等11个表型方面。茶花芬芳馥郁，是秋冬季节茶山上的一道亮丽的风景线，给茶园带来生机与活力，茶花的表型差异表现在花瓣数目、色泽、雌蕊分杈数、子房的光滑度等方面。而茶果在果实直径、果皮厚度、果轴粗细及内含种子数等方面表现出差异性，茶树千样表型，纷繁万种风情，多样的生态型展现了云南茶树独特的风采。

（二）云南大叶种茶树之美

1. 树美

普洱茶中的古茶树是宝贵的活化石，是茶树起源地中心和人类悠久种茶历史的有力见证。云南省良好的生长条件自然就形成了纷繁茂盛的云南大叶种茶树资源。千年古茶树尽显远古野蛮自由生长的力量，树高十几米至几十米不等，仰视难窥全貌。葱茏延绵的树冠遮天蔽日，茶树深深根植于大地深处，在充分吸收原始森林腐殖质有机土壤的养分后，支撑着云南古茶树茂盛生长、千年屹立。高大的乔木型大茶树于原始森林中郁郁葱葱，小乔木型茶树枝繁叶茂于山地林间，低矮的灌木型茶树漫布丘陵缓坡。走进云南茶区，欣赏挺拔伟岸、姿态各异的大叶种茶树，藤条与茶树相互缠绕，交织成一张参差错落的绿网，镌刻了云南大叶种茶树的本真之美。

2. 叶美

云南大叶种茶树，由于顶端生长优势明显，自然生长的茶树分枝呈单轴分枝，从叶片的大小来看，定型成熟叶片的面积一般大于$40cm^2$，大叶种茶树叶片长12.70~25.30cm、宽5~9cm，叶形椭圆为主，叶尖急尖或渐尖，叶面隆起，叶色绿有光泽，叶片厚而柔软，叶身背卷或稍内折，叶缘微波，侧脉10~11对。从云南大叶种内部结构来看，栅栏组织大多数为一层，且排列较稀疏。

3. 内含美

作为唯一加工普洱茶的茶树品种——云南大叶种（图13-2），蕴含着极为丰富的有机化合物成分。云南大叶种茶树鲜叶的茶多酚、咖啡因和水浸出物，尤其是儿茶素的含量都多于一般中小叶种茶树，且酚氨比也由于比中小叶种高而赋予了大叶种所制茶汤口味更为浓厚、强烈的特征。正是因为云南大叶种拥有着优质又丰富的内含成分，与普洱茶可谓天生绝配，缔造了云南普洱顺、活、洁、亮的优良品质与口感，更能加深舌尖对普洱茶滋味的独家记忆。

图 13-2　云南大叶种

二、工艺美

（一）加工美

云南丰富多样的生态环境孕育了独特的茶树种质资源，赋予其芽叶丰富的内含物质。精湛的加工工艺是不同美的展现。

晒青原料加工中，摊青奠定普洱茶内质之美，茶叶采摘后仍然具有活力，仍然能呼吸维持新陈代谢，但呼吸产热和鲜叶高的水分含量会导致鲜叶氧化红变，而摊青则使得鲜叶保留了其本真之美。杀青，高温下去其糟粕留其精华，留住了云南大叶种特有的物质，为揉捻做足了准备。揉捻聚集、释放大叶种的风味物质，借由外力使茶叶表面与内部细胞破坏，组织液体流出于茶叶表面，内含物质析出，圆活完整，刚柔并济，连贯协调，使茶叶受力均匀，利于冲泡时增加滋味感和香气。干燥则赋予了晒青原料阳光和温度下的色香味型。

普洱茶的加工中，原料等级区分让普洱茶品质更标准，拼配赋予了普洱茶不同的风味口感，蒸压提升了普洱茶更耐运输及贮藏的价值，固态发酵赋予了普洱熟茶更多的保健功能，在涅槃中重生，铸就了普洱熟茶独特的风味特征。

（二）型制美

普洱茶的类型多样，千姿百态。普洱茶分为散茶和紧压茶两类，紧压茶形状各异，有饼茶、砖茶、沱茶、柱茶、特型茶等，散茶分为特级、一~十级等十余个级别。

1. 紧压茶

（1）饼茶　传统普洱茶是圆饼形为主7饼为一筒（柱），称为七子饼茶，其始造于雍正十三年（公元1735年）。

饼茶，外形美观酷似满月，是以晒青或普洱熟茶（散茶）为原料，经筛、拣、拼配、蒸压定型等工序制成，成品呈圆饼形，直径约21cm，顶部微凸，中心厚2cm，边缘稍薄为1cm，底部平整而中心有凹陷小坑，每饼约重357g，以白绵纸包装后，每7饼用竹笋叶包装成1筒，故得名"七子饼茶"。一般为藏销和侨销。新中国成立后被正式命名为"云南七子饼茶"。

"357"取自《易经》中所谓的阳数，阳数共有五个，分别是1、3、5、7、9，357正好取阳数中间寓意吉祥，易经中有三阳开泰的卦象为吉兆。357之和为15，一月中的月圆之日，又是中国人在一月中最重要的一天，象征着团圆。

（2）心形紧茶　心形紧茶（图13-3）出现于1912年，当时是为解决团茶运输过程发霉问题而研制的，型制似蘑菇、也似牛心，下关和佛海茶厂同时生产，商标为"宝焰牌"。1966年停产，到了1986年恢复生产。

图13-3　心形紧茶

边销的牛心形紧茶，不仅为边区的人民"消食解腻"，同时也体现了全国人民团结一心之美。

（3）砖茶　砖茶（图13-4）方正，便于运输与计量，过去主要是由四川生产，1949年前云南只有少量茶庄制作，1956年开始由下关茶厂试制，1966年全省批量生产。

图13-4　砖茶

砖茶是方砖型或其他类型的茶块，以优质晒青或熟茶散茶为原料。压制后的砖茶有长方形和正方形，质量小至 3g，大到 7.7t，以 250g、1000g 居多，便于运送。

饼茶与砖茶，一方一圆，与天圆地方暗合，体现了中国古代的哲学思想。天、圆象征着运动，地、方象征着静止，两者的结合则是阴阳平衡、动静互补。"天圆"心性上要圆融才能通达，"地方"命事上要严谨条例，"天圆地方"的思想隐含着"天人合一"的精髓，天圆则产生运动变化，地方则收敛静止。追求发展变化，才会有事业的成就，人类才会不断进步；希望静止稳定，才会有安逸的生活，世界才会和平共处。

（4）沱茶　沱茶的名称由来已久，传统的沱茶是由团茶转化而来，有说由于过去运销四川沱江一带，故而改"团"为"沱"。云南沱茶创制于清光绪二十八年（公元 1902 年），是由思茅市（现普洱市）景谷县的"姑娘茶"（又称私房茶）演变而成。清代末年，云南茶叶集散市场逐渐转移到交通方便、工商业发达的下关。下关永昌祥、复春和等茶商将团茶改制成碗状形沱茶，经昆明运往重庆、叙府（今宜宾市）、成都等地销售。中华人民共和国成立后，云南沱茶生产数量和质量有了新的发展和提高，畅销全国。云南现具有代表性的沱茶是下关沱茶、勐海沱茶、凤凰沱茶、凤庆沱茶等。沱茶外形呈半圆形，边缘为圆弧状的流线形，以 100g 型为例，从凸面看是一个高 4.5cm、直径 8cm、壁厚约 2cm 的半球体，这种半球状的形态最大的优点是具有很强的抗压性。从凹面看，像一只壁厚的小碗，中心凹槽部分加大了与空气的接触面积，使沱茶具有良好的透气性，保证了沱茶在长途运输中不会霉变。沱茶外形这种圆润的形态不仅有体积紧密、抗压的特点，在当时茶叶仅靠笋叶、篾丝包装的年代，这样的产品设计还避免了茶叶在长途贩运中相互摩擦、磕碰而导致茶叶缺角、掉面等影响产品销售的情况。

（5）金瓜贡茶　金瓜贡茶也称团茶、人头贡茶，是普洱茶独有的一种特殊紧压茶形式，压制成大小不等的半瓜形，从 100g 到数百斤不等，因其形似南瓜，茶芽长年陈放后色泽金黄，得名"金瓜"。金瓜茶自古就是贡茶，故名"金瓜贡茶"。金瓜贡茶，形似"南瓜"，而南瓜之美，在于不管地位如何变换，给一块空地它就能生根，给一点雨水它就发芽，给一点阳光它就茂盛，不会扭扭捏捏，不会恃宠而骄。南瓜之美，美在质朴率真，像朴实憨厚的老百姓们。

（6）特形茶（图 13-5）　以晒青和普洱熟茶散茶为原料，经蒸汽蒸软后，制成压印字、画、生肖、吉祥图案等图像的各种形状产品或独具寓意的各种工艺品和纪念品。此种茶具有较强的观赏性和收藏性。

图 13-5　普洱特形茶

表面有字的工艺普洱茶常用"福""禄""寿""禧""龙凤呈祥""马到成功"等吉祥语。品茗茶香的同时也感受到了美好的祝福。

2. 散茶

很多人喜欢散茶，正是因为其外形独特，芽美毫显，方便取用与携带。尤其是在冲泡过程中，将散茶放入盖碗中，待注入水，看着一根根细致的条索沉浮，汤色变得浑厚，不失为一种乐趣。

优质的普洱散茶会陈香显露，无异味、杂味，色泽棕褐或褐红（猪肝色），具油润光泽，褐中泛红，条索肥壮，断碎茶少；质次的则稍有陈香或只有陈气，甚至带酸馊味或其他杂味，条索细紧不完整，色泽黑褐、枯暗无光泽。散茶型制方便观察茶叶的松紧、轻重、干湿的程度便于消费者挑选茶叶，若是贮藏得当更加有利于茶叶的转化。

（三）产品美

1. 生茶的原生之美

精湛的加工工艺促成了大叶种灵动芽叶美的蜕变。天作之技创造出了隐含美妙旋律的神奇普洱茶。当鲜活的芽叶被人类温暖的手指触碰的刹那，灵动的芽叶为了她的事业不得不离开哺育她的大树母亲；叶芽在清晨流动的微风中轻轻地蜷缩萎凋；翻抖抛撒的高温杀青的目的是驱逐水分且赶走不悦的青草气，揉捻却是在柔韧的手掌下开启了普洱茶第一次蜕变的旅程，芽叶间的相互拥抱，禅意绵绵中约定了给予，让叶片变成紧结的条索，只为锁住风霜雨露，待到与水的相见时美的绽放；日光干燥是她完成第二次蜕变准备最为特殊的一道工艺，静心接受阳光的抚慰与沐浴，开启了普洱茶具有的原生态美的乐章。日晒、紧缩、聚集，一切都为了未来在壶中的舒展、舞蹈、绽放，为了普洱生茶原生之美的完美呈现。而她因自古隐居云岭大山深处，没有遭遇明代"废龙团凤饼"的禁令，至今，仍坚守着中华唐宋最传统而时尚茶饮的砖、饼、沱、团的型制。她在石模中蜷身，寻觅安睡的美态，看似是把期待内敛深藏，其实是为了更漫长的远行。粗枝大叶，芽梗交织，为众多有益的微生物家族预留空间，成就了传统普洱茶时间里真正的涅槃。

2. 熟茶的创造之美

21世纪智能化人工发酵的科技创新时代，则赋予了普洱茶另一种全新的生命力，改变了人类对传统茶品的简单认知。当微生物遇见了晒青，有益微生物菌群变成这场大戏的主角，水分子、大气和温度是它们制转腾挪的锣鼓；30d到50d，甚至更长时空里，经高温高湿的锤炼，最终呈现普洱熟茶。第一次让大叶种晒青得到真正的涅槃重生，构建了生熟互补、阴阳相济的普洱茶科学新体系，让普洱茶真正成为当代人养生的妙方和精方，让人们在和普洱茶邂逅的生命里享受健康和正能量。

（四）包装美

云南普洱茶紧压茶包装大多用传统包装，分为内包装和外包装，内包装用绵纸，外包装用笋叶、竹篮，捆扎用麻绳、篾丝。这种包装的形成是由于普洱茶原产地——西双版纳及思茅地区笋叶资源丰富。从普洱茶品质形成的角度来说，这种包装材料通风透气，有利于成品普洱茶在贮藏过程中进行"后发酵"，提高普洱茶的品质。因此，云南普洱茶的包装是独具特色的。

绵纸分为机器纸和手工纸，普洱茶包装一般采用机器纸。机器纸具有廉价、透气性能好、适合印刷等优点。

普洱茶是需要呼吸和后发酵的，要与空气有一定的接触，不能完全密封，因此普洱茶的包装材料除了结实，还要透气，笋壳包装便应运而生。笋壳是竹笋的箨片，较硬实，是天然的原生材料，用来包裹普洱茶，不会发生化学渗透，又能使茶叶免受外界污染破坏，为普洱茶营造了良好的微环境，促进后发酵。

三、内质美

（一）汤美

从唐朝以后，中国茶叶品种花色逐步多样化。到了近代，六大茶类划分明确，中国茶汤颜色也变得多姿多彩，黄、白、红、绿、青、棕、褐。而随着贮藏时间延长，普洱茶在慢慢沉淀，向着香、醇、甘、润、滑方向转变。这一过程中，汤色的变化，意味着普洱茶品质的升华。汤色之美，主要表现在视觉上，而视觉上所呈现出的色彩，又跟茶叶本身、汤水本身所含的物质种类和含量密不可分，影响汤色的主要是色素类物质。色彩会给人带来舒适的美感。

茶叶中的水溶性色素来源：一是茶鲜叶中的天然色素、花青素和花黄素等；二是在茶叶加工过程中形成的色素，如茶黄素、茶红素、茶褐素等儿茶素的氧化产物。氧化型茶色素是茶叶中的代表性成分，在普洱茶中主要是茶褐素、茶红素和茶黄素。

普洱茶是云南大叶种经过特殊加工工艺及时间贮藏转变形成的产品。普洱茶（生茶）汤色呈现黄绿转化为橙红的变化美。这是由于在干仓贮藏过程中，普洱茶（生茶）中茶红素含量呈增加趋势，普洱茶（生茶）中茶红素继续氧化，转变成茶褐素。

普洱茶（熟茶）是晒青茶经过微生物固态发酵加工而成的产品。熟茶的汤色是以红浓明亮为美。普洱茶（熟茶）在长达30~50d高温高湿发酵过程中，茶多酚类物质，特别是儿茶素类物质大幅下降，茶红素小幅下降，而茶褐素类物质大幅增加。大叶种芽叶涅槃重生后，又经贮藏过程中时间的沉淀，普洱茶（熟茶）汤色更亮、味更醇、香更幽，普洱茶细腻的美得以呈现。汤色变得如岁月般沉稳。普洱茶不仅是一种饮品，更是一种文化象征，体现了新时代茶人追求本真的茶道精神。

（二）香美

普洱茶（生茶）的花香以梅、兰、竹、菊“四君子”中兰花的幽香清雅最为殊胜，普洱茶（熟茶）则以独特的陈香见长。集成了普洱茶清香、嫩香、毫香、花香、果香、蜜香、陈香、药香和沉香等丰富的香型。

茶的香气是由茶叶中的芳香物质决定的，茶鲜叶中芳香物质含量为0.03%~0.05%，但经过普洱茶特殊加工工艺后，能引起或促进芳香物质的产生，发酵后的普洱茶的芳香物质不但含量上有了增加，而且种类上也有很多变化，成就了越陈越香的品质。由于各厂家加工工艺和加工环境的差异，就有了伴随陈香（沉香）的各种花果香、草木香，如桂圆香、槟榔香、枣香、藕香、樟香和荷香等。普洱茶的陈香（沉香）透出醇厚的历史韵味，给人以无穷的诱惑。

普洱茶在历史发展的进程当中，皆能绽放自身独特的美。普洱茶（生茶）展示了它的自然美，普洱茶（熟茶）凸显了人类智慧美。时间里的普洱茶成为现代茶叶美学当中重要的一笔。

（三）味美

普洱茶是云南特有的地理标志产品，受气候土壤等环境的影响，茶树鲜叶中多酚类、生物碱类、氨基酸类、碳水化合物类等滋味物质的种类和含量丰富，茶叶滋味品质独特。

普洱生茶独特的加工工艺使其多酚类物质及其氧化产物、游离氨基酸、咖啡因、茶多糖等成分协同作用，滋味浓强富有层次，其中苦的层次、强弱、厚薄不同，由于地域不同，形成了版纳（州）浓强、临沧（市）浓厚、普洱（市）鲜醇、无量（镇）甜爽等独特的味蕾之美。

普洱熟茶在微生物固态发酵过程中，由于黑曲霉、酵母、木霉、根霉等微生物对茶叶发生了强烈的分解、降解的转化作用，产生了大量的可溶性糖、可溶性果胶及其水解物，水浸出物越丰富，茶汤滋味越厚重、浓稠。在微生物固态发酵过程中，80%左右的茶黄素和茶红素氧化聚合形成茶褐素，再加上较高的可溶性糖和水浸出物含量，奠定了普洱熟茶滋味醇厚，汤色红褐的物质基础。普洱熟茶可以用"藏之愈久，味愈胜也"来形容，这是普洱茶滋味甜绵、柔顺、滑润、甘活、浓稠、细腻等独特的舌尖之美。

第三节 普洱茶的韵美

韵，在现代汉语中常用义为风度、情趣、意味等，也指气韵、神韵、风韵、韵味等。普洱茶韵美是普洱茶"字韵"之美、"陈韵"之美和"时尚"之美的综合，体现了普洱茶原料、工艺、贮藏之外的情趣和韵味。

一、字韵美

（一）"茶"字之美

从生机盎然的"茶"字我们可以看到，它如人在草木中，体现人与自然的和谐是我们人类理想的生存之地，也是人类获得健康的必要条件。人在草木中，是人类获得健康对适生环境的基本要求，茶要生长得好，需要土壤、空气、水分、光线等环境因素的协调做保证。人的健康亦然如此，这是人与自然和谐统一的保证。有山有水，草木茂盛，万物生长，是人类生存的理想家园。

普洱茶能赢得人们的青睐，有一点值得重视：好的普洱茶大多生长在生态环境优异的地方。茶是大自然赐予人类的最佳良药，茶叶中含有700多种化合物，普洱茶里有效营养物质和药效物质含量则更高，加之天然配比协调，进入人体之后，其全面有效的协调作用能使人体达到健身的功效。因此，"茶"被誉为是中国对世界的第五大贡献，"普洱茶"是21世纪人类的最佳健康饮料。

茶字从字型上看，左右对称，从平衡协调理论来讲，对称本身就是协调，协调就是美。中国古代"天人合一"就是一种平衡的最佳状态，孔子的中庸思想也是对平衡理论的运用。因此，凡是真正美丽的东西必然具有平衡、和谐的特点，"茶"字无疑诠释了一种和谐的精神。

品茶之人喜欢讲茶寿，最佳的茶寿为 108 岁。这是因为将茶字拆分相加为 108，这一数字又受中华民族的喜爱，如 108 好汉、108 刻佛珠手串，这些都是在中华文化中有特殊意义的数字。

（二）七子文化

七子饼茶作为普洱茶中最重要的一个品类，以其独特的文化内涵而享誉海内外。

1. 彩云之南普茶源，圆饼紧茶筒七片

云南这片神奇美丽的红土地，孕育了生态、物产、风俗、文化的多样性。云岭一片小小的叶子，为云南的多样特色作了最好的诠释，那就是云南历久弥香的茶。普洱茶更是云南茶叶中一种款款行于千年时光里的传奇尤物，花色繁多，形状奇异，品质瑰丽，功效独具。

静静端详那传统名茶"云南七子饼"，难忘这"香于九碗芳兰气，圆如三秋皓月轮"的赞誉。作为云南紧压普洱茶中的代表，云南七子饼茶以普洱散茶为原料，经筛、拣、高温消毒、蒸压定型等工序精制而成，以白绵纸包装后，每七饼为一摞用竹箬包装成一筒，古色古香，宜于携带及长期贮藏。

"饼茶"最早见诸三国魏明帝时代张揖的《广雅》，云"荆、巴间茶叶作饼"。这里所提的"饼茶"，自然形成于三国之前。还有人认为七子饼茶是由宋代的"龙团""凤饼"演变而来。饼茶的制作究竟始于何时，尚无定论。

"云南七子饼"外形美观，酷似满月，在海内外华人中被视为"合家团圆"的象征。每每中秋月圆的日子，云南饼茶那圆圆的形象反映了中国人渴望团圆的民族心声。又称作"侨销圆茶""侨销七子饼"的云南七子饼茶，畅销于中国港、澳、台地区及东南亚地区。故国家园梦，魂牵梦绕难割舍，普洱圆茶是寄托，在云南七子饼茶的沉香古韵里，茶情、乡情、家园情给了远离家乡故土的人们莫大的安慰。

把七饼圆茶捆为一筒，始为清朝的定制。《大清会典事例》载："雍正十三年（公元 1735 年）批准，云南商贩茶，系每七圆为一筒，重四十九两，征税银一分，每百斤给一引，应以茶三十二筒为一引，每引收税银三钱二分。于十三年始，颁给茶引三千。"这里清廷规定了云南外销茶为七子茶，七圆一筒，是清廷为规范计量、生产和方便运输所制定的一个标准。

此外，单数在中国人的传统概念中，总是被推崇。"九"为至尊，"七"象征着多子、多地、多财、多福、多禄、多寿、多禧，七子相聚，月圆人圆，圆圆满满。"七"在中国和云南少数民族文化中是一个吉祥的数字。在云南少数民族中，七子饼茶常作为儿女结婚时的彩礼和逢年过节的礼品，表示"七子"同贺，祝贺家和万事兴。

清末及民国时期，茶叶形式开始多变，如宝森茶庄出现了小五子圆茶，"雷永丰"号却生产每圆六两五钱每筒八圆的"八子圆茶"。为了区别，人们将七个一筒的圆茶包装形式称为"七子圆茶"。

中华人民共和国成立后，云南茶叶公司所属各国营茶厂生产"中茶牌"圆茶。20

世纪 70 年代初，云南茶叶进出口公司改"圆"为"饼"，形成了"七子饼茶"这个吉祥名称。

2. 七字内涵寓意深，七子饼茶有哲理

民以食为天，这"食"关乎开门七件事：柴、米、油、盐、酱、醋、茶，缺一不可。即是食，食之便有滋有味，以从中品尝人生，品味生活，即有"滋"也有"味"，那么就有了鲜、嫩、酥、松、脆、肥、浓七种"滋"，也就有了酸、甜、苦、辣、咸、香、臭七种"味"，所以才有了人们口中的"七品人生"及"七味人生"。人们也常凭琴、棋、书、画、诗、酒、茶这七趣，在棋逢对手、对月弹奏、吟诗作画、饮酒斗茶间来追寻风雅。"七"在人类生活中被赋予浪漫气息的事、趣、味，使得人类的世界呈现出赤、橙、黄、绿、青、蓝、紫这般七彩生活，应和自然界里充满神奇色彩的七色花、七色鸟，太阳的七色光，给人们构筑了一个变幻莫测的七色梦。

卢全在收到新茶，独自煎茶品尝后，以神乎其神的笔墨，生动地描绘了饮茶一碗、二碗至七碗时的不同感受和情态，写就《七碗茶歌》。诗中写到："一碗喉吻润，二碗破孤闷。三碗搜枯肠，惟有文字五千卷。四碗发轻汗，平生不平事，尽向毛孔散。五碗肌骨清。六碗通仙灵。七碗吃不得也，唯觉两腋习习清风生。"尤其是"两腋习习清风生"一句，文人尤爱引用。茶对诗人来说，不只是一种口腹之饮，而且创造了一片广阔的精神世界。当他饮到第七碗茶时，似乎有大彻大悟、超凡脱俗之感，精神得到升华，飘飘然，悠悠然。

在古代对数字 7 的崇拜，可能源于月亮周期，月初、上弦月、满月、下弦月，以七日为周期。此外，除了日月和五大行星之外（七曜），北斗七星也是重要的数字七文化，不过其主要体现在北方地区；例如，黄帝族称北斗为"帝车"，而黄帝部落联盟的重要成员有熊氏、轩辕氏，其名称均与北斗七星有关（西方称北斗为大熊星座，可能源于黄帝族的有熊部落。西方也存在数字七崇拜，可能同样源于中国。东西方文化的双向交流，由来已久）。

3. 普洱佳茗运昌盛，国际战略统美名

以七子饼茶为首的云南普洱茶正以前所未有的发展势头迅猛前进，蒸蒸日上，逐渐显示出国际化的迹象，将来必将成为世界性的饮品。

二、陈韵美

普洱茶作为具有储存性质的茶叶，陈韵是普洱茶陈化之后产生的一种具有年份感的韵味。随着时间的积累，也展现出了不同的陈韵美。

陈韵是时间的累积，记载着历史的痕迹，书写着社会发展的进程。它的美无须人为的做作，需要的是树立科学观，理智对待普洱茶。陈韵也是茶的品质和风格，因时间发酵而带来了可溶性物质的转变，从而导致了茶汤在厚重、甜润、耐泡以及口感的愉悦度方面会超越其他茶类。

陈韵是良好环境中生命体综合素质达到一定水平，展示于社会成熟丰富的美。

陈韵是品质达到最协调、最和谐的重要表征，普洱茶之美是和谐之美。

普洱茶陈香陈韵的美是精神和物质相统一的美，与社会精神文明和物质文明建设的进程相得益彰，遥相呼应。

茶是永恒的产业，它是健康的使者，美丽的呵护者。普洱茶性平，是"和"的化身，使人和中生财，和中养性。陈韵是静之结果，陈韵之美即静之美。

第四节　普洱茶的文学美

普洱茶很早就被记载入册，在文人墨客的笔下被华丽的辞藻所修饰，留下一篇篇令人惊艳的诗词歌赋。

一、诗词美

我国既是"茶的祖国"，又是"诗的国度"，茶很早就渗透入中国人的诗词之中，从最早出现的茶诗到现在，历时一千七百年，诗人、文学家已创作了为数众多的优美的茶叶诗词。其中也不乏许多学者将普洱茶记录在册，清代学者赵学敏所著《本草拾遗》中普洱茶的药性及功能被提出："普洱茶清香独绝也，醒酒第一，消食化痰，清胃生津功力尤大，又具性温味甘，解油腻、牛羊（肉）毒，下气通泄"。《普洱府志》有记："普洱茶名重京师"。清代阮福《普洱茶记》云："消食散寒解毒"。清代王士雄于《随息居饮食谱》中记："茶微苦微甘而凉，清心神醒睡，除烦，凉肝胆，清热消炎，肃肺胃，明目解渴。普洱产者，味重力竣，善吐风痰，消肉食，凡暑秽痧气腹痛，霍乱痢疾等症初起，饮之辄愈"。

普洱茶作为中国茶叶大家庭中的重要成员，与诗词的缘分也极为深厚。狭义的普洱茶诗词是指"咏普洱茶"诗词，即诗的主题是普洱茶，这种普洱茶诗词数量略少；广义的普洱茶诗词不仅包括咏普洱茶诗词，而且也包括"有普洱茶"诗词，即诗词的主题不是普洱茶，但是诗词中提到了普洱茶，这种诗词数量相对较多。普洱茶早在清代就闻名于天下，达官贵人酷爱普洱茶，文人士子钟情普洱茶，不免因普洱茶生出诸多情思，吟咏普洱佳茗，那便是再自然不过的事情。陆游、苏轼、黄谷山咏诵茶留下了许多著名词作。《西江月·茶词》中"龙焙今年绝品，谷帘自古珍泉"，所描绘的茶中珍宝是龙焙，同时又刻画出了泡茶时优雅淡然的闲适之态。

古往今来，普洱茶诗词众多，涉及茶叶种植、茶叶采摘、普洱焙制、普洱入贡、普洱烤饮、普洱品饮、普洱药用、普洱荣誉、普洱茶山、普洱茶史、普洱茶贸、普洱茶艺、茶马古道、普洱茶节等诸多内容，这是普洱茶文化内容的精华，是普洱茶文化的重要表征。诗人将心中对普洱茶的情感化作一首首诗词，褒扬普洱茶人的辛劳与执着，赞赏普洱茶的性味、功效。普洱茶诗词具有茶香茶韵，文采飞扬，文字优美，语句情深，文学价值和美学价值兼具。普洱茶诗词为普洱茶的文化传承与发展提供了强有力的引擎，伴随着普洱茶诗词的传播，普洱茶的美名和声誉将会更大，普洱茶因此流芳更远，长盛不衰。普洱茶诗茶词既反映了诗人们对普洱茶的热爱，也反映出普洱茶在中华茶苑和人们日常文化生活中的地位。

茶与文学的融合，使其深厚的内涵与悠久的文化发挥得淋漓尽致，也更贴近生活。茶文化得到了传承的同时也变得更加厚重香醇。本节选取一些具有代表性的普洱茶诗词佳作进行介绍。

普茶吟
许廷勋（清）

山川有灵气盘郁，　不钟于人即于物。
蛮江瘴岭剧可憎，　何处灵芽出岑蔚。
茶山僻在西南夷，　鸟吻毒闵纷胶葛。
岂知瑞草种无方，　独破蛮烟动蓬勃。
味厚还卑日注从，　香清不数蒙阴窟。
始信到处有佳人，　岂必赵燕与吴越。
千枝峭茜蟠陈根，　万树槎芽带余蘖。
春雷震厉勾渐萌，　夜雨沾濡叶争发。
绣臂蛮子头无巾，　花裙夷妇脚不袜。
竞向山头采拮来，　芦笙唱和声嘈赞。
一摘嫩蕊含白毛，　再摘细芽抽绿发。
三摘青黄杂揉登，　便知粳稻参糖核。
筠蓝乱叠碧燥燥，　榅炭微烘香馞馞。
夷人恃此御饥寒，　贾客谁教半干没。
冬前给本春收茶，　利重遒多同攘夺。
土官尤复事诛求，　杂派抽分苦难脱。
满园茶树积年功，　只与豪强作生活。
山中焙就来市中，　人肩浃汗牛蹄蹶。
万片扬簸分精粗，　千指搜剔穷毫末。
丁妃壬女共薰蒸，　笋叶腾丝重捡括。
好随筐篚贡官家，　直上梯航到官阙。
区区茗饮何足奇，　费尽人工非仓卒。
我量不禁三碗多，　醉时每带姜盐吃。
休休两腋自生风，　何用团来三百月。

　　这首七言古诗较为全面地反映了茶农的困苦不幸，茶商的重利盘剥，土官的重重压榨，苛捐杂派的苦难，入市卖茶的情景，精选贡茶的情形，以茶解酒的功效等。侧面再现了茶乡生活的真相。丰赡的内容，朴素的语言，自然平实的风格，是这首诗的主要特征。《普茶吟》中的"休休两腋自生风，何用团来三百月"使许廷勋被誉为品出普洱之气的第一人。

　　清朝帝王对普洱茶的热爱可谓是到达了极致。乾隆的《烹雪》，把对普洱茶的喜爱表达得淋漓尽致。

烹雪
爱新觉罗·弘历（清）

瓷瓯沦净羞琉璃，石铫敲火然松屑。
明窗有客欲浇书，文武火候先分别。
瓮中探取碧瑶瑛，圆镜分光忽如裂。
莹彻不减玉壶冰，纷零有似琼华缬。
驻春才入鱼眼起，建城名品盘中列。
雷后雨前浑脆软，小团又惜双鸾坼。
独有普洱号刚坚，清标未足夸雀舌。
点成一碗金茎露，品泉陆羽应惭拙。
寒香沃心俗虑蠲，蜀笺端砚几间没。
兴来走笔一哦诗，韵叶冰霜倍清绝。

煮茗
爱新觉罗·颙琰（清）

佳茗头纲贡，浇诗必月团。
竹炉添活火，石铫沸惊湍。
鱼蟹眼徐扬，旗枪影细攒。
一瓯清兴足，春盎避清寒。

普洱蕊茶
汪士慎（清）

客遗南中茶，封裹银瓶小。
产从蛮洞深，入贡犹矜少。
何缘得此来山堂，松下野人亲煮尝。
一杯落手浮轻黄，杯中万里春风香。

注释：
汪士慎（1686—1762年），字近人，号巢林，别号溪东外史、晚春老人等，原籍安徽歙县，久居江苏扬州。擅诗文书画，为"扬州八怪"之一。书法以分隶最工，宗法汉人。晚年双目失明，但仍能书画，金农谓其"盲于目，不盲于心"。

长句与晴皋索普洱茶
丘逢甲（清）

滇南古佛国，草木有佛气。
就中普洱茶，森冷可爱畏。
迤来入世多尘心，瘦权病可空苦吟。
乞君分惠茶数饼，活火煎之檐卜林。
饮之纵未作诗佛，定应一洗世俗筝琶音。
不然不立文字亦一乐，千秋自抚无弦琴。
海山自高海水深，与君弹指一话去来今。

滇园煮茶
阮元（清）

先生茶隐处，还在竹林中。
秋笋犹抽绿，凉花尚闹红。
名园三径胜，清味一瓯同。
短榻松烟外，无能学醉翁。

赐贡茶二首（其一）
王士祯（清）

朝来八饼赐头纲，鱼眼徐翻昼漏长。
青篛红签休比并，黄罗犹带御前香。

注释：
早晨收到的八饼上普洱茶，是皇帝赏赐给我的首批贡茶；煮茶器中沸水不断地翻滚，显得白天的时间越来越长。用竹叶和红签封住贡茶，黄色罗纱似乎还飘着皇宫的香味。

赐贡茶二首（其二）
王士祯（清）

两府当年拜赐回，龙团金缕诧奇哉。
圣朝事事宽民力，骑火无劳驿骑来。

二、歌赋美

普洱茶出产于云南边疆少数民族地区，孕育发展了数千年，能歌善舞的边地人民在长期种茶、采茶、制茶、卖茶、饮茶过程中，沧桑岁月里积淀出丰富的茶歌茶舞，丰富了普洱茶文化的内涵，将普洱茶的神韵以及因普洱茶而形成的民风、民俗用具体的形象确切地表达出来。这些拥有很强表现力的歌舞，是普洱茶另一种生动活泼的表现形式。现简单介绍一下以普洱茶为题材的一些有代表性的歌舞作品。在清代和民国期间，宁洱县民间就流传着"早上先喝茶，迎客先敬茶，送礼先送茶，出门先带茶"的茶谚。澜沧县布朗族人民有《祖先歌》；在双江县，罗恒高先生搜集整理的《十二月茶歌》将茶区十二个月里面的生产与生活刻画得极为深刻；西双版纳州傣族人民有《采茶歌》及与茶相关的《情歌》，还有《茶山采茶对唱》《茶山行》《品茶民歌》等茶歌以及《驮茶进弯山》的赶马调；柴天祥先生搜集整理的《喝茶要喝普洱茶》，毫不吝啬地赞美了普洱茶诸多美妙的益处；还有严宗玮先生作词，表现茶山古树珍贵的《茶山古树是珍品》等民歌。另外，当代的《普洱赋》赞美普洱绿色之国，妙曼之都，养生之天堂。

普洱赋

苍天有情，留一树碧叶，穿越万年风雨。

沏一盏酽汤，氤氲千载历史。

滇国嘉木，盘山越岭，蜿蜒生息，绵亘不绝。

任风剥雨蚀，岁月轮转，兵燹战乱，刀光剑影，多少英雄豪杰，荒冢湮没。

唯奇树遍植山林之中，一叶孤悬而幸存者，普洱茶也。天下以茶命名者，惟普洱市也。

祖先歌
（澜沧县芒景村布朗族）

叭岩冷是我们的英雄，叭岩冷是我们的祖先。

是他给我们留下竹棚和茶树，是他给我们留下生存的拐棍。

双江县《十二月茶歌》
（罗恒高搜集整理）

正月采茶是新春，采茶姑娘穿新衣；

姊妹双双唱茶调，春回大地气象新。

二月采茶天气好，惊蛰春风节令早；

拉佤小妹干劲增，修沟挡坝备春耕。

三月采茶茶正发，科学采摘分枝芽；

一芽一叶价钱好，明前春尖价更高。

四月采茶是清明，姑娘小伙不得闲；

布朗傣家泼水节，节令催人快泡田。

五月采茶季节变，采茶撒种又栽秧；
上午采茶天气凉，下午栽秧水汪汪。
六月采摘二拨茶，采完二拨又再发；
夏茶卖得好价钱，小康致富快脱贫。
七月忙采谷花茶，早谷早米等着拿；
女采茶叶男收谷，同心协力抓收入。
八月采茶天转凉，采得青叶揉成条；
饼茶做得圆又圆，茶伴美酒喜洋洋。
九月采茶九月天，孝敬长辈莫偏心；
重阳节令闹重阳，香茶美酒待贵宾。
十月采茶十月冬，采回老茶味还浓；
茶树休眠来过冬，中耕施肥保高产。
冬月采茶茶不发，科学管理修枝杈；
十冬腊月农活少，男女恋爱商量好。
腊月茶园等萌发，姑娘等着要出嫁；
小小青棚客满堂，两杯香茶敬爹娘。

西双版纳州傣族民歌《采茶歌》
（西双版纳刀正明先生搜集整理）

喂诺！采茶的姑娘心高兴，采茶采遍每座茶林。
就像知了远离黏黏的树浆，无忧无虑好开心。
我们要以茶为本，年年都是这样欢欣。
喂诺！青青茶园歌声飞扬，歌声伴着笑声朗朗。
笑声是这样喜悦和甜美，声声在茶林中回荡。
姑娘的歌声哟！让采茶的人们心欢畅。

傣族民歌《茶水泡饭》

阿哥哟！欢迎你到妹的家中歇脚，
妹的家里哟！只有红锅炒黄花，
只有清水煮野菜，只有粗盐拌饭吃哟！
只有一碗茶泡饭，阿哥若嫌妹家穷，
请把黄花拿喂鸡，请把野菜拿喂猪，
请把盐巴拌饭喂黄牛哟！
请把茶水泡饭还给妹……

送茶歌

客来坐起一碗茶，少女手上一枝花，
喝下暂且解疲乏，莫管味道佳不佳。

茶谚《雷打不动》

早茶一盅，一天威风；
午茶一盅，劳动轻松；
晚茶一盅，提神去痛。
一日三盅，雷打不动。

门巴族之歌《像茶色那样金黄》

你把香茶煮上，你把酥油搅上；
你我爱情若能成功，就会像茶色那样金黄。

白族之歌《四句调》

韭菜花开细浓浓，有心恋郎不怕穷；
只要两人心意合，冷水泡茶慢慢浓。

凤庆县《茶山男女对歌调》

（女）想郎不见郎的家，只望清明茶发芽。
（男）郎住高山妹在坝，要得相会要采茶。
（女）阿哥想诉心中事，半吞半吐总害羞。
（男）阿妹聪明又风流，一说一笑一低头。
（女）郎似山中红茶花，爱山爱水更爱家。
（男）小妹伶俐顶呱呱，白草帽插红茶花。
（女）迎春桥下水汪汪，雨后春茶绿满山。
（男）妹是春尖郎是雨，润妹心来润妹肝。
（女）非是阿妹好打扮，我是明前春尖正抽条。

双江县《采茶求亲调》

男：哥家住在勐库坝，采茶缺个勤快人。诚问阿妹心可愿，嫁到哥家来采茶。
女：妹采茶来哥背箩，贴心话儿互相说。想采茶花莫怕刺，上门提亲请媒婆。

永德县《茶山情歌》

哥：三月天气热哈哈，手捏锄头不想挖，不想挖地是想妹，粗茶淡饭做一家。
妹：妹家茶园茶开花，哥来挖地莫哑巴，妹有心计跟哥走，快包茶礼见爹妈。

驮茶进弯山

三月阳春布谷叫，赶起驮马进弯山。
粗茶细茶都驮走，不给回马背空鞍。

普洱茶
（作词：薛柱国）

西双版纳美如画，高山云雾出好茶、出好茶。
花在云中开哟，叶在雾中发，根浇清泉水呀，枝披五彩霞。
请上茶山走一走，茶林铺翠绿天涯，歌随茶香飘天外，普洱名茶传天下。
茶香随你走天涯。
远方客人请留下，登上竹楼到我家、到我家。
大爹柔新茶哟，清香屋里洒，大妈竹筒烤呀，色美味更佳。
饮过一杯普洱茶，难忘高山僾尼家，茶味不尽情不尽，茶香随你走天涯。
茶香随你走天涯。

普洱茶乡，人间天堂
（作词：周应）

在七彩云飘动的地方，有一片绿海翻卷着波浪，
在绿海怀抱中央，有一颗明珠闪耀着光芒。
山高水长，风景如画，四季如春，鸟语花香。
在太阳鸟歌唱的南方，有无数民族山寨和村庄，
人民勤劳淳朴善良，为大地梳理着迷人的新妆。
松涛澎湃，胶林成行，茶园清翠，稻米芳香。
啊——啊——这就是那美丽富饶的茶乡，这就是我那可爱的家乡，
这就是那美丽富饶的茶乡，这就是那人间天堂。
这就是那人间天堂。

喝一杯普洱茶你再走
（作词：邝厚勤）

赶远路的哥哥你留一留，喝上一杯普洱茶你再走，
普洱茶香悠悠，片片采自妹妹的手妹妹的手，
解困又解乏，润肺又润喉，喝了这杯茶咿呦喂
炎夏爽三伏，寒冬暖三九。
普洱茶情悠悠，片片采自妹妹的手、妹妹的手，
温心又温梦，解忧又解愁，喝了这杯茶咿呦喂，不怕风雨狂，不怕山路陡。
喝了这杯茶，哥哥你慢些走，阿索威，哥哥你慢些走啊哎。慢些走慢些走。

茶山行

东边梁子西边坡，坡尾坡头台地多。
远看行行披翠绿，近看道道棵挨棵。
春来巧手采芽嫩，秋至谷花成饼沱。
红绿皆优正品味，馨香爽口唱茶歌。

品茶民歌

品茶不过喉，喉间稍停留。
细品后吐出，还要漱漱口。
再品另碗时，品法还依旧。
细品辨优劣，识别茶火候。

普洱茶似佳人，佳人仪态万千，人们不仅仅用诗词楹联来表现普洱茶的百态，更是以曲歌的形式来展现，关于日月星辰、关于山川河流、关于风土人情，唱历史、唱亘古、唱自然，唱盛情，歌深情。每一歌词、每一音符，都是对普洱茶的赞美与钟爱，为人们奉上一杯香高郁馥的普洱茶，让人们领略到了源远流长的普洱茶的甘醇、陈韵、芳香及其无穷的魅力。

《普洱茶之歌》："普洱茶是诗，普洱茶是歌，它记录着各族儿女的苦与乐；普洱茶是情，普洱茶是爱，它香飘四海，香了万家的生活……"

有关普洱茶歌及民歌有《普洱赶马调》《普洱茶乡》《相约吃茶去》《采茶歌》《普洱茶之歌》《茶马古道情歌》《阿佤人民唱新歌》《茶之魂》《普洱茶》《茶城圆舞曲》《哈尼的家乡在哪里》《普洱茶香迎宾客》《普洱姑娘最漂亮》《茶树的恩情》等。

普洱茶谣：山连着山，水连着水。一杯普洱茶，千山万水。普洱几千年，日月共婵娟。阳光晒古道，漫漫过高原。萧萧马帮路，依稀辨河川。寥寥两三声，名满天地间。

普洱茶的歌谣宛如普洱茶一样，清新自然地诉说着它的故事。有马帮的故事，也有家乡的茶香。人们通过这一支支歌谣崇拜着大自然，也感激着这世间所给予的最美好的馈赠。

第五节 普洱茶的哲学美

哲学是美学的基础，而哲学美学是哲学的分支学科。从哲学角度来研究美及审美问题的科学。它与艺术哲学的不同点在于它是用哲学的观点研究美，包括自然美、技艺美、社会美和艺术美，而艺术哲学主要是用哲学的观点研究艺术。唐代茶圣陆羽所著《茶经》，详细记述茶的栽培、采摘、制造、煎煮、饮用等，还将茶的制作，饮用上升至美的哲学概念。为观茶汤之美，选用精美的茶具；为赏茶叶之美，革新制作技艺；为嗅茶之香，烧制专门的闻香器具；为鉴茶之味，提出茶之冲泡技艺。普洱茶因清代成为皇家贡茶而闻名，此后普洱茶备受推崇，或因口感，或因文化，或因其功效，或是符合人们对生活的追求，使普洱茶在众多茶类中独树一帜，长盛不衰。同时，也形成了自身独特的哲学美。

（一）哲学角度的普洱茶自然美

普洱茶作为美的载体，彰显着东方哲学人与自然和谐之美。中国人以阴和阳的对立变化来阐释纷繁复杂的人间社会的情感和事物，解释四季变换和万物生长，阴阳相互协调配合，流转有序。中国式哲学之精髓在于天人合一、自然而然的生命体验，许是美不自美，因人而彰；心不自心，因色故有。《易辞·系辞上》提到"形而上谓之道，形而下谓之器"，这就是哲学中著名的辩证概念——抽象与具体。普洱茶之美先具体而后抽象，带给我们的不仅仅是物质享受还有精神熏陶。自然美的本意即自然而然、自然率真，因而用它来形容普洱茶可谓相得益彰。普洱茶在美学方面追求自然之美，协调之美和须臾之美。普洱茶的自然之美，虚静之美与简约之美的融合，赋予了美学以无限的生命力及其艺术魅力。

（二）哲学角度的普洱茶技艺美

普洱茶技艺包括生产、加工、冲泡等术的范畴，普洱茶技艺美在本质上是艺术思想和艺术行为的彰显。关于技艺美，庄子中有提及"技不离道，道法自然，技进乎道，道以技显；巧匠皆能顺乎天道，外师造化，中得心源；纯然忘我，沉醉技中，得心应手，超名脱利"。这也是说明了普洱茶技艺美要求茶人"忘我沉醉"的态度；心源自学和"外师造化"结合的理念；修技进益、纯熟练达的水平，最后达到"道法自然"的最高境界，庄子哲学首倡"道法自然"，这种"自然"不是指自然界而是指自然而然。生产、加工、冲泡普洱茶技由心生，手随心动，而茶人"得心应手"的高超技艺正是这种"道法自然"观的体现。

（三）哲学角度的普洱茶社会美

普洱茶社会美是人类在现实生活中通过物质性的普洱茶生产加工等实践和其他茶事活动创造的美，主要三种表现形式分别为劳动成果之美、人物身心之美及生活环境之美。劳动成果之美包含满足实用的功利美与满足感官的形式美；人物的身心美包括外部的形体美、仪表美与内在的心灵美；生活环境之美包括硬件设施的形式美与思想道德建设的风气美。随着生产力水平的发展、科技手段的提高，人们的审美意识也在不断提高，人们对美的追求也呈现出多样化、个性化的特点。从而体现为人们的形体仪表、日用商品、生活环境不断向满足感官愉快的形式美方向发展。

"纸上得来终觉浅，绝知此事要躬行"，社会实践是美的源泉。而社会美不仅仅是人的实践之美，也是人的心灵之美。正所谓，"美者自美，吾不知其美也，美而不自知，吾以美之更甚"，美不是自美其美，恃才而骄傲被人轻视，贤德而谦虚更受人喜爱，不精不诚也不能动人。"美"既有效用的美，又有形式的美；既有客观存在的美，又有主观投射的美。一箪食、一瓢饮是生活之美；谈笑有鸿儒、往来无白丁也是生活之美。

（四）哲学角度的普洱茶艺术美

艺术美是艺术的重要特性，普洱茶品即是艺术品。艺术美是艺术家在生活基础上的一种创造，是心与物、情与景的融会贯通，这体现着主观与客观的统一。法国哲学家卢梭曾说："人生而自由，却无往不在枷锁之中。"在艺术的审美领域中，艺术就是人戴着枷锁的舞蹈，有其章法和规则，是理解之后的感性思考。艺术是理念感性的体现，美即是自由。艺术创造不是简单的、机械的再现生活而是要源于生活，高于生活，艺术美也是在生活中凝练的美学思维。万事万物皆可以为美的写照，皆是美的升华。

自然美、社会美、艺术美和技术美融于一体在普洱茶事的各个环节中都有体现。唐代茶圣陆羽所著《茶经》中记载："茶之栽培，上者生烂石，中者生砾壤，下者生黄土。茶之采摘，紫者上，绿者次；笋者上，牙者次；叶卷上，叶舒次。茶之制作，日有雨不采，晴有云不采。茶之为饮，发乎神农氏，闻与鲁周公，味美甘甜。"

普洱茶作为一种时尚饮品，品饮普洱茶是一种物质与精神上的双重享受，是一种艺术美，又或是一种修身养性明心广志的途径和方式。凡品普洱茶者，得细品后啜，三口方知真味，三番才动人心。或以茶喻德，或以茶育德，从普洱茶的品饮中更多的是体悟人生，阐述人生。

在美的世界中审美对象可以独立存在，却能体现出它最有价值的一面，换而言之，美感也是我们人生中最具价值的一面。艺术本就是人们对人生缺憾和不足的一种追求，它与人们所处的现实有一定的距离，美感拉近了这种距离。从某种意义上说人们所追求的美感就是在拉近与内心深处的理想与追求的方式。

《礼记·大学》中提出"格物致知"通过实在的物去探索知识，获得智慧与感悟，而我们所追求的美感也可以通过现实之物达到。无论是八大雅事"琴棋书画，诗酒花茶"，还是日常七件事"柴米油盐酱醋茶"，茶都能相称其间，因此茶必然是与众不同的，在物质生活与精神生活的转换中，"雅致"与"日常"的对照中，普洱茶的多元化身份转变给人以不同体验。

（五）哲学角度的普洱茶辩证美

普洱茶分为生茶和熟茶之分，正契合了中国传统文化中的阴阳哲理。生熟之间，普洱茶带给人的感受是阴阳调和，气象万千。国学经典《易传·系辞上传》中提到

"易有太极，是生两仪。"作为大自然的绝佳之作，普洱茶也身赋此中意。古人有云"一阴一阳谓之道"，阴阳既是对立统一的辩证关系，也是中国传统的哲学精神，普洱茶（生茶），以晒青毛茶制成，茶性刺激，浓烈；普洱茶（熟茶），采用人工微生物固态发酵工艺制成，茶性温和，滋味甘滑，醇厚。普洱茶的一生一熟，各有不同的风味和口感，却相互构成一体，也是传统文化"一阴一阳"的重要体现，合乎"太极生两仪"之理。而生茶和熟茶也并非绝对静态，生茶和熟茶都可以在时光流转中陈化升香，从不成熟走向成熟，从不完美走向完美，代表了阴与阳的转化与调和，这种调和带来一种圆融、和谐、运动、变化之美。

生茶富含茶多酚，性属清凉，有清热消暑解毒，减肥，止渴生津等功效；熟茶性温，可暖胃，减肥，降脂等功效。一生一熟，其具两性，温热寒凉，交替之间，独具疗效，也含辩证之美。

（六）哲学角度的普洱茶品格美

普洱茶型分方形（方砖等）和圆形（饼茶、沱茶等）。这正是中国方圆文化的一种象征，方中有圆，圆中寓方，方圆有度乃为大成。知世故而不知故，懂圆滑而不圆滑，正是对方圆文化最好的解读。孟子曰："规矩，方圆之至也。"方为节操与品格，圆为周到与变通。方圆之间既是中国中庸之道的智慧，也是中国辩证思维的体现。"外圆内方"是一种君子的品格，也是中庸之道智慧的体现。清代普洱茶成为贡茶之后，流行至今，不衰反盛，其势盛行，其品受崇，由此可见普洱茶独特的魅力。

思考题

1. 普洱茶按型制主要分为哪几类？
2. 试分析普洱茶的茶韵美。
3. 试根据普洱茶的特性创作一首诗词。

参考文献

[1]邵宛芳,周红杰.普洱茶文化学[M].云南:云南人民出版社,2015.

[2]常俐丽.茶歌文化与赏析[M].北京:中国农业出版社,2019.

[3]张柏俊,张月.云南普洱茶文化的美学特质[J].连云港师范高等专科学校学报,2019(2):12-14;44.

第十四章　普洱茶民族文化

　　民族茶文化的形成与民族所在区域的地理自然条件、历史条件、人文条件有着密不可分的联系，普洱茶民族茶文化的发展不同于一般茶文化所呈现出来的明显的发展顺序特征，独特的自然地理条件及丰富的少数民族文化使得普洱茶民族文化呈现出历史性、原生态性、多样性、亲和性和兼容性特征。普洱茶文化与各少数民族的民族意识、民族气质、民族品格水乳交融，形成了丰富的民族茶俗。普洱茶文化从最初的社会交往礼物、宗教葬礼活动的物质文化，演变成了反映当代少数民族对美好生活、崇高境界追求的精神文化。本章思维导图见图 14-1。

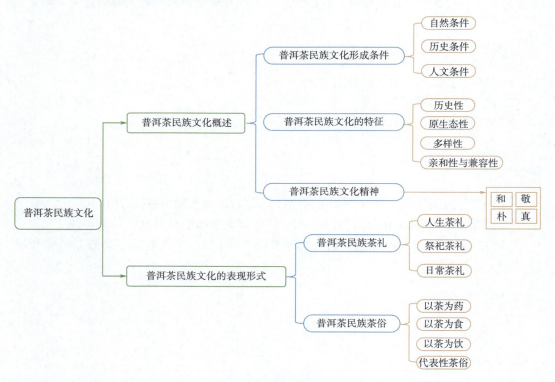

图 14-1　第十四章思维导图

第一节　普洱茶民族文化概述

一、普洱茶民族文化形成条件

（一）自然条件

普洱茶民族文化的构成需要依托良好的物质基础。在民族文化发展初期，自然环境对民族文化的影响尤为明显。云南地势西北高东南低，海拔差异大，河流纵横交错，山谷交错，气候垂直变化和三维气候特征显著。气候的多样性导致了生态环境的多样性，不同的生态环境又导致了不同地区生产生活方式的差异，继而使得地区的文化也呈现出多样性的特征。茶树适宜气温在 16~25℃，温暖、潮湿的环境下生长，需要种植在土质疏松、土层深厚、透气性好、排水性好的弱酸性土壤（pH 为 4.0~6.5）中，茶树是叶用作物，其生长对漫射光的需求量很大。云南茶区年温差小、日夜温差大、降水充足、无霜期长、空气清新、阳光透过率高、日照时间长，大部分土壤 pH 在 4~6，茶树种植区域云雾缭绕，漫射光多，非常适宜茶树生长。云南优越的气候为茶树生长提供了必要的自然条件，同时也为普洱茶民族文化的形成提供了良好的物质基础。

（二）历史条件

云南少数民族种茶的历史非常久远。据《史记·周本纪》载，周武王在公元前 1066 年率领南方八个小国讨伐纣王。八国即庸、蜀、羌、髳、微、纑、彭、濮八个部族国。其中髳族、濮族均祖居云南，髳族分布在今天牟定县一带，濮族的分布面则很广，其后裔分支很多。

古代濮人布朗族先民是最先种植茶树的民族。云南澜沧邦崴过渡型千年古茶树，最早是由古代濮人驯化、培育、栽种成功存活至今的。历史悠久的勐海南糯山八百年栽培型大茶树及其茶园，是距今五十五代人之前被称为"蒲满族"的布朗族先民栽种下的。澜沧景迈栽培型千年万亩古茶林，是泰历 57 年（公元 695 年）由布朗族先民濮人栽种的。

据布朗族传说，西双版纳的茶树籽种还是从景迈带过去的。勐腊县易武曼撒茶山，是昔日普洱六大茶山之一，据当地农民说，1949 年以前，石屏人到此种茶，已六代人，茶树在石屏人来前就有了，是本族人（为昔日汉族对当地布朗族的称呼）栽下的。思茅地区（现普洱市）的濮人后裔布朗族仍保留着古老的"酸茶"制作法，其制作法与明代记载相似。经茶学专家作染色体茶树核型科学实验分析证实，布朗族先民濮人种育驯化的澜沧邦崴大茶树，是较云南大叶种和阿萨姆种更原始、起源更早的茶树，以核型分析结果证明云南是中国茶树的起源地。

从濮人敬献大叶种到茶马古道将云南的茶叶向世界传播开去，由此也形成了云南少数民族茶文化的丰富内涵。

（三）人文条件

云南地处西南边陲，少数民族众多，位于北纬 25°以南的滇西、滇南，澜沧江两岸山区丘陵地带的温凉、湿热地区，主要居住着汉、哈尼、彝、傣、拉祜、佤、布朗、基诺、回、瑶、傈僳、白、苗、壮族人民等。这些地区在新中国成立前都是云南大叶种茶的主产区，茶事活动与当地人的生活息息相关，在经年累月中，茶深深地渗透进了各民族的血脉里。

随着历史的发展和社会的变迁，每个民族都是基于不同的生产活动和生活方式，在不断的交流中形成了同一民族大分散、小聚落的规律性和谐格局。根据云南的地形地貌和民族聚居地分布，可将云南地区的民族文化划分为坝区河谷文化、半山区文化、高山区文化三种类型。

不同文化地区有不同茶俗活动，濮人时期各民族就有食茶、饮茶的习俗，茶的运用不同民族就有不同的特色：云南北部高山区常年气候湿润、寒冷，同时由于地处边远山区，与外界联系较少，社会发展程度缓慢，当地文化形成受到传统和自然地理因素的影响，使得该地区的普洱茶文化更原始、更具地域性，为了驱寒增热，该地区民族保留了较为自然独特的饮茶方式，好喝土罐烧茶、酥油茶；云南南部的低海拔半山区和河谷坝区常年湿热，是茶树生长的最好条件，因此布朗族、德昂族的先民最早对茶树进行培植，日常生活中该地区民族与周边民族的联系紧密，这使得不同民族文化之间产生碰撞，从而导致民族茶文化的变迁，为了解暑、提神、开胃，该地区民族以及周边民族好喝酸茶、凉拌茶和竹筒茶。

自古普洱茶就被云南各民族所运用，他们在与茶相伴的数百年里，都形成了具有本民族鲜明特征的各民族茶文化。不同民族有着各自的历史、文化、心理，现代发展历史对云南各民族文化的冲击，是民族文化不断适应与重新整合的过程，也即是一个文化变迁的过程。文化变迁是导致现代普洱茶民族文化出现较大差异的重要因素。云南各民族地区始终处于不断联系的状态，不同民族的茶文化碰撞融合，推动茶文化的变化。云南民族地区复杂多样的自然生态环境、特殊的社会历史文化以及各民族的迁徙、交流和碰撞，共同形成了云南独特的普洱茶民族茶文化。

二、普洱茶民族文化的特征

（一）历史性

普洱茶历史悠久，民族文化底蕴深厚。滇西南澜沧江流域土壤气候适宜茶树生长，是世界茶叶和普洱茶的产地中心，勐海南糯山 800 余年的栽培型古茶树，勐海巴达 1700 多年的野生古茶树和普洱邦崴 1000 余年的过渡型古茶树，被誉为"世界三大古茶树王"，它们是证实茶树原产于云南的活化石。还有在云南景谷盆地发现距今约 3540 万年的"景谷宽叶木兰化石"，在云南景谷、澜沧、临沧、沧源、腾冲等地发现距今约 2500 万年的"中华木兰化石"，这也为滇西南澜沧江流域是茶叶原产地提供了依据。这些自然资源的发现，对探索澜沧江流域地质变化、气候变化和植物演化史具有重要价值。

据《蛮书》记载，银生城地区有产茶，当地民族也有自己的茶叶种植、制作和使用方法，这个地区的民族目前也被认为是最早懂得种植普洱茶的民族。

普洱茶还曾是历史上滇西南边疆各族人民重要的贸易商品，是普洱、西双版纳等茶产区少数民族的主要经济来源。早在唐代普洱茶便已经运至西蕃（包括今西藏和四川省凉山州）。至宋代，茶马市场形成，并极大地促进了中原与西南边疆的交流。从清代道光到光绪初年（公元1821—1876年），思茅市有大量的商务，有记载："有千余藏族商人到此，印度商旅驮运茶、胶（紫胶）者络绎于途"，来自印度、缅甸、泰国、越南、老挝和柬埔寨的商人皆因普洱茶穿梭于西双版纳、思茅和普洱之间。这些记录都反映了历史上普洱茶叶市场的繁荣。

（二）原生态性

原生态文化是指一定时期、特定地域、特定人群以一定方式产生的某种文化形态。普洱茶民族文化就具有明显的原生态文化特征。普洱茶在很多民族文化里都完全可以成为其重要的文化象征符号。

普洱茶承载着古老的民族风情，滇西南澜沧江流域是普洱茶的故乡，也是世界茶叶产地的中心，这里有野生古茶树、过渡古茶树和栽培古茶树的生存证据，这些古老的茶树保持了原始的自然风貌，体现了原始生态的自然。据《蛮书》记载："扑子蛮……开南、银生、永昌、寻传四处皆有"。史学家方国瑜教授根据史料考证："蒲蛮，一名扑子蛮"，"景谷、普洱、思茅、西双版纳、澜沧、临沧、保山等地都有蒲蛮族。"这些蒲蛮族便是今天的布朗、佤族、德昂等民族的祖先，他们是生活在澜沧江流域的古老土著，是最早种植茶叶的民族。民族学家马尧教授认为，布朗族和崩龙族（今德昂族）在历史上统称为扑子蛮，其擅长种植木棉和茶树。至今，德宏和西双版纳还有1000多年历史的茶树可能为布朗和崩龙（德昂）祖先种植的。在布朗族中，有一个关于一千年前布朗族祖先提倡种茶的精彩故事和民歌，传说布朗族先民将野茶视为一道菜，称为"得责"，栽培驯化后的栽培茶则称为"腊"。布朗族在"腊"（茶）采摘回来后，会经过锅炒、手揉、暴晒后食用，具有提神止痛、消炎解毒、生津止渴、暖胃驱寒等功效。

普洱茶的种植和加工方法也具有原始生态的特点。少数民族在长期的生存和发展过程中，形成了崇敬自然、亲近自然、保护自然的生态观念。云南地区的人民在种植普洱茶时，会选择山区避开森林，以此减少对森林植被的破坏，在雨季来临前，茶农将茶树枝条插进树林的空隙地中，逐渐就形成了古茶树林，这种传统的栽种方法不施肥、不打农药，不用管理，森林中的大树为茶树遮阳，天然的生态系统为茶树的生长提供了良好的环境。普洱茶的传统生产工艺更加简单，采摘完新鲜的茶叶后，先摊开晾晒去除鲜叶中的一部分水分，之后在热锅里翻炒去除鲜叶的青味，然后用手揉搓使茶汁外溢，便于冲泡出普洱茶浓郁的滋味，最后在阳光下自然晒干利于储存。在制作过程中，普洱茶会产生不同的风味，不添加任何添加剂也能成为一种老少咸宜的健康饮品。

如今，在几千年的生产和社会生活中，普洱茶已经融入到云南各民族的礼仪、祭祀和婚姻活动中，在不同民族的社会生活中均有着重要的意义。各民族对茶的崇敬和信仰，以及自身生产劳动与社会生活的结合，形成了自己鲜明的少数民族祭祀文化。云南的许多少数民族至今仍保留着祭祀茶祖、茶神的习俗，且各少数民族在种茶用茶方面都有自己独特的传统方式，形成了具有民族特色的茶艺茶俗；在少数民族口口相传的古老传说中，都有先民如何发现和使用茶的感人故事，而各民族以茶为基础创作的诗歌、故事、传说等民间原始文学，以及这些仪式祭祀、茶艺、茶俗、民间文学等都具有原始的民族文化特征。

（三）多样性

普洱茶文化是云南民族适应生活环境的产物，与云南的自然地理、民族文化有着密切的联系。由于地理环境、不同民族的实践方式、生产方式和生活方式的不同，各民族的饮茶习俗、用茶方法、茶树崇拜习俗丰富多样。我国云南地区广泛分布着傈僳族、独龙族、怒族、藏族、纳西族、普米族、傣族、白族、哈尼族、景颇族、佤族、拉祜族、布朗族、阿昌族、德昂族等少数民族。不同民族有自己的饮茶风格，如傣族的竹筒香茶，布依族的青茶、打油茶，哈尼族的蒸茶、烤茶、土罐茶，布朗族的酸茶、烤茶、青竹茶，彝族的烤茶，苗族的米虫茶、青茶、菜包茶、油茶，基诺族的凉拌茶和煮茶，拉祜族的烧茶和盐巴茶，佤族的铁板烧茶和擂茶，白族的三道茶，傈僳族的油盐茶、雷响茶，藏族的酥油茶、甜茶、奶茶，纳西族的龙虎斗，景颇族的竹筒茶、腌茶。每一种饮茶方式都融入了民族的生产方式、生活习惯、思想观念、伦理道德，有着自己独特的程序和风俗习惯，充分体现了普洱茶民族文化的多样性。

普洱茶民族文化的多样性也体现在普洱茶产品花色的多样性上。从茶叶的外观来看，有散茶、沱茶、砖茶、团茶、把把茶、辫子茶等，无论是从茶叶加工程度，还是普洱茶的表现形式来看，均体现了各族人民的智慧与能力，呈现出普洱茶民族文化的多样性。

（四）亲和性与兼容性

在长期的文化交流中，云南各民族相互影响，发展了各自的文化，形成了"和而不同"的文化氛围。各民族信仰中，既有对原始自然神和图腾的崇拜，也有对人、道、佛、儒的崇拜。通过对这些不同的文化进行吸收，再经过本土化和民族化的融合，便形成了独特的普洱茶民族文化。从亲和性的角度看，云南民族文化体现了崇尚团结的社会价值观。例如，云南各民族杂居、小户型，一座山或一个地区通常有多个不同的民族，这些民族生活在一起相互尊重、相互包容，充分体现了云南民族文化的亲和性。这种亲和性和兼容性在普洱茶民族文化中也非常明显，云南民族不仅淳朴好客，在各民族的饮茶生活中，以茶敬客、以茶致意、以茶抒情的价值观，都能体现在各民族的日常风俗习惯中。从兼容的角度来看，虽然不同民族的茶文化存在差异，但并不会相互排斥和冲突，不同民族的茶文化相互影响，相互借鉴，也保持着自己的特色。

千百年来，普洱茶一直深受广大人民群众的喜爱，化解矛盾、增强团结的理念在普洱茶文化中得到了很好的体现。如今，现代社会对于物质欲望的追求更加强烈，生活节奏加快、竞争压力加剧，使得人与人之间的交流变得迫切。而普洱茶文化在云南少数民族地区的表现则更为悠闲淡泊，能让人们紧张不安的心灵变得放松平静。在自然质朴中以礼待人，在热情好客中奉献爱心，和谐相处，相互尊重，相互关心，这便是普洱茶民族文化中真正的内涵。

三、普洱茶民族文化精神

普洱茶文化与云南各民族的民族意识、民族气质、民族品格水乳交融，形成"和、敬、朴、真"的民族文化精神，不仅包含了云南各民族传统思想、伦理道德及世界观、价值观，而且反映了当代人对人生价值、崇高理想的渴求。

（一）和

和字的寓意是渴望安定、平和、幸福生活的普遍愿望。"和"是中国哲学中一个很重要的概念，文化含义主要就是代表"和谐"的意思；"和"本身已经包含了"合"的意思，就是由相和的事物融合而产生新事物，这不仅仅是平等相处了，而是更进一步的——不同事物互相依存，彼此吸取营养的意思，即"相生"的理念；协调、和美、和睦、和谐；温和、祥和、和平、和气；其中主要是和谐，通过以"和"为本质的茶事活动，创造人与自然的和谐以及人与人之间的和谐。茶文化关于"和"的内涵既包含儒、佛、道的哲学思想，又包括人们认识事物的态度和方法，同时也是评价人伦关系和人际行为的价值尺度。

第一，"和"是中国茶文化哲学思想的核心。比如古人提出的"中庸之道""茶禅一味""天人合一"等哲学思想，既是自然规律与人文精神的契合，也是茶本性的体现，同时也是特定时代文人雅士人生价值追求的目标，高度体现了中国茶文化"和"的精神境界。

第二，"和"是人们认识茶性、了解自然的态度和方法。茶，得天地之精华，集山川之灵秀，具有"清和"的本性，这一点，已被人们在长期的社会生产生活实践中所认识。陆羽在《茶经》中关于煮茶风炉的制作所提出的"坎上巽下离于中"与"体均五行去百疾"，是依据"天人合一""阴阳调和"的哲学思想提出来的。陆羽把茶性与自然规律结合起来，表达了"和"的思想与方法。煮茶时，风炉置在地上，为土；炉内燃烧木炭，为木、为火；炉上安锅，为金；锅内有煮茶之水，为水。煮茶实际上是金、木、水、火、土五行相生相克达到平衡的过程，煮出的茶汤有利于人的身体健康。另外陆羽还对采茶的时间、煮茶的火候、茶汤的浓淡、水质的优劣、茶具的精简以及品茶环境的自然等论述，无一不体现出"和美"的自然法则。

和字有许多意义，就饮茶人来说，"和"就是和诚处世，要给人体生理心理的融合，在进饮茶场所要和畅，做人要温和，助人为乐，才可以达到茶德的和好。饮茶也是人际间来往的桥梁，要和好和睦相处，和衷共济，和平共处，增进人情向上，世间永处和平。不但外表和，同时内心要诚，把和诚结合一起，才可以使茶德达到完善之地。普洱茶文化作为中国茶文化宝库中的一朵奇葩，已有近两千年的历史，明代就有"士庶所用，皆普茶也"的盛况。普洱茶文化在物质层面，以其香醇甘润的怡人口感，温暖人体的腹胃，赶走人体内多余脂肪，努力平衡人体血压、血糖、血脂等；在精神层面，它以质朴、和谐的特定文化心理和道德规范，温润人的精神世界，令人感悟生存境界，将浮躁心理归于平静，将不平衡心理归于平实。普洱茶文化千余年来，惠泽天下众生，无论平民百姓，或是王公贵族，都得其滋泽。在当代社会交往中，人们走亲访友，礼尚往来，象征着礼诚、纯情、真意的"和谐饮品"普洱茶，总能充当友好的化身和亲善的"使者"。在今天全民奔小康和建设清明政治的国家发展新时期，普洱茶文化追求清俭朴实，淡雅逸越，以清俭淡雅为主旨，展示人们希冀幸福与安定心愿的俭德倡廉价值，尤其值得提倡。

（二）敬

普洱茶民族文化当中的"敬"精神，意味着对天地的敬畏，对长辈的尊敬，对友人的礼敬。在普洱茶民族文化当中提倡用普洱茶来代表礼仪，在表达礼仪的过程中依托茶精神进行，表达出主人的敬意、仁爱。在云南民族待客之中，主人会针对不同客人的特点来选择合适的茶进行招待，在泡茶的过程当中要当着客人的面清洁茶具，这都是"敬"精神的直观性体现。无论是过去的以茶祭祖，还是今日的客来敬茶，都充分表明了上茶的敬意。久逢知己，敬茶洗尘，品茶叙旧，增进情谊；客人来访，初次见面，敬茶以示礼貌，以茶媒介，边喝茶边交谈，增进相互了解；朋友相聚，以茶传情，互爱同乐，既文明又敬重，是文明敬爱之举；长辈上级来临，更以敬茶为尊重之意，祝寿贺喜，以精美的包装茶作礼品，是现代生活的高尚表现。

同时普洱茶也是少数民族婚礼、生育、祭祀、待客等不可缺少的一部分。总之，各个民族人们通过普洱茶沟通、联系，加强彼此之间的亲近与友谊。正是因为有普洱茶，使得云南各民族人民世代亲善、团结。

（三）朴

普洱茶民族文化精神中的"朴"指本质、本性，《老子》中有言"见素抱朴，少私寡欲"，而张衡《东京赋》中也有"尚素朴"。古代文人大多向往自然，推崇回归山水的质朴本性以及恬静随性、明心见志的修行状态，崇尚自然是以简为德、心静如水、怡然自得、返璞归真。古人认为万事万物的原始状态是朴，人之心境最为纯粹便是质朴，认为人应该遵循自然的规律，真切地体会到事物原本的自然之美，才能获得个体的解放和自由。

云南各少数民族茶文化正是深得自然之性，取之自然、源于自然、归于自然的属性都是那么的本真，体现在茶的种、采、加工、储存、运输、饮用都以处之自然为最高境界，而在各民族的饮茶习俗中同样处处体现着人与自然的和谐美。许多少数民族的传统特色及其艺术的创造受人欢迎，人们的兴趣不仅仅在于新鲜，还与其内在的朴实、好客和质真的内涵相关。例如，佤族人吃竹筒饭、喝竹筒酒、饮竹筒茶风俗在佤族生活中很平常，为古朴民风，沿袭至今没有改变。傣族人民以茶为礼，凡事必有茶，凡客人到来必用茶水招待，以示主人热情好客、通情达理。侗族人有"贵客进屋三杯茶"的礼仪，用油茶待客是侗族人民的一种好客习惯。

（四）真

普洱茶民族文化精神中的"真"指本原、本性；精诚、诚心实意等，如《庄子》中"谨守而勿失，是谓反其真"，"真者，精诚之至也"。《汉书·杨王孙传》中"欲裸葬，以反吾真"，《文子·精诚》中"夫抱真效诚者，感动天地，神逾方外。"故真理之真，真知之真，至善即是真理与真知结合的总体。饮茶的真谛，在于从茶的清醇淡泊中品味人生，使人产生一种神清气爽，心平气和的心境。

云南少数民族是普洱茶文化发展的亲历者和见证者，对茶文化的贡献主要体现在对茶的发现、驯化和利用上。云南少数民族深知一切源于自然、归于自然的属性即是本真。茶树种植者讲求的真，包括茶的自然本性之真、种茶的环境之真和茶树种植者的性情之真。茶的自然本性之真是茶树种植者对茶持有的基本态度，茶叶的天然性质为质朴、淡雅、清纯之物，种茶的环境之真是指在育茶、养茶、选茶过程中对环境的严格要求，在茶的种、育、采环节都以自然为最高境界。既有大区域的统一，又有小区域的个性化发展，茶树种植者的性情之真是回归自然之本心。古茶树生长环绕在民族村寨的周围，凝聚着阳光雨露和世代居民的精华，这里同时也是野生大树茶生长的乐园。茶树种植者正是基于茶之本真、环境之真及性情之真，在敬畏生命、尊重自然、与自然和谐统一中，与普洱茶共生共存。例如，各少数民族利用茶树鲜叶制作的竹筒茶、姑娘茶、腌茶、凉拌茶和姑娘茶等，体现了本性之真。布朗族人一生与茶密不可分，他们的生活大多与茶、竹子有关，屋前屋后总要种上一些茶树和竹子，体现了环境之真。布朗族每年傣历六月中旬举行的祭茶祖（又称为茶祖节），祭祀先祖以表达对祖先的感恩之心以及敬仰之情，体现性情之真。贵真，既是保有最原始初心的本性之真，又是融入茶树种植者的性情之真；还有保护生态纯质的环境之真。

第二节　普洱茶民族文化的表现形式

民族文化是某一民族在长期共同生产生活实践中产生和创造出来的能够体现本民族特点的物质和精神财富总和。民族文化的表现形式有物质文化和精神文化，精神文化又包括语言、文字、文学、科学、艺术、哲学、宗教、风俗、节日和传统，反映着民族的历史发展水平。云南少数民族众多，又是出产普洱茶的地区，这里的百姓世代与茶同存，普洱茶也进入了他们生活的方方面面，普洱茶礼的利用丰富多彩，普洱茶俗不可或缺，因此普洱茶也是云南各民族文化中浓墨重彩的宝贵财富。

一、普洱茶民族茶礼

普洱茶茶礼贯穿在少数民族生活的方方面面，普洱茶礼的利用和延续也给普洱茶文化多添了一份色彩，其表现形式丰富多彩。少数民族在长期的社会生活中，逐渐形成的以茶为主题或以茶为媒体的习惯和礼仪。不同民族茶礼的表现特点和内容不一样，但都以普洱茶为主体，以普洱茶文化为媒介，满足人们的品饮需求，更满足了人们的心理需求和在饮茶过程中体现出来的民族礼仪和茶文化精神。普洱茶茶礼应用在少数民族生活的各处，如人生茶礼、祭祀茶礼、日常茶礼等方面。

（一）人生茶礼

普洱茶礼中人的一生分为五个重要阶段——"通礼""冠礼""昏礼""丧礼""祭礼"，普洱茶在其中扮演了重要的角色。人的一生漫长却又短暂，在每一个精彩的人生阶段都值得用不同的方式来记录和珍视。少数民族丰富多彩的文化融于其中，用普洱茶展示不一样的礼节，给一生的重要时刻都留下了印记。

1. 诞生茶礼

普洱茶民族茶礼在诞生礼中运用广泛。古代中国生儿育女、传宗接代，是人们根深蒂固的观念，婴儿的"诞生礼"极其重要，并形成了很多相关的礼仪，体现了人们对新生命的重视和关爱。婴儿从出生到满一周岁，礼仪活动频繁多样，不同的民族举办的时间和表现形式各有差异，而很多少数民族把茶作为该礼仪的表现物之一，给新生儿带去祝福。

德昂族：在生命周期仪式中，德昂族的孩子出生后，父母会送茶叶与烟草的组合，并邀请村里一位有威望的老人给孩子起名字。

白族：白族孩子出生满一个月后会请"满月客"，前来祝贺的亲友会送大米、茶、酒、糖，祝福小孩在今后的生活中不愁吃喝，幸福美满。主人招待宾客要喝清茶一杯，如果生的是男孩，还要在家里立一支火把，并请客人喝甜茶、吃炒豆。

纳西族：在小孩出生后一百天时，纳西族父母会请"祝米客"，前来祝贺的人也要送来茶叶等物祝福孩子。

哈尼族：会专门为出生的孩子举行一种具有祝福性质的活动——贺生礼（有的地区称"门生礼"）。贺生礼上会泡一杯清茶加冰糖让孩子浅尝三口后，把孩子抱到门外见天地及万物，由摩匹（旧时哈尼族社会中负责主持原始宗教活动的祭师）为孩子唱祝福歌。

傈僳族：茶叶是傈僳族群众生活中不可缺少的物品，傈僳族小孩出生后，亲朋好友都会前来祝贺，主人会在火塘边取出小土罐烤茶，制作油盐茶接待宾客，以表谢意。

2. 成人茶礼

成年也是人生中的一个重要阶段，德昂族十四五岁少男少女会收到"首冒"（男青年首领）、"首南"（女青年首领）送的一小包茶叶，作为他们进入成年的标志和象征，这茶就是成年礼茶。古时的纳西族少年到13岁时要举行成人礼，他们举行过相应仪式后从此可以喝茶饮酒，进行社交活动。现居住在丽江市宁蒗彝族自治县的纳西族摩梭人还保存着成人礼的仪式。

3. 婚嫁茶礼

普洱茶用于婚礼及与婚礼有关的一系列活动中，不仅是普洱茶文化的重要组成部分，也是民族茶俗文化的特殊展现。茶文化渗透在各族人民的婚俗中，并逐渐形成形形色色具有象征意义的茶礼茶仪。

（1）恋爱茶礼　哈尼族男女青年在谈情说爱时也用茶叶来传情。一个小伙子爱上了一个姑娘，就会摘7片茶叶，用一种称作帕别帕洛的灌木叶包好后，用一根泡通线拴住，找机会送给姑娘，姑娘接到此物后就知道了小伙子的用意。如果姑娘有意与小伙子建立爱恋关系，就会解开泡通线当面把茶叶吃下去；如果她不愿意，则会用力把线拉断转过身去，用左手递还给小伙子。姑娘吃下茶叶后，就要跑开。小伙子则回到家邀请寨中有影响的长者陪他到姑娘家求婚。去求婚时需要带上一些礼品，礼品中绝少不了茶叶。当晚，姑娘要给自家的父母及求婚者烧水泡茶和煮饭烧菜。另外，德昂族青年男女若是情投意合时，也会互送一包茶叶私订终身，这茶就称为定情茶。

（2）定亲茶礼　布朗族青年男女相好并经双方父母同意后，男方父母要请一位老人为媒，携带酸茶与盐巴等去女方家定亲。女方父母接礼后，把酸茶叶、盐巴等分成若干包，分送给本族和本寨的亲友，算是通知大家，自己的女儿已订婚。云南丽江纳西族男女定亲礼物一般是酒一坛、茶两筒、糖四至六盒、米两升、盐两筒，茶与盐表示"山盟海誓"之意。

独龙族则进行订婚"下茶"，提亲时小伙子会请能说会道的男子去女方家说婚。说婚人去时都要提上一个茶壶，背囊中背上茶叶香烟和茶缸，到姑娘家先在茶缸中泡好茶，再倒入从姑娘家碗柜里拿出来的碗中，按顺序敬给姑娘的家人们，最后给姑娘自己。只有等姑娘父母将茶一饮而尽了，姑娘和其他人也将茶喝了，这门亲事才算成了。而白族民间男女订婚要下聘礼，俗称"四色水礼"，即红糖、香茶、大米、酒。新郎进屋后，先向岳父、岳母敬礼，然后在堂屋等候，由女方的陪娘先敬新郎蜂蜜茶，再敬用松子和葵花子拼成的一对蝴蝶泡在红糖水里的蝴蝶茶，祝贺新婚夫妇白头偕老、恩恩爱爱。

（3）结婚茶礼　"茶不移本，植必生子。"以茶行聘，婚姻美满幸福。布朗族男女订婚都要以茶为礼，茶礼成为男女之间确立婚姻关系的重要形式。云南楚雄彝族在结婚当天，女儿出嫁时需向亲友敬茶，第二次由新郎敬茶，最后新郎新娘给迎、送亲者敬茶。白族青年结婚时，新郎把新娘接到家中，新娘要先后给长辈献上苦茶、甜茶，蕴含人生苦尽甘来的意味。新郎、新娘进洞房后，人们给他们献上意为先苦后甜的苦茶和甜茶。结婚当天新郎、新娘家都会设置专门的茶房，用来接待宾客，安排专人烧水、泡茶、倒茶、敬茶给客人。第三天，新郎、新娘共同到堂前三拜祖宗及父母，向亲戚长辈敬茶敬酒。

茶在拉祜族社会生活中起着极其重要的作用，茶在他们的整个婚嫁过程中都是不可或缺的。云南永德县拉祜族群众举办婚礼时，媒人要为新郎新娘配茶。婚礼开始前，媒人要先泡好茶，然后左右手各持一杯茶，双手架成"×"形，将右手茶水喂给跪于左方的新郎，将左手茶水喂给右方的新娘。新郎新娘喝过媒人配好的茶，接受媒人的祝福后，方才站起来接待宾客。用炒熟的芝麻和蜂蜜泡茶招待宾客，蜂蜜芝麻茶寓意未来家庭生活如蜂蜜般甜美。

在保山市永昌一带的傈僳族举行婚礼过程中，新郎把新娘接到夫家时，还有喝红糖油茶的习俗。喝红糖油茶时先要喝一杯味道很浓的罐罐烤茶，再喝红糖油茶，以祝贺新人先苦后甜，同甘共苦。

4. 丧葬茶礼

普洱茶礼在许多少数民族的丧葬仪式中也有反映。丧葬仪式中的茶文化有多种表现形式，具有多种象征意义及文化内涵。如白族的老人如果不是自然去世，而是意外离世，要趁死者身体尚未僵硬时，在其口中放入米粒、茶叶和少许碎银，表示死者在阴间仍然衣食富足。举办丧事期间，要给夜间守灵的人喝姜茶，用以驱寒、提神。在纳西族丧葬习俗中，老人去世的第二天五更鸡叫时，要用茶和鸡肉稀饭祭祀死者亡灵。祭拜用的茶和鸡肉稀饭有着请已去世的人起来喝茶、吃完早餐好上路之意，这种"鸡鸣祭"的礼节，表达了晚辈对死者的深深怀念之情。丧事期间守灵的亲戚朋友和白族群众一样要喝姜茶，以驱寒、"增加阳气"。

　　傈僳族老人正常去世后，同村寨的亲朋好友都会前来帮忙办理丧事，吊唁老人。此时，主人家会安排专人烤浓茶，请村里前来帮忙的朋友喝浓茶汤。浓茶汤味道苦涩，一来解热避暑，二来喝苦涩的茶汤表达对逝去亲人的哀伤、怀念之情。

　　德昂族群众办丧事更离不开茶叶，出殡时，每走一段路就会在路边放上两堆茶叶，以告别阳间。这是一种心灵寄托，也是亡者家属的心理调适。

（二）祭祀茶礼

　　普洱茶作为礼仪互动中的重要媒介，促进了各民族间个体的交流和融洽度，在生者和死者之间充当了情感传递符号，普洱茶通过不同形式的茶礼向外传播，对大家认识普洱茶发挥了重要作用。祭祀是很多民族的重要活动，人们通过信仰与仪式活动，找寻心灵的寄托和内心的平静，提醒人们勿忘本、勿忘根的情感。以茶祭祀、以茶祈福是普洱茶区民族共有的特征。少数民族在不同的礼节上，用茶的寓意各有差异。祭祀礼中通过各种形式来展现自己对逝者的尊敬或带去美好的祝愿。在少数民族地区，很多民族有着原始朴素的信仰，相信万物皆有生命，他们对待自然与万物充满了崇敬。

　　布朗族的祭祀茶礼极为丰富，祭万事万物，茶叶在他们的祭祀活动中是必不可少的。在彝族人民看来，人入葬之后，仍有衣食之需，因此茶就理所应当地成为了祭祀已故之人的祭品。每逢白族传统节日"三月街"，会用茶、大米、糖等作为供品祭祀先人。此外，拉祜族、基诺族等许多少数民族群众在祭祀活动中，茶叶都是必不可少的，这好似是他们与逝去者的联结之物，可以带去美好祝愿或情感依托。

　　此外，在一些重要的祭典活动中，哈尼族群众的祭品也离不开茶水。在过年过节，哈尼族群众都会祭祀祖先，这些祭品中有米、肉、盐等，以及茶与酒这两个永远不可少的祭品。布朗族也是世代茶族，每年也有祭拜茶祖的习俗。景迈山的布朗族在每年四月十三日聚集在茶祖广场，祭祀祖先，通过祭祀表达对祖先的怀念与崇拜，并请求祖先保佑一方平安。祭茶祖当日，全村的男女老少都身着节日盛装前往古茶山祭拜。祭拜茶的地方位于古茶山的深处，一片广袤的原始森林，高大树木遮天蔽日，和原始森林相生相伴的是成片古茶树。祭祀茶祖的仪式正式开始时，族人都朝着茶祖帕岩冷塑像行大礼，对赋予他们生命和希望的古老茶山顶礼膜拜，给先人敬上糯米饭、粑粑、蜂蜡香、礼钱等，以此来祈求幸福吉祥。

（三）日常茶礼

　　普洱茶茶礼在少数民族的日常中随处可见，普洱茶成为交往时的重要媒介，是他们生活中不可或缺的部分。在日常茶礼的应用过程中，茶是他们丰富生活的呈现，普洱茶是他们联系彼此的重要纽带。

1. 敬老茶礼

　　普洱茶生长于具有千年历史的文明古国，在这个各民族都有尊老敬老的传统美德的国家，民族中有敬老茶礼的展现。逢年过节的各种宴席上，人们都把老人请到上等座位，按照佤族的饮食风俗，家里煮的第一壶茶或第一罐茶必须先敬给老人喝，然后其他人才能依次煮着喝。这些习俗在佤族家庭中不能随意违反。景颇族也有此礼，每年采春茶季节，男青年上山采春茶、春春茶，敬给本族的老人，这是景颇族的社会传统美德。

2. 待客茶礼

古老的布朗族十分好客，好客的主人都会手捧一杯热气腾腾的茶，敬献到客人的手中，这杯茶称为迎客茶。布朗族竹楼的火塘边，常年放着一把大茶壶，当客人坐定后，茶水已经煮沸烧开，一个个用竹子制作的茶杯，盛满茶水奉送到每位客人手中。傣族人民以茶为礼，凡事必有茶。凡客人到来必用茶水招待，以示主人热情好客、通情达理。泡出的第一泡或第一杯茶水，必须先敬长者或德高望重的人，其次是敬客人，最后才倒给自己喝。敬茶时，必须双手敬奉，一只手敬奉则认为有失恭敬。老人、客人都在时要一直不断地添茶倒水，慢慢品啜。这体现了傣族人民尊敬长辈、尊敬客人的传统美德。豪爽大方的彝族在节庆、宴飨之时，都以茶为贵。节庆期间都会用茶待客，喜庆之日宾客满座，主人用核桃仁、米花加茶叶，冲泡成香气扑鼻、祛痰润肺的核桃米花茶以迎接宾客。

家里来了客人，好客的怒族同胞总喜欢用盐巴茶、漆油茶或酥油茶款待，其中漆油茶被视为上礼，如果谁家未能让客人喝上一口漆油茶，会被认为待客不恭而受到取笑。傈僳族、拉祜族欢迎客人到来的第一件事也是为客人倒茶倒水，傈僳族人民一般用罐罐茶来招待客人。白族在接人待物中，茶的应用更是广泛。客人进门，首先要煨"烤茶"来接待宾客。每逢家中有大事或远方来了朋友，白族人民就用"三道茶"来客。

3. 社交茶礼

布朗族会有"茶请柬"，是传递布朗族社会重大活动信息的一种重要礼仪，收到请柬的人，必须按时参加这项活动。在德昂族生活中茶是非常常见且珍贵的必需品。日常生活中，探亲访友时，见面就是一包"见面礼茶"；当有亲戚或好友来访时，主人会精心奉上迎客茶、敬客茶，客人走时则以送客茶表达对客人的不舍。傣族群众性格温和，走亲拜友必须带上茶叶作为礼品。在傣族的习俗中，把茶叶当礼品馈赠是行大礼，送茶好比送了一件生活之宝。探亲访友，见面礼就是茶。在景颇族山寨，每当有贵客临门时，主人要到寨门将客人迎进茶房，邀约客人于火塘边就座，主人随即开始烹茶待客。

4. 乔迁茶礼

普洱茶在人民的乔迁之仪中仍有体现，如德昂族在建新房时，首先会用茶叶在地基四周撒上一圈，祈求安乐；其次，挖地基时，要埋上一包茶叶，以求人畜兴旺；最后，建房子时，要在横梁上挂一包茶叶，以消除灾难，这是德昂人对生活的祈求。

二、普洱茶民族茶俗

云南是出产普洱茶的地区，这里的百姓世代与茶同存，茶也进入了他们的生活，形成了丰富多彩的茶俗。正是基于求生求存的自然本能，少数民族先民们在寻求各种可食之物、可治病之药的植物采集过程中与茶相遇，进而发现了茶的价值，开始了茶的利用。他们把茶叶从野生茶树上采摘下来后直接放入嘴中咀嚼，或加水煮饮，或与其他蔬菜一起煮后饮用，使茶成为少数民族赖以生存、不可缺少的重要物品，并在漫长的历史进程中，将茶融入生活，应用在婚、丧、嫁、娶、祭等方方面面。在漫长的历史发展进程中形成了丰富多彩的饮茶习俗。不同的民族往往有不同的饮茶习俗，同一民族却因居住在不同的地区而有不同的以茶为药、以茶为食、以茶为饮的茶俗。

（一）以茶为药

以茶为药是保持着祖先最早发现茶、开始利用茶的方式。茶的疗效很早以前就被认识到了，云南部分少数民族有以茶为药的习俗。有关茶疗的起源，人们一般认同约成书于东汉以前的《神农本草经》所说的"神农遍尝百草，日遇七十二毒，得茶（茶）而解之。"这是四五千年前的母系氏族社会，正由采集渔猎经济向原始农业转变，茶叶和其他食用植物一同被采集，既是食物，又是药物，这便是中华饮食文化"茶食同源""医食同源"的大传统，在西南地区的茶俗中，都保留了这一传统。由此可见，人们最初在食茶的同时，也把茶作为一种药。

如古代的傣族制作沽茶，明代钱古训《百夷传》记载："沽茶者，山中茶叶。春、夏间采煮之，实于竹筒内，封以竹箬，过一二岁取食之，味极佳，然不可用水煎饮……先以沽茶及蒌叶、槟榔进之。"蒌叶又称蒌子、药酱，胡椒科，近木质藤本，节上常生根，叶互生，革质，宽卵形或心形，原产于印度尼西亚，我国南方广泛栽培。藤叶入药，祛风止喘，叶含芳香油，有辛辣味，裹以槟榔咀嚼，据说有护牙的作用。清代的傣、白等民族采制一种普洱茶——团茶，能消食理气、去积滞、散风寒等。

在云南民族饮茶习惯中，以茶当药的食茶习俗至今在某些民族尤其西南许多少数民族中仍有遗存。例如，德昂族的盐腌茶又称水茶，既可解渴又可治病；布朗族的酸茶，据说可解渴、助消化。又如，在滇西北高原生活和居住的纳西族的"龙虎斗"，即用酒泡茶以达到驱寒、保健的功效。

（二）以茶为食

云南少数民族中仍然保留着较为原始的以茶为食的方式。当茶树最早被古濮人发现并种植后，茶是用来吃的，茶是菜、茶是药、茶是生活。如今，雅致的品茶已成为主流，但是古老的吃茶遗风在云南很多民族中仍保留了下来，以一种活态的历史见证着茶叶从食用到饮用的变化。

居住在西双版纳州景洪市基诺山的基诺族，直接将新鲜嫩茶叶凉拌生吃。当地凉拌茶的吃法有多种：其一是将茶树鲜叶揉软搓细放入大碗中，配以油盐以及黄果叶、辣椒、大蒜、酸笋、酸蚂蚁、白生，加矿泉水搅拌均匀即食，基诺语为"拉拨批皮"；其二是舂吃，把揉制好的茶叶加入野菜作料后，放进竹制舂槽内捣细而食；其三是将揉制好的茶叶用蘸水或剁生蘸着食用，这种菜肴辛、酸、辣、咸、苦，但同时透出一股诱人的鲜香、甘甜，美味可口。

德宏州的德昂族、景颇族则会做"腌茶"。腌茶一般在雨季，鲜茶叶采下后立即放入灰泥缸内，压满为止，然后用很重的盖子压紧。数月后将茶取出，与其他香料相拌后食用；也有用陶缸腌茶的，采回的鲜嫩茶叶洗净，加上辣椒、盐巴拌和后，放入陶缸内压紧盖严，存放几个月后，即成"腌茶"，取出当菜食用，也可作零食嚼着吃。

布朗族制作和食用酸茶的历史悠久，在每年五六月制作"酸茶"，将刚采来的新鲜茶叶煮熟，然后把茶叶放在阴暗处十余天让其发酵后，装入竹筒中压紧封严，埋入土中，几个月甚至几年后，将竹筒挖出，破竹取茶，撒上盐巴、味精、花椒、辣子，拌均匀，就成了酸茶。酸茶清香酸涩，具有解暑助消化的功能。

居住在滇东北乌蒙山上的苗族，食用独特的菜包茶，即以菜叶包裹茶叶。先将体积较宽大的新鲜青菜叶或白菜叶洗净，把茶放于菜叶之中，严严实实地包好，再置于火塘的热灰尘中焐，经过这样的焖制，茶叶所具有的极强吸附异味的能力就把菜叶的香味纳入其中。焐的过程中，还在表面加入炭火，待时间到，茶叶干燥，从灰中取出，弃除菜叶，将热气腾腾的茶叶装入杯中，冲入开水，立即散发菜茶混合的香味，味道也十分鲜美。

（三）以茶为饮

以茶为饮是最广泛的用茶方式。普洱茶区的民众终日与茶为伴，饮茶对于他们而言，不仅为了解渴，更是实实在在的生活。居住在普洱茶区一带的少数民族，很多地方海拔高，昼夜温差大，为消除寒气，屋里常年生有火塘，火塘里的火焰终日不息。如哈尼族民歌所唱："在哈尼的房屋里，没有了火塘就不像家，火塘里没有了冒泡的茶水，就像吃肉没有了盐，稻田少了水，一个男人没有了婆娘"。因此，很多民族的饮茶也就离不开火塘，他们围着火塘开始一天的生活，休息时，全家人围着火塘聊天，同时将茶叶放入干净的土罐或土锅中烤炙，待有香气出来，再加满清水煮，茶叶烧开反复沸腾直到茶水剩罐子的一半时，茶汤金黄明亮，滋味浓酽，茶香浓郁带有一些糊香，然后分至茶碗或茶杯中饮用。烤茶滋味浓强，饮用后精神抖擞，茶区的很多同胞如果一日不饮浓茶，便觉手脚酸软，四肢无力。如果劳累一天煮上一罐浓茶，喝上几口，立即心高气爽，精神倍增。因此，茶区广泛流传着"早上一盅，一天威风。下午一盅，干活轻松"的谚语。佤族、彝族等说的百抖茶，也是此茶，只是在烤茶过程中，反复翻抖茶叶罐以防茶叶烤煳，从而有"百抖茶"之誉。

云南产茶也产竹，很多山区到处布满野山竹，竹子与人们的生活也十分紧密，人们爱茶爱竹。傣族、布朗族、哈尼族等都有饮用青竹茶的习俗。当乡民在山里劳作时，口渴想喝茶时，随手砍来野竹，一端削尖，插在地上，再另取竹筒装水在火上烧涨后放入茶叶，将茶叶煮数分钟，便倒入插在地上的竹筒中，就成了清甜、醇香的青竹茶。除了青竹茶，很多民族也制作竹筒茶，是将干茶叶塞进新鲜的青竹筒中，然后将竹筒在火上烤，烤的过程，茶叶吸收了竹子的清香，边烤边塞茶叶，直到竹筒中塞满茶叶，竹子也由青色变为黄色，然后将竹筒茶封存起来待数年后饮用，茶叶既有茶香也有竹香，深受茶区同胞喜爱。

茶不仅健体，也是民族地区人民生活的映照，日子就在一杯茶中悄悄流逝，宁静且美好。

（四）代表性茶俗

茶与各民族生存和发展息息相关，融入了各民族的民风民俗中，云南各少数民族都保留有各自独具特色的饮茶方式，形成了今天独特风韵的云南民族茶文化。

1. 佤族纸烤茶

佤族人民自称"阿佤"，其先民是古"百濮"的一支，是云南的土著民族，纸烤茶（图14-2）是佤族的一种古老的饮茶方式，用陶土罐子抖烤饮用，佤族纸烤茶是20

世纪90年代后才流传于佤族民间的一种烤茶方式，是一种新兴的佤族饮茶习俗，一般只有在重大祭祀礼仪活动时才饮用。"纸烤茶"即将茶叶放在特殊的纸上烤香后品饮。烤茶汤色或红酽或黄褐，滋味醇浓，茶水苦中有甜，焦中有香，饮后提神生津，解热除疾。

图14-2　纸烤茶茶艺

2. 拉祜族火炭罐罐茶

拉祜族人民最具特色的茶俗是烤茶"火炭罐罐茶"（图14-3）。烤茶，拉祜语称"腊扎夺"，烤茶时将烧红的火炭投入茶汤沸滚的烤茶罐中制成，这种烤茶香气浓烈，滋味浓酽，饮后精神倍增，心情愉快，具有独特的消食解腻作用，拉祜族人常常一天不喝茶就心情不悦。

图14-3　罐罐茶

3. 基诺族凉拌茶

基诺族是一个与茶叶密不可分的民族，其居民聚居地在基诺山。在基诺语中，茶称作"拉博"，"拉"即"依靠"，"博"即"芽叶"，即称茶是"赖以生存的芽叶"；另外，基诺人称茶树为"接则"，"接"指"钱"，"则"意为"树"，"接则"即"摇钱树"的意思。基诺族至今还保留有古朴的"以茶鲜叶入菜"的茶俗——"凉拌茶"（图14-4）。

（1）酸蚂蚁凉拌茶

（2）干巴凉拌茶

（3）菌菇凉拌茶

（4）咖喱罗凉拌茶

图 14-4 凉拌茶

4. 藏族酥油茶

藏族人嗜好喝茶，几乎到了"无人不饮，无时不饮"的程度。作为游牧民族，藏族地区人民食物多以青稞面、牛羊肉和糌粑、乳、奶等油燥性之物为主，缺少蔬菜。酥油茶（图14-5）是一种在茶汤中加入酥油等作料，经特殊方法加工而成的茶汤。酥油茶含有极高的热量，可以祛寒保暖、解饥充饭，也是接待亲友的绝佳应酬品。

图 14-5 打制酥油茶

5. 纳西族"龙虎斗"

纳西族人民非常喜欢茶，饮茶历史也十分悠久。"龙虎斗"是纳西族的特色茶饮，纳西语为"阿吉勒烤"，是一种富有神奇色彩的饮茶方式。有时还要在茶水里加一个辣椒，这是纳西族用来治感冒的良方，偶感风寒喝一杯"龙虎斗"，浑身出汗后睡一觉就感到头不昏了，浑身也有力了，感冒也就神奇般地好了。

6. 傣族竹筒香茶

傣族人民主要聚居在云南省西南部的西双版纳傣族自治州、德宏傣族景颇族自治州，以及耿马、孟连、新平、元江等少数民族自治县。傣族的"竹筒香茶"（图14-6）又被称为"姑娘茶"，用傣语又称作"腊踩"，外形呈圆柱，直径3~8cm、长8~12cm，柱体香气馥郁，具有竹香、糯米香、茶香三香一体的特殊风味，滋味鲜爽回甘，汤色黄绿清澈，叶底肥嫩黄亮。"姑娘茶"曾被列为傣族"土司贡茶"中的极品。

图14-6　竹筒香茶

7. 白族"三道茶"

白族是中国西南边陲古老的土著民族之一，早在新石器时期就在洱海地区创造出了发达的水稻文化。白族人民的"三道茶"白语称作"绍道兆"，最早见载于徐霞客所著《滇游日记》。白族大凡在逢年过节、生辰寿诞、男婚女嫁、拜师学艺等喜庆日子里，或是在亲朋宾客来访之际，都会以"一苦、二甜、三回味"的"三道茶"款待。

8. 德昂族酸茶

德昂族人民居住分散，善于种茶，有"古老茶农"之称，是云南土著民族之一。德昂族人民以茶树作为图腾来崇拜，视茶树为自己的保护神和始祖神。酸茶是德昂族人民最具特色的茶饮，史书称之为"谷（或作沽）茶"。德昂族人民把采摘来的新鲜茶叶，放入竹筒里压紧，密封竹筒口，使之糖化后用。这类酸茶不必煎饮，而是从竹筒里取出放入口里咀嚼即可，茶味酸苦略甜。

9. 哈尼族土锅茶

哈尼族人民称茶叶为"老泼"。哈尼族是最早发现、驯化培植、饮用茶的民族之一，在哈尼族人民聚居的滇南地区发现了大量树龄达到上千年的古茶树群落。哈尼族最具代表性的茶俗是土锅茶，哈尼族支系爱尼人称"土锅茶"为"绘兰老泼"，平日里哈尼族同胞在劳动之余，也喜欢一家人围着土锅喝喝茶水、叙叙家常，尽享天伦之乐。土锅茶，茶香味浓，茶劲很足，趁热喝下顿觉神清气爽。

10. 布朗族糊米茶

布朗族是云南最古老的土著民族之一，是最擅长种茶树的民族。布朗山的茶叶，汤色金黄透亮，苦涩味重，回甘好，生津强，呈蜜香，祛油腻，是普洱茶名品。每当客人到来时，布朗族人民都会给客人献上焦香扑鼻、滋味醇厚的糊米茶，糊米茶茶汤呈橙黄色，浓浓的糯米和茶叶的焦香混合着淡淡的红糖的甜香，还有一缕淡淡的药味。

思考题

1. 如何理解普洱茶民族文化精神？
2. 云南茶区代表性茶俗有哪些？
3. 发展茶俗文化对于普洱茶区的百姓有什么意义？

参考文献

[1]史靖昱. 普洱茶的起源、发展与兴盛[J]. 中国茶叶,2021,43(8):72-76.

[2]云南种茶先民濮人已经献茶给云南名茶——云南普洱茶[J]. 农村实用技术,2014(7):45-46.

[3]黄桂枢. "普茶"即"濮茶"辨考[J]. 茶博览,2011(2):58-60.

[4]朱力平,董正晓. 云南少数民族普洱茶文化论[J]. 边疆经济与文化,2017(2):52-55.

[5]李明. 浅析云南民族茶文化的内涵及其现实意义[J]. 茶业通报,2010,32(1):37-39.

[6]闫磊. 云南地区普洱茶文化特征探讨[J]. 云南农业科技,2022(2):59-61.

[7]张柏俊,张月. 云南普洱茶文化的美学特质[J]. 连云港师范高等专科学校学报,2019,36(2):12-14;44.

[8]王炼炼. 云南民族地区普洱茶文化助推茶产业发展研究[D]. 大理:大理大学,2018.

[9]陆云. 论普洱茶文化的"和谐"之美[J]. 大理学院学报,2013,12(8):59-62.

[10]龚永新. 客来敬茶:民族特色与人的社会化[J]. 茶叶,2019,45(1):53-56.

[11]赵西洋. 道家之"朴"的审美意蕴研究[D]. 桂林:广西师范大学,2013.

[12]蒋文中,仇学琴,龙翔. 论茶马古道上的民族茶文化交流与和谐之美[J]. 楚雄师范学院学报,2010,25(1):95-102;108.

[13]杨茜茜. 论茶马古道少数民族茶文化的伦理维度[J]. 内蒙古师范大学学报:哲学社会科学版,2020,49(5):114-120.

[14]李明. 古老的茶农——德昂族茶俗[J]. 蚕桑茶叶通讯,2010(1):36-37.

[15]赵维标,单治国. 对云南南涧茶俗的探究[J]. 茶叶通讯,2013(3):40-42.

[16]徐义强,灵物.祭祀与治疗:红河哈尼族茶文化习俗初探[J].农业考古,2012(2):95-97.

[17]周红杰,李亚莉.民族茶艺学[M].北京:中国农业出版社,2017.

[18]周红杰,李亚莉.第一次品普洱茶就上[M].2版.北京:旅游教育出版社,2021.

第十五章 普洱茶产业发展趋势

　　随着科学技术的发展和人民物质文化生活水平的日益提高，消费者对普洱茶的要求也不断提高和变化，普洱茶的营养价值和口感，越来越受到消费者的普遍重视。以普洱茶产业提质增效、绿色生态、营养健康、质量安全为重点发展目标，普洱茶产业科技正处于从量的积累到质的飞跃、从点的突破到系统提升的重要时期。本章思维导图见图 15-1。

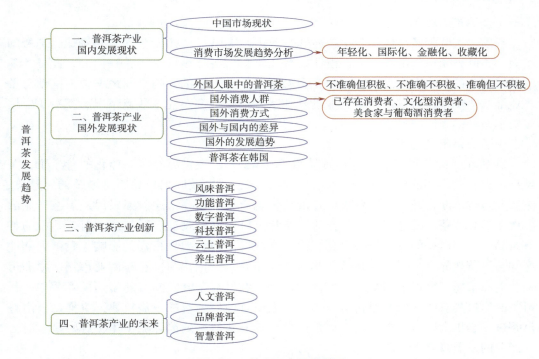

图 15-1　第十五章思维导图

第一节 普洱茶产业国内发展现状

一、中国普洱茶市场现状

2021 年，在全国 18 个产茶省中，云南是全国茶园面积最大的省份达 48.02 万 hm²。云茶产业也是云南省最主要的民生产业之一。云茶有普洱茶、滇红、滇绿、白茶、花茶等花色众多的茶产品，其中以普洱茶和滇红为主导产品。2016—2018 年全国茶叶公共品牌评选中，"普洱茶"连续三年蝉联中国茶叶区域公用品牌价值第一；2019—2021 年连续三年排名第二，其中 2021 年"普洱茶"品牌评估价值达 73.52 亿元，品牌收益 40057.96 万元。对于目前的市场来说，我国普洱茶市场已经由过度的炒作逐步回归到理性，产品的价格回到本身的价值水平，产销相对平稳；市场逐渐规范，大品牌已经形成，产业结构不断的优化，综合能力也逐渐提升。总体来看，普洱茶消费群体日趋成熟，整个产业呈现出健康蓬勃发展的景象。

二、普洱茶消费市场发展趋势分析

（一）普洱茶市场年轻化

目前，茶叶消费群体年轻化趋势更加明显，"80 后""90 后"人群逐渐成为消费的主力；茶叶外销也将继续扩大，预计未来几年全国茶叶出口量将止跌回升。此外，随着越来越多的茶企业进入资本市场，金融对茶产业发展的影响不断地增强，推动云茶产业继续稳步快速地发展。茶行业的从业者们应该更多关注这些新情况、新势头，用好资本市场的正向力量。

（二）普洱茶市场国际化

21 世纪，随着我国加入世界贸易组织（WTO），在世界经济一体化的背景下，茶叶出口拥有更广阔的国际市场。自 2002 年以来，我国茶叶出口始终呈增长的大趋势，茶产业地位不断提升，人们对茶产业的认识也有很大提高，这些因素促进了茶产业的发展，提高了茶叶的经济效益，推动了茶叶出口贸易的发展。近年，云南茶叶中的特有茶品——普洱茶的发展势头迅猛，由于受我国港澳台地区市场的影响，我国大陆地区的普洱茶热异常火爆，并且这股热潮带动了普洱茶的出口。在东南亚市场、欧洲市场和美洲市场，普洱茶都受到了广泛的欢迎。在世界茶叶贸易日趋激烈的竞争中，普洱茶的出口具有明显的竞争优势。因此，面对这前所未有的发展机遇，应推动云南普洱茶进一步扩大出口，提高出口创汇能力，提升普洱茶的国际竞争力，这些措施对云茶产业的发展具有重要意义。

（三）普洱茶期货市场

如今的普洱茶市场，很多茶已经呈现出了期货的属性。一些茶还没有生产出产品的时候，就已经出现了预售的价格，等到该款茶正式上市之时，其开盘价格可能会高于预售价格，也可能会低于预售价格。而对于买了"普洱茶期货"的人来说，是亏损还是盈利，几乎完全取决于其对市场的把握。而每一款茶正式上市之后，又会呈现出诸如"股票"的属性。市场上的众多商家、投资者乃至一些资金实力雄厚的个人茶客，都会如炒股票一样紧紧地"盯市"，时刻关注着某一款或者某几款普洱茶价格的波动。普洱茶金融平台的出现，让普洱茶金融属性得以放大，越来越多的普洱茶在市场上流通交易，虽然说能带动普洱茶市场销量增长，但是风险也变得更大，将会引起普洱茶信任危机，不利于普洱茶产业健康发展。

（四）普洱茶理性收藏

"越陈越香"和"存新茶喝老茶"这两个理念是普洱茶收藏市场的核心。收藏市场的兴起一部分原因是源于那些惜茶的茶友，他们由于对普洱茶的喜爱而收藏。也有部分原因是部分茶商大量囤积普洱茶，等待普洱茶市场老茶稀缺而价格走高后卖出去。而收藏市场追求的不是数量，而是质量，优质的普洱茶在科学的贮藏环境下才能让普洱茶变得更好，因此茶仓应运而生。普洱茶的本质是健康饮品，过度的收藏交易破坏了市场的可持续发展，如何平衡好普洱茶的饮与藏，是推动云茶产业稳步发展的关键之一。

第二节　普洱茶产业国外发展现状

一、外国人眼中的普洱茶

中国传统茶饮在西方国家相对来说属于小众茶，而普洱茶更是小中之小。从互联网搜索热度上，可以看到红茶在美国的流行指数比普洱茶高 4~6 倍，绿茶则比普洱茶高 25 倍。随着文化交流的深入，普洱茶以其独特的品饮风味和健康作用进入国际视野，故对于外国人而言，普洱茶也并非完全是天外之物，只是由于地域限制和文化差异，这种关注常常带有一种神秘主义和猎奇色彩，有些认知难免有所出入。为了更好地了解外国人眼中的普洱茶，从产品认知准确性和对产业影响的积极作用，将国外普遍存在的普洱茶印象进行了以下归类：不准确但积极，不准确不积极，准确但不积极。在国外，消费者对普洱茶的认知通常是以下几点的综合，而不是单一的。但需要将每个部分提炼分析，才能达到更深入的了解，并对消费者认知进行有利的引导和调和。

（一）不准确但积极

1. 普洱茶非常贵，甚至可以说是最贵的茶

很多对普洱茶有所耳闻但是很少喝过的消费者对普洱茶的印象首先就是贵。当然，由于建立在以往茶叶消费价格上的期望值、个人可支配收入和个体消费习惯的不同，贵的定义也是流动的。但是普洱茶贵这个笼统认知在初涉者中普遍存在，许多媒体和自媒体对普洱茶的介绍也都从此入题。

2. 普洱茶高深莫测，只有资深茶人（国外）才有资格和机会涉猎

海外消费者对普洱茶的另一种印象是，一种属于少数对茶叶极有研究和具备极高鉴赏力的人才能有机会喝到的茶，这类描述会特别强调普洱茶的稀有。一方面从价格昂贵的角度来暗示它的独特；另一方面也是因为西方对黑茶知之甚少，因而普洱茶常被误认为是唯一有微生物作用的茶、是唯一的黑茶。

3. 普洱茶年份价值为最重要因素

另一个对普洱茶普遍存在的认知是，普洱茶与其他茶饮的最大不同在于其具有陈年存放的潜力。这一特点常常从价值和稀有的角度被夸大，并与之前提到的昂贵认知互成因果，形成逻辑的闭环。从这个认知角度，消费者可以与葡萄酒的陈放潜力和相关的价格升值进行比较，进一步强调这一概念。

4. 普洱茶健康功效堪比药物

在国外普洱茶的健康益处被人们熟知，而这一话题又围绕着普洱茶（熟茶）比较多。比较常见的有外国人把普洱茶当作减肥茶，预防甚至治疗癌症，以及有美容功效。普洱茶还常常被关联到神秘主义和玄学境地，喝茶的愉悦感被夸大成为治愈精神的良药。普洱茶虽具有养生功效，但其是一种健康饮品，而非保健品和药品，绝不能代替药物使用。

5. 普洱茶是历史最悠久、中国最特别的茶

很多外国人认为普洱茶历史悠久，是中国最重要也是最特别的茶。而这种观念又常常伴随着一些关于普洱茶神秘消失，如中国台湾爱茶人如何遍寻古茶树，古老的茶叶失而复得等一系列夸张且极具故事性的宣传。很多人会提及这种充满东方浪漫色彩的喝茶体验，认为是属于普洱茶的独特感受。

从这几点我们可以看到，海外对普洱茶的认知有失准确但是并不是无中生有。大多是属于对事实的夸大。这些认知虽有误区，但是观念的出发点和对普洱茶的发展都有积极的作用。在普洱茶的宣传上如果适度把握这些已经存在的消费者认知，再附以历史和科学进行引导，是会对行业产生有利的影响的。

强调价格的昂贵和产品的稀有，会产生奢侈品行业常见的凡勃伦效应（Veblen effect）和虚荣效应（snob effect）。在这种效应中，消费者以与产品产生联系而感到自豪，而价格本身不仅不会降低消费，反而成为了一种消费吸引。在这种思维模式下，对普洱茶的了解和消费成为炫耀财富、阶级、品位或智慧的资本。有效引导便会产生从众效应（bandwagon effect），吸引更多的消费欲望，从而打开更大的市场。

普洱茶与葡萄酒之间的类比，可以减少西方消费者对普洱茶了解的时间成本。而有参照物又可以帮助消费者建立起价值期望值，有利于普洱茶定价背后的逻辑陈述。美丽与健康对于当今的消费者而言是巨大的吸引力。与国内提起养生便联系到老年人不同，从近些年抹茶在欧美国家的风靡，便可以看出在西方，养生是与美丽和时尚的生活方式相联系的，契合现代积极高效的生活理念。

（二）不准确不积极

1. 新茶是不能喝的

新茶不能喝是国外消费者对普洱茶的一个普遍误解。这种不准确的认知与普洱茶越老越值钱是一体的，是属于同一逻辑的逆向推断。与认为普洱茶的价值会随着年份的增加而增加所产生的正面认知不同，新茶不能喝这个认识会让消费者产生对新茶的抵触心理。这不仅降低了消费者购买新茶的动力，而且会莫名延长产品的销售周期，还会让需求进一步朝老茶倾斜，产生价格和供需的不平衡。

普洱茶陈放升值的理念中对老茶的追捧和对新茶的踩压，看似有益于前者，实则不然。从更广阔的局面看，新茶既然不适合喝，这也意味着购买了新茶的消费者必须

在消费后，进一步付出更多的精力和时间，才能够享受产品带来的价值承诺（饮用）。这种产品价值结构与现代的快消费理念不符。潜移默化中，不仅是新茶的市场受损，普洱茶这个产品总体的价值定位也受到负面影响。

而且在营销的过程中，消费者对新茶到底能不能喝，什么时候才能喝这样的疑虑会增加整个销售链的信息沟通成本。产品信息的复杂性会进一步降低消费热情和信心，让普洱茶始终在小众饮品的圈圈里打转。

2. 普洱茶（尤其是熟茶）不洗不能喝

这个误解通常是来源于中国工夫茶冲泡方法中的洗茶步骤。在西方文化中，这一步骤被认为是为了清洗茶叶，而且还颇流行。虽然很多爱茶人说他们并不介意茶叶需要洗过才喝，甚至以这种不介意作为彰显自己爱茶至深的炫耀，但是这种误传不利于普洱茶的广泛传播。

茶叶需要洗过才能喝这种观念会引导消费者认为茶叶生产和运输过程中卫生状况无法保证，农残欠缺管理。更有人声称普洱茶（熟茶）表面微生物过多，需要洗掉才能放心饮用，这样的误传更是让犹豫是否购买的消费者敬而远之。

3. 熟茶是生茶人工做陈的产物

这个误区应该是在国外普洱茶消费者中最普遍，又最根深蒂固的概念。这个对普洱茶的错误认知导致的负面影响主要有以下五点。

第一，这个错误的认知始于一种说辞。熟茶是基于对有年份的生茶的大量需求而应运而生的产物。这不仅是对普洱茶的发展历史有所误解，也进而产生了由错误的假设导致的逻辑错误。在这个陈述里，外国的茶友们认为熟茶的目的就是模仿陈年的生茶，它是与新鲜普洱、干仓普洱、湿仓普洱并列的第四种普洱，可以理解为速成普洱。

第二，在这个逻辑里，熟茶与生茶的区分简单粗暴为低品质与高品质。熟茶一定逊于生茶，因为它就是一个仿制品，无法超越更正宗的普洱茶，即普洱茶（生茶）。

第三，这种生茶熟茶之间的错误联系也默认了另一个错误的概念，那就是生茶最终会变成熟茶，只是推动这个进程的是自然、是时间，而不是人为的方法。熟茶通过渥堆的工艺代替了生茶陈放的时间；而生茶陈放过程中的时间积累便等同于熟茶渥堆的效果。这种误会导致了国外茶友对普洱茶从制作到存储到滋味变化等一系列的细节产生严重的概念混淆。

第四，这样的错误逻辑还为湿仓存储提供了理论基础。因为在这个逻辑中，湿仓与熟茶最大的不同便是人工辅助做陈的程度不同而已，认为湿仓存放是做熟茶过程中的一个环节。

第五，从这个理念出发，外国茶友还得出结论：因为熟茶已经"提前陈化"，因此其陈化潜力要比生茶低。熟茶不可存放过久，需要及时饮用以不辜负通过渥堆效果已然达到的陈化节点。尽管普洱茶陈化的很多细节仍待研究讨论，但是基于这种错误假设之上的普洱茶陈化理论是不科学的。

（三）准确但不积极

1. 普洱茶的价格混乱

国外消费者关于普洱茶的一个负面认知就是它的价格缺乏透明度且波动较大。高价位首先会增加消费者的购买门槛。而购买决策的复杂性，会劝退很多怕麻烦不想做功课的潜在消费者。在美国人的日常消费中，3~5 美元是一杯普通咖啡的价格，某些特色咖啡可能会卖到 7 美元。这种小而有所区分的差价会让好奇的消费者更愿意"尝试一下"。而普洱茶常见市场价格区间浮动在不到几美分到几十美金一泡（以 7g 算）。

葡萄酒也有很大的价格波动，虽然很多葡萄酒的消费者也并不完全了解其背后的定价因素，但是在文化上，葡萄酒的这种价格的差异性已经有了默认的合理性，消费者对价格所对应的品质因素也有默认的信任。而这种文化环境是目前普洱茶在国外所不具备的，价格的重大差异便会成为普洱茶市场发展的阻力。

2. 普洱茶市场竞争激烈

普洱茶与其他商品一样，价格有升有降，普洱茶市场也会有升温和回落，这是市场供求不同使然，也是经济环境、消费预期、竞争业态等因素产生的影响。受经济大环境的影响，普洱茶市场必然发生广泛而深刻的变化，因此如何认识和把握普洱茶的发展态势，如何正确定位，建设好自己的品牌，在激烈的市场竞争中站稳脚跟，成了摆在普洱茶行业各人士面前的重要课题。普洱茶行业各人士如果始终坚持走科学发展、品牌发展、跨越发展之路，共同促进普洱茶市场的良性竞争，相信未来会推进普洱茶市场的全面建设和新的发展。

二、普洱茶在国外的消费人群

（一）已存在的茶叶消费者

在国外已经喝茶的人群是最积极探索新茶饮的消费群体，也是更愿意尝试和接受普洱茶的群体。2020 年的一份问卷调查显示，2% 的饮茶者说自己只喝普洱茶，13% 的消费者偏爱普洱茶，而 53% 的喝茶者则是把普洱茶列入了众多涉猎茶饮中的一种，无特别偏爱。但是因为在国外喝茶人群中，对花果茶和调饮茶与六大茶类区分不是很明确，所以很多人的饮茶习惯中对苦涩味会比较敏感。普洱茶作为滋味浓郁和苦涩味偏高的茶有时候会让习惯了花果茶和调饮茶的消费者不喜。另一方面，有一些从咖啡转向喝茶的人群，或者会觉得绿茶、乌龙茶缺少刺激性的人群，则深被普洱茶滋味的复杂性和浓强度吸引。

（二）文化型消费者

通过对众多国外茶叶消费者调查发现，除了色、香、味等感官认知外，普洱茶历史与文化也是吸引消费者的主要因素。这里包括对普洱茶历史和云南独特民族文化的兴趣，也包含了对中国历史和文化的兴趣。

在这个框架下，我们还会看到浪漫化的东方主义影响。普洱茶的神秘，古树的沧桑，少数民族的原生态、自然、能量等概念与字眼都与当代人的追求高度契合。在调查中可以看到，还是有相当一部分的国外消费者把普洱茶作为现代灵性生活的一个部分。也就是说在味觉享受之上，普洱茶还提供了一种心灵享受。

（三）美食家与葡萄酒消费者

这一类消费者有着对味觉嗅觉的极度追求，就好似艺术收藏家一般，对滋味特别讲究也愿意投入精力和金钱。普洱茶滋味独特，兼具复杂与平衡，是非常吸引这一类消费者的。这一类消费者剖析普洱茶的角度也多是从其他高级食材和葡萄酒中借鉴的概念，尤其强调产地与做工。而且这类消费者早已习惯在饮食方面一掷千金，普洱茶的高价格并不会成为消费阻力，甚至还会激发兴趣。

这类消费者已经习惯了用滋味衡量价值，也就是凭主观感觉（味觉、嗅觉）去分析滋味的细节差异，对自己的判断有一定的信心，受营销概念干扰小。但是这个消费群体也会对海外普洱茶销售产生压力，质量与价格不合理容易使这部分消费者失去兴趣。

三、普洱茶在国外的消费方式

有研究结果显示，普洱茶每 100g 卖 20~60 美元是消费者最常花费的价格。如果以每泡 7g 计算的话，消费者每次饮用普洱茶的价格在 1.4~4.7 美元。咖啡在美国的均价大概是 0.27~0.41 美元一杯。相比之下普洱茶的饮用成本高于咖啡好几倍，这样的差距会对普洱茶的普及产生一定的影响。

由于普洱茶在国外还没有进入到主流市场，所以普洱茶销售以小商户为主，还有很多从消费者变成经营者的情况。由于国外经营网店十分容易，兼职在网上卖茶的也很多，而消费者也颇为习惯从网上购买普洱茶。缺少标杆性企业也是导致普洱茶定价混乱的原因之一。普洱茶的货源可以分为三类：国内知名品牌的倒手再卖、国内不知名品牌的倒手再卖和自有品牌。但是随着消费者有能力在国外进行国内品牌普洱茶的价格比较，倒卖知名品牌普洱茶就失去了价格优势，渐渐比较少见。像中茶、大益、下关等茶厂的普洱茶，由于国外售卖者并不是经销商，而只是把零售买来的茶转手卖掉，很多新茶便没有什么利润。但是陈年的普洱茶却可以有比较大的定价空间，也符合国外普洱茶消费者的需求，因此更受欢迎。

而国内销售的普洱茶五花八门，一些在网上不容易被搜到的普洱茶产品在国外更容易被赚差价。这是因为近些年越来越多的经营者都使用自己的品牌售卖普洱。而这些经营者销售的茶产品大都原材料来源不详，加之海外普洱茶市场又完全不了解鲜叶价格和普洱茶的生产链，就很容易导致价格混乱。

普洱茶的神秘色彩更是让很多消费者看人买茶，坚信人对了，茶就对了。调查结果显示，除了产地，对卖家的信任度是最主要的消费因素。在缺少标杆品牌的现状中，这种消费信任常常是建立在对卖家个人的信任之上的。很多卖家都作为个体活跃在一些与茶相关的论坛和自媒体渠道，并经常输出普洱茶相关信息。而这些信息就是国外消费者对普洱茶了解的主要来源。外国消费者对普洱茶的认知基本上都来自普洱茶卖家的输出，这也是信息混乱的主要原因。

四、普洱茶在国外与国内的差异

在外国人了解中国茶的过程中，常常会出现因为对中国的历史和文化所知有限而产生很多误解。例如，在说到神农氏的时候，外国人通常会说这是中国古代的一位皇帝。而这种对三皇五帝的概念和皇帝概念的混淆不太容易发生在国内。

而有些关于普洱茶的玄虚概念，如茶气，在国外更是被放大解释，程度远胜国内。

很多普洱茶的消费者会直接进行这样的询问"什么普洱茶最有茶气？我什么时候才可以感受到茶气？"似乎茶气是具体的、可量化的。虽说国人也常说茶有灵气云云，但多是文学表达，鲜有上升到执着追求的地步。

另外，国外茶友了解中国茶（尤其是普洱茶）的渠道主要来自中国台湾、中国香港和中国城文化，而中国城文化又以广东、福建文化为主导。这常常导致国外茶友对普洱茶的认知是架空于六大茶类之外的，很多概念得不到类比的机会。很多人第一次接触到普洱茶是通过广式早茶。这与国内茶友对六大茶类有基本了解的基础上又有多渠道信息来源是有所不同的。

因为早期的海外普洱茶市场是被主要厂牌垄断的，国外消费者认为普洱茶主要靠拼配。拼配已经成了在毛茶制作和原材料品质之上最重要的工艺。虽然现在一些国外的茶商也都在经营自己的品牌，但是依然大力宣传自己的拼配工艺特殊以吸引客户。这与国内盛行的山头茶、古树茶、小品牌强调差异性优势、厂牌大众化等是截然不同的市场局面。

在国外由于常年围绕咖啡的讨论比较多，大多消费者对咖啡因持负面看法，并很在意咖啡因对睡眠的影响。很多人会简单地把茶分为含有咖啡因的、和不含有咖啡因的（花果茶），并坚持只喝不含有咖啡因的茶，或者下午开始就不喝含有咖啡因的茶。虽然在国内大家也知道茶叶含有咖啡因并因此进行饮用习惯的适当调整，但是在国外咖啡因可以成为一个潜在消费者是否喝茶的决定性因素。而普洱茶因为苦涩味较其他茶类偏重，很多人会根据直觉认为普洱茶的咖啡因含量高而不选择饮用它。

中外喝茶都会用到茶壶，用普通茶壶冲泡普洱茶也并无不可，但是因为普洱茶的文化印记颇重，国外很多先前接触过工夫茶的茶友又坚持只用盖碗和紫砂壶冲泡，造成了大家认为冲泡工夫茶的方法是冲泡普洱茶的不二选择，甚至是必要的。这种对形式的重视有时胜于国内茶人，而很多潜在的消费者也因为觉得自己还不具备完美冲泡普洱茶的能力，而推迟或不选择饮用普洱茶。

在西餐文化中，佐餐饮品是颇有讲究的。以葡萄酒为主要参照的餐饮搭配已自成理论，并且具有大众文化的流行程度。很多国外的茶友对茶饮搭配菜肴也是非常好奇并有很多的尝试。虽然目前还没有太多共识，但这是非常具有潜力的一个方向。茶多酚对口腔的刺激与葡萄酒的丹宁非常相似。抛去酒精和咖啡因不说，两种饮品的滋味结构从香气到口感到回味都非常具有可比性。而普洱茶作为内涵物质极为丰富的茶类更是十分适合搭配多种食材。

普洱茶若是能像葡萄酒那样走向餐桌，与高级菜肴合理搭配，就会大大减弱因为品饮方式复杂所产生的门槛。毕竟高级餐饮中复杂才彰显讲究，原本的不利因素在这样的前提下反而变成了与西餐文化接轨的有利条件。

五、普洱茶在国外的发展趋势

虽然这些年普洱茶在国外知名度渐渐打开，但是目前仍然属于小众饮品。在美国这种饮茶文化并不兴盛的庞大市场中，普洱茶的影响还十分局限。很多亚文化圈内对普洱茶的追捧并无帮助，甚至不利于普洱茶向大众市场进军。

从 2015 年开始，抹茶在美国市场急速流行，从原本与普洱茶一样缺乏关注度发展到今天，成为和咖啡同样具有竞争力的含咖啡因饮料。这个过程中有很多经验都是普洱茶可以参照的。抹茶也是历史悠久、文化印记深厚的茶类饮品。但是它在走向美国大众市场的过程中弱化了这个文化印记，而强调了抹茶的健康作用以及比咖啡更舒适的咖啡因反应。

普洱茶信息的复杂和混乱是其在国外发展的不利因素。这不是要摒弃普洱茶从历史到文化的丰富性，而是需要在信息传递时主次有序，用简化的信息赢得消费者的注意力。传统的抹茶饮用过程复杂，非常不适合现代人的生活节奏。在打入流行饮品市场的过程中，抹茶找到了类似咖啡模式的替代调饮，抹茶拿铁。加上健康喜人的奶绿颜色，抹茶得以让消费者在适度熟悉的文化中感受到新奇，迅速锁定了现代、健康、时尚的定位。

抹茶适合调饮一部分是因为高品质的抹茶本就带有奶香，加入牛奶并不突兀。而且因为是末状茶，调饮也不会被牛奶冲淡立体的口感。而普洱茶作为清饮，是否愿意以调饮的方式进入流行文化还有待商榷。普洱茶作为清饮，与咖啡市场的主要竞争力也只是停留在健康和换一种咖啡因这两个概念上。又或者，普洱茶的目标市场与葡萄酒的更为相似，产地、品种、树龄、工艺、贮藏转化，这些都是两个饮品中可以一一对应的概念。但是普洱茶是否也会像葡萄酒一样在每一个概念上都有高度清晰又具备行业共识的阐述，价值体系如何成熟完善。当普洱茶可以在信息层面（产地划分与保护、品质监管、防伪机制）以及价格与价值之间建立起与葡萄酒一样的高信用度时，完全有可能凭借滋味和口感上的复杂性成为替代葡萄酒的非酒精类饮料。

普洱茶想要打开国际市场还需要专业又多样化的人才。无论是葡萄酒还是咖啡行业，除了需要走在产品一线、对饮品本身具有了解的专业人才，也需要很多遍及战略、营销、市场、媒体等多方面的专业性人才。这样庞大有序的人才梯队是一个行业兴起的必要条件，也是一个行业成熟的象征。

在国内除了鼓励有志于从事普洱茶行业的年轻人学习好茶叶相关知识，也应鼓励大家从产业的角度，选择一个合适的职业发展。普洱茶在国外虽然没有爆发式的发展，但总是在不断地走向主流市场。这个酝酿的过程中，需要理清楚普洱茶走向国际市场的切入点，精准取舍，才能抢占话语权，蓄势而发。

六、普洱茶在韩国

韩国与中国隔海相望，1992 年 8 月，中国与韩国正式建立外交关系，两国在各领域的合作都取得了快速的发展。茶文化引入韩国，最早可以追溯到隋唐时期，据韩国的史书《三国史记·新罗本记》记载："茶自善德有之"。善德即新罗时代第二十七代女王，于公元 632—647 年在位。在 6 世纪及 7 世纪，佛教文化在当时较为盛行，新罗曾派人到中国研习佛法，并将当时盛行的茶文化带回新罗。

据《三国史记》第七卷《新罗本记》记载："兴德王三年，冬十二月，遣使入唐朝贡，文宗召对于麟德殿，宴赐有差，入唐回使大廉持茶种子来，王使命植于智异山"。由此可知，韩国的饮茶文化兴于 9 世纪，并开始种茶、制茶至今。当时，饮茶风俗首先在宫廷贵族、上流社会及寺院僧侣间传播并流行，饮茶方法上多效仿唐代的煎茶法。时至今日，陆羽《茶经》上铜钱茶的制茶方法，仍在韩国流传千年并保留至今。

韩国的茶文化经过了长年累月的更替，在中韩两国正式建交之前，茶叶经中国台湾及香港地区传入韩国，开启了现代饮茶文化。从 20 世纪 80 年代末开张的韩国第一家普洱茶经营店——釜山缘白茶庄，到 90 年代初期汉城的"吃茶去"，随着中韩两国建交，两国在各个领域的不断合作与发展，加快了中国茶文化在韩国的传播。90 年代后期，在韩国的许多城市，都出现了以销售普洱茶为主的茶店。与此同时，除普洱茶类以外，中国的六大茶类在韩国也有一定的饮用及普及。

到了 21 世纪，市场上的"号级茶"和"印级茶"价格飙升，一般的大众消费者已经接受不了"暴涨"之后的普洱茶价格。于是，韩国的普洱茶流行趋势从价格高昂的"老茶"到开始饮用熟茶。但是由于当时的原料和制茶工艺所限，普洱茶熟茶仅在韩国流行了一段时间。后来，普洱茶在我国大陆和港台地区经历了价格的"过山车"，相对于大厂生产的"拼配茶"，由单一产品、单一原料生产的"古树纯料茶"开始流行。于是很多韩国籍的茶人自己到普洱茶的原产地云南采购原料，定制属于自己品牌的普洱茶。至此天价的"老茶"已成为奢侈品的代言或者历史的见证，各名牌的新茶及古树纯料茶开始成为主流。时至今日，老班章、冰岛、昔归等名山名寨及不被熟知的滑竹梁子、二嘎子、白莺山等茶区，都被韩国茶人津津乐道。

第三节　普洱茶的产业创新

随着科技的发展和创新，以及普洱茶品控机制研究的日益深入，传统的普洱茶行业也走上了高科技的轨道。新品种、新工艺、新设备和新技术的应用，使普洱茶呈现出更加风味化、功能化、数字化、智慧化、科技化、人文化、养生化、科学化、品牌化等发展特点，并且逐步迈入全新的时代（图 15-2）。

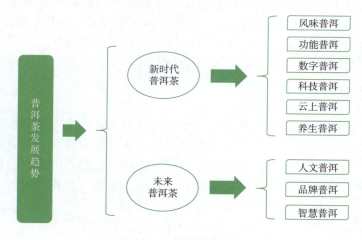

图 15-2　普洱茶时代图

一、风味普洱

风味普洱（图15-3）指通过特定的加工工艺，减少或增加某些风味物质使其口感发生变化，形成特定风味。如利用优势/不同微生物菌种，控制普洱茶风味。

伴随着普洱茶风味化学和品质化学研究的深入，不同品种、不同地区或山头、不同陈化年份、不同级别，乃至不同微生物菌种发酵等因子所导致的普洱茶产品风味变化差异逐渐被揭示，其内在的调控机制也逐渐被探明。基于此，通过品种选育、原料优选、工艺改进、拼配精制和有益菌应用发酵等特定技术的应用，能够使普洱茶中富集某些特定的风味物质，从而实现普洱茶的风味定向化生产，这也是普洱茶发展的主流趋势之一。

在原料选择和加工工艺改进方面，基于云南丰富而独特的茶树种质资源，加强特色风味茶树品种的优选优育工作，进一步强化品种优势和品种特色，为风味普洱多元化发展提供优良且多样的种质资源基础；根据不同品种茶树鲜叶内含风味前体物质的基础差异，调整制定出更加适宜特定品种的加工方案；通过调整普洱茶加工过程中的技术参数，或通过拼配等精制技术的优化与精进，更进一步凸显不同品系、不同山头茶树原料加工而成的普洱茶特色风味（如花香型、蜜香型、果香型、清香型等），从而使普洱茶的风味类型多样化。

在特定技术的应用方面，基于普洱茶微生物固态发酵过程中微生物群落结构的多样性，以及不同菌种适宜生长条件与代谢产物和催化作用的不同，调控普洱茶发酵过程中的优势作用微生物菌群，促进普洱茶在发酵过程中风味物质的定向变化，从而形成具有特定风味的普洱茶，如陈香型、药香型、枣香型、樟香型、曲香型、荷香型、木香型、甜醇型等。目前周红杰名师工作室团队已成功应用黑曲霉发酵获得陈香独特、滋味醇厚甘滑的普洱茶，应用酵母菌发酵获得陈香透花香、滋味醇和回甘的普洱茶，应用根霉菌发酵获得陈香馥郁、滋味醇和清爽普洱茶，应用红曲霉发酵获得曲酯香独特、滋味醇厚甜活的普洱茶等。

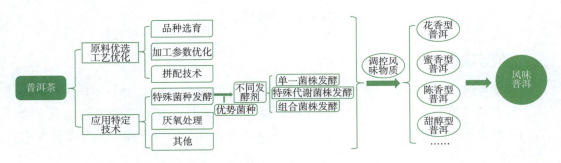

图15-3　风味普洱

二、功能普洱

功能普洱（图15-4）指从功能营养物质角度出发，研发富含功能物质、保健功能突出的特色普洱茶（产品）。

大量的基础研究数据充分证实，普洱茶中茶多酚、氨基酸、茶色素、茶多糖等多种功效物质具有显著的保健功效，同时其作用机理更加明晰。功能普洱的实现主要通过品种选育、工艺控制等手段提高普洱茶中的功能成分，达到功能普洱对人体的养生作用，增强机体免疫能力，提高免疫功能；调节人体节律，调节神经系统，调节消化功能，促进机体生态平衡；预防高血压、高血脂、高血糖等；延缓衰老，保健美容，增强体质。通过特色茶树种质资源筛选、特殊茶树品种选育手段，培育出低咖啡因、高茶多酚、高氨基酸、高花青素（代表性产品：紫娟茶）等茶树品种以及通过特殊工艺控制，包括物理处理方法调控（如GABA茶）、微生物处理方法调控（如LVTP茶）、酶处理方法调控等实现保健功能定向化新型产品开发——降脂功能普洱、降压功能普洱、降糖功能普洱、抗癌功能普洱、抗衰老功能普洱、抗抑郁功能普洱、养胃功能普洱、降酸功能普洱等。

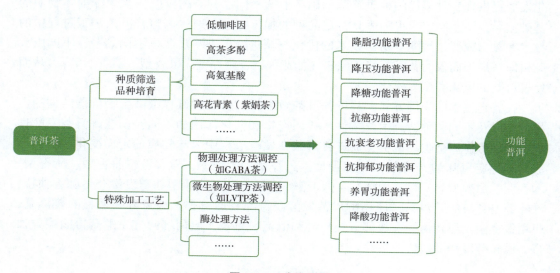

图15-4　功能普洱

三、数字普洱

数字普洱（图15-5）是指通过技术创新，应用有益菌进行发酵或应用新工艺技术，精准调控普洱茶内含成分含量，生产出品质特征鲜明、某种功能活性成分含量较高、具有定向风味或养生功效的新型普洱茶，是普洱茶的标准数字化体系的综合体现。

四、科技普洱

科技普洱（图15-6）指从茶园到茶杯整个产业链中各环节应用标准化、可控化、智能化的科技创新设备和技术手段，实现普洱茶加工生产中的标准可控，提质增效。

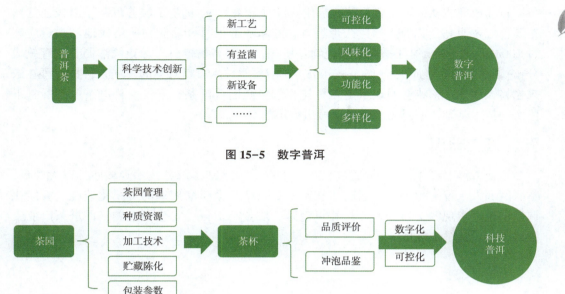

图 15-5　数字普洱

图 15-6　科技普洱

科技普洱是经过对云南普洱茶熟茶二十年探究，通过深入研究普洱茶品质形成过程，对普洱茶中有效物质进行精准精细重组，促进功能增强且品质提升的技术创新成果产品。

（1）茶园管理标准化　通过茶园管理系统化、茶树种质生长可视化、茶园生态可控化数据监控和监测，把控生产原料来源标准化，提升生产原料品质。

（2）茶树种质资源与品质关系数字化　通过对茶树品种、茶产品等进行科学研究及技术成分检测，用科学的视角探寻普洱茶内含成分，建立普洱茶挥发性及非挥发性成分含量数据库，提升普洱茶品质，为开发更多风味性、功能性等普洱茶提供数据支撑和理论指导。

（3）加工技术可控化　通过对普洱茶加工种各流程温度、湿度、微生物、物质变化等进行记录和检测，建立生产参数及物质变化数据库，建立数字化生产模式。

（4）包装参数标准化　通过对普洱茶包装材料、标准、类型、规格等进行调研和研究，用科学的数据解读普洱茶包装的安全性和多样性。

（5）普洱茶贮藏陈化智能化　通过对普洱茶贮藏环境、条件、内涵物质及贮藏中代谢物的变化进行监测和检测，建立贮藏数据库，控制贮藏环境，保证普洱茶品质稳定转化。

（6）普洱茶品质评价规范化　通过对不同产地、不同品种、不同等级、不同工艺的普洱茶进行感官审评和权威检测，建立感官及内质品质数据库，为消费者选购高品质普洱茶提供数字化的理论参考指标。

（7）普洱茶冲泡规范化　通过普洱茶冲泡，探究普洱茶冲泡中内含物质析出规律，用数字规划普洱茶冲泡方法、时间及不同普洱茶冲泡技巧，提高普洱茶利用率。

目前研究成功的科技普洱茶有洛伐他汀普洱茶和γ-氨基丁酸普洱茶。洛伐他汀熟茶汤色红浓明亮，陈香馥郁持久带酯香，滋味甜醇回甘，功能物质洛伐他汀含量应超过100mg/kg；γ-氨基丁酸生茶汤色绿黄明亮，嫩香高扬持久，滋味鲜浓回甘，有效成分γ-氨基丁酸含量应大于150mg/100g。随着科学技术日新月异的发展，科技普洱在未来也将大放异彩，将会涌现出更多科技含量更高的普洱茶，不仅为普洱茶的发展打下坚实的技术基础，而且为人类健康做出突出的贡献。

五、云上普洱

云上普洱（图15-7）指通过以茶叶生产链为基础，信息技术为核心，以大数据、物联网和人工智能为手段，创建"从茶园到茶杯"全生命周期的可视化监控、智能化调控体系，实现源头可控制、过程可追踪、质量有保证、安全可追溯，促进茶产业繁荣健康、可持续地发展。

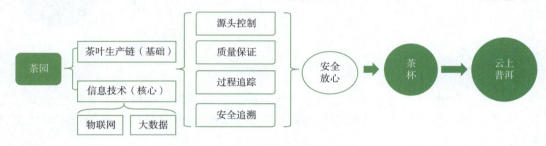

图15-7　云上普洱

从茶园到茶杯全程追溯后，每一个产品都有专属的"智慧金叶"质量安全追溯标签，实现一个包装追溯标签对应一个批次产品，成为保证产品质量安全的"二代身份证"，开启农产品质量安全可追溯化的信息大数据时代；实现"源头能控制，过程可追踪，质量有保证，安全可追溯"的全产业链体系。通过"智慧金叶"追溯标签生成产品唯一质量安全可追溯认证码，从种植基地、加工基地、贮藏基地与销售流通等全生命周期可视化监控及权威理化检测+专家感官品鉴，并出具"数字云茶产品证书"，实现从口感到内质的溯源分析，从品质到功效的科学鉴定，同时追踪产品流通环节，获取产品的销售数据和反馈信息，建立大数据中心，指导企业生产营销，让消费者放心获取和消费安全优质可追溯的产品，以茶叶质量安全促进茶产业繁荣健康、可持续地发展，开启农产品质量安全可追溯的信息大数据时代。

六、养生普洱

养生普洱（图15-8）是指按照传统中医养生理念与现代西方医学体系有效结合进行研制的新时代普洱茶产品。通过开展全方位、系统性普洱茶的保健功效的研究，实现精准养生，有利于人民幸福指数的提高，促进全社会更加和谐、快乐地发展。

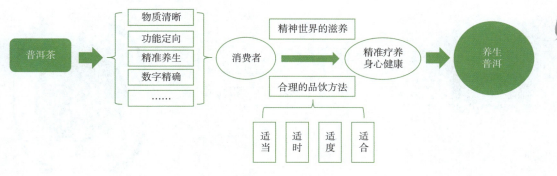

图15-8 养生普洱

其不局限于某一种具体疗效，而是从降血脂、降血压、降血糖、减肥、抗氧化、抗疲劳和陶冶身心等全方位、系统性地认识普洱茶的保健功效，涵盖了云南大叶种原料丰富物质含量、渥堆发酵中物质的大分子小分子化以及品饮过程中享受冲泡品饮乐趣等诸多方面，从而真正达到了品饮者实现"天人合一"的养生目的。养生普洱，于个人来讲，实现了内外机能协调维护，增强免疫力，提高生命质量，延年益寿，提高生活质量的理想；于社会而言，有利于人民健康和幸福指数的提高，促进全社会更加和谐、快乐地发展。

古代药典中不乏对普洱茶的记载，认为茶之药不仅可以治疗疾病还可以预防疾病，这与中医中"治未病"的理念相契合。茶的叶、根、子皆可入药，也可作为养生的食品之一。现代高科技的发展之下，茶叶生产的各个环节也逐步实现数字化、智能化、清洁化，对茶叶的产地、品种、栽培方式、生长环境等各方面的追溯。从茶园到茶杯的标准的科学化程度，形成从茶园到茶杯的安全性、风味性、数字化、功能化特点的普洱茶。产品从栽培到加工，经过完善的标准化加工程序，最终形成商品到达消费者手中。

消费者按需选购，以科学正确的方式冲泡饮用，并以适当、适时、适度、适合为原则饮用普洱茶，达到健康品饮的目的，形成普洱茶未来发展的新趋势——养生普洱。

第四节　普洱茶产业的未来

如今，普洱茶被越来越多的消费者所接受、追随与推崇，这些无不彰显了普洱茶作为商品存在的市场价值。随着消费市场的理性回归，普洱茶消费人群的多元化，传统普洱茶消费市场越来越关注普洱茶的未来发展，如何凸显普洱茶产品的特色，深度挖掘普洱茶的市场成为占领市场的重要筹码。未来普洱茶的发展将逐渐走向人文普洱、品牌普洱、智慧普洱。

一、人文普洱

人文普洱（图15-9）是以科学普洱为前提，把文化普洱、艺术普洱、科技普洱、健康普洱系统升华，在人文普洱发展形态上，完成普洱茶作为物质产品和精神产品的完美结合。

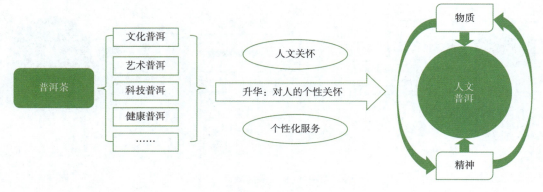

图 15-9　人文普洱

人文普洱主要表现为在普洱茶生产与消费的一系列社会实践中突出以人为中心，发扬人性与培养人的品格，其间将文化普洱、艺术普洱、科技普洱、健康普洱进行系统升华，使其充满着浪漫主义人文关怀和个性化服务的普洱。

具体而言，人文普洱可以根据消费者的个体差异或不同口味，调配形成不同成分、不同香型、不同包装等普洱茶产品。服务是个性化的，人文关怀也是个性化的，以此形成普洱茶的生活方式特别注重以人为中心。

在人文普洱发展形态上，它是物质产品和精神产品的完美结合。在社会经济生活中，通过民族茶文化优势进行引导，将自然、科学、文化、旅游观光及产品优势整合并转化为市场消费的驱动力。

二、品牌普洱

目前市场上的普洱茶企业非常多，相对应的普洱茶品牌也非常多，产品存在着较大的同质性。普洱茶企业单纯依靠价格战来维持自身的优势是行不通的。为了能有效地改变现有普洱茶企业的不足，要走一条战略化的发展道路，以市场为基准，走出自身的特殊路子，通过产业转型升级来提升普洱茶的品质。普洱茶企业未来的发展，一定要通过质量来促进销量。质量提升表现在对茶树栽培、茶叶加工、贮藏管理的各个方面加以改良，从而形成普洱茶的专业化产业链。故此，以品牌为依托，以品牌战略实施为推行方向，将原本分散的资源逐步地整合起来，不断地提升云南普洱茶的市场知名度，使得不同品牌的普洱茶有各自的特色，从而克服缺乏自身优势的严重不足。

品牌化将成为普洱茶发展的重要市场走势，企业在未来发展当中需要运用科技这一媒介保证品质，建立起以消费者为中心，市场为导向，企业自身能力为保障，形成独具风格的普洱茶品牌。普洱茶未来要从产量到质量方向进行转变，茶园管理应朝着生态茶园的方向发展，朝着高水平、品牌化营销方向发展，这有利于普洱茶的可持续发展。

（一）品牌普洱特性

1. 安全化

普洱茶安全性问题一直备受关注，其质量安全由整个加工生产环节的茶叶产地、原料、加工、包装、储运等多种因素共同决定，生产企业在茶园管理、鲜叶采摘、加工、运输、贮藏的不规范，都会造成茶叶不卫生和产品质量不合格的问题。普洱茶的发展需要依靠科技力量，保证从"茶叶"到"茶杯"每一过程的质量安全，生产、品饮的安全化是品牌普洱应具备的首要条件。

2. 专业化

在科学快速发展的新时代，普洱茶发展壮大成一门专业的学科，传统的生产、销售方式已经不能满足消费者日益增长的需求，专业化的种植栽培、加工贮藏、经销模式、科学研究可以提升普洱核心竞争力，是品牌普洱的必要手段。

3. 特色化

普洱茶的"越陈越香"带动了整个产业的发展，多元化的型制、多样的保健功效是普洱茶在六大茶类中令人记忆深刻的特点，当下饮茶人群的年轻化、茶饮的快消品化、茶品的特色化是普洱茶产业创新的源动力。

4. 高端化

2020年，西湖龙井产量493.79t，品牌价值70.76亿元，普洱茶产量16.20万t，品牌价值70.35亿元，对比发现，普洱茶品牌价值与西湖龙井相差无几，而普洱茶产量是西湖龙井的328倍多。因此通过科技创新、市场营销等手段提升普洱茶单品价值，是普洱品牌未来发展的必经之路。

5. 理性化

普洱茶发展迅速，然而在过程中出现了许多如"散茶也是普洱茶""纯料肯定优于拼配""普洱茶只要存放就能变好"等知识盲区，在品牌普洱构建的过程中，如何带领企业、消费者走出误区，理性化的引导生产消费是品牌普洱健康发展的内在要求。

（二）品牌普洱发展方向

1. 利用"互联网+"，做好品牌传播

互联网、大数据已在云南省部分企业投入使用，促进了企业管理效率的提升。"互联网+"是时代发展的新潮流，线上购物业已成为一种重要的生活方式。而茶叶作为一项重要的农产品，在传统产业向电商领域延伸发展过程中是必不可少的。茶企业可以利用互联网数据开展精准营销，探索新型渠道以及提升线上购物服务体验。互联网商城不仅是商品销售窗口，还是企业形象的展板，更是企业品牌的传播平台，企业利用好"普洱茶+互联网"的模式提升品牌价值，推动普洱茶产业的发展，是品牌普洱重要发展途径之一。

2. 拓展市场范围，提升品牌价值

2021年普洱茶品牌评估价值达73.52亿元，按照"市场主导、企业主体、政府支持"的原则，统筹推进品牌建设，大力实施"公共品牌+区域品牌+企业品牌"战略，从而促进普洱茶企业整体经营管理水平的提升，继续保持提升自身实力，可以有效促进企业规模的提升与品牌建设。

普洱茶以国内市场为主，未来应持续打造品牌，推动普洱茶市场国际化，解决在茶叶出口流通过程中出现的茶叶产业缺乏科学合理规划、交通设施不够完善、茶叶产品市场混乱、茶产品质量安全体系不完善等问题，提升龙头企业的带头作用，促进普

洱茶品牌价值的健康持续发展。

3. 挖掘历史文化，讲好品牌故事

普洱茶具有深厚的历史文化背景，经过历史变迁，普洱茶已从云南一隅走向世界。在品饮普洱茶的同时，讲好普洱茶历史、普洱茶文化，可以让消费者对普洱茶有更深入的了解，普洱茶多元化的属性为品牌普洱（图15-10）茶注入活力，加大挖掘普洱茶的历史文化属性，可以帮助提升普洱茶的品牌附加值。

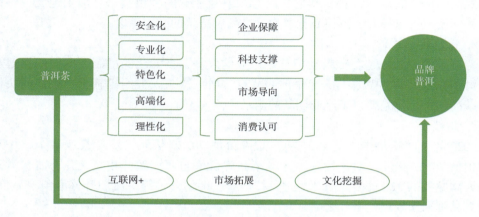

图 15-10　品牌普洱

三、智慧普洱

智慧普洱（图15-11）指将传统概念的普洱茶，经过科学、系统地研究和开发，使其功效进一步明确、工艺进一步改进、产业进一步升级，形成标准化、数字化、智能化、品牌化、可追溯化的普洱茶研究、开发、生产和营销体系。

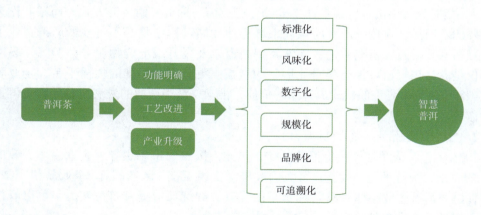

图 15-11　智慧普洱

智慧普洱的主要任务和目的是以农业普洱为产业基础，以文化普洱为内涵积淀，以科学技术发展为动力，加强普洱茶基础研究、功效开发和工艺改造。

（一）智慧原料

云南大叶种丰富的内含物质是普洱茶的加工基础，内含物质的数字化为生产标准化、产品风味化提供科学数据。通过管理茶树栽培、合理施药施肥、科学间种管理能提升茶树鲜叶品质与产量，针对有效成分进行利用加工，可以有效推动工艺创新。

（二）智慧加工

1. 有效控制发酵加工过程

普洱茶（熟茶）发酵的控制一般依靠经验、看茶做茶，即使很有经验的师傅也难免有捉襟见肘之时。加之，普洱茶受品种、地域、加工等条件的影响，发酵过程不易控制，品质很难稳定，品饮安全性难以保证。因此，如何有效控制普洱茶（熟茶）发酵，对许多新办茶厂来说是个难题。从普洱茶品质化学的角度来讲，通过合理监测普洱茶生产环境和控制普洱茶特征成分（如茶多酚、茶色素、氨基酸、生物碱、茶多糖等）以及挥发性物质的含量变化，利用近红外光谱技术及时明确茶叶特征成分含量水平以及利用色差仪及时监测茶叶色泽的变化，并与优质普洱茶作对比，未来普洱茶生产需要依靠科学技术稳定品质。

2. 风味普洱茶定向化生产

优秀的加工技术造就"色、香、味、形"俱佳的普洱茶。众所周知，"渥堆"是形成普洱茶品质特征最关键的一步，在这一工序中微生物发挥了重要作用。实践证明，利用有益的优势微生物菌种发酵生产普洱茶可以获得不同风味的普洱茶。如黑曲霉发酵的普洱茶陈香中透着花果香，其香气物质中如氧基苯及其衍生物、萜烯醇类化合物及其衍生物与醛类含量高，其他香气物质含量较少。根霉发酵的普洱茶陈香浓郁，其香气物质中萜烯醇类化合物、醛类、酮类含量较高，特别是芳樟醇氧化物的含量较高，而甲氧基苯及其衍生物的含量相对较少。木霉发酵的普洱茶陈香透花木香，其香气物质中甲氧基苯及其衍生物和萜烯醇类化合物及其衍生物、醛类含量较高其他香气物质含量较少。

3. 功能性普洱茶的生产

利用不同优势微生物可发酵生产不同风味的普洱茶，同样也可以利用不同优势微生物发酵或特殊加工工艺生产具有突出功能性的普洱茶。具体是以茶叶为基质，利用优势微生物发酵，使微生物分泌特定的活性成分，或是通过特殊工艺使茶叶产生特定的代谢产物，从而提高活性成分在普洱茶中的含量水平来强化普洱茶功能。如高洛伐他汀含量普洱茶具备优秀降脂功能，高 γ-氨基丁酸含量普洱茶具有优秀降压的功效等。

4. 普洱茶制品多样化生产

目前，云南普洱茶产业存在着科技含量低、加工技术落后、经济效益低等问题。发展普洱茶深加工技术，开发方便、快捷、保健、营养和安全的即食即饮普洱茶产品是普洱茶产业提质增效的重要途径。普洱茶与其他六大茶类的不同点主要在于其化学成分含量及类型的差异上，在普洱茶中茶多糖、茶色素等含量极高，与绿茶相比多酚类物质大幅下降，简单儿茶素则有较大的增幅。这些成分与普洱茶的保健功能密切相关，也赋予了普洱茶特殊的感官品质。因此，通过科学研究生产具有或富含某种功能物质的风味特色普洱茶，将普洱茶特有的成分进一步在食品、医药、化工等领域中加以应用，开发出品种、功能多样化的普洱茶食品、养生保健品、美容护肤品、日用化妆品及相关产品，是未来科学普洱茶的发展方向。

（三）智慧贮藏

控温、控湿、避光、通风、无污染、无异味的科学贮藏环境是保证普洱茶品饮安全、提升普洱茶品质的保障。建立"智慧茶仓"，通过互联网、物联网、大数据等新兴技术，实时检测环境参数，采用专业设备、设施来完成环境调节，避免普洱茶品发生霉变、异变，使普洱茶向香、醇、甘、润、滑的方向转化，提升普洱茶价值，促进市场流通。

（四）智慧品饮

普洱茶是健康饮品，但想要通过饮茶获得良好的健康状况，除了需要长期持续的进行品饮外，还需要掌握和使用正确、科学的饮茶方式。普洱茶（生茶）、普洱茶（熟茶）、陈年普洱茶（生茶）各具有不同的茶性，针对每个人不同的体质、年龄、身体状况以及生活环境等因素，不同的人对普洱茶品的选择也各有差异。选择具有"顺、活、洁、亮"特征的优质普洱茶，拒绝劣质普洱茶，采用科学的冲泡方法、品鉴方式，不仅能深切体会普洱茶的感官风味，而且有益品饮者身心健康。

思考题

1. 简述国内外普洱茶的产业发展现状有何异同。
2. 简述新时代普洱茶的产业创新有哪些方面。
3. 简述普洱茶产业的未来发展趋势有哪些。

参考文献

[1]和妍. 云南 YZ 茶业集团商业模式创新研究[D]. 昆明:云南师范大学,2019.

[2]정민. (새로 쓰는) 조선의자문화 [M]. 경기도:김영사，2011.

[3]김경우. 골동 보이차의 이해 [M]. 서울:티웰，2017.

[4]周红杰,李亚莉. 第一次品普洱茶就上手(图解版)[M].2 版. 北京:旅游教育出版社,2021.

附　录

附录一　普洱茶大事记

225 年：打开了普洱茶史话

三国时期"武侯遗种"，在近 1800 年前的农历七月二十三日打开了普洱茶史话。"茶山有茶王树，较五独大，本武侯遗种，至今夷民祀之。"（檀萃《滇海虞衡志》）。武侯就是诸葛亮，相传他在公元 225 年南征，来到现云南省西双版纳自治州勐海县南糯山。当地民族基诺族深信武侯植茶，并世代相传，祀诸葛亮为"茶祖"，每年加以祭拜。

今布朗族、基诺族的先民在滇南一带开始驯化、栽培利用茶树。

864 年：云南产茶，并已行销

唐代樊绰著《蛮书》记载："茶出银生城界诸山，散收无采造法，蒙舍蛮以椒、姜、桂和烹而饮之。"银生是唐南诏国一节度府名，治位今云南景东县，辖今思茅地区、西双版纳州及临沧市的南部，是有关我国云南少数民族饮茶、业茶的最早记载。

清代阮福在《普洱茶记》中说："普洱古属银生府。则西蕃之用普茶，已自唐时。"普洱茶在唐代就已远销西蕃，那时西南的丝绸之路，同时也是"丝茶之路"。

宋代：证实"西蕃之用普茶"

李石在他的《续博物志》一书里记载："茶出银生诸山，采无时，杂椒姜烹而饮之。"可见宋代时云南茶叶仍没有固定的名字。中国茶叶的兴盛，除了中华民族以饮茶为风尚外，更重要的因为"茶马市场"以茶叶换取西蕃之马，对西藏的商业贸易开拓了对西域商业往来的荣景。

元代："普耳"产生

元代有一地名为"步日部"，由于后来转音写成汉字，就成了"普耳"。普洱一词首见于此，从此得以正名写入了历史。

1620 年：普洱茶第一次作为专有名词出现

普洱治地改名普洱，普洱茶因此而得名。"普茶"一名首次见诸文字于《滇略》。

在公元 1643 年出版的《物理小识》中，"普洱茶"一名有了正式的文字记载。

1582 年

普洱一带（今宁洱县）成为滇南一带茶叶的集散地，车里宣慰司派员长驻进行管理。"普洱茶"正式得名，紧压茶也开始出现。

明末，石屏人开始"奔茶山"，到西双版纳从事茶叶生产与经营。

1661 年

五世达赖喇嘛、干都台吉派使节于北胜（今云南永胜县）市茶。10 月，北胜辟为茶市，当年入藏普洱茶达 1500t。

1668 年

清政府移公元 1665 年在北胜州设立的茶马市到丽江，藏商马帮必须到丽江购买"茶引"后方可进入西双版纳等普洱茶区购买普洱茶。

1716 年：普洱茶进贡最早的记载

农历十二月初八，开化（今云南文山县）总兵阎光纬"进普洱肆拾圆，孔雀翅肆拾副，女儿茶捌篓"，是普洱茶、女儿茶进贡最早的记载。

1729 年：设攸乐同知

清廷在云南景洪攸乐山增设"攸乐同知"，驻右营，统兵五百，负责征收茶税等事务。另在勐海、勐遮、易武等地设立"钱粮茶务军功司"，专门负责管理当地赋税和茶政方面的问题。

清代倪蜕《滇西历年志》载，雍正七年乙酉，云南总督鄂尔泰奏设总茶店于思茅，以通判司其事。六大山产茶，向系商民在彼地坐放收发，各贩于普洱，上纳税课转运由来已久。"至是，以商民盘剥生事，议设总茶店以笼其利权。"于是通判朱绣上议，将新旧商民全部赶走，逗留复入者俱枷押出镜。其茶令茶户尽数运至总店，领给价值。

1735 年

普洱府同知由攸乐迁往思茅，改称思茅同知，思茅成为六大茶山茶叶之集散地。

雍正年间，倚邦、易武等地的茶庄开始兴起。

1736 年

易武开始压制七子饼茶（又称圆茶或元宝茶）。

清代中期，普洱茶古六大茶山发展到"周八百里，入山作茶者数十万人"的规模。

1737 年

倪蜕撰《滇云历年传》十二卷中的卷二；《道光云南志钞》卷一《地理志》。这两处史料的记载说明：普洱府是当时茶叶贸易的集散地，思茅厅属六大茶山所产茶叶，大部分集中到普洱、思茅，经过加工精制之后，上贡皇朝和运销各地。

1755 年：女儿茶的记载

张泓《滇南新语》载："滇茶有数种，盛行者曰木邦、曰普洱"，木邦叶粗味涩，冒普洱茶以愚商贩。"普茶珍品，则有毛尖、芽茶、女儿之号。毛尖即雨前所采者，不作团，味淡香如荷，新色嫩绿可爱。芽茶较毛尖稍壮，采治成团，以二两四两为率，滇人重之。女儿茶亦芽茶之类，取于谷雨后，以一斤至十斤为一团，皆夷女采治，货银以积为衒资，故名。制抚例用三者充岁贡。"在岁贡中，"亦有女儿茶膏，并进蕊珠茶"是这时对云南普洱茶最为翔实的记述。

1765 年

赵学敏撰《本草纲目拾遗》。该书记述了普洱茶产地及其药用价值。

1782 年

吴大勋撰《滇南见闻录》。书中记述了作者对普洱茶生产、贩卖及品饮的见闻。

1799 年：普洱茶产销处于极盛时期

檀萃《滇海虞衡志》载："普茶名重于天下，此滇之所以为产而资利赖者也。出普洱所属六茶山，周八百里，入山作茶者数十万人，茶客收买运于各处，每盈路可谓大钱粮矣。"普洱茶产销处于极盛时期。

1807 年：普洱茶地域介绍

师范在这年撰刊的《滇系·异产》载："普洱茶产攸乐、革登、倚邦、莽枝、蛮砖、漫撒六茶山，而倚邦、蛮砖者味较胜。"在《滇系·山川》里载："普洱府宁洱县六大茶山：曰攸乐，即今同知制所；其东北二百二十里曰莽枝，二百六十里曰革登，三百四十里曰蛮专，三百六十五里曰倚邦，五百二十里曰慢撒。"

1825 年：第一篇详细记述普洱茶的文献

阮福《普洱茶记》上有"普洱古属银生府，则西番之用普茶，已自唐时"的记载。这是第一篇详细记述普洱茶的文献。

1836 年

易武磨者河上的《永安桥功德碑》记述了在这条采办贡茶必由之道上，因茶而建桥的情况。

1838 年：减轻茶税

云南勐腊易武茶商张应兆和全寨人在原石屏会馆关帝庙右侧竖立"茶案碑"，石碑文一千一百四十二字，记载张应兆、胡邦有上诉易武土官，要求减轻茶税，土官不予采纳，还对张的两个儿子监禁虐待。张又约吕文彩上控易武土官，引起普洱府重视，黄主讯断了全案，谕易武土官"听其民便，不得苛索。"并提高了茶价，减少了茶税。为了不使易武土官滥派茶税，或日久复辙，张应兆便在易武立了一块"断案碑"。

1845 年

普洱府组织西双版纳的茶商及百姓，用大青石铺设了从易武经曼洒、倚邦、勐旺到思茅的茶马古道。

1850 年

《普洱府志》中的《卷一·序》、《卷八·物产·食品》、《卷九·风俗》和《卷二十·古迹》中系统叙述了普洱茶产地、茶树、采摘、贡茶、贸易和传说等情况。

1897 年：思茅开设洋关

《德宗实录》载，六月云贵总督崧蕃甘奏，"思茅开设洋关，厘务减色，请将所产普茶，照本省土药抽收地厘金，以顾滇饷。"

1900 年

《普洱府志》中的《卷十七·食货志四·课程》中记载了官方收税、向普洱茶叶经营者颁给"茶引"（即执照）的情况。

1902 年

现代形状的云南沱茶开始在下关永昌祥、复春和等茶庄创制。

1910 年

张堂阶创办勐海第一家茶庄——"恒春茶庄"。

1912 年

佛海（今勐海县）将团茶改制成带把的"心脏形"，取名宝焰牌紧茶（附图1）。

附图1　宝焰牌紧茶

1913—1928 年

设置思普沿边行政总局时期，推行"土流合治"政局较为稳定，茶叶生产得到发展。

1916 年

云南沱茶首次定型加工为现在的碗形沱茶（附图 2）。

附图 2　碗形沱茶

1921 年

由佛海经缅甸过印度洋，再经印度东北进入西藏的普洱茶运输线路开通。

1925 年：可以兴茶庄成立

周文卿在佛海正式成立"可以兴茶庄"，开始以家庭成员为主，只收购散茶，运出思茅销售。1927 年制成圆茶、砖茶、沱茶，用笋叶和竹筐包装，销往藏族地区。

1928 年

可以兴茶庄将团茶试销香港，销路较好。

1932 年

可以兴茶庄加入"佛海茶业联合贸易公司"，公司年出口茶叶数量在 2 万多驮。

1938 年：云南中国茶叶贸易股份有限公司成立

中华民国政府经济部所属中国茶业公司与云南全省经济委员会合资，创建云南中国茶叶贸易股份有限公司（云南茶叶进出口公司的前身），于 12 月 16 日正式成立。办公地址设在昆明市。

云南省财政厅采纳白孟愚的建议，经省务会议决定，成立"云南省思普区茶业试验场"（即今云南省农业科学院茶叶研究所的前身），开展种茶与制茶试验。1939 年 1 月在南峤（今勐海县勐遮镇）建立第一分场，4 月在南糯山建立第二分场，1940 年 1 月在南糯山石头寨建立制茶厂。

1939 年：云南近代茶厂的建立

3 月 8 日，云南中国茶叶贸易公司顺宁（今凤庆）实验茶厂正式成立。厂长冯绍裘。1945 年 10 月 31 日正式任命吴国英为厂长。

5 月，云南中国茶叶贸易股份有限公司在宜良县城近郊的下栗者村租用村民旧房设临时制茶所，何亦鲁任所长，为省办茶叶技术人员训练班实习场所。同年 10 月改为茶场。民国二十九年（公元 1940 年）5 月，改茶场为茶厂，童衣云任厂长。

10月，云南中国茶叶贸易股份有限公司在昆明建立复兴茶厂（昆明茶厂前身），厂址设在昆明金碧路，童衣云任厂长，主要任务是用勐库和凤山茶为原料加工名牌，复兴沱茶。

1940 年：佛海茶厂成立

4月1日，佛海茶厂正式成立，厂址在博爱路（今科技路）。厂区占地面积 40 亩，有厂房 2160m²，职工 80 人左右。主要生产紧茶销西藏。厂长范和钧。1942 年太平洋战争爆发，茶厂停产。1952 年正式恢复生产，唐庆阳任厂长，1953 年 3 月更名为中国茶业公司西双版纳制茶厂，1954 年更名为云南省茶业公司西双版纳茶厂，1959 年更名为思茅专区勐海茶厂，1961 年更名为勐海县茶厂，1963 年更名为云南勐海茶厂，1970 年复称勐海县茶厂，1982 年更名为勐海茶厂。

1941 年：康藏茶厂成立

3月，云南中国茶叶贸易股份有限公司与康藏商人代表蒙藏委员会委员格桑泽仁订约，合资在下关成立康藏茶厂，制造藏销紧茶、砖茶。

思普区茶业试验场下辖南糯山制茶厂以传统工艺生产出 75t 普洱紧茶，全部销往印度。同年，佛海试验茶厂（今勐海茶厂的前身）建成投产，当年销往泰国的普洱圆茶有 20 多吨。

1943 年

"思普区茶业试验场"划归云南省企业局管辖，改称"云南省思普企业局"，原一分场改称安峤农场，原二分场改称南糯山实验种茶场（下辖南糯山制茶厂）。思普企业局至 1948 年停办。

1948 年

《新攥云南通志》记载："普洱茶之名在华茶中占特殊位置，远非安徽、闽、浙可比。""普茶之可贵，即在采自雨前，茶味量多，鞣质量少，回味苦凉，无收敛性，芳香清芬，自然不假，薰作是为他茶所不及耳。"

1950 年

4月，中国人民解放军"思普专区生产大队"接管思普企业局遗留下来的南糯山实验种茶场等部分资产。9月，生产大队更名为"思普垦殖场"。

1951 年

栽培型古茶树被发现：云南省茶叶研究所在勐海县南糯山半坡寨发现栽培型古茶树。该树位于海拔 1100m 的茶树林中，树高 9.55m，对幅 10m，主干 138cm，树龄 800 余年。

7 月，佛海（今勐海）茶叶试验场成立：云南省农林厅佛海茶叶试验场在接收民国时

期思普企业局思普垦殖场（勐海南糯山）的基础上成立。场部设在佛海县曼真，辖南糯山一厂和南糯山二场。1953 年更名为云南省农林厅勐海茶叶试验站，1954 年更名为西双版纳傣族自治区（1955 年改区为州）勐海茶叶试验站，1959 年更名为云南省思茅专区茶叶科学研究所，1963 年更名为云南省勐海茶叶试验站，1972 年更名为云南省茶叶研究所，1979 年更名为云南省农业科学院茶叶研究所（第一任所长蒋铨）。

"中茶"商标注册：中国茶业公司"中茶"商标（8 个红色"中"字组成圆圈，中间是绿色"茶"字，附图 3）经中央私营企业局核准，发给商标审定书，取得专利权。

中国土产畜产茶叶进出口公司

附图 3　"中茶"商标

1957 年

　　11 月 15 日至 12 月 15 日，云南省茶叶研究所蒋铨、金鸿祥及西双版纳州农技站等有关单位人员实地访问、考察了普洱茶古六大茶山。

1960 年

　　云南野生茶树资源调查被列为全国重点研究课题，云南省茶叶研究所科技人员在勐海、澜沧、景谷、景东、墨江、凤庆、镇康、双江、昌宁、大关、富源、新平等地均发现有野生大茶树。

1962 年：发现巴达野生古茶树

　　云南省茶叶研究所张顺高和勐海茶厂刘宪荣在勐海县巴达区贺松乡的小黑山原始森林里考察时发现，主干直径 1m，树高 32.12m，树龄在 1700 年左右。

1967 年

　　下关茶厂将心脏形紧茶改变成长方形砖片（附图 4）。每片净重 250g，用中茶牌商标。

附图 4　普洱茶砖

附
录

1973 年

云南茶叶进出口公司开始办理自营出口茶叶业务，并在昆明茶厂试制沤堆发酵普洱茶成功，当年出口普洱茶 10.2t。

1974 年

云南茶叶进出口公司在昆明、勐海、下关、普洱四个茶厂推广加工渥堆发酵普洱茶。

1979 年：统一了普洱茶的质量标准和加工工艺

2 月 21—25 日，云南茶叶进出口公司在昆明召开普洱茶加工座谈会，拟定了"云南普洱茶制造工艺要求（试行办法）"，统一了九个标准样，确定了普洱茶茶号的编号办法，统一了普洱茶的质量标准和加工工艺。

4 月 1 日，云南省茶叶进出口公司以（79）云外茶调字第 40/12 号文件下发昆明、勐海、下关、普洱 4 个茶厂《关于普洱茶品质规格和制造要求的通知》。

9 月，下关甲级沱茶荣获国家银质奖，并被评为省优产品。

1981 年：规定了普洱茶的感官司指标、理化指标、成品质量、包装材料等指标和要求

10 月 19 日，云南省茶叶进出口公司以（81）云外茶技字第 142/29 号文件，给昆明、下关、勐海、普洱、澜沧、景谷茶厂发出《检发云南普洱茶品质规格试行技术标准的通知》，规定了普洱茶的感官司指标、理化指标、成品质量、包装材料等指标和要求。

1986 年：云南普洱茶走出国门

3 月 10 日，云南普洱沱茶在西班牙巴塞罗那荣获第九届国际食品汉白玉金冠奖。

10 月，英国女王伊丽莎白二世偕其丈夫爱丁堡公爵菲利普亲王来昆明访问，饶有兴致地鉴赏了陈列在西山华亭寺中的云南普洱茶。

10 月 23 日，全国人大常委会副委员长班禅额尔德尼·确吉坚赞视察下关茶厂，郑重提出仍有部分藏族人民喜欢原有带把的心脏型紧茶，希望能恢复生产，以资供应。下关茶厂开始恢复带把的心脏型紧茶生产。

1987 年：云南普洱茶名声噪起，保健价值的研究获得突破

1 月，云南省茶叶研究所选育的"云抗 10 号""云抗 14 号"无性系茶树品种，被全国农作物审定委员会审定为全国茶树良种。

7 月 15 日，云南茶叶进出口公司在欧洲的沱茶总代理商法国甘浦尔先生在巴黎王子酒家举行法国国家级的"云南沱茶研究报告会"。发布的临床试验报告称：云南沱茶特有疗效，可降低人体中的血脂含量。此事在法国《欧洲时报》、中国香港《成报》、中国《国际贸易消息》及《云南日报》均作了报道。

10 月 15 日，下关茶厂生产的云南沱茶在德国杜塞尔多夫第 10 届国际食品节荣获"世界食品金冠奖"。

同年，昆明医学院第一附属医院内科心血管组对沱茶的药理效应进行临床试验，一组服用沱茶（55 例），一组服用西药安妥明（33 例），结果表明，服用沱茶者血脂、胆固醇的下降率明显高于服用安妥明者。

1989 年

勐海茶厂大益牌商标 1988 年开始使用，1989 年注册成功（附图 5）。

附图 5 "大益"商标

1990 年

11 月 30 日，"宝焰牌"紧茶注册商标正式启用（附图 6）。

附图 6 "宝焰牌"紧茶

同年，在亚太地区国际肿瘤学术会议上，昆明天然药物研究所国家级专家梁明达、胡美英教授公开展示了普洱茶抗癌作用的科研成果及产品。两位教授发现，普洱茶杀灭癌细胞的作用最为强烈，甚至常人喝茶的百分之一的浓度也有明显作用。

1993 年

4 月 4—11 日，中国普洱茶国际学术研讨会和中国古茶树遗产保护研讨会在云南思茅市举行。会上交流普洱茶史、普洱茶文化、古茶树分布与保护等相关内容，并通过了《保护中国古茶树倡议书》。

1994 年：组建下关沱茶（集团）股份有限公司

8 月 30 日，由下关茶厂、云南茶叶进出口公司、重庆渝中茶叶公司等 5 个单位共同发起，经云南省体改委批准，"云南下关沱茶股份有限公司"在下关茶厂挂牌成立（附图 7）。

附图7 "下关沱茶"商标

1998年12月，经大理州政府批准，以下关沱茶股份有限公司为母公司，以大理州茶叶有限责任公司和南涧茶叶有限责任公司为子公司，组建"云南下关沱茶（集团）股份有限公司"。

2002年

5月，云南思茅建成"普洱茶文化交流中心"。

6月，中国普洱茶国际学术会议在云南景洪市举行；我国首次对举世瞩目的茶马古道进行综合科学考察，来自中国科学院、中国社会科学院等的专家学者分别从云南迪庆藏族自治州和四川雅安出发，分两路对茶马古道进行考察。

10月，中国台湾大友普洱茶博物馆开馆，收藏1000多种普洱茶。

2003年：云南省第一个茶叶地方标准颁布

3月，云南省质量技术监督局正式颁布《云南普洱茶地方标准》。这是云南省第一个茶叶地方标准。

10月31日，国家商标局向云南普洱茶叶协会颁发了《普洱茶原产地证明商标注册证》。

2004年

3月，云南农业大学周红杰教授主编的《云南普洱茶》由云南科技出版社出版发行。这是一本系统介绍云南普洱茶的专著。

10月，勐海茶厂、下关茶厂改制。

11月25日，以研究、发展、弘扬普洱茶为主题的云南省首届普洱茶国际研讨会在昆明举行。

12月26日，"西双版纳普洱茶研究院"在云南省农业科学院茶叶研究所成立。

2005年

第七届中国普洱茶叶节评出了10名首届"全球普洱茶十大杰出人物"。他们是中国香港的白水清、何景成，法国的甘浦尔，中国台湾的石昆牧，陕西的纪晓明，韩国的姜育发和云南的罗乃炘、周红杰、张宝三、黄桂枢。

3月27至30日，"纪念孔明兴茶1780周年暨云南普洱茶古茶山国际学术研讨会"在中国科学院西双版纳热带植物园（勐仑）举办。

5月1日，由首届"马帮茶道·瑞贡京城"普洱茶文化北京行组委会举办的"马帮茶道·瑞贡京城"出发活动正式在普洱县举行,主办方共有 120 匹马,驮有 224 筐 14420 片普洱茶,于 5 月 1 日由普洱出发,途经云南、四川、陕西、山西、河北五省的 80 多个县、市,行程 4000 多千米,于 10 月 10 日到达北京,10 月 25 日返回昆明。

6 月 16 日,由云南六大茶山茶叶公司为广东芳村茶叶城开业志庆制作,由广州市锦桂房地产开发公司收藏的重 3.6t、直径 3.28m、厚 0.375m 的巨型普洱茶饼落户广州芳村茶叶城。此饼已获得上海大世界吉尼斯总部颁发的"大世界吉尼斯之最"证书。

7 月 31 日,全国首个以普洱茶为经营内容的茶叶城在广州芳村开业,占地 2 万多平方米,百余家大小茶商云集其中。

10 月 28 日,全国首家普洱茶品质检测中心在云南云药实验室挂牌成立。这是专门从事普洱研究与开发和普洱茶品质检测分析的机构。

10 月 31 日,国家商标局向云南普洱茶叶协会颁发了《普洱茶原产地证明商标注册证》。

11 月 19 日,云南农业大学正式宣布成立普洱茶学院和云南普洱茶研究院,普洱茶学院是高校茶学专业发展的第一个学院,而云南普洱茶研究院是云南高校中唯一的茶叶研究机构。在云南茶树种质资源、普洱茶加工工艺与品质的关系、普洱茶内含功能性成分研究、云南大叶种优质茶叶加工、茶叶综合利用等方面取得丰硕的成果。

2006 年

4 月 8 日,云南普洱茶叶协会在普洱哈尼族彝族自治县宣告成立。

4 月 9 日,普洱茶学院及云南普洱茶研究院正式挂牌招生和运行。

7 月 1 日,云南省质量技术监督局发布 DB 53/103—2006《普洱茶》和 DB 53/T 171~173—2006《普洱茶综合标准》。

9 月 22 日,首届中国云南普洱茶国际博览交易会开幕。

9 月 28 日,首届中国国际普洱茶学术研讨会在北京召开。

10 月 30 日,中国普洱茶古六大茶山茶文化博物馆在云南易武乡开馆。

2008 年:普洱茶国家标准开始实施

8 月,在 29 届奥运会上,普洱市人民政府捐赠的"国茶普洱"成为本届奥组委馈赠嘉宾的唯一食品类礼品。

12 月 1 日,GB/T 22111—2008《地理标志产品 普洱茶》开始实施。

2009 年

4 月,由云南农业大学周红杰教授主持完成的"云南普洱茶化学成分及质量标准研究"项目荣获云南省科技进步一等奖。

5 月,龙润普洱集团在香港上市,这是我国第一家上市的茶叶企业。

6 月 1 日,云南施行《普洱茶地理标志产品保护管理办法》。

2010 年

10 月,云南农业大学普洱茶学院周红杰教授从普洱茶发酵过程所含菌种中培养出可以产生天然他汀类物质的专利菌株——紫色红曲菌 MPT 13，并用专利菌株发酵，形成有独特风味，具有更好功效的科技普洱。

2011 年

3 月 7 日，中国普洱茶国际评鉴委员会在北京宣告成立。

5 月，云南下关沱茶制作技艺被列入国家级非物质文化遗产名录。

11 月，"大益"入选"中华老字号"名录并成为中国驰名商标。

2015 年

5 月，"云南普洱茶、滇红"荣膺百年世博金骆驼奖。

9 月，云南普洱茶交易中心在普洱举行建成仪式。

2015 年"锦秀"茶王茶品滇红茶、生茶，分别以每百克 12.8 万元人民币和 35 万元人民币的价格拍卖成功。

2017 年

在第十五届中国普洱茶节上，作为压轴戏的普洱茶产品拍卖会吸引了众多藏家的高度关注。首次亮相拍卖会的 1700 年邦崴古树茶，便拍出了天价 18 万元！

2018 年

12 月 17 日，云南省市场监管局召开普洱茶放心消费专项行动动员会，表示将通过"四个最严"的举措全面推动普洱茶实现原料可溯、产地可查、标识明晰、品质保证、市场规范、消费放心的目标。

2020 年

普洱茶成功入选中欧地理标志协定首批保护名录。

澜沧古茶、祖祥、龙生获评"云南十大名茶"。

《普洱市普洱茶十项标准》发布：1 月 12 日，由云南省政府新闻办公室主持的《普洱市普洱茶十项标准》新闻发布会在昆明举行。此次发布的普洱茶十项标准，包括"七项地方标准"和"三项团体标准"，涵盖了种植、生产、贮藏等所有环节。

中茶、澜沧古茶酝酿 A 股上市：2020 年上半年，中国茶叶股份有限公司（中茶）与澜沧古茶股份有限公司相继披露了招股说明书（申报稿），拟登陆 A 股市场。

9 月，云南云垦集团与普洱茶投资（集团）有限公司共同出资组建云南普洱国资有机茶业有限公司。

2022 年

11 月 29 日，"中国传统制茶技艺及其相关习俗"列入联合国教科文组织人类非物质文化遗产代表作名录。云南普洱茶制作技艺（贡茶、大益茶）入选。

附录二　茶组系统

一、1998 年张宏达茶组系统（除后面标记地点外，云南均有分布）

Ser. Ⅰ. *Quinqueloculars*（五室茶系）

    1. *C. remotiserrata*（疏齿茶）

    2. *C. kwangsiensis*（广西茶）

    3. *C. grandibracteata*（大苞茶）

    4. *C. kwangnanica*（广南茶）

    5. *C. tachangensis*（大厂茶）

        C. quinqueloculars（五室茶）

        C. tetracocca（四球茶）

    6. *C. nanchuanica*（南川茶）—重庆

Ser. Ⅱ. *Pentastylae*（五柱茶系）

    7. *C. crassicolumna*（厚轴茶）

    8. *C. rotundata*（圆基茶）

    9. *C. crispula*（皱叶茶）

    10. *C. atrothea*（老黑茶）

    11. *C. makuanica*（马关茶）

        C. haaniensis（哈尼茶）

        C. multiplex（多瓣茶）

    12. *C. pentastyla*（五柱茶）

    13. *C. taliensis*（大理茶）

    14. *C. irrawadiensis*（滇缅茶）

Ser. Ⅲ. *Gymnogynae*（秃房茶系）

    15. *C. dehungensis*（德宏茶）

        C. gymnogynoides（假秃房茶）

16. *C. leptophylla*（膜叶茶）—广西

17. *C. gymnogyna*（秃房茶）

18. *C. costata*（突肋茶）

19. *C. jingyunshanica*（缙云山茶）—重庆

20. *C. parvisepaloides*（拟细萼茶）

21. *C. yungkiangensis*（榕江茶）

Ser. Ⅳ. Sinenses（茶系）

22. *C. angustifolia*（狭叶茶）—广西

23. *C. arborescens*（大树茶）

24. *C. purpurea*（紫果茶）

25a. *C. sinensis*（茶）

25b. *C. sinensis var. pubilimba*（白毛茶）

25c. *C. sinensis var. waldenae*（香花茶）—香港

26. *C. ptilophylla*（毛叶茶）—广东

27. *C. pubescens*（汝城毛叶茶）—湖南

28. C. *fangchengensis*（防城茶）—广西

29a. C. *assamica*（普洱茶）

29b. *C. assamica var. polyneura*（多脉茶）

29c. C. *assamica var. kucha*（苦茶）

30. *C. multisepala*（多萼茶）

31. *C. parvisepala*（细萼茶）

32. *C. pubicosta*（毛肋茶）—越南

二、2000 年闵天禄茶组系统

1a. *C. tachangensis*（大厂茶）

    C. quinquelocularis（五室茶）

    C. tetracocca（四球茶）

1b. *C. tachangensis var. remotiserrata*（疏齿大厂茶）

    C. remotiserrata（疏齿茶）

    C. gymnogynoides（假秃房茶）

    C. nanchuanica（南川茶）

    C. jingyunshanica（缙云山茶）

2. *C. grandibracteata*（大苞茶）

3a. *C. kwangsiensis*（广西茶）

3b. *C. kwangsiensis var. kwangnanica*（毛萼广西茶）

    C. kwangnanica（广南茶）

4. *C. taliensis*（大理茶）

    C. irrawadiensis（滇缅茶）

    C. pentastyla（五柱茶）

    C. quinquebracteata（五苞茶）

    C. changningensis（昌宁茶）

5a. *C. crassicolumna*（厚轴茶）

    C. crispula（皱叶茶）

    C. crispula（皱叶茶）

    C. rotundata（圆基茶）

    C. makuanica（马关茶）

    C. haaniensis（哈尼茶）

    C. purpurea（紫果茶）

    C. dehungensis

    C. parvisepaloid es（拟细萼茶）

    C. manglaensis（勐腊茶）

    C. crassicolumna var. *shangbaensis*（上坝厚轴茶）

5b. *C. crassicolumna* var. *multiplex*（光萼厚轴茶）

    C. multiplex（多瓣茶）

6. *C. sealyama*（老挝茶）*

7. *C. gymnogyna*（秃房茶）

    C. glaberrima（秃山茶）

8. *C. costata*（突肋茶）

    C. yungkiangensis（榕江茶）

    C. kwangtungensis（广东山茶）

    C. danzaiensis（丹寨茶）

注：＊表示新增加的国内没有分布的物种。

9. *C. leptophylla*（膜叶茶）

10. *C. fangchengensis*（防城茶）

11. *C. ptilophylla*（毛叶茶）

    C. pubescens（汝城毛叶茶）

12a. *C. sinensis*（茶）

    C. waldenae（长叶茶）

    C. arborescens（大树茶）

    C. longlingescens（龙陵茶）

12b. *C. sinensis* var. *assamica*（普洱茶）

    C. assamica（普洱茶）

    C. polyneura（多脉茶）

    C. multisepala（多萼茶）

    C. var. *sinensis kucha*（苦茶）

12c. *C. sinensis* var. *dehungensis*（德宏茶）

    C. parvisepala（细萼茶）

    C. angustifolia（狭叶茶）

    C. yankiangcha（元江茶）

12d. *C. sinensis* var. *pubilimba*（白毛茶）

附录三 普洱茶品鉴表

附表 1   **普洱茶（生茶）品鉴表**

评茶人：_____   审评时间：_____年___月___日   审评地点：_____

茶品名称：_____   茶厂名称：_____   □紧压茶

项目		描述与参考分值	得分
外形 20%	饼型 10%（紧压茶）	（饼型）3 周正、2 较周正、1 变形	
		（边缘）3 光滑、2 较光滑、1 脱边	
		（松紧）2 适度、1 过紧、1 过松	
		（厚薄）2 均匀、1 欠均匀	
	紧结度 5%（晒青茶）	5 紧结、4.5 紧直、4.5 肥硕、3.5 纤细、3 粗松、2.5 泡松显毫、尚显毫	
	整碎 5%（晒青茶）	5 匀嫩、4.5 匀整、4.5 匀齐、3 短碎	
	净度 5%	5 匀净、4.5 洁净、3.5 黄片、3 朴片、3 梗	
	色泽 5%	（色）3（黄绿、绿黄、墨绿、深绿、黄褐、橙黄、橙红、棕红、棕褐）、2 花杂、1.5 灰褐、泛青	
		（泽）2 鲜活、油润、1.5 调匀、1 灰暗、枯暗	
香气 30%	类型（不评分）	清香、毫香、花香（荷香、兰香）、樟香、木香、果香（枣香、桂圆香）、蜜香、甜香、沉香、陈香、菌香、药香	
	纯度 20%	20 浓郁、馥郁、18 醇正、纯正、17 纯和、16 平和、12 青气、水闷气、10 青气、烟气、8 蛤气、酸馊气、7 霉气	
	高低 5%	5 高扬、4.5 上扬、3 平淡、3 清淡、2 沉闷	
	长短 5%	5 持久、3 较持久、2 不持久	
汤色 10%	类型（不评分）	黄绿、绿黄、黄褐、墨绿、深绿、橙黄、橙红、棕红、褐红	
	明亮度 10%	10 清澈、明亮、8 尚亮、7 沉淀物多、6 混浊、5 晦暗	
滋味 30%	醇厚度 10%	10 浓强、浓厚、醇厚、8 醇正、纯正、6 砂感、平淡	
	甜滑度 10%	10 甜绵、甜润、顺滑、润滑、8 尚甜滑、尚甜润、尚润滑、6 平滑、5 平淡、4 寡淡、粗淡、粗糙	
	回甘 5%	5 强、4 尚强、3 一般、2 弱	
	耐泡性 5%	5 耐泡、3 较耐泡、2 寡（水味）	
体感（加减分）	韵味（加分 0~5）	甘、滑、醇、厚、顺、柔、甜、活、洁、亮、稠（6 个以上 5 分，4~6 个 4 分，2~3 个 3 分，1 个 1 分）	
	异杂味（减分 0~10）	苦、酸、辛、辣、酵、燥、馊、咸、霉、腐、麻、叮、刺、刮、挂、涩、干、杂、怪、异、飘（浮）、水味、锁喉（3 个及以内减 3 分，4~8 个减 5 分，9 个以上减 10 分）	
叶底 10%	匀嫩度 10%	10 弹性、匀嫩、8 柔软、6 粗硬	
	色泽	油润、黄绿、绿黄、黄褐、红褐、棕褐、灰褐、泛青、枯暗	

总体分数与评价：

383

附表 2 　　　　　　　　　　　　普洱茶（熟茶）品鉴表

评茶人：＿＿＿＿＿　　审评时间：＿＿＿年＿＿月＿＿日　　审评地点：＿＿＿＿＿

茶品名称：＿＿＿＿＿　　茶厂名称：＿＿＿＿＿　　□熟散茶　□紧压茶

	项目	描述与参考分值	得分
外形 20%	饼型 10%（紧压茶）	（饼型）3 周正、2 较周正、1 变形	
		（边缘）3 光滑、2 较光滑、1 脱边	
		（松紧）2 适度、1 过紧、1 过松	
		（厚薄）2 均匀、1 欠均匀	
	紧结度 5%（熟散茶）	5 紧结、4.5 紧直、4.5 肥硕、3.5 纤细、3 粗松、2.5 泡松显毫、尚显毫	
	整碎 5%（熟散茶）	5 匀嫩、4.5 匀整、4.5 匀齐、3 短碎	
	净度 5%	5 匀净、4.5 洁净、3.5 黄片、3 朴片、3 梗	
	色泽 5%	（色）3（棕红、红棕、褐红、红褐、棕褐）、2 花杂、1.5 灰褐、泛青	
		（泽）2 鲜活、油润、1.5 调匀、1 灰暗、枯暗	
香气 30%	类型（不评分）	陈香、花香（荷香、兰香）、樟香、木香、药香、果香（枣香、桂园香）、蜜香、糖香、沉香、菌香、陈香	
	纯度 20%	20 浓郁、馥郁、18 醇正、纯正、17 纯和、15 平和、12 酵气、烟气、粗气、闷气、8 酸馊气、6 蛤气、5 霉气、4 腐气	
	高低 5%	5 高扬、4.5 上扬、3 平淡、3 清淡、2 沉闷	
	长短 5%	5 持久、3 较持久、2 不持久	
汤色 10%	类型 5%	5 红浓、深红、4.5 棕红、红褐、4 棕褐、3.5 橙红、3.5 褐红、3 暗红、2.5 黑褐、2 暗黑	
	明亮度 5%	5 清澈、5 明亮、4 尚亮、3.5 沉淀物多、3 混浊	
滋味 30%	醇厚度 10%	10 浓强、浓厚、醇厚、8 醇正、纯正、6 砂感、平淡	
	甜滑度 10%	10 甜绵、甜润、顺滑、润滑、9 尚甜醇、尚甜润、尚甜滑、8 平滑、7 平淡、6 寡淡、5 粗淡、5 粗糙	
	回甘 5%	5 强、4 尚强、3 一般、2 弱	
	耐泡性 5%	5 耐泡、3 较耐泡、2 寡薄（水味）	
体感（加减分）	韵味（加分 0~5）	甘、滑、醇、厚、顺、柔、甜、活、洁、亮、绵、稠、润（6 个以上 5 分，4~6 个 4 分，2~3 个 3 分，1 个 1 分）5 强、4 尚强、3 一般、1 弱	
	异杂味（减分 0~10）	苦、酸、辛、辣、酵、燥、馊、咸、霉、腐、麻、叮、刺、刮、挂、涩、干、杂、怪、异、飘（浮）、水味、锁喉（3 个及以内减 3 分，4~8 个减 5 分，9 个以上减 10 分）	
叶底 10%	匀嫩度 10%	10 弹性、匀嫩、8 柔软、6 粗硬、5 泥滑	
	色泽	油润、黄褐、红褐、棕褐、灰褐、泛青、枯暗	

总体分数与评价：

后 记

    普洱茶是扬名海内外的中华优秀传统名茶，是岁月留给我们最知心的礼物。普洱茶汤悠然，茶香氤氲，满是岁月知味、满是日月辰星。

    有人说普洱只是一个地名，一个不为人知的小地方，但也是这个地方、这条路，让蓝眼黑眼相对、让海洋陆地相接。但普洱于我，是一杯日常的汤水，浓的、淡的、深的、浅的。更是一份回忆，这一份回忆里，有香甜甘苦，有春秋冬夏，有跋山涉水的艰辛、有荆棘丛生的坚持，更有 2003 年云南省自然科学基金重点项目"云南普洱茶理化成分及标准"、2006 年云南茶叶研究课题在国家基金层面上零突破——国家自然科学基金"普洱茶品质形成机理的研究"、2007 年第一个茶的国家十一五科技支撑计划项目——云南特色茶产业化关键技术研究与应用等成果激励我和团队初心不忘、砥砺前行。普洱茶于我，是老友，几十年的研究之路，我荣幸成为她的知心人；普洱茶于我，是名师，历史长河里、普洱茶汤里，我观照内心、矢志不渝地随之入山水之味；普洱茶于我，是知己，辗转中让我懂得任重道远并建立起普洱茶的科学体系，而《普洱茶学》教材的编撰就是我一生事茶、专心挚爱普洱茶、为更多的人受益普洱茶的初衷。

    自 2004 年我的第一本普洱茶著作《云南普洱茶》出版至今，我和我的团队在茶和普洱茶研究的成果有目共睹，并先后编撰出版了《云南名茶》《云南茶叶冲泡技艺》《普洱茶保健功效科学揭秘》《普洱茶健康之道》《云南普洱茶化学》《普洱茶与微生物》《第一次品普洱茶就上手》《中国十大茶叶区域公共品牌之普洱茶》等著作，经典畅销书《云南普洱茶》在国内历经 26 次重印，并以繁体版和韩文版在中国台湾、韩国等地陆续出版，《中国十大区域公用品牌之普洱茶》和《第一次品普洱茶就上手》（图解版）第二版以全新的科学知识解读云南普洱茶，在新时代新时期对科学传播云南普洱茶，促进云南普洱茶学科建设和产业健康发展发挥了重要的作用。

    《普洱茶学》作为茶学专业本科生以及茶人朋友学习普洱茶的教材与专业资料，内容涵盖普洱茶学定义、普洱茶历史、普洱茶种质资源、普洱茶化学、普洱茶微生物、普洱茶加工、普洱茶产品、普洱茶贮藏、普洱茶品质、普洱茶评鉴、普洱茶冲泡、普洱茶与健康、普洱茶美学、普洱茶民族文化、普洱茶产业发展趋势、普洱茶大事记等内容，第一次全面系统地构建了普洱茶学科教学科学体系。书中语言简洁易懂、概念清晰准确，结合新时期教材发展要求，图文并茂，并增加思维导图，注重书本的趣味性与可读性，利于学生和爱好茶的人士学习理解。

今天，《普洱茶学》这本具有云南特色，更具茶学特色的新时期特色教材终于出版，即将和读者见面啦。《普洱茶学》历经四年多的艰辛写作，我和我的团队1000多个日日夜夜，没有周末，没有假期，为了顺利如期完成书稿，在新冠蔓延侵袭的日子，借助网络无数次的修改，参与的成员不计报酬，无怨无悔。为了高质量地完成书稿，书中每一张图、每一句话均要精研细磨的无数次，大家只有一个信念，就是全身心的投入写作。团队的努力让我感动，在此对他们的无私付出和支持致以深深的敬意！同时，还要感谢相关的领导、同事、社会热心教育的人士以及我的家人一如既往的鼎力支持。

普洱茶是美丽可爱的，普洱茶是厚重神秘的，普洱茶是品赏的文化，普洱茶是养生的灵品，普洱茶是精神的伊甸园。在与普洱茶有过美丽的邂逅与相知后，让我们一起开启云南大叶种这片神奇树叶的故事，走进普洱茶的世界，感受她无穷的魅力，体验沉浸其中的无穷乐趣！

周红杰